時報出版

BOOM

MAD MONEY, MEGA DEALERS, AND THE RISE OF CONTEMPORARY

超級畫商如何創造出當代藝術全球市場與商業模

當代藝術市場瘋狂史

麥可·施納雅森 (Michael Shnayerson)—著　李巧云

BOOM

MAD MONEY AND CONTEMPORARY

MAD MONEY, MEGA DEALERS, AND THE RISE OF CONTEMPORARY ART

MICHAEL SHNAYERSON

目次

第五部　群雄爭霸（2015-2019）

「施納雅森以一流手法追蹤當代藝術市場的開拓與源起——開拓時期的勢如破竹、發跡之後如何水到渠成。他闡述畫商一路走來是如何說服世界：注視當代藝術內容，其重要性為何不如注視藝術；箇中原因：錢字作祟。」

——葛雷登・卡特（Graydon Carter），《浮華世界》（*Vanity Fair*）前總編輯、《空中郵遞新聞信》（*Air Mail*）創始人

「藝術世界——一九六〇年代只有稀有幾百人的風雅領域——如何變成了藝術市場？施納雅森透過精彩的上乘敘述，剖析這一高品與多金的神祕群社，從小弗洛伊德的賭債到愛滋病、到私人美術館種種面向；究竟是畫商造就了藝術家、還是藝術家造就了畫商？書中敘述淋漓盡致、一氣呵成。」

——史戴西・席芙（Stacy Schiff），《埃及豔后》（*Celopatrata: A Life*）及《女巫》（*The Witches: Salem, 1962*）作者

「高端的當代藝術市場，受品牌與故事、百萬畫商與藝術博覽會，以及藝術投資基金等因素驅動，有時再加上才氣橫溢的藝術家。最重要的是，它受能人的推動。《浮華世界》供稿人施納雅森的彙集功夫一流。此書可以看成一篇四百頁長的《浮華世界》文章，而我這樣比喻是向此書的敘事風格、細節深度致敬。

他抓住了百萬交易商高古軒、卓納、沃斯、格里姆徹的鮮活樣貌；億萬富翁收藏家的身家與法律訴訟的背景，作者刻畫之深、觀察力之敏銳，躍然紙上。此書若早些問世，我自己關於當代藝術市場的著述當能更上層樓。可讀性極高。」

——唐・湯普森（Don Thompson），

《一千兩百萬美元的填充鯊魚：當代藝術奇特的經濟學》（*The $12 Million Stuffed Shark: The Curious Economics of Contemporary Art*）及《橙色氣球狗：當代藝術市場的泡沫、動盪和貪婪》（*The Orange Balloon Dog: Bubbles, Turmoil and Avarice in the Contemporary Art Market*）作者

「透過聚焦於全球百萬畫商、他們所代表的巨富畫家群，施納雅森的鉅著巧妙地捕捉到當代藝術世界的變化萬千。在作者有把握的筆下，他們的成功故事扣人心弦，消息性之高難以想像。」

——威廉・柯翰（William Cohan），《紙牌屋》（*House of Cards: A Tale of Hubris and Wretched Excess on Wall Street*）作者

「本書讀來愉快。敘述口吻生動、睿智；當代藝術世界內幕——大咖狠角、藝術鬼才、業者熱誠與業界祕情——通篇皆是。」

——羅珊娜・羅賓森（Roxana Robison），《歐姬芙的一生》（*Georgia O'Keeffe: A Life*）作者

「以人物和產業發展為雙焦點，施納雅森的口述風格，讀來平易近人，即使對藝術涉獵不深亦然。全書鋪陳密鑼緊鼓、高峰迭起，這一部讓人讀之興味盎然的藝術產業史。」

——《出版人週刊》（*Publishers Weekly*）

「本書充滿軼事及重要畫商、藝術家的人物特寫，在施納雅森娓娓道來的歷史中，充分展現他對現代藝術的金融脈動瞭若指掌。」

——《科克斯書評》（*Kirkus*），明星書評

作者序

當代藝術是近年非常具有挑戰性的話題。藝術家成名後有些幾年就見凋萎，有些作品顯然讓人心曠神怡，有些則看了令人搔首沉吟仍不知所以，更有些令人觀感不良、詫異萬分甚或反胃作嘔。討論當代藝術家優異性和藝術作品價值持久性的相關文章，報章雜誌及部落格琳瑯滿目，本書意不在此：我甘心樂意把那項任務留給策展人和藝評家。

本書探討了藝術市場如何從一九四〇年代淺嚐、摸索開始，歷經財金市場難以預測的幾度大起大落、輕舟闖蕩全球金融市場最鬆散的法規，卻能夠創造與移動巨大財富、範圍伸向全球。也許這樣的環境必定會吸引一群風雲人物；若干有貴族的財富後盾，也有些完全白手起家。這個藝術市場也糅雜了歐洲的高格調與美國的新活力，在這個空間裡，縱使立足點尚未臻至完全平等，女性已然與男性一同有份，而她們在若干藝術家的事業生涯與人生當中，扮演了重大角色，其間的開創性質是在其他任何企業環境沒有見過、也無法相提並論的。也許當代藝術誕生時，正因為有佩姬．古根漢（Peggy Guggenheim）女士的存在，才確保了繼之而來的當代藝術故事不是男士的專屬俱樂部。

我的盼望是，讀者不但從書中看到過去半世紀令人難忘的一些作品，也看到形形色色的男男女女為這些作品奮鬥的故事——創作者、支持者、鼓吹者，甚或競標者。數十年地位不墜的畫商龍頭約翰．卡斯敏（John Kasmin）曾大言不慚地說：「藝術家創造作品，畫商創造魅力；這麼說有點幼稚，但非完全不實。」

確實如此！

The Kings and the Their Court

前言｜諸王與眾朝廷

二〇一七年

六月一個星期天的傍晚六點，俯瞰萊茵河的瑞士巴塞爾（Basel）三王飯店（Les Trois Rois，又譯為羅德羅伊斯大酒店）露台上，看起來就跟它所在的巴塞爾市一樣寧靜古樸。[1]現代與當代藝術產業的領航者、一年一度的巴塞爾藝術博覽會（Art Basel）兩天後就將開幕，全球最赫赫有名的畫商和藏家會到場競逐已故或在世藝術家的作品，它們的價值動輒六、七，甚至八位數，三王的露台則是藝博會的菁英社交中心。

露台人氣漸旺，六位剛到酒店的旅客也從露台長桌兩頭下來。這一個小團體的主人背對著大家，但他的銀髮小平頭和發號施令的架勢叫人一眼就認出他來；沒錯，他就是全球最有權勢的畫商賴瑞．高古軒（Larry Gagosian）。

有那麼一段時間高古軒不來巴塞爾藝博會；設若可以避開人群，他不會周旋其中。在藝術交易圈中他以「當利不讓」出名；可以的話，他寧願不要跟人應酬，但如他自己說的，近年他對藝博會「已有好感」，現在他的身影固定會在這個場所出現。

高古軒這天傍晚是跟好友在一起。坐在他對面是俄羅斯寡頭權貴羅曼・阿布拉莫維奇（Roman Abramovich）的下堂妻達莎・朱可娃（Dasha Zhukova）。朱可娃本身也是一位藝術界名人，既是收藏家，又是莫斯科車庫當代藝術博物館（Garage Museum of Contemporary Art）的創始人。[2]穆格拉比兄弟阿爾伯托與大衛（Alberto & David Mugrabi）也在場，他們都是第二代收藏家兼畫商，父親尤塞夫（Yosef）是哥倫比亞紡織品進口商、敘利亞猶太人，一九八七年他心血來潮來到巴塞爾博覽會，在那裡突然靈光乍現，開始收藏藝術品；雖然對安迪・沃荷（Andy Warhol）一無所知，老穆格拉比以十四萬四千美元的價格購買了沃荷的四扇達芬奇〈最後晚餐〉（*The Last Supper*），買時距沃荷去世僅幾個月，買進後作品價值就開始飛升。

穆格拉比這次購買的心得是：不是要做藝術收藏家，而是傾力買下沃荷每一件精品。隨著家族藝術藏品增加，他似乎以在拍賣會上競標沃荷作品為樂，以此提升沃荷作品市場價值。為什麼不呢？新添的沃荷作品越貴，穆格拉比家族其他的沃荷作品越可能水漲船高。

二〇一七年六月此刻，據傳穆格拉比父子手中共有八百多幅沃荷的作品。他們自豪地自稱「造市商」；或買或賣，他們的確影響了沃荷的市場、奠定沃荷登上全球最吃香藝術家的排行榜。他們做的是富豪購買頂級藝術家作品的生意，藏品存放在自由港室溫調控的大倉庫中；願意的話，藏品可以在此轉手給其他收藏家；只要藝術品仍留在自由港的保護繭中，就有免稅優待。

在巴塞爾藝博會上待價而沽的藝術品，雖不盡是、但大多都是當代藝術品。「當代藝術」（Modern Art）一詞指的是二次世界大戰後開始創作的藝術家所創作的藝術品，相對於二戰前藝術家創作的「現代藝術」（Contemporary Art）。這樣區分與命名可能有些棘手：畢卡索（Pablo Picasso）是現代藝術畫家，雖然他一直畫到一九七三年去世為止；決定他歸屬時代的因素是他事業的啟始日期，也就是二戰之前的幾十年。

現代藝術名家的精品隨著時間逐漸稀少，價格也更趨物以稀為貴，戰後的頂級藝術家也是如此。而隨著富豪收藏家的行列增加，對晚近當代藝術家的需求也提高了。高古軒最會把這種好東西一定要據為己有的心理玩弄於股掌之上，他代理的藝術家名單包括現代和當代的藝術巨擘，無其他畫商能出其右。

博覽會正式開幕前兩天是首批貴賓預覽時間，高古軒搭乘他造價六千萬美元的龐巴迪全球特快專機（Bombardier Global Express）飛抵巴塞爾。他喜歡提早入住，有早人一步之感。酒店房間吃緊，高古軒的隨行人員只能下榻他處。三王酒店只有王能住。

其他交易商多在博覽會開幕前一天於週一抵達博覽會。銀髮大腕經紀人比爾．阿奎維拉（Bill Acquavella）等少數會搭乘私人座機前來，其他富豪藏家則搭商務租賃飛機NetJets在巴塞爾歐盟機場（EuroAirport）降落，浩浩蕩蕩有如藝術界的空軍。展前，許多畫商已將庫存的作品圖片發送給客戶，許多作品已被下訂。

大約三十五年前高古軒因為在紐約蘇荷區（SoHo）展示不見得是他代理銷售的繪畫作品的照片或膠片，而受到責難。這樣做並不違法，他也並非始作俑者，只是將在某處——也許是某個人家的客廳牆上——看到的一幅畫照下來、給人看，然後大敲邊鼓煽起市場興趣。如今，圖像在網際網路上、在交易商與收藏家之間傳來傳去，顧問、助理以及藝術界食物鏈中的每一個人都能取得。

在露台長桌上，高古軒偶爾會眺望萊茵河遠處的河岸。他的側影比以前圓潤，不過曾是運動員的他依舊雙肩寬闊。在暑熱催逼下，戲水的人從碼頭跳入萊茵河的急流中，向下游猛游一番，然後爬上岸再來一遍。高古軒就讀南加州公立高中時是一名游泳選手，自由式與仰泳是他的強項，曾獲得比賽前幾名。後來就讀洛杉磯加州大學（UCLA），地位一落千丈，因為好手多如過江之鯽。他拿到英國文學學士學位之後幾年，換了好幾個單調的工作，然後，就像老穆格拉比一樣，他對藝術有所頓悟，只是他的面向在於銷售。

半小時後，露台的這幫人站起來準備離開。高古軒身穿深藍色亞麻服、腳踩義大利諾悠翩雅（Loro Piana）最高級經典款軟皮面、橡膠底黑色便鞋，跨著豹子般的躍捷步伐，步入等待他的賓士轎車。諷刺的是，高古軒如今一切按規矩來，不搶在巴塞爾藝博會公開展品圖像預售，他的說法是：「我喜歡看藝術現場的買賣行動。」

巴塞爾藝博會近三百家參展商競爭一向激烈，尤其是四大超級畫商之間的較勁，而這四大的銷售成績讓其他畫商瞠乎其後。四大是：卓納畫廊（Zwirner Gallery）的大衛・卓納（David Zwirner）、豪瑟沃斯畫廊（Hauser & Wirth）的伊文・沃斯（Iwan Wirth）、佩斯畫廊（Pace Gallery）的厄恩・格里姆徹（Arne Glimcher）和他兒子馬克・格里姆徹（Marc Glimcher），以及高古軒。這四大天王的畫廊年銷售額高達數億美元。高古軒的業績據說最高，每年約十億美元；其他三大據說也都各接近二・五億美元，但他們自己的說法都遠比這個數字高。格里姆徹父子聲稱二〇一七年會迎來歷來最好的一年，交易總結時他們會突破十億美元的門檻，把高古軒甩在後面。誰知道呢？四大天王的畫廊都是私人性質，對獲利守口如瓶。

星期二早上博覽會尊榮貴賓開放時間之前一小時左右，貴賓信步走在展場露天中心，啜飲香檳、與老友寒暄。幾乎每位女士都拎著高級名牌皮包，幾乎每位紳士都穿著寬鬆的亞麻外套或西裝，都沒打領帶。儘管擁抱和飛吻處處可見，但和氣的表象下急迫感與競爭感卻暗濤洶湧。這些人不僅是貴賓，他們是最高階的貴賓，正如他們入場時間標籤所標示。上午十一點整會場開放，沒有人露出急相，但三、四分鐘之內，貴賓全都步入場內，前往他們最鍾情的畫商攤位。其中不乏藝術世界的名人，例如西蒙・德・普里（Simon de Pury）。他高而瘦削，從前是拍賣公司的共同所有人，現在是私人藝術顧問，他信步走入，顧客尾隨其後。在邁阿密擁有私人博物館的藏家唐和梅拉・盧貝爾夫婦（Don & Mera Rubell）也來尋寶，只是如今要買到便宜的好貨，遠比他們在一九六〇年代中期剛開始收藏藝術品時難得多。蘇富比拍賣公司（Sotheby's）的艾米・卡佩拉佐（Amy Cappellazzo）本身也是畫商，身後尾隨一大群客戶。卡佩拉佐是魅力和膽量的奇妙綜合體，有人說她已經打電話給一位年輕的億萬富家女，要她當晚搭機去巴黎，有幅畫要讓這位女富豪馬上過目、立刻買下，免得被第二天要來的一位收藏家捷足先登；女富豪依言立即上機、捧著戰利品凱旋而歸。

一個月前的一項創紀錄銷售炒熱了這一年的藝博會。尚－米榭・巴斯奎特（Jean-Michel Basquiat）的一幅畫作拍出一億一千零五十萬美元，是美國藝術家歷來賣出的最高價，凌駕沃荷的〈銀色車禍——雙重災難〉（*Silver Car Crash (Double Disaster)*）的拍賣紀錄（二〇一三年，一億零五百四十萬美元）。巴斯奎特畫作的買主是日本電子商務大亨前澤友作（Yusaku Maezawa）；他一年前曾在兩天內花了九千八百萬美元購買藝術品，其中一幅也是巴斯奎特的作品，成交價稍低於五千七百三十萬美元。巴斯奎特藝術生涯很短，一九八〇年代的畫作當時常以一千美元的低價售出。這次總共有八件巴斯奎特的作品在巴塞爾藝博會出售，要價總額八千九百萬美元。這顯然是巴斯奎特的天下。[3]

高古軒今年的博覽會沒帶來巴斯奎特的作品，他含糊其辭地解釋不是正確的「組合」。但他有其他明星的作品，包括埃德．魯沙（Ed Ruscha）的文字作品、沃荷〈偽裝〉（*Camouflage*）系列中的一幅、傑夫．昆斯（Jeff Koons）的蒂蒂（*Titi*）——看起來像翠迪鳥塑膠充氣玩具，其實是如同鏡面的拋光不鏽鋼雕塑。

瑞士傳奇畫商布魯諾與優優．畢紹夫伯格夫婦（Bruno and Yoyo Bischofberger）帶來的俄爾斯．費雪（Urs Fischer）創作的一對真人大小雕塑作品，讓每個人都停步駐足觀賞；這一對以畢紹夫伯格夫婦為模特兒的作品，基本上是一對彩色蠟燭人，穿戴整齊地正經端坐。四十四歲的費雪是瑞士頂尖藝術家，高古軒很有把握地將它標價為九十五萬美元。藝術家設想買主大概會在某個時刻將它的燈芯點著，然後屏息靜氣地觀看蠟燭「滴淚」見證歲月流逝。蠟燭熔去後可以換新，每支價格為五萬美元。

一開場的時候，買家似乎猶豫要不要進入高古軒的攤位；高古軒一臉嚴肅，彷彿要嚇退沒有購買誠意的人。一名客人經過時問他是否感到樂觀，他板着臉回答：「一個小時後再來問我。」

離高古軒不遠的攤位，卓納語氣比較溫和。德國出生的卓納個頭高大，穿著休閒襯衫和牛仔褲，一位在高古軒畫廊做過總監的人形容他是「有笑容的高古軒」。兩人還有其他不同之處？這位總監認為：「沒什麼不同；同樣有野心、同樣無情、同樣重質、同樣有好品味，只是稍微死板。」儘管這兩大天王身處同一個屋簷下不下數十次，但從不「同桌吃飯」（卓納的形容）。當天卓納攤位售出的第一批作品中，有一項是二十世紀中葉的義大利藝術家阿爾貝多．布里（Alberto Burri）一九五四年創作的粗麻布拼貼畫。布里是在德州一處戰俘營裡突然領悟應走藝術之路。據說這幅拼貼作品的售價超過一千萬美元；近中午時分，卓納已經笑逐顏開，一副好心情。

今年四十七歲的沃斯，是四大天王中最年輕的一位。他身上有著一股學生氣質，淺棕色的頭髮有點凌亂，金屬邊眼鏡塌在鼻梁上，臉上隨時會綻放笑容。他可能也是「四大」中最有錢的一位，不僅是因為他的藝術生意跨足全球，也因為他岳母烏蘇拉．豪瑟（Ursula Hauser）是瑞士電子業零售連鎖龍頭的繼承人，兩人在一九九二年與沃斯創立了豪瑟沃斯畫廊。[4]沃斯看起來飄飄欲仙；藝博會一開幕，他的團隊就賣掉菲利普．葛斯登（Philip Guston）一幅一九七〇年代作品〈嚇死了〉（*Scared Stiff*）。葛斯登的繪畫一生從一九五〇年代的抽象表現主義（Abstract Expression）到後來的紅、粉色彩的卡通人物造型，處處奇峰突起。沃斯賣出的那幅價格在一千五百萬美元左右。[5]

七十九歲的老格里姆徹是「四大」中年紀最長的，這次他派子代父出征。格里姆徹是藝術市場的傳奇，對藝術的熱情比起半個世紀前他剛出道時分毫不減，但對藝術市場變成今天這樣，他十分失望。他認為：「市場已經變得與藝術無關。它已經變成避險工具，我很不喜歡這一點。我慶幸自己是在事業現在的這個階段。我認為很多交易商不懂歷史，現在什麼都是為了快速賺到錢。」

馬克・格里姆徹五十出頭，遠比父親樂觀輕鬆。他們的佩斯畫廊與其他天王的畫廊相比，在巴塞爾做的生意規模小多了。在馬克口中，佩斯的強項是有大師作品：亞歷山大・考爾德（Alexander Calder）與馬克・羅斯科（Mark Rothko）。馬克經常飛行到各地去拜訪私人收藏家。經銷大師作品，祕訣是將精品保留數十年、等市場不斷攀高。在巴塞爾藝博會上，佩斯畫廊展示的藝術家多為當代藝術家與比較非天價的作品，例如亞當・彭德爾頓（Adam Pendleton）和琪琪・史密斯（Kiki Smith），這似乎是針對市場期待日後轉手可以獲利的心理。小格里姆徹感覺這一切非常有趣，他說：「什麼時候開始這麼多人喜歡當代藝術？」[6]

中午時分，高古軒已經賣掉葛哈・李希特（Gerhard Richter）一九八六年完成的一幅四英尺高的抽象畫。李希特是當代在世銷售最佳藝術家之一，這次成交價是四百五十萬美元。這天高古軒不僅開張就賣出了費雪的雙人蠟燭雕塑，而且還接到兩張訂單。第二張訂單跟第一張一樣輕輕鬆鬆就達成交易，但第三張訂單費雪開始惜售，想自己保留。不過高古軒展開電話攻勢，說服費雪放手。說實在的，費雪又有幾次能以二百八十五萬美元的價格賣掉三對燭雕？

觀展的貴賓若是看煩了，有私家轎車載他們到藝術家工作室或藏家的住宅參觀。是夜與次夜，大咖交易商會為他們名單上的貴賓舉辦酒會、茶會與晚宴，邀請對象包括藏家、策展人與藝術顧問。豪瑟沃斯畫廊在三王酒店宴會廳舉行的晚宴邀請函，真是人人豔羨、一位難求。六張長桌可坐五十人，席上坐滿了畫廊人脈網絡中的要角。席間歡慶氣氛十足，當天的銷售消息在餐桌上口耳相傳，最後，雙頰紅撲撲、滿面男孩氣的沃斯站起來對滿室貴賓說話。

他在滿室的歡聲中說道：「我們畫廊邁入第二十五個年頭，我們是第二十五年在巴塞爾舉辦晚宴，而我本人也剛好結婚二十五年。」接著他引述畫家古斯塔夫．克林姆（Gustav Klimt）的名言說：「藝術是個人思維周邊的線條；我想加一句『藝術是把大家齊聚一堂的方式』。我認為當代藝術就像一則愛情故事，始於熱愛。」[7]

對在座的許多人來說，沃斯的感言再真實不過了，藝術——對藝術交易商、藝術世界公民來說——一切都是從熱情十足的冒險開始，終其一生皆如此。他們不盡然都是百萬或億萬富翁，買來也不都是為了要轉手獲利。然而，過去二十年富裕的新世代也愛上了當代藝術，若干畫商與藏家仿效頂尖的收藏先進，願意支持沒沒無聞或新秀藝術家試試運氣。大多數則以百名左右支配當代藝術市場的出名藝術家為重點，因為這些人的創作最有升值的可能。畫商買賣的藝術品可能原本就是他們所喜愛的，但選對了，便可能一本萬利。畫商與藏家交織出一支行家大隊，成群結隊地從一個博覽會到另一個博覽會。知名畫商蓋文．布朗（Gavin Brown）說：「藝術成了身分地位的象徵、超級富豪的通行語言。」藝術也成了一種國際通行的貨幣。

高古軒退了房，登上私人座機。他說：「大多數的藝博會生意通常都是第一天做成。這次藝博會有趣的是我們最後兩天的成績也很好。」他在開幕後第二天晚上就離開了，但他的員工繼續留到第三天。他說：「我很有信心；雖然不見得看漲，目前有一整群新的收藏家；我們還不十分了解他們的底細，但他們在購買藝術。」

本書敘述的是一批畫商如何創建出今天的當代藝術全球市場。這個市場始於二戰結束後，抽象表現主義的興起為它推波助瀾——是一個紐約的故事。它發軔於貝蒂．帕森斯（Betty Parsons）與悉尼．詹尼斯（Sidney Janis），這兩位畫商代理一九五〇年代「紐約畫派」（New York School）的大多數藝術家；共用東五十七街的樓層，一直到雙方失和。這也促成一名歐洲移民脫穎而出——他一直等到快五十歲，才在東七十七街岳父的連棟透天厝建立自己的畫廊。運氣、絕佳的時間點，再加上妻子過人的眼光，李歐．卡斯特里（Leo Castelli）成為繼抽象表現主義之後，開啟新畫風的兩位大師——賈斯培．瓊斯（Jasper Johns）、羅伯特．羅森伯格（Robert Rauschenberg）的經紀人；一九六〇年代繼之而來的普普（Pop）藝術家羅伊．李奇登斯坦（Roy Lichtenstein）、詹姆斯．羅森奎斯特（James Rosenquist）、克萊斯．歐登伯格（Claes Oldenburg）與沃荷等人，也由他代理。卡斯特里在感情與財務上都支持這些藝術家，是那個時代的龍頭畫商，盛況維持了三十年以上。他也是第一位搭起衛星畫商國際網絡的當代藝術交易商，讓畫商彼此幫忙銷售藝術。

六〇與七〇年代興起了許多不凡的畫商，在當代藝術前進到極簡藝術（Minimalism）、觀念藝術（Conceptualism）、新表現主義（Neo-Expressionism）等新風潮時，都留下了他們的痕跡。老格里姆徹一九六三年在紐約五十七街成立畫廊，雖然旗艦店從西五十七街遷到了東五十七街，他始終留在那裡。寶拉・庫柏（Paula Cooper）一九六八年在蘇荷區開設畫廊，是女性當中的第一人，至今依舊活躍。一般視庫柏與卡斯特里是兩座勢均力敵的山頭，一馬當先倡導極簡藝術和觀念藝術（Conceptual Art），貢獻不相上下，支持、形塑了未來五十年的當代藝術樣貌。

一九七九年，紐約擺脫了經濟大蕭條。一名胸懷大志、一心力爭上游的加州年輕人來到紐約，想實地了解紐約藝術市場的景況；他的藝術知識不多，但極想學會如何牽成交易；這人就是高古軒，新起的財富世代和他都渴望了解當代藝術究竟在搞什麼。說高古軒這樣的交易商，為打江山而改變了這個行業有點言過其實，比較接近真實的說法是拜華爾街牛市、雷根總統減稅、企業併購的全新財金文化之賜，他們趁機乘波弄浪。當然，這些畫商造就了藝術家的事業，而這些藝術家也影響了當代藝術的航向。無論是好是壞，畫商也利用起新科技，開始舉辦藝博會大大改變市場，而有些就像高古軒，行事比其他人更見精明。

高古軒在藝術上自學有成，為藝術的故事添上深層的生意經。他在次級市場代表買家與賣家兩方，買賣初級市場賣出的藝術品，以此起家。他懂得槓桿與套利，也從啟蒙者卡斯特里那裡學會如何透過遠方場所銷售（分享戰利帶動更多藝術），並把市場推升到新水位；他在全球各地建立起實體畫廊——目前十六家，且在增長中。

高古軒與卡斯特里之間的關係對雙方都有利，但凸顯這段關係的是他們之間長期的私人情誼。一九八〇年代大半時間紐約藝術世界的第三霸主是瑪麗·布恩（Mary Boone），她與高古軒在卡斯特里面前爭寵，也跟高古軒一樣展現了她推動藝術家奠定時代、引領風騷的天賦。

八〇年代的藝術市場以崩盤收場，其突然與嚴重的程度甚於七〇年代那次。然而當震驚退卻時，新一代的交易商趁著房租便宜與對新藝術熱情的兩股趨勢，異軍突起；德國出生的卓納是其中之一，瑞士出生的沃斯則是另一位。最終，他們與高古軒、老格里姆徹並駕齊驅，成了睥睨藝術市場的四大天王。九〇年代和二〇〇〇年代早期也興起甚具影響力的新生代畫廊：麗莎·史蓓曼（Lisa Spellman）、蓋文·布朗、安德莉亞·羅森（Andrea Rosen）、瑪麗安·鮑斯奇（Marianne Boesky）、馬修·馬可斯（Matthew Marks）、傑佛瑞·德奇（Jeffrey Deitch）等等。然而主宰市場的仍是超級畫商，風行的也是高古軒的全球畫廊模式，啟發其他畫商也一個個在遙遠的異地蓋起畫廊來。

四大畫商的聲音及其他畫商、畫家的故事影響了當代藝術市場，他們一起帶動了一個以紐約為根據地的時代，市場從幾位熱情的收藏家蛻變成一個六千三百億美元的全球市集。

從某方面看，六千三百億美元這個數字有點誤導，因為它將所有買賣成交的藝術品金額，從希臘羅馬時期的藝術到當代的李希特都包含進來。這個總數大約一半跟當代藝術有關，三分之一經拍賣公司之手、三分之二經由民間畫商和畫廊。這個比例顯示畫商比拍賣公司更夠力，他們也有能力經年拉拔藝術家，策劃出藝術家的成功之路。拍賣公司今天賣出了一幅一億美元的畫，明天手中就沒了；拍賣公司旗下沒有藝術家。事實上，賣掉或買走那幅一億美元名畫的往往是畫商；也許代表客戶，也許為他自己，拉抬藝術家的市場價值自利利人。

如果過去數十年告訴我們一些事，我們就不難理解絕大多數的當代藝術家，即使是那些今天叫座的，都會被遺忘；只有少數會留名青史。叫人傷腦筋的是到底是哪幾位？今天市場賣的最高的是誰？李希特？昆斯？達米安．赫斯特（Damien Hirst）？克里斯多夫．伍爾（Christopher Wool）？彼得．多伊格（Peter Doig）？還是剛從藝術學校畢業名不見經傳的藝術家？哪位畫商選到贏家？又有哪些過不了無常市場的考驗？

截至二〇一九年五月，用高古軒的話來說，市場前景在擴展中：更多的買家、更多可買的地方。但這並不代表當代藝術殿堂形勢一片大好。

許多中小型畫廊——新藝術的搖籃——面對超級畫商與網際網路，是在掙扎中求生存。超級畫商也面臨壓力，這壓力多半是他們自己造成：大多數已經或是正在花大錢興建新的多層旗艦畫廊。同時若干最出名的藝術家開始自立門戶，或是操弄畫商讓他們自相殘殺。看似無所不能，這些超級畫商其實楚歌四起；部分是市場使然，部分是時間的考驗：畫廊流露的總是畫廊創立人的精神，但這種精神難以傳承。四大天王中三位有成年子嗣接班或是準備如此，但子承父業能不能發揚光大也難講；高古軒沒有兒女，因此他建立起的全球最強畫廊一時沒有接班人，這個弱點他的強敵看在眼裡。

當代藝術中最正面的跡象可能是，過去一百五十年的藝術銷售變化，並不如人以為的那麼多。超級畫商與十九世紀或二十世紀初的歐洲同儕到底有多不同？捧紅印象派（Impressionism）的藝術經紀人保羅．杜朗－魯耶（Paul Durand-Ruel）銷售一八七〇年代以後的挑戰性新藝術；一個世代之後安布魯瓦茲．沃拉德（Ambroise Vollard）與比他又晚一個世代的丹尼爾－亨利．康威勒（Daniel- Henry Kahnweiler）也代表新起的藝術家，以耐心、熱情、韌性、關愛與手段長期加以培植，他們的技巧跟今天的畫商所使用的並無二致。

到十九世紀末期時，新奇的地方在於是誰買了哪位畫商經手的畫作。光顧畫家不流行了，新富買畫是要顯示他們的財力；他們展示收藏品後原創藝術家可能一夕爆紅。藝術交易商也成了守門人，看守、處理誰有特權購買某某大師的下一項作品。交易商跟他代表的藝術家一樣，都成了品牌。收藏家購買品牌，買來的藝術品隨著時間價格、名氣都極可能雙漲。到頭來，藏家基於畫商品牌而購買的成分可能還多過藝術家。

在名氣響噹噹的畫商當中，跟這個話題最有關的故事非約瑟夫・杜文（Joseph Duveen）莫屬。跟高古軒一樣，這位日後封爵的畫商打進了美國新實業家的豪門，讓他們甘願付天價買下十八世紀前古典大師（Old Masters）的作品。他的名言是：「歐洲有一堆藝術，而美國有一堆錢。」另外一句是：「當你為無價之寶付出高價，其實是撿到便宜。」高古軒不諱言杜文是他的榜樣。一位訪客在高古軒家中看到塞繆・伯曼（S. N. Behrman）寫的一套四冊的《杜文傳記》，另外一位訪客在高古軒把這套書拿給他看時，脫口問道：「你都看了嗎？」高古軒臉色一沉，說：「我不是自己讀過，也不會拿給你看！」

杜文於一九三九年去世。同年，納粹威脅迫在眉睫，藝術品收藏家佩姬・古根漢開始在巴黎一日一購。一年之後，納粹兵臨城下，她將自己的新藏品運到法國南部。一九四一年夏天她前往紐約，一年後，她在西五十七街三十號租了一個展覽空間，取名為「本世紀藝術畫廊」（Art of This Century），把四間房間中的三間改造成一所美術館，在那裡展出超現實（Surrealist）、立體主義（Cubist）和抽象藝術（Abstract art）。最後一間房間的用途是商業畫廊，在此她展示了前途被看好的藝術家的作品，當中一位便是傑克森・波拉克（Jackson Pollock）。

戰爭結束時，她決定回到歐洲，打算把大部分畫作帶到歐洲。她打電話給畫商貝蒂・帕森斯，看看她是否願意接收她留下的東西，帕森斯這時剛剛在五十七街開設了自己的畫廊。

PART 1

MIRACLE ON 57 TH STREET

五十七街的奇蹟

1947-1979

Chapter 1

Before Downtown

紐約先鋒畫廊

1947-1957

一九四七年春，紐約藝術圈兩位優雅名媛見面，決定了畫家波拉克的命運。[1] 佩姬．古根漢與畫家丈夫馬克斯．恩斯特（Max Ernst）於一九四一年七月經由里斯本離開歐洲後，在紐約西五十七街開設畫廊。[2] 如今與恩斯特離婚終於確定，多金而善變的她也打算關閉她的本紀藝術畫廊回歐洲。[3] 畫廊受注目她芳心大悅，但她對日復一日地坐鎮小畫廊感到厭倦，渴望回到威尼斯。如今戰後和平，便可如願以償。只有幾件事還沒理出頭緒，其中之一就是波拉克在畫廊的命運問題。

另一位名媛是貝蒂．帕森斯。她出生紐約豪門，家族在曼哈頓、新港、棕櫚灘與巴黎之間生活。[4] 後來家道中落，一九三〇年代經濟大恐慌時期父母家業盡付東流，前夫的贍養費也沒了著落。一九四六年九月她在東五十七街十五號開設了自己的畫廊，離古根漢畫廊只隔半條街。畫廊的五千五百美元資金，部分來自貴族女校沙班（Chapin）的同學，她們自稱是「卡婷卡幫」（Katinkas）——帕森斯這些閨蜜出身不凡，她們的夫婿在大恐慌時也設法保住了錢財。[5]

除波拉克外，古根漢代理的諸藝術家在新安排下，只需從第五十七街那一頭遷到另外一頭的帕森斯畫廊；[6]這樣的安排正中他們的下懷，古根漢也不打算從中作梗。帕森斯事後說：「他們選擇了我，藝術家們想到我的畫廊來。巴尼（Barney——巴尼特·紐曼〔Barnett Newman〕的暱稱）來找我，說『我們想到妳的畫廊』。我說『好，沒問題。』」[7]他們要加入帕森斯已經代理的藝術家行列——艾德·萊茵哈特（Ad Reinhardt）、漢斯·霍夫曼（Hans Hofmann）、馬克·羅斯科和克利福德·史迪爾（Clyfford Still）——二戰後新藝術的耀眼明星，他們的藝術表現形式也就是後來通稱的抽象表現主義。

波拉克也是古根漢旗下的藝術家，但他處理畫廊代理的事就謹慎多了。他生活艱困，有時甚至得打雜工維生，曾窮到有次在美術用品店裡順手牽羊。[8]一九四三年波拉克與古根漢簽約後生活改觀。古根漢每月給他一百五十美元津貼，後來提高到三百美元。古根漢也不是做慈善，津貼增加一倍後，她也從賣掉的波拉克畫作中回饋自己，搞到波拉克每年只能選一幅畫照自己的意思保留或出售。紐約現代藝術博物館（MoMA，亦譯為紐約現代美術館）以六百美元的價格買了波拉克的〈女狼人〉（*She-Wolf*），其他博物館、美術館和私人收藏家也開始購買他的作品，然而，很多畫作仍然賣不出去。

帕森斯對接收波拉克的感覺複雜。她對津貼之事很猶豫；儘管銷售日佳，但前景仍然不定。波拉克是一個狂蕩不羈的人，帕森斯見過他在市區聚會上喝得爛醉、自吹自擂、跟人找碴、打架。然而她也對波拉克充滿好奇，曾形容他的畫「充滿生命活力、龐大感」。波拉克的情緒來得快，「他讓你哀傷，即使快樂時也讓你想哭……，你永遠不知他是要親吻你的手還是要拿東西砸你。」[9]帕森斯勉強接納他；波拉克作品售出的話她會支付古根漢佣金，但對津貼之事她不讓步。

古根漢同意了，可能她也沒有其他選擇；根據藝評鐸爾．艾希頓（Dore Ashton）的說法，紐約也只有帕森斯敢接收波拉克。[10]

古根漢說，帕森斯近期若為波拉克辦一場個展，她願意繼續支付波拉克津貼。[11]她在前往威尼斯運河濱別墅前，送出她了所藏的十八張波拉克的作品，日後也悔恨不已。[12]

帕森斯與古根漢達成協議後的某日，帕森斯與異性知己巴尼特．紐曼驅車前往長島東端拜訪波拉克及其妻子李．克拉斯納（Lee Krasner），並在那過夜。[13]波拉克為了走避紐約的喧囂，在泉市（Springs）買下一棟小農舍。克拉斯納畫抽象畫，兩人的作品一同掛在牆上，都很出色。但帕森斯的注意力全被拉到波拉克的作品上。紐曼這時仍是個無關痛癢的藝術家，次年才以〈Onement I〉——畫面上，他稱之為「拉鍊」的垂直線條切割出平坦的色塊，名聲大噪。[14]

那天下午四人談的是波拉克的新作。屋後工作室的地板上，躺著剛剛攤開的畫布，他在畫布上倒油漆、畫圈圈；圖形有些用筆刷刷出來、有些從顏料罐直接倒出來，彷彿在指揮只有自己才能聽見的音樂演出。帕森斯很興奮但也守分寸，不給藝術家出主意，賓主只同意明年一月要舉辦波拉克首展。帕森斯對待旗下藝術家的名言是：「我給他們牆面，他們負責其餘。」[15]

晚餐後，波拉克夫婦和兩位客人像孩子一樣坐在地板上，波拉克拿著日本畫筆使力揮灑。[16]他壓得太用力，連著用壞了幾枝筆。儘管如此，他的第一批畫仍很細緻。接下來他轉為憤怒，畫面開始變得尖銳。他有兩年的戒酒期，此刻酒還喝得凶；但就算是晚波拉克大喝特喝，帕森斯事過也絕口不提。次日醒來他又是好漢一條，彷彿從未被不快的情緒籠罩過。

帕森斯策劃的波拉克首展業績令人失望。這些以「滴畫」新風格呈現的作品人看不懂；儘管開價只要一百五十美元，十七幅畫作中只賣出一幅——經克拉斯納安排，被古根漢的分手戀人比爾．戴維斯（Bill Davis）買走。[17]根據古根漢與帕森斯的合約條款，利潤歸給古根漢。

仍而，在那些香菸味繚繞、擠滿人潮的展廳中，矗立的是一九四八年前後的紐約藝術世界：幾十位態度認真卻阮囊羞澀的藝術家，有的以市區沒有熱水的狹小畫室為家；也許有八位畫商出席，多半在第五十七街有畫廊；還有就是以紐約現代藝術博物館第一任館長小阿爾弗雷德．巴爾（Alfred H. Barr Jr.）為首的一些收藏家。巴爾是美國現代畫壇最有影響力的人之一，他的同事、紐約現代藝術博物館先驅策展人多蘿西．密勒（Dorothy Miller）也在場。他們論畫，也對帕森斯的新畫廊評頭論足。畫廊有著光潔的白牆，上蠟的木頭地板，與過去畫廊裡盡是華麗地毯、地毯上擺放高雅沙發、牆面貼木條，充滿恬適氣氛的畫廊，大異其趣，是一種嶄新藝術的外觀。

對這些旋即被稱為「紐約畫派」畫家——藝術家兼藝評羅伯特・馬瑟韋爾（Robert Motherwell）發明的詞彙——來說，往前的路顯然就是抽象表現主義。[18]它大膽新穎，與歐洲所做的一切迥然有別。但抽象表現主義究竟是什麼？很難說，因為創作大抵各吹各的調。與這些藝術家一同走過這動盪時代的抽象表現主義藝評家、歷史學家艾爾文・山德勒（Irving Sandler），在六十年後指出：他們有共識的是都知道自己不想做什麼；他說：「組合這些人的是一種『否定』的態度；**不是**立體主義、**不是**超現實主義、**不是**幾何型的抽象；他們對這些『主義』（isms）沒有強烈的感受；他們的時刻是二戰，要找一種更悲劇性的人生態度，促使他們把焦點放在他們戰後的不適情緒上。」

每個流派的「主義」都是對在它之前的「主義」的反動：超現實主義為抽象表現主義藝術家所揚棄，部分原因是它是歐洲的。在一九二四年的〈超現實主義宣言〉（*Surrealist Manifesto*）中，安德烈・布雷頓（André Breton）與其門徒宣布，藝術的使命是解開潛意識的捆鎖，從而挑戰之前達達主義（Dadaism）中刻意的荒謬。超現實主義畫家薩爾瓦多・達利（Salvador Dalí）、胡安・米羅（Joan Miró）、雷內・馬格利特（René Magritte）都曾嘗試過像有如扶乩或通靈般的「自動」寫作或繪畫，通過夢境般的場景尋求最終極的意義。戰爭叫這一切停下來；沒有絕對的真理、沒有可以安慰人的迷思，藝術家必須自己去面對生活中嚴酷的現實。

抽象表現主義藝術家繪畫是發自本能，相信自己的直覺。這些用強烈的筆觸表現自己的人被評論家哈羅德·羅森伯格（Harold Rosenberg）稱為「行動畫家」（action painters）。其中包括威廉·德庫寧（Willem de Kooning），菲利普·葛斯登，弗朗茲·克萊恩（Franz Kline）和波洛克。[19]以及那些用更安寧色域的則成為「色域畫家」（color field painters）：馬克·羅斯科、巴尼特·紐曼和克利福德·史迪爾，以及羅森伯格指定的關鍵人物——克萊門特·格林伯格（Clement Greenberg）。[20]色域畫家是一個更具冥想性的團體，但與行動畫家一樣，都是以個人對抗世界，追求更崇高的理想。

前述兩派都屬紐約畫派。紐約畫派中的女性不多，其中一位海倫·弗蘭肯塔勒（Helen Frankenthaler），她是馬瑟韋爾的太太。她是色域畫派的先驅，受到波拉克影響，用的是「浸泡染色」技巧，將畫布鋪在地板上，上面蓋滿用松節油稀釋的水彩潑灑，營造出半透明的抽象圖畫。瓊·米契兒（Joan Mitchell）是一位行動畫家，她的大幅風景抽象畫往往充滿死亡與憂鬱的象徵。第二代抽象表現畫家格蕾絲·哈蒂根（Grace Hartigan）受到普普文化啟發，創作的是有姿態動感的繪畫，色彩濃烈。[21]克拉斯納也是一位抽象表現主義畫家，要擺脫丈夫的陰影，奮鬥多年才樹立起自己的繪畫地位。除了這些寥寥無幾的佼佼者外，抽象表現主義繪畫領域的女藝術家可以討論的並不多：即使在打破規範的抽象表現主義藝術領域中，稱霸的仍舊是男性。

紐約最負盛名的一位交易商若要攪局，古根漢和帕森斯就不可能展示任何一位開始走紅的藝術家。野獸派大師馬蒂斯最小的孫子皮耶．馬蒂斯（Pierre Matisse）雄踞在東五十七街四十一號；他若心儀哪位抽象表現主義藝術家，都有實力和人脈簽下，但偏偏他沒有一個喜歡。對他這一代的藝術鑑賞家來說，好的藝術就是歐洲的藝術。他無心插柳，卻催生了即將席捲全球的抽象藝術。推廣的責任落在一小批畫商的肩上，其中之一是來去如旋風的費城佬查爾斯．伊根（Charles Egan）。伊根沒有受過正規的藝術訓練，但在市中心華爾道夫咖啡館（Waldorf Cafeteria）雅集的藝術家圈子中很受歡迎，大家都鼓勵他在五十七街自己開畫廊。

德庫寧也是咖啡館的常客。一九四八年四月，在他四十四歲那年，伊根為他舉辦首展。他畫了一系列的黑白繪畫，山德勒稱他為「所處世代最有影響力藝術家之一」。荷蘭出生的德庫寧是在鹿特丹長大的勞動階級，與大多數美國藝術家不同的是，他曾在一家裝潢設計公司當過學徒、曾泡在新藝術運動（Art Nouveau）中。一九二六年他偷渡到紐約，從事商業廣告活動養活自己，經濟大恐慌時期也做過公共事業振興署（WPA）的畫師。因對藝術執著，三〇年代末期仍一貧如洗。

二戰爆發之際，歐洲局勢不安，一批志同道合的藝術愛好者來到紐約，德庫寧交往的圈子因而擴大，與馬塞爾・杜象（Marcel Duchamp）、馬克・夏卡爾（Marc Chagall）和布雷頓等人時相過從。德庫寧四〇年代初期的作品中常常出現憂鬱的具象人物，後來肆意揮灑的構圖逐漸取而代之。

德庫寧和他活潑熱情的妻子伊蓮（Elaine）經常在西二十二街住所招待同行。這些人欽佩德庫寧不斷力求突破，然而最受矚目的還是波拉克；魁梧的波拉克是懷俄明州人，他的具象繪畫在蛻變邊緣，四十五歲上下名氣就開始響噹噹。德庫寧這時只展過屈指可數的團體展，正如馬可・史蒂文斯（Mark Stevens）和安娜琳・斯旺（Annalyn Swan）在他們的巨著《德庫寧：一位美國大師》（*De Kooning: An American Master*）中所指出，他參加了一九四五年十月古根漢畫廊的秋季沙龍聯展，但「與波拉克叫好不叫座的成功相比，德庫寧不足為道；四〇年代中期、已經四十歲，德庫寧只向他紐約友人與粉絲圈之外的一名收藏家賣出一幅畫。」[22]

一九四八年在伊根畫廊的展覽中，德庫寧開始叫人另眼相看，但十幅訂價在三百到兩千美元之間的畫作仍乏人問津。[23]這一點伊根可能要付部分責任。他是個好酒之徒，私生活有些欠檢點；一九四八年秋天他還代理德庫寧，卻跟他太太伊蓮打得火熱；即使是在愛來愛去的紐約市中心藝術圈，這也有點太過分。[24]

帕森斯從未當過德庫寧的經紀人；代理他的殊榮落在詹尼斯身上，但在四〇年代末、五〇年代初的關鍵時刻，帕森斯幾乎一網打盡，抽象表現主義的強棒幾乎都由她代理，也是這些強棒使當代藝術的風貌丕變。

帕森斯對激進藝術的熱情來得很早。十三歲時她陪伴父母前往二十五、二十六街之間的萊辛頓大道，參加一項開創性的國際現代藝術展（International Exhibition of Modern Art），後世慣稱為《一九一三年軍械庫大展》（Armory Show of 1913）。這是她首次親睹印象派和後印象派藝術（Post-impressionism），看到了畢卡索、喬治・布拉克（Georges Braque）的早期立體派繪畫，以及杜象的〈下樓的裸女二號〉（*Nude Descending a Stair, No. 2*）等等。帕森斯神往不已，決心要當藝術家。一九八二年她去世後三十多年，畫廊和策展人仍在討論她的藝術創作是否一流，但作為畫商，她注定在最偉大之列——也許是一九五〇年代初到中期最偉大的人物。

帕森斯的父母在一九一〇年代末離婚，她和兩個姐妹被送到她家財萬貫的祖父約翰・弗里德里希（John Friederich）將軍那裡。[25]帕森斯去讀沙班貴族私校，往往打扮得像個小男生、沒有半點女人味。這點招致祖父的不滿與責備，懷疑帕森斯自己可能已經心知肚明的：她是個女同志。

帕森斯嫁給比她大十歲的世家子舒勒・帕森斯（Schuyler Livingston Parsons）後，妻以夫貴。但好景不常；先生是社會名流，但也是個花花公子和同性戀。[26]這對夫妻才到歐洲度蜜月沒多久，婚姻就亮起紅燈；新郎對她頤指氣使，帕森斯憤而反抗。一九二三年她在定居的巴黎提出離婚要求，生活由前夫付的贍養費負擔，同時她的藝術生涯也打開了第一頁。

帕森斯這時二十四歲，身材瘦削如男孩，敢主動打電話給巴黎的藝術家、作家自我介紹，不久之後她的生活圈就出現了藝術家亞歷山大·考爾德、曼·雷（Man Ray）、社交名流藝術家杰拉德·墨菲（Gerald Murphy）和他受眾人仰慕的妻子莎拉（Sara），以及作家哈特·克蘭（Hart Crane）等人。她還跟巴黎幾位最出名的女同志交友，例如《紐約客》（*New Yorker*）的珍妮特·弗蘭納（Janet Flanner）、書店老闆席爾亞·比奇（Sylvia Beach）以及性向讓人猜疑的葛楚·斯坦（Gertrude Stein）和愛麗絲·托卡斯（Alice B. Toklas）。

經濟大恐慌對帕森斯似乎遠在天邊，一直到贍養費戛然而止，她才感到事態嚴重。祖父臨終取消了她的繼承權，更是雪上加霜。絕望之餘，她一九三三年七月毅然決然帶著愛犬回到紐約，然後西進洛杉磯。洛杉磯的好友堅持要她住在那裡，直到她待膩。沙班姐妹淘替她付帳單，鼓勵她畫人像、教美術維生。[27]

帕森斯的性向模稜兩可讓洛杉磯友儕好奇不已。在洛杉磯經常有不醉不歸的派對，幽默作家羅伯特·班克利（Robert Benchley）、女演員塔盧拉·班克黑德（Tallulah Bankhead）和犀利的作家桃樂西·帕克（Dorothy Parker）常是座上賓。對於帕森斯來說，最吸引人的新朋友是影星葛麗泰·嘉寶（Greta Garbo）；儘管她本人從未坦誠，大家都猜她是女同志。幾十年後有人問起她們兩人是否性伴侶，帕森斯圓滑回答：「她非常漂亮，我非常迷她。但是她當然很忙，我也很忙。」[28]

在洛杉磯給酒國朋友上了兩年的繪畫課後，帕森斯賣掉了訂婚戒指，籌錢回紐約；美國現代派畫家斯圖爾特·戴維斯（Stuart Davis）願意資助她購買頭等艙火車票；戴維斯甚至曾向她求婚。[29]（她拒絕了。）剛回紐約，沒有門路，她鼓起勇氣將把自己的作品給小畫商艾倫·格魯斯金（Alan Gruskin）看。[30]萬萬沒想到的是，他為她辦了一次個展。

畫廊快擠爆了，帕森斯的作品賣給了紐約名人，包括「阿岡昆圓桌會議」（Algonquin Round Table）的成員。格魯斯金建議帕森斯繼續在他的中城畫廊（Midtown Galleries）售畫賺取佣金——反正她有自己的客戶群。對如今已三十多歲的帕森斯來說，這是她第一份真正的工作，她也感到終於找到人生對她的呼喚。

只不過這份工作很短暫，帕森斯搬到東五十五街的韋克菲爾德書店（Wakefield Bookshop）地下室，在那裡建立起自己的畫廊，手上有自己的藝術家名單，包括索爾·斯坦伯格（Saul Steinberg）、赫達·斯特恩（Hedda Sterne）與約瑟夫·康奈爾（Joseph Cornell）。[31]她的下一站是東五十七街英國商人莫蒂默·柏蘭特（Mortimer Brandt）的展覽空間；一九四六年九月下旬柏蘭特回英國，那裡就成了帕森斯畫廊。[32]

波拉克一九四九年初在帕森斯畫廊舉行第二次個展，備受矚目，部分原因是之前古根漢運用關係在威尼斯雙年展（Venice Biennale）上展出六幅波拉克的畫，而威尼斯雙年展是歐洲最負盛名和最古老的藝展，早在一八九五年就成立。[33]波拉克在帕森斯畫廊的展覽，三十幅畫賣掉了九幅。

從大約一九四七到一九四九年僅僅一年多的時間，帕森斯旗下的頂尖藝術家幾乎個個都找到自我風格，成為這一時期的要角。羅斯科創作了他的第一批「多形式」繪畫，柔和的長方色塊在單色背景襯托下看起來幾乎在跳動；史迪爾用調色刀在素描圖像上厚厚地上色，製造出色彩對比強烈的鋸齒色塊；紐曼創作了他的第一幅「拉鍊」畫。至於波拉克，一九四九年十一月在帕森斯畫廊的第三場個展把他推到一個全新的高度，二十七幅畫幾乎銷售一空。展出時滿室人潮，仰慕者包括德庫寧。他注意到參觀者當中不乏闊綽的未來客戶，說出那句名言：「這些都是大人物！波拉克破冰而出了！」[34]帕森斯欣喜異常，把羅斯科、史迪爾、紐曼和波拉克稱作她的「四騎士」。

四騎士對帕森斯為他們辦展和佳評如潮非常滿意，但不懂她為什麼要壓低畫價？[35]帕森斯即使在鼓勵他們畫更大尺寸的畫——這也是她對藝術的主要貢獻之一，也還是不同意一張畫超過一千美元。他們也抱怨帕森斯為何不斷代理更多的藝術家？新人沒有一個能像四騎士一樣烘托她的名氣。

帕森斯去世數十年後，她提攜女性藝術家和同性戀藝術家備受稱揚，她默默利用自己的影響力來幫助軀殼裡裹著同樣靈魂的人。[36]只是彼時的努力在當年不被稱賞。她對四騎士的一一警告也聽之藐藐；最後，在一九五一年初的一個晚餐場合，他們集體發難，揚言：帕森斯若不甩掉二流畫家，全心放在他們身上，他們就將揚長而去。摯友紐曼懇求她善用他們蒸蒸日上的名氣，對她說：「我們會讓妳成為全球最重要的畫商。」帕森斯勃然大怒，堅持不願丟棄其餘的人。[37]

因此，帕森斯旗下的頂尖藝術家就真的相繼離開。紐曼和史迪爾在接下來的幾年裡半遁隱地獨立創作。[38]波拉克和羅斯科則投效這時已在第五十七街竄起的詹尼斯；波拉克一九五二年離開帕森斯，羅斯科則在一九五四年。詹尼斯不久前才分租下帕森斯在東五十七街十五號部分空間，他們兩人僅距幾步之遙。帕森斯火冒三丈，內心也非常受傷。

公認詹尼斯比帕森斯更會做生意，畢竟，他是有兩個口袋的襯衫的發明人，已經是有錢人。詹尼斯也深愛藝術、崇拜藝術家，但對藝術雖有熱情，賺錢還是排第一。

像帕森斯一樣，詹尼斯早年就接觸過藝術。他的啟蒙地是水牛城的奧爾布萊特美術館（Albright Art Gallery），這間美術館後來也榮登全美最佳小型博物館之列。他的兄長馬丁（Martin）擁有連鎖鞋店，詹尼斯從海軍退役後就替馬丁做事。這份工作很沉悶，但兄弟需要經常出差到紐約。在紐約一個派對上，詹尼斯遇到了他未來的妻子哈麗特（Harriet），她出身成衣商家族，詹尼斯也很快地從鞋品轉行到做襯衫的行業。[39]實業家精神的催動下，他設計了一款有兩個口袋的男士襯衫；問世後，需求龐大，尤其是在炎熱的南方。南方的男士喜歡脫掉西裝外套，但希望鋼筆和眼鏡還是能夠隨手拿到。沒多久，詹尼斯就富有到可以盡情徜徉在他愛好的藝術裡。

二〇年代晚期，詹尼斯夫婦前往巴黎，展開他們生平首次的藝術品採購之旅。畢卡索是他們的最愛，愛到一個程度，以至於曾在一九三二年在巴黎的喬治珀蒂畫廊（Galerie Georges Petit）排隊鵠候，觀賞畢卡索的首次回顧展。令他們失望的是，畢卡索並未露面。

次日，詹尼斯夫婦在畫廊前看到一名個頭不高的人正被滔滔不絕的人潮包圍。詹尼斯對妻子小聲說道：「是畢卡索。」因為離畢卡索很近，畢卡索聽到有人提他的名字，便問詹尼斯說：「你們兩個美國人到巴黎做什麼？」

詹尼斯說他們原本希望在開幕式上見到他。畢卡索看了他們一眼，說：「你們會在這裡多久？」

「還會留一天。」詹尼斯回答。

畢卡索猶豫半晌，說：「好吧，你們現在若有空，到我畫室來。」

上了樓，畢卡索邀請這對年輕夫婦在堆滿繪畫的畫室參觀，然後逕自工作去了。詹尼斯看到一張他和哈麗特都喜歡的小畫，是坐著的雙面人物；心想：這個他們一定負擔得起。

畢卡索答應賣，說：「這張不錯，五千美元賣給你。」

詹尼斯大吃一驚，囁嚅道：「我想我們負擔不起。」

畢卡索心情不錯，他顯然很喜歡哈麗特，也喜歡詹尼斯；穿著體面的詹尼斯打了一條領帶，畢卡索好像迷上這條領帶。他問：「多少你出得起？」

詹尼斯給出了一個較低的數字，畢卡索首肯。他謹慎地在畫上簽了名，解釋說：「我得把它放在火爐上晾乾。晚上帶錢來，那時可以拿走。」

幾小時後，詹尼斯夫婦回來了，口袋裡裝滿了法國法郎。畢卡索一臉孩子氣的笑容開門歡迎他們；他也特別打上一條漂亮領帶，還拿起領帶跟詹尼斯的做比較——這是表示志同道合，還是要比個高下？詹尼斯不太確定。一手交錢一手拿貨後，這對年輕的美國夫婦帶著畢卡索的小畫作離去，也從此把餘生都花在藝術上。[40]

一九四八年九月詹尼斯成立畫廊。這年他五十二歲，已經離開襯衫行業，花了近十年的時間研究並撰寫當代藝術。他跟帕森斯分租東五十七街十五號整個五樓的一半空間，後來也在此為波拉克和德庫寧辦展。五樓另外半個樓層由另一位商人塞繆爾・庫茲（Samuel Kootz）承租。和氣的庫茲是美國維吉尼亞州人，跟詹尼斯一樣，多年來也靠紡織業維生。

庫茲的氣魄、眼界皆過人。他在經濟大恐慌和二戰期間，還沒有自己的畫廊前，就曾發表公開信和著書敦促美國藝術家與歐洲劃清界線，創建大膽的新表現形式。一九四二年，他在梅西百貨公司（Macy's department store）辦了一場展示一百九十七幅美國當代繪畫的畫展——當時在梅西出售藝術品跟其他任何物品一樣理所當然。梅西說：「畫展符合梅西百貨的既定政策，訂價盡可能低廉……從二十四．九七美元到二百四十九美元不等。」[41]庫茲是一九四五年接下東五十七街十五號的空間，這是他第一家畫廊，他也因此成為抽象表現藝術的先趨。不過在一關鍵時刻，他的畫廊卻為畢卡索效力——一九四六年庫茲帶著滿箱畢卡索的戰時作品從巴黎回國開畫展，轟動一時。因為太成功了，庫茲索性關掉他的畫廊，讓他位於公園大道四七〇號的公寓成為畢卡索的全球代理場所。[42]這項安排持續了一年，後來庫茲又開了一家新畫廊，這時，大多數首屈一指的抽象表現藝術家不是跟帕森斯，就是跟詹尼斯；詹尼斯也從庫茲手中接下大房東帕森斯的場地。

詹尼斯從歐洲人的最愛開始：費爾南．雷捷（Fernand Léger）豐富多彩的立體主義、羅伯特．德勞內（Robert Delaunay）的幾何圖，另外還有杜象、康斯坦丁．布朗庫西（Constantin Brâncuşi）與皮特．蒙德里安（Piet Mondrian）的作品。[43]他賣出去的不多，積蓄減少；展出約瑟夫．艾爾伯斯（Josef Albers）的嵌套方塊，以及阿希爾．戈爾基（Arshile Gorky）揉合超現實主義與早期抽象表現主義的精彩作品，銷售成績也是幾乎掛零。

詹尼斯這時還未在藝術市場留下印記，但紐約畫派的藝術家注意到他的訂價高出帕森斯。有次在佈展時，詹尼斯注意到門口有個陌生的壯漢對他掛的畫探頭探腦。這個陌生人是波拉克。多年後的詹尼斯回憶說：「我腦子閃過他可能想跟我談談的念頭，但他既然跟了帕森斯，我也不好提出來。」[44]

一九五二年開年，波拉克決定離開帕森斯，但帕森斯姿態嚴峻。她說：「藝術家辦完最後一次展後都要繼續留在我這兒一年，我才能履行一些業務。」波拉克那年冬天也試了另外兩家經紀人，但都不愉快地不了了之。到了四月份，他的妻子失去了耐心，把他拉到詹尼斯畫廊，宣布：「波拉克方便了。」[45]波拉克一九五二年十一月在詹尼斯畫廊的首展吸引了一票粉絲，但十二幅畫中只售出一張，所得一千美元，悉數給了波拉克。

德庫寧的繪畫收入也沒好到哪裡，但一九五〇年，他的一幅脈動十足的畫作〈挖掘〉（*Excavation*）讓他有了突破。他自己表示，他是以一九四九年義大利新寫實主義電影《苦澀的稻米》（*Bitter Rice*）中的耕田婦女的影像為出發點。[46]但有些人在裡頭看到的是：一群城市居民從一挖掘現址的洞孔向外窺探。

換作其他藝術家，可能就會繼續做更多類似〈挖掘〉的作品來取悅藝評家，德庫寧則剛好相反。他一九五〇年開始的〈女人〉（*Woman*）系列，是行動繪畫中最充滿張力的作品，筆觸廣闊強勁，完全是嶄新的血肉色調，畫中人物無疑是個女人——一個令人生畏、甚至會吞噬人的女人。德庫寧自己則提出了另一種解釋：「也許在那一早期階段我就是在畫我內心的女人。女人有時會激怒我。」[47]

德庫寧一九五三年加入詹尼斯畫廊，時年四十九歲，藝術圈知道他的人不多。同年三月詹尼斯辦了他的首次個展；牆上掛著〈女人〉系列，讓人著迷，也同樣讓人反胃。同儕藝術家佩服他在一塊畫布上花好幾個月的時間痛苦地畫個不停，合成了他自成一家的具象與抽象藝術，生活則近乎赤貧。展覽佳評如潮，畫也都賣掉了。白蘭琪·洛克菲勒（Blanchette Rockefeller）買下〈女人二〉（*Woman II*, 1952），後來把它捐給了紐約現代藝術博物館。[48]

詹尼斯和帕森斯將中城藝術家帶到上城銷售，獲得好評。在美國，在戰後當代藝術的萌芽階段，藝術家將成功定義為：一幅畫作售價一千五百美元，而非五百美元。收藏抽象表現藝術的藏家形成一個小圈子，不遺餘力地幫助他們眼中的英雄以歐洲藝術的挑戰者姿態，創造出戰後全新的思潮、全新的表現與市場。這些收藏家中又以本·海勒（Ben Heller）最有膽識。

一九五三年夏天的一個星期五晚上，海勒和妻子開車去東漢普頓（East Hampton）看朋友。海勒那年二十七歲，體型高大、一頭黑髮，喜愛運動。[49]他承襲父蔭，當上家族小型針織公司的總裁，但海勒對此不感興趣，他喜歡的是當代藝術，曾花八千美元買下他收藏的第一幅畫——布拉克的立體派畫作。大約六十五年後回憶這事時，他大笑著說：「我在銀行所有存款是二萬七千美元，花八千美元買一幅畫，我是在幹麼？」[50]

海勒的朋友與一對迷人的夫婦在一起——卡斯特里和他太太伊蓮娜。他們和海勒夫婦一樣熱愛新藝術，但還不是畫商，更像是玩票的人。[51]卡斯特里在下城區藝壇被視為「有人脈的玩家和大善人」，並非大咖。[52]四十六歲的卡斯特里的英文帶著一點說不上來是哪裡的歐洲口音，瘦削、衣著高雅、談吐舉止出色。卡斯特里像詹尼斯一樣，過去十年花了很多時間學習藝術；他也與海勒一樣，有個開成衣廠的岳父，而他在紡織廠裡當經理。

沒多久波拉克就成為兩對夫婦的話題。總是有一些新事可談，例如他又在雪松酒館喝醉甚或是揮拳打架；海勒聽得津津有味，對波拉克畫的作品也同樣好奇，甚至可能考慮購買。卡斯特里知道如何找到他嗎？卡斯特里催促海勒直接打電話給波拉克；經過一番猶豫，海勒照辦了。[53]

海勒夫婦沒多久就開車到東漢普頓鄉間松林茂密的泉市，來到波拉克的木造農舍前；海勒對波拉克可能唐突的回應已有心理準備；波拉克好勇鬥狠眾所周知，然而，當波拉克讓海勒夫婦進門時似乎收斂得很。

午後的聊天一直延伸到晚餐；波拉克在廚房木板餐桌旁啜飲，克拉斯納則在一旁做飯。波拉克的兩年戒酒期已在一九五〇年十一月二十日結束，此後他的創作也下降了，但是那天晚上，波拉克似乎一切都掌控裕如，甚至相當內斂。

波拉克終於邀請海勒夫婦到他儲藏小屋改成的畫室裡。幾幅成品沿著屋子的一側擺放開來。海勒對最大幅的作品驚訝萬分——它們更像是壁畫而非一般繪畫。他知道波拉克會為早期的滴畫作品下數字標題——每年新年都從一重新開始。波拉克離開帕森斯讓詹尼斯擔任他的交易商之後，聽從後者建議，以出眾的題目為新作品命名，例如〈秋韻〉（*Autumn Rhythm*）與〈藍桿〉（*Blue Poles*），這幅類似壁畫的〈一：三十一號〉（*One: Number 31*）顯然是之前的舊作。[54]

海勒不好意思問波拉克是否可以把那張大畫賣給他。次日海勒夫婦又回到波拉克的農舍，不過他們看到的是克拉斯納在她窄小的臥室／工作室裡，波拉克在後面。海勒趁機問克拉斯納：波拉克會不會把〈一：三十一號〉賣給他？

克拉斯納說：「我不會賣，但你要問他。」[55]

接下來的可能是後人踵事添華。詹尼斯的兒子卡洛爾（Carroll）說，根據現代藝術博物館的內部文件，〈一：三十一號〉在一九五〇年完成，帕森斯想以三千美元出售，但賣不掉；當波拉克轉到詹尼斯旗下，「我父親在（波拉克）的第一場個展展它時標價略高於三千美元。沒人買走，它就又回到了波拉克的畫室」。

在畫室那裡，海勒緊張地問波拉克會不會賣給他〈一：三十一號〉，波拉克眼睛一亮，說：「當然。多少？」

海勒說：「我不想討價還價。」他知道波拉克賣掉一幅大畫價格至少是八千美元，這在一九五三年夏天是非常可觀的數目。海勒說：「我很樂意出八千美元買下這張大畫，只是要讓我分期付款。」波拉克欣然同意以四年為期，每年付兩千美元，但有一個條件。

波拉克說：「我送你一張黑白琺瑯畫，這也是交易的一部分。」後來這幅畫被稱為〈一九五二年第六號〉（*No. 6, 1952*）。他說：「這是我們友誼的表示，跟另一幅分開、又截然不同；與價格無關。」[56]在週末結束之前，海勒也同意購買另一幅畫作〈回聲〉（*Echo*）。

海勒樂死了。現在，他要做的就把〈一：三十一號〉運到他紐約上西區河濱大道二八〇號的公寓中。這真是項挑戰：畫布高約九英尺、寬十八英尺。[57]波拉克幫忙捲畫作；這也是海勒自己不敢嘗試的冒險——畫上堆了那麼多油漆顏料。波拉克親自押畫，跟卡車一起把畫送到公寓。兩個大男人像搬捲起的地毯一樣將它搬運到大樓的大廳，然後試圖擠進電梯。運氣不好：電梯就是容納不下這幅九英尺高的畫。

還是友善的管理員想出解決方案：降低電梯，波拉克和海勒爬上電梯廂的頂部、一人站一邊夾好捲起的大畫，伸進電梯的井道。管理員留在電梯裡按下海勒所住的樓層按鈕，於是，電梯就載著這貴重的貨品上升了。

但事情還沒完。海勒的客廳天花板短了幾英寸，無法讓畫展開掛起來。他們兩個人不顧一切地將畫的頂部直接釘在天花板上，距牆壁幾英寸，然後在角落處再次用釘子釘住，就好像在貼壁紙一樣。波拉克沒有異議；是他親自將畫釘在天花板上。

隨著波拉克和羅斯科「移情別戀」，帕森斯也不得不接受她旗下另兩名騎士史迪爾和紐曼的離開；他們不是投效詹尼斯，而是開拓自己還不清楚的道路，遠離商業畫廊。

跟著詹尼斯的德庫寧此時受到城市生活光怪陸離低俗面向的吸引，畫作內容正如他幾幅作品名稱所暗示：〈街角事件〉（*Street Corner Incident*）和〈哥譚新聞〉（*Gotham News*）。他剛完成的一幅作品叫〈互換〉（*Interchange*），這紅、白、黃的拼圖從某方面來看，似乎是他的〈女人〉系列延續的新作。[58]好萊塢大亨大衛．葛芬（David Geffen）二〇一五年拍賣了兩幅收藏，當中一幅就是它，售價五億美元；另一幅是波拉克的〈第十七A號〉（*Number 17A*），兩幅畫一起被芝加哥避險基金大亨肯．格里芬（Ken Griffin）買走，這項藝術史上的銷售紀錄過了好一陣子才有人打破。

四騎士離她而去後，帕森斯亟需羅致新的藝術家。為此，她去了巴黎，經過口耳相傳，她結識了年輕、籍籍無名的美國藝術家艾爾斯沃茲．凱利（Ellsworth Kelly）。凱利從大自然看到的形狀中——從樹葉到穀倉壁板等看似簡單的圖形，加以發揮；他認識帕森斯時，正在更進一步簡化簡單的幾何形狀，也就是日後被稱為「硬邊抽象」的藝術——每個形狀都沐浴在一片大膽的原色中，顯示色塊如何在空間裡移動與相互影響。日後他被選為二十世紀下半葉最偉大的藝術家之一，但在一九五四年他只是多如過江之鯽的才子之一。受惠於《美國軍人權利法案》（*GI Bill*），他在巴黎美術學院（École des Beaux-Arts）學習兩年之後，正在盤算著接下來何去何從。他和同儕藝術家傑克．楊格曼（Jack Youngerman）成為知己。他曾說：「我覺得有一種不拘流派的卓越畫風發自凱利；藝術需要某種程度的個人特色，具備一種可以讓人看、讓人談的新鮮感；我在他身上感受到這種特質。」凱利和楊格曼兩人都被推薦給帕森斯。[59]

帕森斯到美術學院來找這兩位藝術家。所看到的令她芳心大悅，遂向兩人開出同樣的條件：到紐約來，由她來代表。凱利一九五四年來到，楊格曼則繼續在巴黎住了一段時間，但帕森斯的話一直盤旋在他的腦海中──「如果想展出，必須搬到紐約。」

楊格曼與黎巴嫩出生的法國妻子、有抱負的女演員黛芬．賽赫意（Delphine Seyrig）一起，帶著他們的剛出生不久的兒子來到美國。凱利在曼哈頓碼頭歡迎他們，將他們帶到南街海港附近康堤（Coenties Slip）區一處棲身之地；十年來，若干一流藝術家不是已經入住，就是以後陸續入住這個可以俯瞰東河全景的荒廢公寓樓層裡。

康堤原是狹長的人工小港，供載貨從東河駛往前街的木帆船停靠。[60]一八三〇年代港口被填滿後便乏人問津；後來城市開拓先鋒相繼到此，以危樓（有的沒有熱水、暖氣、淋浴間或浴缸）為家；在五〇年代中期，你住在這樣的地方，就代表你是藝術家，其實真正將他們聯繫在一起的是他們如何生活、居住何地，它是紐約第一個工業空間裡的藝術家社區。[61]

凱利帶著楊格曼到那裡看房時，自己住在三之五號。不久，楊格曼就住進二十七號，一棟五層樓的荷蘭式磚房，整棟樓的房租是每月一百五十美元。他們保留了前人用來製作和修補船帆的頂樓和閣樓，其他樓層出租給其他藝術家。艾格尼絲．馬丁（Agnes Martin）在一樓，她的網格形式高度結構化的抽象畫，日後揚名全球畫壇。

畫家只付象徵性租金就享有光線、寧靜、空間和河景，當然對此熱愛不已。偶爾他們會相聚一堂共進晚餐或是在初雪中散步；楊格曼一九五八年拍攝過的一張合照，留下萊諾．托尼（Lenore Tawney）、羅伯特．印第安納（Robert Indiana）、凱利和馬丁等人在積雪覆蓋的大地上的合影。[62]

但大部分時間，藝術家獨自生活和工作，正如後來馬丁所說的：「我們都不至於笨到不了解彼此也需要獨處。」

在距康堤幾步之遙的地方，也有三位畫家即將改變美國當代藝術的發展方向。羅森伯格和瓊斯住在同一棟樓裡，塞．湯伯利（Cy Twombly）也住在附近。楊格曼有天晚上到羅森伯格的樓層拜訪，看到湯伯利和瓊斯在為奢華品牌本德爾（Henri Bendel）或蒂芙尼（Tiffany & Co.）的櫥窗展示切割鋁板；設計由羅森伯格負責，他們做得開心，但也是為生意而做。其實一九五〇年代蒂芙尼的櫥窗設計師吉恩．摩爾（Gene Moore）曾聘請羅森伯格與瓊斯為蒂芙尼珠寶飾件創作一系列非正統的設計。楊格曼來的那天晚上看到湯伯利和瓊斯正在製作。[63]羅森伯格當時可能正在外面洗澡；他住的地方沒有淋浴設備也沒有浴缸。

在下城和上城支持當代藝術的不僅是幾位熱情的經紀人、收藏家和藝評家，博物館、美術館的館長們也很感興趣，一九二九年開始對外開放的紐約現代藝術博物館第一任館長巴爾尤其如此。巴爾夾在現代藝術博物館創辦人與前衛藝評之間，有些左右為難；前者認為應該取得大多數已故藝術家經過時間考驗的作品，後者則批評他接受抽象表現藝術的速度不夠快。[64]一九四三年巴爾的館長職位被撤去，部分原因是董監事認為他支持他們眼中「無足輕重」的藝展，例如一項「原始」藝術家喬．米洛內（Joe Milone）的擦鞋架展。[65]雖然巴爾被降職了，仍留在博物館，依舊可以影響藝術品的採購。

一九五七年，巴爾和他的首席策展人密勒在籌辦一項歐洲展，內容是《新美國繪畫》（*The New American Painting*）。[66]正如題目所表明，美國藝術家現在所做的不僅僅是抽象表現藝術，許多新風貌、新樣式的藝術也八方雲湧，巴爾擬了一份一網打盡的流程圖，隨身攜帶、隨時展示；藝術潮流浮浮沉沉，但不能否認的是，在歐洲以印象派、立體派和超現實主義畫家稱霸世界幾十年之後，美國藝術的力量已經沛然莫之能禦。

這時波拉克已死於車禍，車上的兩名女乘客之一也香消玉殞。在他一九五六年八月去世前幾週，他的妻子克拉斯納獨自來到詹尼斯畫廊，堅持要求詹尼斯提高波拉克作品的價格；他的畫很少，錢又緊。詹尼斯同意將大幅畫作的價格從二千五百美元提高到三千美元。這激怒了一位剛同意向詹尼斯買下波拉克畫作的顧客——居然在提貨前漲價。後來她還是咬牙付出三千美元。波拉克去世幾個月後，詹尼斯聽說她以三萬美元轉手他人。[67]

海勒收藏的波拉克畫作的價值也飆升；未來的走向他看得一清二楚。他說：「有的人先知先覺早行動；藝術會成為有錢人的自我表達方式，波拉克的藝術絕對熱門。」

其實那年秋天，波拉克的死訊仍在下城區的抽象表現藝術圈子裡迴盪，有一天山德勒帶著妻子露西參加格林威治村的一個聚會，時隔六十年之後，露西感覺言猶在耳，她記得有人那天俯身對她說：「嘿，妳聽到這個消息了嗎？卡斯特里要開畫廊了！」

Chapter 2

The Elegant Mr. Castelli

市場龍頭溫文儒雅

1957-1963

卡斯特里是他那個時代的最偉大畫商，但一九五七年二月十日卡斯特里畫廊開幕前夕，從舊世界的角度來看，他還只是個公子哥兒，熱愛藝術卻胸無大志。卡斯特里和他的妻子伊蓮娜（Ileana）用岳父的錢買了幾位歐洲著名藝術家的作品：保羅・克利（Paul Klee）、蒙德里安、尚・杜布菲（Jean Dubuffet）與雷傑（Joseph Fernand Léger）。這些傳家寶和其他畫掛在他東七十七街四號的連棟透天厝中，夫妻倆也在此撫養女兒尼娜（Nina），別墅客廳權充他第一間畫廊。畫廊營運前，卡斯特里常年為岳父效勞，別墅也是岳父的；用美國標準來看，那時四十九歲的卡斯特里是中年無成。他曾說：「一開始對做生意我很難為情，我感覺這甚至不是一份紳士的行當；我有那種歐洲人特有的愚蠢態度。」[1]

不過卡斯特里對當代藝術的了解則令人刮目相

看，程度好到連巴爾都願意擔任他的啟蒙師與指導。[2]五〇年代最重要的藝評家格林伯格教他也不委屈。[3]卡斯特里會說五種語言，對一個公子哥兒來說算是很不錯了。他的衣著考究一向出名，很少人不會注意到他身上穿的 Turnbull & Asser 名牌西裝外套和燙得筆直的灰色毛料西褲，搭配的是愛馬仕（Hermès）領帶和古馳（Gucci）真皮便鞋，對大多數美國人來說，這都還是新鮮事兒。他也總是帶著一本真皮的愛馬仕記事本，用名貴的鋼筆在上面記事情。

佩斯畫廊主人老格里姆徹是卡斯特里數十年的競爭對手，認為卡斯特里眼高於頂。[4]其他畫商、他代理的藝術家、朋友大多認為他內斂而和氣過頭。評論家山德勒對卡斯特里的感覺一直是：即使到頭來不賺不賠，那天他也是成功的；只要他代理的藝術家情況好，他就快樂。山德勒說：「人以為他很有心術，其實他只是深愛藝術市場的一切。」

卡斯特里是匈牙利猶太裔，原名是里奧．克勞茲或克勞斯（Leo Krausz or Krauss），在奧匈帝國遐邇聞名的港都第里雅斯特（Trieste）——後來成為義大利一部分——長大。[5]他父親是殷實的銀行家，家有三子，卡斯特里是其一。第一次世界大戰來臨，舉家遠避到維也納將近四年。卡斯特里倒是感覺這段時間有如田園詩一般：他呼吸維也納的一切藝術，尤其是文學，邊讀文學作品，邊學習德語、英語和法語。

舉家遷回義大利後，卡斯特里一九二四年在米蘭取得法學學位，也在父親幫助下有了一份保險業的工作。他感到無聊，換了一個地方工作——在匈牙利的布加勒斯特（Bucharest），但仍舊是保險業。一九三三年，他在那裡結識並追求富家女伊蓮娜．夏皮拉（Ileana Schapira），兩人結成連理。伊蓮娜的父親是羅馬尼亞富有的實業家。[6]面對反猶太情緒和義大利政府希望人民沿用義大利姓氏，克勞斯家族一九三五年將父姓加上了母姓卡斯特里；歐洲法西斯主義崛起之際，他們捨棄克勞斯（克勞茲）這個字，只留下卡斯特里。卡斯特里曾說，由於他的猶太出身，他特別渴望「與人打成一片」。[7]

一九三三年，卡斯特里從保險業轉到銀行業，從布加勒斯特到了巴黎，帶著新娘，在義大利銀行（Banque d'Italie）工作。在那裡，白天他從事沉悶的工作，晚上則過著夫妻兩人都喜歡的高級社交生活，一切自有岳父米海．夏皮拉（Mihai Schapira）打點。一九三九年初，戰火逼近，夏皮拉舉家遷往蔚藍海岸的坎城（Cannes），卡斯特里夫婦依舊一派樂觀。[8]卡斯特里在旺多姆廣場（Place Vendôme）租了一個店面，與伊蓮娜的裝潢師朋友蕾妮．德魯因（René Drouin）聯手經營超現實藝術及現代家具藝廊。藝廊在一九三九年七月五日開張，一夕成功，部分原因也許是及時行樂派感覺好日子不多。那年九月，法、英對德宣戰，畫廊關門；德魯因加入法軍，卡斯特里帶著妻子和兩歲的女兒到蔚藍海岸，岳父認為全家在這裡才安全。

巴黎在一九四〇年六月淪陷，夏皮拉準備舉家橫渡大西洋。那年十二月，歷經維琪政府當局連番幾乎令人心跳停止的簽證審核手續之後，夏皮拉與卡斯特里一家終於在馬塞爾上船，離開法國。[9]

接下來則是從西班牙經丹吉爾（Tangier）轉古巴，最終駛往紐約的愛麗絲島。卡斯特里全家和岳父都活了下來，但卡斯特里自己的父母不幸遭到匈牙利法西斯箭十字黨（Arrow Cross）的毒手，死於布達佩斯。

一九四一年底，夏皮拉一大家子搬到了紐約東七十七街四號。[10]戰爭持續之際，卡斯特里自願從軍，先是在陸軍野戰砲兵部隊服役，後來是情報單位，最後在布加勒斯特擔任傳譯。還好一九四六年他毫無傷地退伍了。回來前他在巴黎停留，找到安然無恙的德魯因。德魯因甚至把一些瓦西里．康丁斯基（Wassily Kandinsky）的畫作交給他，委託他出售。[11]

回到紐約後，卡斯特里開始了一個似乎是迷失的十年，在岳父的紡織公司做事；也就是在這些年裡，紐約畫派開始興起、壯大，卡斯特里午餐時間和週末都沉浸於當代藝術。他認識了第五十七街所有的畫商，還在紐約畫派在下城區的「俱樂部」出沒。「俱樂部」是紐約畫派藝術家在東八街三十九號租下的一個地方，他們在那裡酒敘，討論當時熱門的藝術話題。卡斯特里夫妻是唯二非藝術家而能成為俱樂部的創始成員之人，伊根則是第三位有此殊榮者，可見他們的確備受藝術家的喜愛和尊重。

詹尼斯注意到卡斯特里聲望蒸蒸日上，一九五〇年委託他策展，在他的畫廊舉辦《美法年輕畫家聯展》（*Young Painters in the USA and France*）。[12]次年，卡斯特里在東九街六十號，一個旋即被夷為平地的建築中策劃了「第九街特展」。[13]入展人選展現出他敏銳的眼光：德庫寧、克萊恩、羅森伯格，馬瑟韋爾、波拉克、弗蘭肯塔勒和米契兒等，一共有六十位藝術家的作品掛在牆上。[14]

歲月似乎在漫無目的中流逝，但卡斯特里縱情於藝術，結交藝術家朋友，偶爾做些交易和收集；在一個極其漂亮的時間點，他開了一家自己的畫廊。

多年來一直擔任卡斯特里畫廊經理的摩根·史班格（Morgan Spangle）認為：「人懷念卡斯特里的是，他一九五七年開業時間點所代表的意義。發生什麼大事了？噴射機不斷飛往歐洲，他會講五種語言；他可以到處飛、到處銷售新藝術；即使他不是貴族，他行事就像貴族。」那個時代與卡斯特里一拍即合。

卡斯特里的第一家畫廊就在他住家的樓上，由一道寬大的樓梯或小型電梯搭上來。一九五七年二月首展時，卡斯特里將美國和歐洲畫家的作品並列，無疑是聲明紐約畫派可與巴黎畫派分庭抗禮。但他跟伊蓮娜都感覺抽象表現主義已經失去熱力。[15]他喜歡超現實藝術和當中的佼佼者，包括曼·雷及馬格利特。但超現實主義也嫌過時，什麼才是真正的新藝術形式？卡斯特里在講到這段蒐尋歷程時說：「畫商必須精確掌握新藝術萌芽的時刻，還要知道哪些藝術家體現了這些新想法。」[16]

極有前途的一位是羅森伯格。德州出生的這位畫家和藹可親，畫作多還是負面評價，包括第九街的個展。惡評在外，最初是因為他表層全白的繪畫，只淺淺地反映出室內觀者的陰影，陰影成了繪畫的主題。[17]它屬於一種新達達主義（neo-Dada）的概念，即使帕森斯也感覺激進過頭，拒絕白色繪畫，將他除名。羅森伯格沒了經紀人，只能走自己的路。他用街頭撿回來的物品，創作他所謂的繪畫與雕塑藝術品的「組合」。[18]報紙和雜誌圖像層層拼貼的組合陳述什麼難以言詮，卻極端個人化，抓住了當代生活歡樂的混亂，也似乎與抽象表現藝術漸漸遠颺，走向新未來。

卡斯特里對此感興趣之餘舉辦了集體展覽——《紐約畫派藝術家：第二代》（*Artists of the New York School: Second Generation*），其中就有羅森伯格的作品。一九五七年三月由猶太博物館（Jewish Museum）贊助，著名的藝術史學者梅耶．沙比若（Meyer Schapiro）策劃的這項展覽，選了二十三位藝術家，羅森伯格絕對在最有意思之列。卡斯特里饒有興味地在喬治．西格爾（George Segal）的真人大小的白色石膏塑像前駐足；演員勞勃．狄尼洛（Robert de Niro）的同名畫家父親，若干女性藝術家：弗蘭肯塔勒、米契兒、哈蒂根與伊蓮．德庫寧等參展人皆一時之選。[19]其中還包括一位藝術家的作品卡斯特里從未聽過：瓊斯。他的畫描繪的是一個綠色的圓形標靶，柔和的油彩如蠟一般。卡斯特里決心要找到這位畫家。

兩天後，卡斯特里斯夫婦到珍珠街羅森伯格的閣樓，一睹羅森伯格的最新作品。接下來發生了當代藝術界的奇譚為人津津樂道、傳頌至今。

羅森伯格的樓層是一堆亂七八糟的拾荒物，要用來做他的「組合」創作。來客想喝杯雞尾酒，但主人家中無冰。還好樓下的鄰居賈斯培有，這下解了圍，羅森伯格喜出望外。[20]

哪一位**賈斯培**？卡斯特里想知道。

羅森伯格回答：「賈斯培・瓊斯。」

「那位在猶太博物館畫展中展出綠色繪畫的那一位？」

羅森伯格點點頭。

卡斯特里說：「我一定要見見他。」[21]

羅森伯格下樓拿冰塊，還帶回一個二十六歲、高大、親切的南方人。卡斯特里掩不住興奮之情，希望立刻就看一下瓊斯的作品。他們便一起下樓去。

瓊斯的住處跟羅森伯格真是大對比，乾淨而井井有條；牆上掛著標靶、美國國旗和其他標誌性的符號繪畫。這是卡斯特里人生中極棒的一刻，他眼目所見是當代藝術的下一個大飛躍，每幅畫都是一個標誌——客觀、不帶個人感情，卻能折服人。部分原因是瓊斯消除了這些畫作中對深淺的錯覺；儘管三面美國國旗由小到大前後擺在一起，卻展現實際的深度。顯然，這脫離了抽象表現主義中的個人色彩。但它又往哪裡去呢？卡斯特里當時馬上的反應是：跟著瓊斯走；瓊斯到哪裡，卡斯特里就去哪裡。

卡斯特里隨口問瓊斯是否有代理。瓊斯回答：「帕森斯說會來，但至今還沒有來過。」[22] 帕森斯後來承認：「『起初』我就是不喜歡他的作品；等到我覺悟時，已經遲了五、六年了！」

未能先一步在卡斯特里之前來看瓊斯的作品，是她一生最大的錯誤之一。[24]

卡斯特里當場簽下瓊斯，承諾次年一月為他辦個展。[25]幾天後羅森伯格到畫廊來，卡斯特里不在，其實他是來看伊蓮娜的，要問他們打算拿「他」如何？伊蓮娜在卡爾文．湯姆金斯（Calvin Tomkins）的《癲狂時代》（*Off the Wall*）一書中對羅森伯格多所美言，她說，羅森伯格的話讓她尷尬，因為突然明白羅森伯格受傷了。[26]

這個故事成了人們茶餘酒後的話題。伊蓮娜的畫廊經理安東尼奧．霍門（Antonio Homem）後來被她收為養子，她死後可觀的藝術財富也留給了他和另一繼承人。針對羅森伯格和瓊斯在那次會面前是否先有默契？[27]羅森伯格是否事先告訴瓊斯卡斯特里夫婦要來？還是他什麼都沒提，只想擁卡斯特里夫婦為己有？霍門說：「我一直提不起勇氣問瓊斯是否知道羅森伯格要來借冰塊招待卡斯特里夫婦的事。卡斯特里對瓊斯的畫一見鍾情，卻是在羅森伯格計畫**之外**；他成就了朋友，自己的展覽卻被晾在一邊。」

起初卡斯特里與當時一般畫商相去無幾；像帕森斯一樣，他駕馭著一個小空間，不斷物色藝術新秀；他像詹尼斯，也喜歡賺錢；但他的歐洲大陸色彩，對手付諸闕如。也因此，在那當時仍然狹小的當代藝術世界中，他非常獨特。

卡斯特里從一開始就讓藝術品自行銷售。收藏家會進入畫廊深處的殿堂——當然不是一般泛泛的收藏家，他找來的都是有影響力的大咖或是博物館，比較能提振藝術家的事業。在卡斯特里柔聲指示下，收藏家從容就坐，卡斯特里揭開畫上的遮布。他的作風是安靜而滿心崇拜地與收藏家一同凝視著畫面，喃喃自語地說：「難以置信……精彩！」他隱隱散發出的舊世界氣息，不動聲色地使新世界、也許缺乏安全感的美國收藏家安心。

精明的藏家很快就發現，儘管卡斯特里對作品充滿熱情，卻可以議價。他的副手——粗線條、雪茄不離口的伊凡．卡普（Ivan Karp）往往會帶開買主去討論實際的條件。[28]但卡普無法將他們通通帶開，他會看到羅伯特．史考爾（Robert Scull）跟卡斯特里一同走到後面的辦公室，知道史考爾就要開始漫天殺價。史考爾經營計程車隊致富，買東西殺價咄咄逼人，早就聲名在外。卡普回憶說：「史考爾會把卡斯特里磨得服服貼貼。他如無往不利的坦克車，能把價格殺到八折、七折，甚至六折；不只有史考爾如此，卡斯特里沒有拒絕別人的本事；他希望買家能夠擁有想要的作品，以至於會自毀長城。」他也不善於數學，有時會在自己同意的便宜交易協議上吃更多的虧。

卡斯特里對代理的藝術家有時比對他的買家更為慷慨。他作風歐式，對旗下畫家幾乎都給付津貼，而且也不是古根漢付給波拉克那種區區一百五十美元而已。他的津貼一開始是每月一、兩千或三、四千美元，最後高達每月五萬美元。根據研究卡斯特里的權威提霞．霍斯特（Titia Hulst）說：「津貼是卡斯特里經常在媒體上提出的一個話題，也經常被人拿來證明他對旗下藝術家有多慷慨大方。卡斯特里確實是個大方的人，但津貼制度事實上對做生意也有它的道理。這些津貼不僅可以確保旗下畫家忠誠，也擔保卡斯特里的確會為他們的作品促銷代言。」[29]卡斯特里讓藏家（和新聞界）知道他把自己的財務都押在所售的作品上；而與古根漢的做法一樣，銷售畫家未來賣出的作品利潤，要用來償還津貼。

在其他畫廊，藝術家銷售成績若始終掛零，東家就會暗示他該走人了。但卡斯特里對旗下的藝術家不是這樣。他們的契約長達一生之久——雖然少數對此不快，其實他們都被形容為卡斯特里的藝術家，津貼也都是長期性質。向卡斯特里問起一位將近二十年都沒賣出一件作品的藝術家，他說：「我怎能甩掉他？他一生都沒成功過；他依靠我。」[30]卡斯特里甚至自掏腰包支付了一座大型抽象雕塑的製造費用。雕塑家理查．塞拉（Richard Serra）設計了一座兩百×一百二十二英尺的鋼雕〈聖約翰弧線板〉（*St. John's Rotary Arc*），要放在紐約荷蘭隧道（Holland Tunnel）曼哈頓出入口對面。只是塞拉付不起十二萬美元的製造費，卡斯特里於是出面代付了。知卡斯特里者莫若卡普，他猜測卡斯特里的大方是出自他極度被人需要的心理；或許是吧，但因為他的慷慨大度、聰明經營，當代藝術市場為之改變。

其他畫商自其第五十七街畫廊出售旗下的藝術家的作品，就此而已。他們按當時的標準收取五十％的佣金，從不冒險走出他們不大不小的空間一步。卡斯特里很早就向他信任的同行伸出雙手，也信任海內外畫商，願意把待售的作品交給他們；完成交易後，跟他們對分佣金。卡斯特里透過豐沛的人脈，成為當代藝術第一位國際交易商，出售的藝術品比他單從紐約出售的更多。

在最早跟他合作的衛星經紀人當中，有一人是洛杉磯羽翼漸豐的爾文．布魯姆（Irving Blum）。他的事業與沃荷關係密不可分——儘管只有短短幾年。紐約布魯克林出生的布魯姆曾是空軍飛行員，有一張可以當電影明星的臉，也有一頭光亮的黑髮和迷人的雙眼。他在退役後，偶然進入位於紐約五十七街和麥迪森大道街口的現代家具公司諾爾（Knoll）工作，這份推銷員工作讓他那張臉派上用場。買下諾爾家具的辦公大樓也連同買下藝術品，布魯姆開始參加能夠讓他結識藝術家的派對。其中之一是萊茵哈特，也因此他打進康堤，遇見凱利，凱利對他說：「他們在樓頂烤肉。」兩人就到了屋頂，因緣際會下又認識了楊格曼、羅森伯格、巴比．克拉克（Bobbie Clark）——後來改名為羅伯特．印第安納（Robert Indiana）。

布魯姆後來多次會晤凱利，也從他那裡買了他人生的第一件藝術品。布魯姆回憶說：「那是他案上放著的小幅花朵畫。我問他是否願意賣；如果願意，要賣多少錢？」布魯姆以七十五美元買下來。

布魯姆可能在諾爾公司待了一段時間，但店東漢斯．諾爾（Hans Knoll）四十一歲那年，也就是一九五五年，在古巴的一場車禍中喪生。他的遺孀繼續經營，但布魯姆感覺諾爾已經了無生氣，他準備大膽走上經營畫廊之路，不過不是在紐約，而是在西岸，他在空軍飛行時就愛上的一個地方。一九五七年他移居洛杉磯，付了五百美元買斷二十四歲畫家艾德．基恩霍爾茲（Ed Kienholz）的股份，當上經營不善的小畫廊費魯斯（Ferus Gallery）的股東。這家畫廊在沼澤大道（La Cienega Boulevard）上一家古董店的後方。

布魯姆一九五〇年代末當上畫商也只是圓自己的夢，南加州幾乎無人蒐集當代藝術。[31]有次赴紐約，他以後進身分求見卡斯特里。

布魯姆對卡斯特里說：「加州人人都對瓊斯感興趣，但他們連一幅都沒看過。」布魯姆很有把握能賣掉瓊斯幾幅畫，但前提是卡斯特里願意委託他。

一向和氣的卡斯特里說，可以幫忙的話，他很樂意幫，但瓊斯的畫很少，他也說：「另外，想要他畫的等待名單長著呢。」這句話也是卡斯特里的另一個商標：漫長的等待清單，至少對他還不認識或心儀的買家而言是如此。「因此有點複雜。」

卡斯特里隨後在紙片上草草寫了幾字，交給布魯姆，說：「這是他的電話號碼，也許有點苗頭。」

不久之後，布魯姆來到了瓊斯在休斯敦街的畫室——在一座以前是銀行的大樓裡。讓布魯姆驚訝的是，瓊斯正在製作兩件銅雕：一件是藝術家的畫筆插在一罐莎瓦蘭（Savarin）牌咖啡罐裡，一件是兩罐百靈增淡色啤酒（Ballantine Ale）。後者的靈感來自德庫寧，因為他曾說卡斯特里什麼都賣得掉——「你給他兩個啤酒罐，他也能賣掉。」[32]羅森伯格便把兩個揉扁了的啤酒罐做成他的「組合」創作，試了又試，後來瓊斯也嘗試回應——做出兩罐彩繪青銅百靈增淡色啤酒的複製。[33]

布魯姆問：「卡斯特里看過這些作品嗎？」瓊斯回答還沒有。

布魯姆問：「在洛杉磯展出如何？」

瓊斯打電話給卡斯特里，卡斯特里說沒問題，於是布魯姆就在洛杉磯舉辦了瓊斯第一場雕塑展。布魯姆感覺，也只有卡斯特里會玉成這種事。這種衛星經濟連結系統其實對卡斯特里也挺合適的，布魯姆事後說：「那時賣畫非常困難。卡斯特里沒賺什麼錢，也很難達成交易。」最後要狠不是他的作風，有時反倒是衛星畫商臨門一腳才完成任務。[34]

啤酒罐雕塑最後落腳在德國科隆的路德維希博物館（Museum Ludwig），莎瓦蘭咖啡青銅罐則留在原創者手中。布魯姆多年來每年至少打一次電話給瓊斯希望能夠買下它。[35]瓊斯總是操著他的南方口音答應考慮，但從未首肯過。終於有一年布魯姆氣急敗壞地說：「我幹麼打電話給你？你永遠不會賣！」

瓊斯回答：「不會，但是我喜歡跟你聊天。」

最後這件作品由亨利與瑪麗——喬西．克拉維斯夫婦（Henry and Marie-Josée Kravis）所擁有，他們承諾捐給紐約現代藝術博物館。

卡斯特里的助手經常說他長了一副好耳朵，太太伊蓮娜則有一雙好眼睛。評家山德勒是他們夫婦的仰慕者之一，曾說卡斯特里從善如流，尤其是太太的建言，而且聽了就會採取行動。紐約現代藝術博物館前資深策展人、耶魯大學藝術學院前院長、美國學界藝術史巨擘羅伯特·史托爾（Robert Storr）曾說：「永遠不要拆散這兩人。」史托爾認為，少了賢內助溫柔但堅持的建言，卡斯特里永遠不會如此成功。霍門則有一個也許比較偏見、卻十分持重的看法：「最大的不同是卡斯特里看重社會名聲，而伊蓮娜則否。我認為卡斯特里代理藝術家尋求的是成功，而且希望藝術家不負期望。伊蓮娜則願意冒險；她當然也想幫藝術家走上成功之路，但興趣不會因藝術家不成功而改變。」

對瓊斯與羅森伯格，伊蓮娜看到的不僅是他們個別的才華，也看到兩人在更大、不斷變化的當代藝術裡世界的角色。兩人的創作都讓人耳目一新；起初，藝評家宣稱他們的作品是「新達達主義」，讓人聯想起杜象和他擁抱的「現成物」（readymades）或購自商店的物品；之後他們又開始猜想羅森伯格與瓊斯是否是在歌頌抑或諷刺大眾消費文化，也就是旋即大家叫響的「普普藝術」，在其中闖出了新畫風。一如布魯姆所說，這兩位藝術家所走的路數，是一條走出抽象表現主義的道路。[36]

其實羅森伯格和瓊斯都沒打算搭建這座橋梁，更無意成為帶有大眾文化形象的典型普普藝術家。從某種意義上說，他們剛好相反：羅森伯格的「組合」握著一面哈哈鏡反照外在世界，瓊斯和他的標靶、國旗繪畫則把外在世界拉進來。然而他們一起承先啟後，也肯定了尾隨其後的藝術。

為了避免偏袒之嫌，卡斯特里一九五七年五月在他第一場大型集體展覽中，各挑了一件瓊斯和羅森伯格的作品。[37]但他在次年一月為瓊斯安排的首次個展比羅森伯格個展的時間早了兩個月；他興奮地不願意多等。

瓊斯首展震撼了當代藝術世界和藝術市場。他的標靶、數字和最引人入勝的美國國旗一如為瓊斯作傳的黛博拉·蘇洛門（Deborah Solomon）所說，「對稱霸藝壇、高高在上的抽象表現藝術給了漂亮的一擊。標靶畫，即使是用豐沛的線線條優美畫出，能夠透露出存在的痛苦什麼？完全不能。重點就在這裡。瓊斯自己後來陳述：『我不願意讓作品暴露自己的感受。』」[38]

車隊大亨、實力越來越不可小覷的收藏家史考爾想要買下整個展覽內容，但卡斯特里拒絕了；照他的說法，這太粗俗了。紐約現代藝術博物館的巴爾第一天就衝到展場一口氣買了四幅，而巴爾想買多少卡斯特里都樂得配合。只是館方悍拒多買，巴爾就要求建築師菲利·強森（Philip Johnson）買下四分之一捐給博物館。另外巴爾、策展人密勒、收藏家海勒等人都各自購買了小幅的作品。[39]

展覽結束時，只剩兩幅畫；一是〈白色國旗〉（*White Flag*），瓊斯要保留下來；另一幅〈石膏模標靶〉（*Target with Plaster Casts*）現代藝術博物館原打算購買，後來巴爾得知繪畫上方其中一個木門格子裡有一個綠色的陰莖石膏模，囁嚅問道：「我們可以把門關上嗎？」

瓊斯回答：「一直關，還是有時候關？」

巴爾說：「大概是一直。」

瓊斯說那就不行。代表紐約現代藝術博物館的巴爾只有抱遺珠之憾，後來是卡斯特里把它買下來。[40]

抽象表現藝術勢頭漸弱，但其精華作品仍如重砲，價格也相應上漲。一九五七年，也就是波拉克致命車禍發生後的第二年，紐約大都會藝術博物館（Metropolitan Museum）支付詹尼斯三萬美元，買下波拉克的〈秋韻〉。詹尼斯是紐約現代藝術博物館的董事，巴爾一兩年前原本可以透過他以八千美元買到，但藝術博物館的採購委員會必須先籌到錢。[41]德庫寧的作品幾年前還只賣到一幅一千兩百美元之譜，然而到了一九五九年他在詹尼斯畫廊展覽時，開展第一天早上八點十五分就有人在排隊等候進館。[42]不到幾小時二十二幅畫賣掉十九幅，一共賣了十五萬美元。[43]

搶購抽象表現藝術的淘金熱部分可歸功於一位出身、修養各方面都很像卡斯特里的推手安德烈・艾默里奇（André Emmerich）。他在德國出生，為逃離納粹魔掌，一九四〇年到了紐約；也跟卡斯特里一樣，他通曉多國語言、熱愛藝術。經藝評家馬瑟韋爾引介，艾默里奇結識了很多紐約畫派的抽象表現主義藝術家。艾默里奇早卡斯特里三年，在一九五四年開了自己的第一家畫廊，地點就在隔著一條街的東七十七街十八號，只不過他在一九五九年於東五十七街的福樂大樓（Fuller Building）建立畫廊後，才更打響名氣。大多數的抽象表現藝術行動畫家這時都已經有代理，艾默里奇簽下色域畫家，包括莫里斯．路易斯（Morris Louis）、肯尼思．諾蘭德（Kenneth Noland）、山姆．法蘭西斯（Sam Francis）與朱爾斯．奧列斯基（Jules Olitski）。路易斯是他早期代理的藝術家之一，早期作品艾默里奇認為「相當沒有賣相」，路易斯後來從「粗大的畫布上、紅藍單一色條立中間」的畫風轉為多色線條，也開始揚名立萬。路易斯和艾默里奇很快就經營得有聲有色。[44]

古根漢遠走威尼斯十多年後這時首度回到紐約，目睹這些銷售情況，用她自己的話來形容是「如被雷擊」。[45]她寫道：「整個藝術運動已經變成一種龐大的生意冒險。真正喜歡畫的只有幾人，其餘的人是出於炫富心理或為避稅而買，要向博物館炫耀，死守到嚥氣，這真是既有蛋糕在手、又可以真吃下肚的兩全情況。藝術品價格是聞所未聞，人非最貴不買，對其他東西都沒有信心。有些人只是為了投資而購買，買了之後就置諸高閣，在倉庫裡不見天日。藏家每天都打電話給畫廊詢問最新報價，就好像他們在等著賣股票一樣。」[46]

當然這些形容詞用在二〇一九年的藝術市場跟用在一九五九年一樣妥帖。

當伊蓮娜一九五九年宣布與卡斯特里分手時，無人驚訝，尤其是卡斯特里本人。結婚二十五年來，伊蓮娜對他是百般容忍；卡斯特里風度翩翩，但也深好女色。伊蓮娜後來另結新歡；此人與卡斯特里一樣熱愛當代藝術；與卡斯特里不同的是，他忠心耿耿。一九六一年，她嫁給這位德國交易商麥可・索納本（Michael Sonnabend），兩人計畫在巴黎開一家畫廊，將美國前衛藝術（Avant-garde）帶給法國藝術迷。[47]根據藝評兼史學家艾倫・施瓦茨曼（Allan Schwartzman）的說法，當時她也在籌備她身處時代的當代藝術大師收藏展。他說：「她沒有卡斯特里那麼博學多聞，但她角色的重要性遠超過歷史給她的功勞。」

換成別的男人，可能會擔心前妻在巴黎開畫廊會傷了自己，尤其是她要向法國粉絲展示他旗下的兩位頂級藝術家──羅森伯格及瓊斯。但卡斯特里不會；和伊蓮娜離婚後，兩人關係反倒更和睦。伊蓮娜讓卡斯特里繼續經營東七十七街四號的畫廊，也讓他留下卡普，她仍然是他最信賴的顧問。[48]

在卡普與伊蓮娜兩人引導下，卡斯特里火速簽下了多位新興藝術家、進而奠定他畫廊的歷史地位。[49]在他們聯手下，造就卡斯特里成為他那個時代──一九六〇、一九七〇年代及其後──的王牌畫商，而不端架子、不擅長與媒體打交道的伊蓮娜則接收了前衛藝術家，只不過後來這些藝術家還是離開她，致使她後來名氣不如前夫。霍門認為：「她接收了她認為應該成功而未成功的藝術家，卡斯特里找的則是已經戴著成功光環或被看好會成功的藝術家。也因此，卡斯特里留意周遭人的意見。」

普林斯頓大學畢業生法蘭克・史特拉（Frank Stella）是卡斯特里下一個大發現。他與羅森伯格和瓊斯路數非常不同；他在形狀不規則的鋁金屬上繪上「扁平」的黑色條紋，成品沒有任何藝術家參與的跡象，人會以為是製造出來的。[50]藝評家以「否定手」來形容他的作品。[51]山德勒參加了一項史特拉的演講，聽後整個人好像散了，喃喃地說：「如果那是繪畫，那麼，我以前所認為的藝術都是藝術以外的東西。」他身旁的一位藝術史學家說得更乾脆：「那人不是藝術家，是個不良少年。」但伊蓮娜欽佩他，卡普也是，因此，很快地當代藝術圈大多數人都折服了。

下一個是湯伯利，他的鉛筆塗鴉和看似原始的抽象形狀，挑戰性之大到連卡斯特里都感到難應對。湯伯利曾在美軍擔任過解碼專家，密碼影響了他的藝術。一九五一年冬天他在紐約認識了羅森伯格，那年夏天在北卡羅萊納州的黑山學院（Black Mountain College）求學，抽象畫家、理論學家約瑟夫・艾爾伯斯在那裡開了一門課。因為羅森伯格和瓊斯在那年夏天之前基本上就住在一起，三人之間的關係變得複雜。

藝術史學家羅伯特・平克斯－維敦（Robert Pincus-Witten）解釋說：「這是同志之間的故事。我忘記最初是誰對誰做了什麼事，但關鍵是瓊斯和羅森伯格原是一對。湯伯利到了黑山，突然瓊斯出局——他對自己是同性戀比其他人更加神經質，原來的關係也破裂了。」羅森伯格和瓊斯後來盡力挽回，一起搬到珍珠街畫室工作，也就是在這裡卡斯特里見到他們、決定了兩人的命運。湯伯利在一九五九年娶了一位義大利女爵，定居羅馬，兩人育有一子。[52]他人不在紐約，雅緻的隨筆在紐約也就更難賣。卡斯特里在一九五九年一次聯展中展出了他的作品，但沒有提供合約和津貼，大家沒說破的是，湯伯利感覺上並不是頂級。一直到一九九〇年代初期多虧了高古軒，湯伯利才有了成功的契機。高古軒一見湯伯利便加以羅致，給他罕見的好處，將他的市場行情不斷推高，塗鴉作品高到上億元。

雖然湯伯利在普普藝術興起時出現，但一如瓊斯與羅森伯格，他也不是普普藝術家。真正具有普普藝術精神的藝術家是羅伊．李奇登斯坦，也是卡斯特里下一個延攬的對象。

李奇登斯坦在紐約出生、長大，一九四〇年夏天，十六歲那年，他開始修習美術課程。他曾在二戰中服役，得《美國軍人權利法》之助去上了大學；曾涉足後期抽象藝術，但不怎麼成功，自承作品「綁手綁腳」。[53]小兒子曾指著米老鼠漫畫書對他說：「我打賭你不能畫得那麼好，對不對，爸爸？」[54]就在兒子嘲弄之後，李奇登斯坦畫了他的第一幅漫畫書畫作——完全符合普普藝術中的大眾文化的影像及諷世性。卡普後來敘述：「卡斯特里連漫畫所本出自何處都沒概念，他沒有這種美國背景，但是他看到李奇登斯坦的漫畫後立即覺察到當中有些名堂。」卡普幫他看到這一點，伊蓮娜也助了他一臂之力。李奇登斯坦於一九六二年首次個展，他充滿本戴點（Ben-Day）漫畫場景的繪畫全數被一位重要藏家買走。

普普藝術——一種以流行文化影像為主題的藝術來臨了。像煉金術一樣，它將一種非常普通的元素轉變為稀有的東西。普普文化中的新聞畫面、廣告圖片與漫畫充其量只是低等藝術、商業藝術，但到了藝術家的手裡，七弄八弄，加以挪移（appropriation），就搖身變成了高級藝術品。沒有任何一位普普藝術家似乎有意譴責或嘲笑他們改造的藝術；它原是什麼就是什麼。

在伊蓮娜建議下，卡普又將卡斯特里引到另一位也是畫漫畫書畫作的普普藝術家那裡，不過他的作品規模比李奇登斯坦大得多。羅森奎斯特白天其實在畫商業廣告看板，也住在康堤區。卡斯特里不大熱衷；一位畫商業圖像的普普畫家難道不夠嗎？儘管伊蓮娜大力推薦，卡斯特里一時還是沒有選擇羅森奎斯特。

這時他們三人之間出現了一種模式：伊蓮娜和卡普敢於冒險；卡斯特里則是半推半就，最終還是會愛上他們催他延攬的藝術家。（瓊斯是個大例外，卡斯特里對他的作品一見鍾情。）然而即使簽下了，他還是對旗下的藝術家多所保留。畫廊經理史班格說：「藝術家不是跟卡斯特里談，而是跟卡普談。卡普是個人物，也喜歡當個人物；有走江湖的乖張，對藝術家是一貫深信不疑，大量買進、交易頻繁。卡斯特里則是了解並滿足藝術家需求的人。」

史特拉也有津貼。他曾經說：「我們有合約。我說我不想打零工，我希望每週有七十五美元——這就是我的津貼。」史特拉如此形容卡斯特里：「他解放了我，使我可以做一名全職藝術家，一切由我發揮。」津貼不是禮物，而是對日後銷售成交畫價的預支。史特拉說：「到了年底，若是負數，他會自己買下來補足差額。」說到這兒，史特拉笑了，說：「我跟卡斯特里一直跟到一九六八年我帳上掛零之前才拆夥。」

毫無疑問，能作卡斯特里旗下藝術家很刺激，史特拉回憶說：「他對畫廊每個人都很好；瓊斯和羅森伯格是畫廊的明星，但他對人一視同仁，甚至對諾曼．布魯姆（Norman Bluhm）——在抽象表現主義中比較鮮為人知——都不例外，布魯姆可不是人見人愛。」但是史特拉不像其他藝術家那樣恭維伊蓮娜和卡普。他承認：「我從不迷伊蓮娜，我認為她是蠢蛋。一般都以為畫廊之所以有如此格局全是她的想法，其實她什麼都不知道。她喜歡幾位歐洲畫家，卡斯特里才是真正的推手。」至於卡普，「我和他相處得還可以，但他沒讓我驚為天外之人；他是那種自認無所不知的人，其實只善於閱讀罷了。」

當另一位普普影像畫家前往東七十七街四號畫廊時，是卡普招呼他，而非卡斯特里。這位臉色蒼白、長相奇特、戴著白色假髮的人想用四百五十美元分期付款買下瓊斯的燈泡圖。他順口提到他也畫類似卡普掛在辦公室裡那樣的畫（李奇登斯坦的作品）。[55]卡普和卡斯特里前往這位藝術家的畫室，看到郵票、鞋子和可口可樂瓶的繪圖。[56]他們注意到：三位羽毛漸豐的藝術家，彼此不認識，卻不約而同地奇襲大眾文化影像：李奇登斯坦、羅森奎斯特，加上此刻出現的這號叫做沃荷的怪咖。

卡斯特里再次表明畫廊有一位漫畫家就夠了，伊蓮娜與卡普也再次抗議，但是卡斯特里堅不讓步。事實上沃荷詭異的娘娘腔讓卡斯特里很反感。說也奇怪，關係才告破裂的羅森伯格和瓊斯也認為沃荷的舉止惱人。藝評家史托爾回憶道：「我知道伊蓮娜大費周章地想說服卡斯特里為沃荷舉辦個展。」但卡斯特里不為所動，起碼暫時還不會。因此，沃荷在一九六二年選擇了西五十八街的馬廄畫廊（Stable Gallery），這畫廊因曾是馬房而得名。

布魯姆更是好奇。[57]他在紐約各處暗查明訪可以讓他在洛杉磯費魯斯畫廊展覽的新銳藝術家，聞風後他打電話給沃荷，問沃荷他是否可以跟洛杉磯畫廊合伙人華特．霍普斯（Walter Hopps）一起來看他。布魯姆知道沃荷是小有名氣的商業插畫家，所以當他看到沃荷位於列萊辛頓大道刷成粉藍的住宅、整棟房子都屬於他時，一點也不吃驚。[58]

沃荷帶著布魯姆和霍普斯穿過一條堆滿書籍、牆上掛滿畫的走道，走到後面的起居室。霍普斯曾在《紐約客》（*New Yorker*）為文說，沃荷是「一個安靜的人，空靈、蒼白，看起來就像住在黑暗裡」。[59]

填滿公寓的多半是沃荷從舊貨店裡找回來的東西。霍普斯記得有加油站的搪瓷大招牌、口香糖球機、理髮椅和理髮店的一根桿子。客廳異常寬敞，像間會議室，一頭有個舞台。他們在舞台上看到一些畫架，架上有畫。其中一幅是一個電話，另一塊畫布上是漫畫書人物。他們走時並不覺得沃荷是奇才。

再次來訪，布魯姆是自己一個人來，他看到了三張湯罐頭畫立在地板上，還有一張從雜誌上撕下來的電影明星瑪麗蓮．夢露（Marilyn Monroe）的圖片。[60]兩人在客廳坐定，布魯姆聽到樓上的腳步聲，沃荷指著天花板說：「別緊張，是我媽。」以後每次拜訪布魯姆也都聽到樓上的腳步聲，但沃荷的母親從未下樓來過。

早在一九五二年六月沃荷就曾在小型畫廊展出過寫實圖畫，包括在雨果畫廊（Hugo Gallery）展出**十五幅畫以楚門・卡波蒂（Truman Capote）作品為本的畫作**。[61]但他極想在大畫廊辦展、受到重視。沃荷講到關於夢露的一些事，布魯姆靈光一現，知道要向沃荷打什麼牌了。他強調費魯斯畫廊是在好萊塢，他的畫展開幕時可能眾星雲集，連夢露都可能露面。沃荷的眼睛激動得發亮——好萊塢明星！[62]

沃荷個展一九六二年七月九日在費魯斯開幕，這是他首次以畫家身分，而非插畫家出現。[63]掛在畫廊牆上的是三十二幅手繪的康寶濃湯罐頭畫，每種口味各一幅，每件售價一百美元。[64]這也是普普藝術在西海岸初試啼聲；沒有明星出席，除非七年後編導《逍遙騎士》（*Easy Rider*）的演員丹尼斯・霍柏（Dennis Hopper）算數。

畫展結束時，三十二幅畫當中布魯姆賣掉了五幅，但也因此懊悔——他漸漸相信沃荷是貨真價實的藝術家，保留完整的三十二幅畫比賣出五幅畫、收五百塊美元要聰明多了。他厚起臉皮，一一打電話給五位買家，從霍柏開始，一一詢問能不能把湯罐畫賣回給他。讓他大鬆一口氣的是，他們居然都同意了。[65]布魯姆也說服沃荷讓他用一千美元買下整批畫，分期付款，每月一百美元。他將畫拿到手後，把它們全部掛在他洛杉磯噴泉街窄小公寓的牆上。

三十多年後，在紐約現代藝術博物館策展人柯克・瓦內多（Kirk Varnedoe）安排下，這些畫轉到博物館手中；部分是布魯姆贈送，部分由博物館買下，布魯姆的身價也因此多了一千五百萬美元。

那些湯罐畫是沃荷自己一筆一筆親自畫上去的。不過他心想：畫畫為什麼要花那麼長的時間、那麼辛苦？為何不用絲網印刷（絹印），想印多少就印多少？他開始身體力行自己發明的格言：做好生意才是最令人著迷的藝術。[66]

為了消去手勢，沃荷需要一位絹印版畫的熟手，布朗克斯區就有一名這樣的大學生。傑拉德・馬蘭加（Gerard Malanga）高中時，一個暑假都在格林威治村的一幢商業建築樓頂替一名設計師製作絹印領帶，聘他的設計師是沃荷朋友的朋友，這名大學生可以幫忙的消息傳來，一九六三年六月沃荷約見馬蘭加，表面上是面試，但馬蘭加到後，沃荷第一句話就是問：「哦，你幾時可以來上班？」

兩天後，馬蘭加將他瓦格納學院（Wagner College）的課桌清理乾淨，來到沃荷故居附近的工作室；這間工作室原是消防隊救火站，如今已經不用了，非常破爛，紐約市政府一年只索取一百塊美元的租金。

馬蘭加和沃荷那天做的是電影明星伊麗莎白・泰勒（Elizabeth Taylor）的影像，後來以

「銀色麗莎」知名。它的做法徹底改變了當代藝術：原本獨一無二的繪畫影像，現在藝術家想原樣印多少都行。

沃荷那天開始製作八×十英寸的伊麗莎白泰勒宣傳照，再拿到攝影室在透明膠片放大成四十×四十英寸的照片。第一步是將描圖紙放在空白的白色畫布上，第二步將透明塑膠片放在描圖上面；馬蘭加現在可以用鉛筆用力在塑膠片上畫線，把泰勒的臉部線條印到下方的描圖紙和畫布上，有點像在孔板或墓碑上拓印。

接下來就比較好玩了。膠片和描圖紙擱一邊，他們兩個人在畫布上用薄膠帶保留圖像的關鍵點，然後手繪膠帶環繞的重點：在泰勒臉部上粉紅色、嘴唇塗紅、眼影留綠。他們也動手在白色畫布上畫下銀色的背景。一切都是用快乾的水性塗料進行；由於乾得快，著色的部分都保住原樣。

接下來他們才開始做絹印。四十×四十英寸木框套住尼龍網篩、蓋在畫布上；絲網印刷基本上變成攝影過程中的負片，框架在四邊都多留兩英寸，當作溝槽。馬蘭加擰出黑油為基底的墨汁倒在其中一個溝槽，用刮刀把黑墨汁推過整個尼龍網篩，然後沃荷像接棒一樣接過刮刀，從他這一頭刷過畫面。沃荷掃過畫面後，迅速抽回絲網，不讓墨汁糊掉；陰影留下後，畫就這樣成了——也是最後極為鮮明的正圖。如馬蘭加所說：「我們基本上是用老方法重新粉刷照片，同時又是全新的事。」

在馬蘭加全職幫助下，沃荷一天可以製作四十幅以上的絹印畫，因油墨擴散與凝結不同，每張畫也各不相同；每幅畫也會變厚、變模糊；印染了三、四次之後，馬蘭加會停下來清洗絲網孔板上的油墨，他說：「對油墨凝固沃荷總有藉口，我們稱之為『擁抱錯誤』。」

他們兩人一起大幅絹印；儘管沃荷偶爾也做，小幅畫大部分是馬蘭加做的。後來沃荷藝術認證委員會否認馬蘭加曾參與製作大型絹印，而是做了很多小幅絹印。馬蘭加對這種說法只是聳了聳肩；他沒感覺被虧待，他一直都是沃荷的助手罷了。

沃荷知道自己在做什麼。每幅絹印相似度高，當商品來賣錢的價值相等，就像其他品牌；他成了藝術界的亨利．福特（Henry Ford），作品是在生產線上製造的，而當他從老消防隊搬到東四十七街以前的製帽廠時，這條生產線規模越發大了，究竟多少是沃荷創作的藝術、多少是他工廠助手做的，最後都無關緊要了。買家也學會不在意這些差別，只要沃荷這個品牌到手，他們就會偷笑了。

卡斯特里對沃荷若還有任何疑慮，經過伊蓮娜一九六二年十月在巴黎辦沃荷展，後來沃荷在紐約馬廄畫廊辦首展後，都煙消雲散了。但他怎麼說動沃荷與馬廄畫廊導負責人伊莉諾．華德（Eleanor Ward）一刀兩斷？卡斯特里一向不從對手挖角，他講的是被視為老掉牙的過時禮數。後來的高古軒會從其他交易商那裡拐人，其他人也會如此。但在純真的六〇年代初期，卡斯特里不知如何是好，直到有一天，沃荷對他說：無論卡斯特里要不要他，他都會離開馬廄畫廊。卡斯特里帶著幾分猶豫簽下沃荷，而馬殿畫廊憤慨也無法回天。[67]

絲網印刷——更廣泛地說是倍數概念——不管是石版畫或精美印刷——對一九六〇年代中期的當代藝術都影響深遠。沃荷可能開發了一個全新的市場，只要他認為賣得出去的絹印，他想印多少都可以。羅森伯格很迷沃荷的作品，一九六二年也開始做自己的絹印。他不是一再重複地印同一個畫面，而是做出一個絹印後把不同的絹印合成一幅獨特的畫面，而且很高興能帶給大眾文化這樣的扭曲感。

不久之後，在一九六六年紐約上西區一位女士瑪麗安．古德曼（Marian Goodman）和另外四位當媽媽的人開了一家合作商店，出售印刷版畫和由當代藝術家本人監督、限量發行的石版畫。[68]古德曼的父親是會計師，深愛現代藝術家米爾頓．艾弗里（Milton Avery）——評家希爾頓．克萊默（Hilton Kramer）稱其為「我們最偉大的調色師」——買過他大約四十幅風景和人像畫。古德曼的孩子既然在紐約沃登藝術學校（Walden School）就讀，她也順理成章義不容辭地籌劃起學校的藝展，其他家長樂得每次都讓她負責一間展覽室，由她選擇展品。她心想反正錯不到那裡，就打電話給曾是抽象表現派的克萊恩，談著談著她居然就進了克萊恩的工作室。古德曼回憶道：「他給了我一大包素描和小幅油畫；我賣掉一半。後來我打電話告訴他要送回另一半。他說：『別擔心，你收著好了。』我說：『這怎麼行？』」

克萊恩說：「好吧，留下你最喜歡的。」

古德曼照做了——至今都還留著，並把其餘帶回交還原主。她說：「一週後他死於肺炎，他們發現他倒在工作室裡。」

古德曼通過她經營的商店「倍數」（Multiples），開始與卡斯特里及其二任妻子托妮（Toiny）——兩人在六〇年代初結婚——合作，一九六九年合開了卡斯特里平面藝術公司（Castelli Graphics）。古德曼對卡斯特里尊敬有加，曾說：「他為人慷慨，為旗下藝術家做了很多事，非常無私。」卡斯特里激起她去哥倫比亞大學研究所深造的念頭，並在一九六八年走出一場沒有愛的婚姻。她說：「這是我首次能夠自由追求我自己的一些人生希望，我第一次有自己的支票簿。」

古德曼十年後成立一家畫廊，代理一波她心儀的德國藝術家，規模是「倍數」難望項背的；她早期代理的藝術家也無法與她一九八〇年代中期開始代理的藝術家一較長短，畢竟李希特後來成為世界級頂尖藝術家之一，備受仰慕、售畫獲利可觀，每年賣出幾百幅作品，每幅超過兩千萬美元。然而藝評家史托爾宣稱，在沃荷工廠拓展當代市場的同時，「倍數」發揮重要的功能，認為「在可能銷售的項目與買畫客戶人數的提升上，古德曼都打開了閘門」。

大藏家這時每週都蜂擁到卡斯特里畫廊。讓他們生氣的是，卡斯特里把他們放到等待名單。房地產開發商羅伯特・梅爾霍夫（Robert Meyerhoff）和他太太珍（Jane）買了好多藝術品，必須在房子各側加蓋畫廊，才容納得下所買的藝術品。德國巧克力製造商彼得．路德維希（Peter Ludwig）擁有的瓊斯和羅森伯格藝術品比藝術家本人還多。米蘭的吉亞斯佩．龐薩（Giuseppe Panza）伯爵花了他父親葡萄酒生意中大筆大筆的錢，購買卡斯特里不惜售的所有作品；只要他能買到，就論打地買。

卡斯特里周遭的收藏家圈子這時添了個叫唐．馬龍（Don Marron）的年輕金融家，他三十歲賣掉自己創辦的同名公司，熱情投入當代藝術。最初卡斯特里幾乎不睬他。馬龍說：「進到畫廊後面，先會走近一條天鵝絨繩，卡斯特里坐在絨繩後方的辦公室。」這是設在七十七街連棟透天房的畫廊，一直到一九七一年卡斯特里才搬到蘇荷區。馬龍不久就覺察到卡斯特里代理的精品都在這間辦公室裡，原創者也常在此露面。馬龍從外可以看見卡斯特里，但他無法讓卡斯特里的目光投向他。最後馬龍終於獲准越過絨繩，但這並不代表他可以買到他掛在卡斯特里內殿牆上的任何東西。馬龍說：「卡斯特里發明了一套說辭：『謝謝你感興趣，我們會考慮。』不是你碰了釘子，只是請求未被接受，而且你也從不知道誰在跟你競爭。」

因為收藏家不斷提高競購卡斯特里旗下藝術家作品的籌碼，藝術市場改變了，而較勁又在一對白人菁英夫妻、一對暴發戶之間最為激烈。

實業家波頓．泰緬（Burton Tremaine）和他的妻子艾米莉（Emily）瘋藝術，購買很早就以普普藝術為重點，艾米莉曾形容普普反映的是「奇妙、庸俗、爵士、自由和瘋狂的紐約」。

泰緬是白人菁英，史考爾就恰恰相反。這位狠辣的車行老闆對卡斯特里使出各種招數講價。他和妻子伊瑟（Ethel）在卡斯特里那兒只要進入眼簾的，幾乎一網打盡；就算他們不喜歡那件也要買走；只要泰緬夫婦空手而歸，就能讓他們高興。[69]

這種競爭模式在瓊斯的早期個展中就浮現了。兩對夫婦爭相前往瓊斯畫室，但是史考爾夫婦先到，訂走了兩幅畫；泰緬夫婦旋踵而至，選了一幅〈設計圓形〉（*Device Circle*），卡斯特里說：「史考爾第二天回來，硬是要買同樣的畫，大吵大鬧，不滿泰緬捷足先登了。」[70]

史考爾一九六〇年出資成立綠色畫廊（Green Gallery），打算在其他收藏家、中間人和交易商之前搶得先機。卡斯特里不收的羅森奎斯特，綠色畫廊樂得收留。畫廊由理查·貝拉米（Richard Bellamy）負責經營。貝拉米是紐約市區藝術圈裡最迷人的怪咖之一，好酒、無論到哪裡都能睡，有次甚至在手推車裡睡著了。

史考爾這項安排有點諷刺，因為貝拉米絕不是搞鬼的人。只把藝術當成生意，他非常反感；他願意代理史考爾買畫，完全是要造福自己喜歡的藝術家。其中一位是馬可·迪·蘇維羅（Mark di Suvero）。蘇維羅用廢木、廢鐵製作大型戶外雕塑，有次像波拉克和海勒一樣站在電梯間上方搬運超大藝術品，幾乎摔死。還有就是歐登伯格，他製作超大日常物件軟雕塑，也在他所謂的手工乾貨商店上演「發生事件」，一切費用由綠色畫廊承擔。將近六十年後歐登伯格寶刀未老，仍在佩斯畫廊展示新藝術。貝拉米也是西格爾栩栩如生白色人物作品的早期支持者。約翰．張伯倫（John Chamberlain）的壓碎汽車零件雕塑，以及被看好的羅森奎斯特的巨大扁平廣告看板，他也青睞有加。令史考爾極為不快的是，這些藝術家中沒有一個人一開始就讓他發財，但這些藝術家的作品讓他畫廊的交易商快慰。[71]

比起這史考爾，仍舊在五十七街四樓經營畫廊的詹尼斯算是審美家，不過一九六二年秋天時，其他畫商都認為他商業色彩最濃。

詹尼斯可能力求務實——這也是後來的高古軒的模式，但他確實喜歡領先前衛的藝術；也正是結合了不擇手段與熱愛藝術這兩種精神，他才能有力地推動當代藝術市場。藝術市場這時已經成形，一九六二年的萬聖節夜晚，任何懷疑都煙消雲散，詹尼斯畫廊一場盛大的展覽從展間一直滿到樓下的一個大空間。《新寫實主義家》（*New Realists*）特展包括法國、英國、義大利、瑞典和美國的繪畫與雕塑，正如詹尼斯所寫，這項展覽屬於「（平均年齡約三十歲）新世代，對他們來說，他們對抽象表現藝術的反動是藝術演進的另一彰顯」。[72]

展覽是集普普藝術大膽、甚至是怪誕表現之大成，大西洋兩岸的藝術家展現了達達藝術家對紐約畫派的影響，但也看得到紐約藝術家對歐洲的衝擊。年輕的普普藝術家占了主導地位：歐登伯格展示〈烤箱〉（*The Stove*）——石膏烤肉和其他假造的食品；沃荷展示〈自己做〉（*Do It Yourself*）及〈舞圖〉（*Dance Diagram,5 (Fox Trot:"The Right Turn-Man")*）；李奇登斯坦推出〈轟然〉（*Blam*）與〈冰箱〉（*Refrigerator*）。

這對大抵在特展中缺席的抽象表現藝術家來說有點太過了。有些十年前離開帕森斯、選了詹尼斯的畫家，在驚愕之餘，現在也選擇離開詹尼斯，包括羅斯科、馬瑟韋爾、葛斯登和阿道夫・戈特利布（Adolph Gottlieb），只有德庫寧繼續留下。

對貝拉米情何以堪的是，美國普普藝術大行其道，意味著史考爾不再需要貝拉米來判斷誰是重要的藝術家；誰都知道是哪些人，唯一的謎點是作品價格上漲的速度，這一點貝拉米也無法未卜先知。貝拉米在畫廊仍留了一段時間，但史考爾壟斷當代藝術市場的夢想破滅了。

Chapter 3

Pop, Minimalism, and the Move to SoHo

普普與極簡——蘇荷風起雲湧

1963-1979

六〇年代中期，卡斯特里已是紐約當代藝術公認的龍頭交易商。然而他的七十七街畫廊仍是一個古怪的地方，這也是剛出校門的吉姆．雅博斯（Jim Jacobs）在那裡工作的感想。二十一歲的雅博斯天生就是推銷高手，且頗有自知。他申請畫廊工作時，不是打電話給主事者，而是直接找卡斯特里。電話那頭猶豫了一會兒，然後響起有教養的聲音：「喂？」

「我是吉姆．雅博斯，我聽說你們有工作出缺。」這其實是他編的，他根本不知道到底有沒有缺。

那一頭停了半晌，然後說：「是的，我們有缺。」

雅博斯上門應徵，直接被帶到卡斯特里後面的辦公室。他忘不了迎面而來的那一幕：有個大男人睡在卡斯特里的長沙發下；卡斯特里沒提他是誰，雅博斯也不造次提問。面談到一半，男子醒來，蹣跚地站起來，然後抱住雅博斯，說：「我是貝拉米。」然後這位一頭亂髮的綠色畫廊負責人就匆匆走了。

卡斯特里聘雇雅博斯管理檔案；他發現自己完全不適任，但能在卡斯特里麾下工作他高興萬分。而且不適任也沒關係，因為他證明了自己是一名好的推銷員，雅博斯也萬萬沒想到，銷售其實是卡斯特里的畫廊急切需要的。

雅博斯說：「我們連房租都付不出！房租到期時，我們得打電話給赫赫有名的收藏家維克多．甘茲（Victor Ganz），要他買畫；要不然就是卡普打電話給其他藏家。一九六六年，在瓊斯、羅森伯格、李奇登斯坦、湯伯利與羅森奎斯特等人當中，只有瓊斯和羅森伯格的作品能賣錢；甚至沃荷也還沒有行情——他的一幅花朵畫五十美元、自畫像一百美元。」

對卡斯特里來說，房租再加上一種嶄新的藝術到來，該如何相待，都是頭痛的問題。他聽過極簡藝術，但一直到貝拉米一九六五年關閉綠色畫廊，突然塞給他三位極簡藝術家，他才開始注意。[1]

抽象表現藝術極為個人化的筆觸和色域畫風，已經讓路給普普藝術，但普普藝術對極簡主義藝術家來說又嫌個人色彩不夠；現在的使命是把藝術外殼全部剝離，只留下核心。極簡藝術家大多數是物件創作者，有時使用從商店買來的材料，例如樹脂玻璃、螢光燈管和鍍鋅鋼。幾何形狀是好的開端，世界被縮減為三角形、正方形。到一九五〇年代晚期，史特拉從事三維圖形創作，畫布上往往除了線條的條紋外什麼都沒有，很少看見藝術家的手，畫作中很少看見個人的感覺。極簡主義要的是看起來不像藝術的藝術。紐約一位極簡藝術團體的中心人物是唐納・賈德（Donald Judd），他最出名的是紅銅覆蓋的箱子沿著畫廊牆面像書架一般堆疊起來。

極簡主義是卡斯特里應該擁抱的藝術運動？還是只是死胡同？普普藝術帶給人的內心感覺，在它裡頭不太找得到。最簡單的是把它擱在一邊，守住價格節節上揚的普普藝術家。但金錢從來不是卡斯特里的第一優先，貝拉米交託的「遺孤」也讓他好奇。讓卡斯特里先選，他選了賈德、羅伯特・莫里斯（Robert Morris）和丹・弗萊文（Dan Flavin）。[2]除了疊盒子作品外，賈德也在設計房間大小的裝置藝術（installations）；莫里斯用標準尺寸二×四漆成灰色的三夾板做雕塑，不久又用泥土和切割的工業毛氈從事創作；弗萊文則利用白色與有色螢光燈泡、燈管創作，嘗試走出一條自己的路。

卡普認為極簡藝術神祕費解，當卡斯特里堅持支持極簡藝術時，他感覺不得不離開卡斯特里，自己成立了OK哈里斯畫廊（OK Harris）。但對卡斯特里畫廊的長期經理派蒂・布倫代琪（Patty Brundage）來說，極簡藝術說明卡斯特里的為人，她說：「卡斯特里的動機是藝術，不是錢。證據是他對極簡藝術的承諾。若只是為了錢，他不會是今天這種格局的畫商。」

其他少數聽到並留意極簡藝術的是寶拉・庫博。年輕、帶著波希米亞風的庫博，在六〇年代中期來到紐約修習藝術課程，也在香奈兒（Chanel）當總機小姐養活自己。[3]她在藝術界的第一個工作場所是在卡萊爾酒店（Carlyle hotel）的前哥倫比亞和非洲藝術藝廊。[4]一九六四年，她在六十九街，杭特學院（Hunter College）對面，在自己家中的廚房開了一家上城畫廊，用的是自己的娘家姓名寶拉·強森（Paula Johnson）。一九六五年她在此為大地藝術家沃爾特·德·馬利亞（Walter De Maria）舉辦了他首次極簡雕塑展畫廊。[5]之後沒多久畫廊就關門大吉。[6]

庫博下一步是在下城華盛頓廣場附近的公園廣場（Park Place）經營藝術家合作社。她結識的幾位藝術家不久就成為重要人物，例如從事戶外雕塑的迪蘇維羅，以及羅伯特·葛羅斯文諾（Robert Grosvenor），後者利用色彩鮮明的鋼材製作高大的室內外雕塑。在幾乎半個世紀之後，庫博仍然跟他們兩人合作。

庫博於一九六八年離婚，她用賣迪蘇維羅雕塑得來的一千二百美元佣金和從銀行貸到的三千美元，在普林斯街九十六號開了一家像樣的畫廊。[7]如此，她也成了休士頓街以南第一位當代藝術畫商。蘇荷那時是輕工業區，裡面血汗勞力小工廠林立，入夜後石子街道上有點恐怖。庫博搬到這裡時，藝術家進駐了工廠空曠的樓層（有時是非法進占），當作棲身之處和工作室。庫博後來表示：「我希望置身於藝術家生活所在。我曾經在上城工作、生活，感覺環境令人窒息。我想做自己想做的事、在自己想做的時候做。」[8]

庫博用很緊的預算打點一切。她說：「我沒有錢整理，我自己掃地。」只要有人來，就會被抓公差幫忙換燈泡。年輕的藝術家琳達・賓格勒斯（Lynda Benglis）在這裡兼差，負責打字、支付開銷。[9]賓格勒斯不久就震驚一九七〇年代男性支配的畫壇。她一幅挑戰性別的創作出現在《藝術論壇》（*Artforum*）全頁廣告上：全身裸露，胯間冒出一根巨大的陽具。後來成為《紐約時報》（*New York Times*）藝評的羅貝塔・施密絲（Roberta Smith）也曾經是庫博少數幾名全職員工之一。

庫博對完全藐視傳統的新藝術支持不遺餘力。她一九六八年十月的首場展覽《終結越戰學生動員委員會聲援站》（*Benefit for the Student Mobilization Committee to End the War in Vietnam*），包括了唐納・賈德、索爾・勒維特（Sol LeWitt）、羅伯特・曼格爾得（Robert Mangold）、羅伯特・萊曼（Robert Ryman）、丹・弗萊文和卡爾・安德烈（Carl Andre）。[10]這些人大多不是跟她幾十年，也是跟了多年。庫博每個月付房租都有點吃力，但她很少失望。總是說：「哪裡有好藝術，哪裡就有活路。」

庫博成為下城區極簡藝術的老前輩，也對她領航的這項藝術風潮形成莫大影響，不過市場的迴響就不是那麼捧場了。極簡藝術好多年不易找到買主，一直到極簡藝術家投效佩斯畫廊和沃納才改觀。賈德是少數幾位持續賣得好的。但庫博不輕言退，年復一年，影響著極簡藝術家的航向；影響力就算不超過，也不會比卡斯特里小。

庫博的副手之一詹姆斯・寇恩（James Cohan）回憶，庫博的畫廊每天處理的都是不同的瑣碎事，也沒有幕僚會議這回事。他說：「有時我是在一箱明信片寄到畫廊、宣布有展時才知道要來的展覽；這就是她運作的模式。她對待旗下藝術家的方式：完全的掌控，不會借給其他交易商。」不過她旗下的藝術家對她沒話說，即使有時難免稍有微詞；多數員工也是如此。

在極簡藝術領域，挑戰卡斯特里的不止庫博一位。來自波士頓的「苦行僧」老格里姆徹也在五十七街闢了一個空間，一九六〇年代末期網羅了一批一流藝術家，其中一些是極簡藝術家，很多是抽象藝術家，他建立佩斯畫廊，挑戰詹尼斯的商業地位。

格里姆徹曾言，他做畫商大半世紀，最得意的時刻就是一九六〇年代末期與七〇年代初期。極簡藝術將特殊地點、情境的非具象藝術（nonrepresentational art）的界限外推，在遠離城市畫廊的地方模塑泥土。加州裝置藝術與大地藝術家羅伯特．爾文（Robert Irwin）因早期的彩色凸點畫作系列而與佩斯畫廊結緣。雖然一開始他被評家排斥，後來卻成為光與空間藝術的先驅，不斷把畫室界線外擴，讓作品更及於公園、街坊、甚至及於廣大的地貌。格里姆徹說：「爾文改變了我的人生，成了我的啟蒙師。我拜訪他在威尼斯的畫室，看見改變我一生的凸點畫風，那些作品跟前人做過的所有東西都沒關係；一直到今天我們都還維持著合作關係。我認為他是當代在世的最偉大畫家之一。」另外兩位偉大的極簡藝術畫家勒維特與賈德也是由佩斯代理；抽象畫家曼格爾得、伊麗莎白．莫瑞（Elizabeth Murray）、萊曼和獨占山巔的馬丁也都是佩斯的亮點。格里姆徹終其一生與馬丁都維持極佳的藝術家－經紀人關係。

跟許多畫商一樣，老格里姆徹自幼就想做藝術家。他早年在明尼蘇達州的杜勒斯（Duluth）度過，家中四個孩子裡他排行最小；經常一個人每天畫畫數小時。在母親鼓勵下，父親（名佩斯）將全家遷到波士頓讓小孩讀書，他也因此接觸到藝術。他先就讀於麻州藝術學院（Massachusetts College of Art），然後又念了波士頓大學（Boston University）研究所，與布萊斯．馬登（Brice Marden）是同窗。馬登後來也成了他那個世代，佩斯代理的最出名的抽象畫家之一。[11]格里姆徹的畫風近似德庫寧，但不及德庫寧。[12]

一九六〇年，格里姆徹二十一歲那年，父親去世，在波士頓辦完喪事那天，他和兄長赫伯、母親沿街散步、逛畫廊。赫伯已經說了家中錢不多，格里姆徹必須半工半讀。他們看見紐伯理街一二五號一樓有家畫廊要出租，他隨口說：「多好的地方開畫廊！」

赫伯回答：「你為什麼不租下來？」哥哥也不是隨便說說；他借給弟弟二千四百美元當作開畫廊的種子基金。[13]

格里姆徹不久跟高中戀人米莉（Milly）結婚，兩人合力經營佩斯畫廊，母親也在兒子上課時去幫忙。格里姆徹用他唯一認識的藝術家——他的老師——的作品填滿畫室，首次展覽成功；師長的朋友將作品購置一空。之後格里姆徹又辦了一場紐約區外的第一場普普藝術展，闖出名聲。但他真正奠定地位的舉措是說服路易絲．奈納爾森（Louise Nevelson）在波士頓展出她的傑出木雕。奈納爾森對年輕的格里姆徹頗有好感，格里姆徹答應替她在麗茲（Ritz）酒店訂一間房間；她應邀來到藝展開幕式，兩人一見如故，尤其是賣出數件作品之後。奈納爾森沒有固定的代理人，後來居然選了詹尼斯，沒選格里姆徹。不過十八個月後，跟詹尼斯發生金錢糾紛時，她知道要打電話給誰。[14]

格里姆徹解釋說：「詹尼斯讓她預支了兩萬美元。」之後就把她的作品鎖在倉庫裡當作抵押。奈納爾森慌了；照格里姆徹的說法，她需要被自己的藝術包圍；心血不在身邊，奈納爾森開始酗酒，不止一次坐在窗沿要跳樓。

格里姆徹建議她離開詹尼斯。

奈納爾森回答：「我怎麼離開？我欠他兩萬美元。」

這時二十三歲的格里姆徹借了一萬五美元，又賣了一幅沃荷和歐登伯格的畫另籌了五千，交給奈納爾森。奈納爾森還錢給詹尼斯，詹尼斯也不得不把奈納爾森的作品還給她，格里姆徹旗下於是也有了新的藝術家。他說：「我喜歡她，也知道她的需要。熱愛藝術才是最重要的。」

一九六三年，格里姆徹搬到紐約，在西五十七街九號開設畫廊。格里姆徹如魚得水，但是遺憾自己沒有早一年到紐約；若是一年前就立足紐約，他就可以代理沃荷和已經被其他畫廊簽走的普普藝術家了。

五十七街畫廊開幕後不久，格里姆徹應邀參加楊格曼的家中派對。才二十四歲的格里姆徹對看見楊格曼的影星妻子黛芬・賽赫意雀躍之至。她曾在《去年在馬倫巴》（*Last Year at*

Marienbad）電影中擔綱演出。滿室也都是藝術家，包括凱利、印第安納以及住在楊格曼樓下的馬丁。

一度接受奧運游泳選手集訓的馬丁骨架大，也駕船航海，但她更是認真的藝術家。格里姆徹回憶當晚的情景說：「後來有人開講真與美。」他全神貫注，興奮難抑。

馬丁過了很多年之後才同意由格里姆徹代理她；即使是讓格里姆徹代理，她也顯得不放心，她告訴格里姆徹：「記得：我們在藝術圈一起打拚，但我們不是朋友。」

不久之後除了馬丁，格里姆徹也代理起其他知名的抽象藝術或其他型類藝術家，名單上有：羅斯科、德庫寧、以全白繪畫聞名的萊曼、畫幾何背景襯托單色繪畫的曼格爾得。後來又簽了燈光藝術家基斯．索尼耶（Keith Sonnier）、詹姆斯．特瑞爾（James Turrell）、雕塑家東尼．史密斯（Tony Smith）。他也簽下個人深愛的法國藝術家杜布菲與美國畫家查克．克洛斯（Chuck Close）；前者的類細胞圓圈大合成挑戰非具象寫實藝術本質，後者的大型點描肖像畫掛在大小畫廊都搶眼。他出名的客戶群中包括大衛．洛克菲勒（David Rockefeller）、路易威登執行長貝爾納．阿爾諾（Bernard Arnault）和好萊塢名經紀人麥可．歐維茲（Michael Ovitz）。但他總是要跟卡斯特里較勁，他說：「卡斯特里有的是藝術世界最好的耳朵。」意思是卡斯特里靠別人打下江山。他有點輕蔑地說：「伊蓮娜有最好的眼光，卡普也是。卡斯特里靠魅力吃遍天下，但他依靠身邊這兩人物色藝術人才。」[15]

卡斯特里此時接收了綠色畫廊的普普藝術家，也是格里姆徹遺憾晚了一步的對象；艾默里奇籟走了大部分的色域藝術家，格里姆徹說：「我們除了去羅致高度個人風格的藝術家外，沒別的地方可去。我們有已然有名的藝術家，也有全新冒出頭的藝術家。」

一九六八年時，紐約無疑已是全球當代藝術的文化首都，先是抽象表現藝術，後來是普普、極簡與新起的觀念藝術。後者的意涵是藝術作品中的批判概念超越作品本身。其他都會當代藝術的場景無法與紐約較量；倫敦可能在普普音樂、廣告與時尚上領先，但英國的畫廊不似紐約生氣蓬勃，而且令人意外的是，是毫無商業氣息的極簡藝術開始彌合其中的文化差距。

英國的藝術明星也數得出來，有人建議一位英國畫商到紐約來看看這裡的藝術家到底在幹麼。尼克拉斯·羅格斯戴爾（Nicholas Logsdail）二十二歲那年說做就做。很少人料到他會成為他所處時代的知名畫商，把極簡藝術從美國帶到英國。羅格斯戴爾多年後說：「成為藝術家和藝術的不多是怪胎嗎？」

緊張、話不多的羅格斯戴爾十三歲那年在父母位於倫敦郊區的房舍外建了一處樹屋，在樹屋住了四年，一直住到他去藝術學校讀書。[16]他的藝術興趣夾雜著黑色幽默，得自舅舅作家兼藝術收藏家羅德·達爾（Roald Dahl）的遺傳與影響。達爾是《查理與巧克力工廠》（*Charlie and the Chocolate Factory*）與《瑪蒂爾達》（*Matilda*）的作者。[17]常常開著他的沃克斯豪爾（Vauxhall Velox）汽車從大米色登（Great Missenden）郊區的家到市區去尋寶。羅格斯戴爾說：「沒什麼特別好玩。他身材高大——六英尺六英寸，開車得把前頭的汽車椅座拉到後頭，因此汽車有一邊沒有後座。」他們會開到科克街畫廊，達爾認識那裡的交易商。羅格斯戴爾回憶說：「有次我們帶回法蘭西斯．培根（Francis Bacon）一九六三年畫的情人喬治．戴爾（George Dyer）三聯畫。」羅格斯戴爾形容培根筆下線條扭曲的人像畫讓他自成一格。[18]他說：「現在這幅畫值五千萬美元，我記得掛在他家客廳裡。」

羅格斯戴爾在斯萊德美術學校（Slade School of Fine Art）註冊。有天晚上他喝醉了，錯過了回家的最後班車，露宿在里森林區（Lisson Grove）一棟四層樓建築旁的長椅上。建築旁有塊標示上頭寫著：出售，合理出價就談。屋主後來願意讓羅格斯戴爾住在貝爾街六十八號，交換條件是羅格斯戴爾負責修理。羅格斯戴爾年幼時建造樹屋的經驗派上用場。後來他也按屋主前言出價兩千英鎊買下這處物業，也就是日後的里森畫廊（Lisson Gallery）。羅格斯戴爾在此展示有前途藝術家的作品，例如戴瑞克．賈曼（Derek Jarman），畫廊一九六七年第五次展覽的主題甚至是小野洋子（Yoko Ono）的作品。

羅格斯戴爾開始一有機會就到紐約來，有次到卡斯特里畫廊來看弗萊文的光作。

羅格斯戴爾回憶說：「路易絲．勞勒（Louise Lawler）坐在前台，她是漂亮的女孩。」勞勒是後來被標榜為「圖像世代」（Pictures Generation）中的重要一位，一九六八年她是也有著藝術夢的「畫廊女郎」。當她聽到羅格斯戴爾的名字時眼睛一亮，說：「我得去告訴卡斯特里你來了！」羅格斯戴爾並未料到卡斯特里或是畫廊招待會聽過他的名字。

他說：「卡斯特里出來了，風度優雅，衣著考究，一副六十一歲的義大利紳士派頭。當時大概是差十分一點鐘，他看看手錶，然後說：『我的中餐約會取消了，你願意跟我一起吃午飯嗎？』」

共進中餐之際，卡斯特里問起跟倫敦市場有關的敏感話題。英國畫商的話題出現了，他搖搖手指頭說：「他們非常貪婪。」結果他跟許多英商的關係很多也不長久。卡斯特里的名言是：「別期待你的畫廊可以賺一成以上。有一成可賺就要高興。想賺百分之百，你什麼都做不成；賺一成，就有搞頭。」

羅格斯戴爾將卡斯特里的話銘記在心，一樣不強求：人會買就會買、不會買就不會買，完全要看對方的意願。羅格斯戴爾在多年經營後，也把那個時代多半的極簡與觀念藝術家陸陸續續介紹到倫敦。

銷售新手雅博斯在卡斯特里畫廊花很多時間誘導藝術家完成他們的作品；在畫廊房租快到期時更是賣力：他會幫張伯倫焊接他的汽車金屬雕塑，再奔到沃荷的工廠做絲網印刷。

為了幫助支付畫廊開銷，卡斯特里也經營起海報業務，每位畫家開展時也有海報宣傳。雅博斯回憶說：「我們會賣加框的或沒框的，價格在十到五十美元之間。」海報只是為宣傳要舉行的展覽，不在畫家的作品之內；為了提升銷售，畫廊會要求藝術家在海報上簽字，而這就要一番苦戰。」

雅博斯說：「有天我們需要羅森伯格簽二十張海報，我跳上計程車，到他位於拉法葉街的工作室。羅森伯格當時的助手馬登在那裡掃地。」馬登招呼雅博斯進入臥室，羅森伯格在裡面休息。羅森伯格說：「叫馬登找枝筆，你自己簽就好了。」雅博斯照辦，後來這些海報值幾十萬美元。

雅博斯說：「瓊斯最難辦。總是正經得要命，就像要他拔牙一樣，不過他倒都是自己簽名。」沃荷最容易；他討厭簽名，因此雅博斯和他工廠裡的任何人都可以代勞。後來收藏家搶著要卡斯特里旗下藝術家的東西，海報本身也開始有交易價值，但製作初衷並非如此。

每週六卡斯特里會打開畫廊大門，來者不拒，中午畫廊就已經擠滿人。雅博斯說：「紐曼、別的藝術家、綠色畫廊的可愛交易商貝拉米、收藏家史考爾，都在裡頭。」卡斯特里管這些人叫「畫廊之友」；新來的人若以為這個圈子包括紐約所有的買家、賣家和藝術創作者，卡斯特里畫廊也不以為意。雅博斯回憶：「六〇年代最容易疏忽的事是大家都不是那麼一板一眼；藝術作品不是那麼名貴，藝術家更在意的是他們的作品，以及成為小而美藝術世界的一員。」

很自然的，這個藝術奇妙世界傳到會做夢、有夢想的人耳裡——遠方渴望成為藝術家的年輕人、只知追尋卻不知追尋**何物**的青少年、就是一心一意想去一個特定地方的人，當中一個是年輕的大學生彼得．布蘭特（Peter Brant）；他到紐約來，只是為見卡斯特里。

不像其他聞風而來的人，布蘭特來的時候戴著一封瑞士交易商畢紹夫伯格的介紹信。他的真人大小石蠟雕像以及妻子小野洋子的雕像，將於二〇一七年在高古軒的巴塞爾藝術博覽會上，以九十五萬美元的價格售出。布蘭特後來成為卡斯特里最佳客戶之一，也是沃荷作品的首要藏家。跟穆格拉比家族、納麥德家族（Ezra and David Nahmad）、高古軒一樣，他購入非常多的沃荷作品，在拍賣會中高價競標沃荷最佳作品，影響沃荷在全球市場的價格。

年輕的布蘭特有錢可花。他父親擁有一家紙張包裝工廠，家人給了他大約二萬五千美元，他還是大學生時就善加投資，獲利可觀。[19]他見到卡斯特里，買了沃荷一幅濃湯圖，售價五百美元，後來又以五千元代價買了沃荷的〈藍色瑪麗蓮夢露〉（*Shot Blue Marilyn*）。他不斷購買沃荷的作品，也從卡斯特里那裡知道沃荷對有人買那麼多他的作品，好奇也關切，想知道這小子到底是何許人物。應沃荷之邀，布蘭特前往沃荷工廠，那時工廠已經遷到聯合廣場。

布蘭特說：「我們兩人初次見面彷彿就是昨天的事。斑點大丹狗在門口；沃荷的業務經理佛雷德．休斯（Fred Hughes）非常客套正式，將我介紹給沃荷。沃荷身體非常脆弱；他受到幾乎致命的槍擊，還在養傷。」沃荷有幾年生活怪異，幾乎停下繪畫——引來許多藝術家的譴責（或許是嫉妒），但工廠仍一天生產八十幅絹印版畫。他對抽象表現藝術家厭惡的攝影深為著迷，也拍電影，有幾部長達數小時。

沃荷已因藝術出名，但他的怪癖也同樣出名。好像是生性羞怯，除了「哦」、「太好了」之外，他很少說什麼。一九六七年開始他僱了一個人假充是他，出席一些場合。一年後，一九六八年六月三日，一名精神分裂的激進女性主義者瓦萊麗·索拉納斯（Valerie Solanas）拿著手槍從工廠的電梯間冒出來行刺沃荷，幾乎置其於死地。[20]在這件恐怖事件發生前後，美國一連有好幾位名人遇刺：馬丁路德·金恩博士（Martin Luther King Jr.）四月殞命，羅伯特·甘乃迪（Robert F. Kennedy）六月六日死於槍下，就在沃荷遇刺三天之後。

布蘭特回憶說：「你感覺想保護他。遇刺後，他非常害怕在公共場合出現。」他跟沃荷熟了，也看到沃荷假髮、怪聲音之下的精明生意人一面。他說：「我了解他有人作擋箭牌，有人代表他談價，但他自己才是幕後決定的真正主腦。籌拍電影時，他總是在場。他有一家保羅——韋斯（Paul, Weiss）律師事務所代表他，要做什麼自己清楚得很。」沃荷參與「絕對伏特加」（Absolut Vodka）和「寶嘉美」（Blackglama）皮草廣告片拍製工作，布蘭特一點都不吃驚；沃荷只是另起了一個生意鏈，這次是藝術與時尚之間，這位大藝術家抓錢與抓藝術、娛樂一樣不手軟。

到一九六〇年代末期時，當代藝術已成試金石，是有錢、時髦與冒險者趨之若鶩的一種生活方式。格里姆徹在波士頓的夥伴迪克．索羅門（Dick Solomon）記得一個典型的夜晚：「那是一九六八年十月，傑克．賈維茨（Jake Javits）競選參議員連任，羅森伯格展在白街開幕。那傍晚很熱，空氣中有大麻的味道；坐在樓梯最上面的是瑪蓮．賈維茨（Marian Javits）。藝術世界無人不識瑪蓮。她是個萬人迷，比她先生小好幾十歲，聽說戀人很多。一九六八年時她正風華絕代，在這個場合出現給那個晚上添加了額外的魅力。整個藝術世界彷彿都到齊了，但那個樓層裡最多也只能容納兩百人。」

人群中的收藏家多住在區域分明的六十街到八十街、第五大道一直到萊辛頓街之間星羅棋布的數棟大樓裡。後來當上佳士得（Christie's）美洲區負責人的馬克．波特（Marc Porter）指出，戰後時期的偉大藝術品大多藏在這些時髦的建築中。此刻，除了紐曼及克萊恩作品之外，這些收藏家也開始囤積沃荷和李奇登斯坦的作品。

卡斯特里在他周遭建立起來的完美世界裡，有一位不受歡迎的客人亨利．蓋爾扎勒（Henry Geldzahler），一個有魅力但不懂外交的人。他是大都會藝術博物館竄起的明星策展人，比卡斯特里年輕三十歲。他也是一九六六年威尼斯雙年展美國代表團團長，是他決定不選沃荷參展。這當然惹火了沃荷與卡斯特里。[21] 一九六九年十月十八日緊張升高，那天大都會藝術博物館的《紐約繪畫與雕塑大展：一九四〇－一九七〇年》（*New York Painting and Sculpture:*

1940 -1970）揭幕；對仰慕者和不屑者來說，這都是「蓋爾扎勒的秀」，是大都會當代藝術部門經營十年有成的展示。卡斯特里感覺他畫廊代理的藝術家在展出安排上未被重視；當蓋爾扎勒以高高在上的口氣形容卡斯特里是一位多禮的歐洲遺老，是伊蓮娜和卡普發掘了羅森伯格、瓊斯和沃荷，而不是卡斯特里時，他氣炸了。最重要的是，卡斯特里似乎感覺歲月不饒人。卡斯特里時年六十三歲，仍舊是最重要的龍頭交易商，但當代藝術說了算的已經是新人蓋爾扎勒。

部分為了挫蓋爾扎勒的銳氣和重振自己的地位，卡斯特里一九七一年秋天在蘇荷中心的西百老滙街四二〇號一間大型合作社畫廊舉辦展覽。[22]一夜之間，這棟原是紙張倉庫的跨新舊世紀的五層樓建築，成為當代藝術的中心。[23]從技術面來說，它是地位已經穩固的上城畫廊的集體前哨站；卡斯特里拿下二樓，伊蓮娜和她的再嫁夫婿索納本用了三樓，常常喝酒的約翰・韋伯（John Weber）與艾默里奇分別據有四、五樓。[24]交易商平分空間面積，但四百二十號是卡斯特里的王國。

卡斯特里在此展示第二波普普藝術家如吉姆・戴恩（Jim Dine）及歐登伯格等極簡和觀念藝術家的作品。卡斯特里畫廊新簽的藝術家之一是凱利，他的簡單幾何圖形終於找到了觀眾。凱利一九六五年由帕森斯代理跳槽到詹尼斯，惹火了帕森斯；一九七〇年代初期，他又投效卡斯特里；卡斯特里大方地讓布魯姆在他曼哈頓的布魯姆・赫曼（Blum Helman）新畫廊展出凱利。那時凱利已經離開紐約，到上州的查它姆（Chatham）與他的長期伴侶攝影家傑克．希爾（Jack Shear）過了四十年近乎與世隔絕的生活，畫的幾乎都是他熱愛的抽象圖形：色彩鮮豔的圓圈、長方形與方形，強烈地獨樹一幟。

卡斯特里畫廊賣出的羅森伯格、瓊斯與最有名的普普藝術家李奇登斯坦、羅森奎斯特、歐登伯格和沃荷的作品，遠遠超過大多數的極簡和觀念藝術家的作品，史特拉除外。然而卡斯特里從未考慮中止與賣得不好的畫家的合約來平衡收支。他對他們非常忠信，藝術家對他有段時間也是如此。

在這段黃金歲月中，與卡斯特里過從親密的友人之一是拉夫．吉布森（Ralph Gibson），也是這名傲慢的年輕攝影家日後把卡斯特里介紹給高古軒。吉布森住在格蘭街，離卡斯特里畫廊只有幾步路。他們兩人經常結伴去附近，兩人都喜歡的達薩瓦諾（Da Silvano）或美佐吉歐諾（Mezzogiorno）餐廳吃飯。卡斯特里非常在意體重，通常都只點半套餐的分量。兩人也會於下午五點時分在畫廊小酌。吉布森說：「我們談女人和藝術，沒別的！」

有天晚上吉布森到畫廊，看見一幅李奇登斯坦的新作掛在卡斯特里書桌旁的牆上；就在兩人啜飲之際，電話響了，一位女士想買下來。卡斯特里委婉地說：「它不適合妳，但我知道有一張合適妳。」

吉布森有興趣地聽著；卡斯特里打電話給一個德州人，此人擁有另一幅李奇登斯坦畫作的部分所有權，他和投資夥伴要價是五十萬美元。卡斯特里提議以他畫廊另一幅李奇登斯坦的畫來交換，吉布森說：「他從對方得到那幅畫，賣給對方他手上的那幅，又將買來的畫賣給電話那頭的女士；過程中他損失了六萬美元，但是他興高采烈。」

吉布森說：「卡斯特里，你剛剛賠了六萬美元！」

卡斯特里笑了，告訴吉布森：「有的藝術家比其他藝術家更有創意，有的收藏家比其他收藏家有創意，而有些交易商也比其他對手有創意。」為畫找到應有的歸屬，卡斯特里提升了兩個人的收藏，吉布森說，那就是卡斯特里的生存意義。

隨著四百二十號的開幕，一批所謂的「畫廊女郎」也應運而生——這些年輕貌美的熱情女子也希望成為藝術家或畫商。「圖像世代」藝術家中，除了勞勒外，還有一個叫安琪拉·韋斯特沃特（Angela Westwater）的美女在一九七五年與人聯手辦了自己的畫廊。[25]她分分合合的雕塑家男友安德烈把她帶到蘇荷火紅的藝術世界中心。[26]身為韋伯畫廊的畫廊女郎，她也不斷結識藝術家。也許那年秋天最值得一記的是西岸藝術家布魯斯·諾曼（Bruce Nauman）崛起，他從幽閉空間建構走向令人著迷的表演影片，在全球獲得偉大觀念藝術家的好評。

韋斯特沃特說：「我在一九七一年十二月認識他，當時他在卡斯特里畫廊有展。他有一個黃色燈光的裝置藝術，題目是〈或走或站〉（*Left or Standing, Standing or Left Standing*）；三夾板架出一道走廊，越走越窄，一直到走的人感覺困在裡面了。然而創作的題目有一種喜劇式的荒謬感。這種類似玩笑的手法常常出現在他的作品中，諸如玩文字遊戲的霓虹燈字母〈*Run from fear, fun from rear*〉。我認為他有種難得的氣質，你感覺得到他強烈卻安靜的存在。」不久之後她跟兩位歐洲畫商合組了斯皮羅內．韋斯特沃特畫廊（Sperone Westwater Fischer）畫廊，代理諾曼四十年之久。

那個時期的蘇荷粗獷卻迷人，幾乎每週都有新畫廊開幕。吉布森記得自己像個巴黎客一樣在石子街道上漫步，跟年輕的畫商、畫廊女郎談天。但是蘇荷這時也在改變之中，在西岸代理沃荷的布魯姆說：「特有的客氣開始消失。」布魯姆交易仍然握手為定，但市場炒熱了。

一九七三年十月十八日一項開創性的事件發生，計程車大亨史考爾在紐約蘇富比拍賣公司託售大約五十件藝術品。史考爾固然是一名「業餘的暴發戶收藏家」，在卡斯特里口中是「胃口奇大的衝動買家，想以極低的價錢將藝術家的每一件作品、畫廊、甚至畫商全部納為己有」。[27]史考爾藏品的拍賣卻是當代藝術市場的首次金錢大躍進，舊局面就要轉為新局面。

那晚——當代藝術首次夜間拍賣，幾乎每件藝術拍賣品都創下紀錄。波拉克藏家海勒被氣氛感染，不斷舉牌，一直到他以二十四萬美元買下瓊斯的〈雙白地圖〉（*Double White Map*），價格是彼時在世當代畫家喬治亞．歐姬芙（Georgia O'Keeffe）的〈東方罌粟〉（*Oriental Poppies*）十二萬美元舊紀錄的兩倍。海勒口袋充裕，不久前他才賣掉一九五三年他和波拉克一起搬回家的〈一：三十一號〉——他以九十萬美元賣給了紐約現代藝術博物館。[28]

這場銷售使得群情沸騰，過去十五年的一流藝術家，從湯伯利、沃荷、羅森伯格到克萊恩，作品都遠遠超過估價，總拍價達到二百二十四萬二千九百美元的驚人數目。[29]在拍賣間前排，在瘋狂的競標人群中看得到卡斯特里；雖然不見得人人都同意此說，但造成這種瘋狂現象的不是他會是誰！他是藝術世界最溫文儒雅的交易商，但他也是史考爾的代理，上述畫家群也都是他的委託人。

大家除記得拍賣會創了新天價，也記得羅森伯格與史考爾在拍賣會後起了齟齬。跟大多數那時在世的藝術家一樣，羅森伯格對這種天價有兩種心情：樂見作品在次級市場賣得如此高價，卻也非常不爽轉手賺來的錢沒有一毛進他的口袋。一九五九年羅森伯格假手卡斯特里以九百美元賣給史考爾一幅組合作品，在這次拍賣會拍出八萬五千美元。[30]

羅森伯格故意與史考爾不期而遇，火冒三丈地說：「我賣命創作，好讓你發大財。」史考爾回答他哄抬藝術品對藝術家有益無害，他說：「我也為你效力呀！我們水幫魚、魚幫水。」[31]實情是當天晚上每個人都對金錢數字興奮不已，幾乎每個人回家時都比他們來到拍賣會場時闊綽。

那天晚上的意義其實不止是拍賣會提升了藝術品的價值，它也決定拍賣價格就是藝術價值的新制。這是一種不實的措施，因為拍賣價格幾乎總是高於初級市場的初始成交價，而且有時高出非常多——針對一件價格既定的作品的興奮心態會推高作品的價錢，競標者會讓心情決定出標。不過由於私人之間的銷售價格往往保密，拍賣價格也成了唯一的價值根據。

史考爾掀起的這一番拍賣盛況很快蒙上金融動盪的陰影，蕭條情況也沒有比紐約更淒慘的。沒有幾位藏家感覺可以揮霍，更別說是對一九六〇年代和七〇年代初期的極簡與觀念藝術品。七〇年代敢跳入市場的人屈指可數，其中一位便是查爾斯．薩奇（Charles Saatchi）。這位年輕大膽的伊拉克裔英國廣告商，跟他兄弟莫里斯把上奇廣告公司（Saatchi & Saatchi）變身成了全球性的大公司，在一九七九年英國大選時打出「工黨失靈」的口號，協力將柴契爾夫人（Margaret Thatcher）推上了首相的職位。他在妻子桃樂西（Doris）——她於美國出生，在索邦（Sorbonne）大學受教育——的鼓勵下，薩奇迷上採購當代藝術品。他不喜歡接觸新聞界眾所周知；這對一個搞廣告和提倡藝術的人來說也有點奇怪，有人認為他這個脾性到頭來是自我殺傷。他也心狠手辣，只願意給畫商藝術品一半的報價或更少，即使報價沒有浮報。對這位在巴格達出生的藝術買家來說，講價似乎是一種運動。

薩奇是藏家還是畫商？這個話題受到熱烈討論。時間驗證他買賣藝術品的著眼點是牟利，以及以藝術品足不足以成為畫廊（他口中的博物館）的藏品為考量。當然他光顧的畫商，無論是高古軒或是布恩，只要他能兌現支票，薩奇究竟是哪一類都不重要。

羅格斯戴爾一度也是薩奇的代理，在七〇年代的一個社交晚宴上，他無意間聽到薩奇說照相寫實主義藝術家（photorealists）在當時最重要。他坦白告訴薩奇他錯了；薩奇大吃一驚，說：「不是的話，誰是？」羅格斯戴爾隨口報了一串極簡藝術家的名字，六個月後，一輛嶄新的捷豹敞篷跑車停在他的倫敦畫廊門口，薩奇夫婦走下車；那時是五月，桃樂西卻穿著皮草。薩奇對著展示品點頭，說：「這個我要、那個我要、還有那個……」

羅格斯戴爾招架不住地說：「我以為你喜歡照相寫實藝術家。」

薩奇回答：「不，你說得對。花了我六個月才賣掉我們照相寫實藝術品。現在我要的是極簡藝術。」

羅格斯戴爾說：「即使是勒維特？」

在極簡主義藝術家中，薩奇似乎對勒維特最為保留，因為他賣的是他藝術創作的說明，而非藝術本身。

薩奇回答：「我不要勒維特；我搞不懂他。」

不過沒多久之後，薩奇也開始向羅格斯戴爾購買勒維特的作品。

卡斯特里度過一九七〇年代的考驗比多數人都出色。他的一流藝術家都賣得出作品，尤其是瓊斯。七〇年代結束時，他打算在蘇荷開第二家畫廊，地點在格林街一四二號。[32]但是有幾人能像二十年前的羅森伯格與瓊斯一樣照亮市場？在普普、極簡與觀念藝術之後，接下來是什麼？

一九七九年之初，雖然還不知道是哪些人，但藝術家陸續崛起，代他們高價銷售新藝術的，是新類型畫商高古軒。

PART 2

THE EIGHTIES EXPLODE

八〇年代大爆炸

1979-1990

Chapter 4

Young Man in a Hurry

拚命三郎

1979-1980

如果卡斯特里年輕時前景普普通通，高古軒更是如此。一九七五年他三十出頭，在洛杉磯環境富裕、影藝人士出沒的西塢村（Westwood Village），有一家叫博客斯頓印務（Prints on Broxton）的小畫廊，在這裡展示藝術照片，不是什麼了不起的藝術。二十幾歲時他做的是一些單調的工作，也無甚野心。交往的友儕也好不到哪裡，因此對自己一事無成，他也不煩心。卡斯特里三十幾歲也是胸無大志，但至少他夫以妻貴、岳父多金，而高古軒兩者都沒有。

高古軒有天在翻閱一本藝術雜誌，看到一位攝影家的精彩作品。此人就是吉布森。高古軒以為他住在洛杉磯，等打電話去問了之後才知吉布森在紐約。高古軒撥了電話號碼，開始推銷：「我在西塢村有間畫廊。」不知吉布森願不願意讓高古軒為他在洛杉磯辦展？[1] 高古軒事後承認：「我非常天真。九十九%的人會說那樣打電話會碰釘子，還好他人非常好。」[2]

吉布森說：「你得到我的工作室來。」[3]他認為高古軒若有誠意，就會設法到紐約來，高古軒馬上就答應了。[4]

等見面時，高古軒本人更熱切。他身材魁梧，眼光銳利，近橄欖色的膚色說出他的亞美尼亞血緣。跟吉布森在一起，他如魚得水，機智放肆。吉布森也不是等閒的人物；他有著一頭希臘人的金色捲髮、羅馬人的高鼻和紐約人顧盼神飛的調調。幾杯葡萄酒下肚後，兩人惺惺相惜。吉布森其實是由卡斯特里代理的，不過他樂得把這位新朋友介紹給卡斯特里。[5]

高古軒在洛杉磯推出吉布森展。這時畫廊已更名為博客斯頓畫廊。[6]吉布森親自飛到洛杉磯，揭幕式中，看到美女如雲，大吃一驚——即使是那個時候高古軒就知道如何填滿屋子。很快地這位未來的畫商就定期奔波於洛杉磯和紐約之間；他再次登門拜訪卡斯特里，任何可能對他在紐約行銷藝術有幫助的人他都樂意結識。雖然阮囊羞澀，多虧酒店的亞美尼亞裔同鄉經理幫忙，他以四十美元一晚租了一間小房間，住進了大都會藝術博物館正對面的斯坦霍酒店（Stanhope Hotel）。[7]

高古軒在蘇荷熱身，去了解這裡的藝術情況，讓他最著迷的藝術家是湯伯利。他喜歡湯伯利創作中密碼般的文字、記號，以及創作名稱的古典意涵。他聽到人說湯伯利一九五七年搬到義大利，多多少少從紐約藝術世界銷聲匿跡之後，作品就被低估，心中竊喜。[8]高古軒蒐集湯伯利畫作風聲很快傳開，有天交易商安妮娜．諾西（Annina Nosei）有點心焦地打電話來，說：「我們物色同樣的東西，不如我們合作吧。」諾西打從在羅馬讀高中起就喜歡湯伯利。

高古軒很快也知道諾西對發掘新人有一套，大量買進普普藝術的畢紹夫伯格很看重她說的話。發掘新藝術家、培植他們發展事業，是初級市場幾乎每位交易商都渴望的，這個市場也是卡斯特里稱霸的世界。初級市場更具冒險性：畫商與藝術家各得銷售金額的五十％，而次級市場畫商可能只能拿到十％到十五％的佣金。高古軒問：誰會是諾西發掘的下一位藝術家？諾西喜歡布魯克林的大衛．薩利（David Salle）。薩利一九七五年從加州藝術學院（CalArts）畢業，這裡是美國西岸培育當代藝術家的溫床。[9]

薩利抱著幾分懷疑，對高古軒和諾西打開他在布魯克林的公寓。這位二十七歲、有思想的新婚藝術家十分執著自己的藝術創作，但也擔心自己無法靠此生活。[10]諾西已經拜訪過一次他的工作室，年輕的布恩則來過不止一次。兩人都沒買他的作品，也沒提議當他的代理。[11]

高古軒讓他感到意外；薩利所展示的七、八幅畫高古軒有興趣；畫中細心勾勒出的人物——多數是清晰可見的女性。薩利跟加州藝術學院同學羅斯．布萊克納（Ross Bleckner）和艾利克．費思科（Eric Fischl）一樣，都在創作一些明顯有別於極簡藝術的藝術。[12]高古軒非常喜歡；畫風性感，頗有賣相；他自己就買了一幅，而且當場就對諾西說：「我們來辦展。」[13]地點是他和諾西剛剛開始使用的臨時辦公間。[14]

這個臨時辦公間改變了高古軒畫商的一生。辦公間位在紐約西百老匯街四二一號，在卡斯特里四二〇號畫廊的正對面。高古軒與諾西對如何取得這個場所說法不一；諾西的版本是他們向她前夫韋伯（四二〇號交易商之一）租的；高古軒的版本則是他認識了一名從事藝術品運輸工作的人在開發四二一號，將其轉為住宅，剩下一個單位要出售；高古軒可以買，但必須當天就決定。[15]

高古軒後來回憶：「我說：好，我買。它要價四萬美元，我帳戶裡也沒這麼多錢。後來我意識到：天哪，我現在就要付錢！」高古軒告訴開發商他有一幅馬登的畫，他們會不會有興趣？畫名是〈給奧蒂斯〉（*For Otis*），內容跟美國靈魂音樂歌手奧蒂斯・雷丁（Otis Redding）有關。開發商同意，高古軒說：「因此我給了他那幅畫，買下那個地方。」[16]

這個樓層空空蕩蕩，有浴室，但沒有廚房，後面可以在有需要時充作臥室。它最大的特色是景觀。高古軒得意地說：「我們看得到卡斯特里的窗戶。」此話一點不假，對街的卡斯特里二樓畫廊動靜可以一覽無遺，高古軒想像自己有朝一日也能在當代藝術中稱王。[17]

在蘇荷推出薩利展前，高古軒請來年輕的設計師彼得・馬里諾（Peter Marino）裝潢。康奈爾大學畢業的馬里諾渾身常春藤盟校氣質，不是今天令人咋舌的造型：黑皮衣、黑皮靴、黑警帽與鎖鏈，同志裝扮與他有異性婚姻的形象格格不入。[18]高古軒透過鑽石交易商艾拉・阿斯蘭尼亞（Ara Arslanian）認識馬里諾。阿斯蘭尼亞擁有樓上一整層樓，請馬里諾來設計。阿斯蘭尼亞也是高古軒另一個亞美尼亞裔朋友，在異鄉彼此相濡以沫。高古軒對馬里諾說：「我錢不多，但你能來幫忙設計嗎？」馬里諾爽快地答應了。[19]不過高古軒後來說：「說他設計有點言過其實，因為他大概只用了一罐油漆。我想我是用一幅湯伯利來換他的設計。」[20]

薩利的展覽——也是他首展——一九七九年一個秋天的晚上在五樓畫廊開幕。[21]後來在《紐約客》撰稿的藝評家彼得．謝達爾（Peter Schjeldahl）也來了，他這樣形容高古軒：「一位像鬍鬚水廣告中型男的畫廊主人說要給自己兩年的時間來證明他的藝術事業；兩年後若沒搞頭，他就改行去做房地產。」[22]

高古軒一九四五年四月十九日在洛杉磯出生，他跟他步入藝術交易之路後所結識的勁敵交易商，有多方面的不同。[23]第一，他出生小康之家；第二，他的祖父母是亞美尼亞移民，歷經一九一五年亞美尼亞大屠殺，至今仍是夢魘；他們不算是歐洲人。

高古軒的先祖世代務農，住在亞美尼亞與土耳其東部的村莊。一八九〇年代土耳其人對其展開連續屠殺，生活不堪忍受，他們開始渡海遠走他鄉，一次一兩個親戚同行。他的曾祖父母與祖父母最後來到美國，幾乎都到了加州洛杉磯以北二百二十英里的弗萊斯諾（Fresno），第一批到的人在聖華金山谷（San Joaquin Valley）農業區找到工作，也把消息傳回家鄉。

高古軒的祖父或外公當中有一人是裁縫師，一位則在乾洗苦力工廠輸送帶工作。他跟著父母在週末去探望他們，童年大部分都講亞美尼亞語，朋友也都是亞美尼亞人，以為亞美尼亞就是全世界。

高古軒的父親艾拉（Ara）是洛杉磯市政府的會計。[24]母親安・露易絲・陶克楊（Ann Louise Tookoyan）出生於馬薩諸塞州，曾有演員夢。[25]高古軒後來描述：「她不是大明星，但拍過好幾部電影；在一九四三年約瑟夫・考登（Joseph Cotten）主演的《恐懼之旅》（*Journey into Fear*）裡軋過戲，飾演夜總會歌手一角。」這是由一部由奧森・威爾斯（Orson Welles）的莫區瑞製片（Mercury Production）公司製作的黑色經典影片。[26]雖然演員名單上沒有他母親的名字，但他嫵媚的母親的確在夜總會的麥克風前出現過，她有一副甜美嗓子，在當地的電台也有節目。

他舅舅亞瑟・陶克楊（Arthur Tookoyan）也是演員兼歌手，在很多音樂劇裡出現，一度也在曼哈頓的一個叫「起居間」（Living Room）的夜店演出。他甚至闖進百老匯，在一九五四年的《小飛俠》（*Peter Pan*）裡與瑪麗・馬丁（Mary Martin）一同演出。沒戲演時，他住在他們家在洛杉磯的窄小公寓裡。[27]高古軒在這裡長大，他妹妹珠荻安（Judy Ann）一九五〇年出生後也住在這裡，小公寓越發顯得擁擠。他說：「只有一個臥房的小公寓裡擠了我們五個人，反正是孩子嘛，你一切都得適應。擠？不要磕磕碰碰就好了。」他睡沙發，從來也不覺得童年被剝奪了什麼，也從來不知道人有第二個家。他說：「週末度假屋的觀念——我從沒聽說過。

我們不去鄉間——我們只有一間房子、一部車。」[28]

高古軒曾告訴一個女朋友，他父親脾氣暴躁、酗酒。[29]不過後來他修正說：「他喜歡喝酒，但節制有度，不是酒鬼。其實他是個工作狂，因此我們在情感上有點疏遠；他從來也沒賺過大錢，但是非常勤快。」在另外一次訪問中，他也表示他母親把明星夢放在一邊，當了會計。

想住得寬敞些，高古軒的父親為考證券交易執照去上了夜校，在繁榮的一九五〇年代，也的確混得不錯，舉家遷到聖費南多山谷（Fernando Valley）凡奈斯（Van Nuys）的亞美尼亞人區。[30]在伯明翰高中（Birmingham High School）的紀念冊中，高古軒在拉丁文社團的照片看起來溫文好學。最後他是從格蘭高中（Ulysses S. Grant High School）畢業，在學時是游泳校隊。他至少有六英尺高，毛髮濃密、強壯魁梧。

他在年輕時，藝術在生活中毫無地位。他對朋友兼客戶布蘭特說：「也許有次有人借給我母親兩張海上風景，但平常我們家裡是沒有任何藝術的。我不記得自己在大學畢業前去過博物館；我可能去過洛杉磯藝術博物館（L.A. County Museum of Art）一、兩次，但就是如此而已。」[31]叫他感興趣的是時尚，他說：「我總是非常注意人如何穿著；在乎外表。」[32]

高古軒念洛杉磯加大時一路都要打工。他主修的是英國文學，未選藝術史課程；一方面是因為他必須養活自己，一方面是他幾度輟學，花了六年才拿到學士學位，在一九六九年畢業。[33]

畢業時，高古軒已經結婚又離婚了，對方是關艾倫．葛賽德（Gwyn Ellen Garside）。[34] 婚禮儀式在拉斯維加斯舉行，歷時五分鐘。後來葛賽德指控高古軒「極為殘酷」，造成她「心理重大受創」——典型的離婚法律名詞。[35] 一份公開文件顯示這樁婚姻只維持了十六天；法律上，它在八個月後終止效力。顯然高古軒對此很難為情，一九九一年他公然說謊，告訴一名記者這樁婚姻歷時五年；等有人問起何以說法不同，他卻說自己忘了細節。

高古軒在洛杉磯加大一畢業，就在好萊塢找到一份典型的基層差事，在威廉．莫里斯經紀公司（William Morris Agency）收發室送文件，負責把劇本送到經紀人和製片人手中。他同時也是祕書，一度為超級經紀人歐維茲記錄，也為他個人最喜歡的兩名演員華倫．比提（Warren Beatty）和史蒂夫．麥昆（Steve McQueen）的經紀人史坦．卡門（Stan Kamen）跑腿。可是他還是打不進這個圈子。他說：「我就是沒坐在辦公室的基因。不管我做什麼，都要按自己的方式做。」[36] 十二個還是十八個月之後——說法不一，他被開除了。[37]

他不知道如何開創事業，在洛杉磯連續做的都是低層工作，包括在唱片店、書店，甚至超級市場打工。[38] 一天他遇見康寧漢舞團（Merce Cunningham Dance Company）的美麗舞者凱撒琳．寇兒（Catherine Kerr），他就乾脆放下找工作的事；可能也是他生平首次戀愛，他搬到紐約休士頓街附近的第二街跟寇兒同居；寇兒出外表演，高古軒也跟著去。他說：「我跟著康寧漢舞團跑遍全球，遇到各式各樣的人。」舞團每到一座新城市，都有一個顯赫的家庭主辦一場晚宴招待他們。從來沒有如此接近財富的高古軒開始研究這些家庭的每一個面向，他說：「我光看他們怎麼過生活就感覺迷人至極。」

他們兩人也訂婚了一陣子。兩人分手後，高古軒建議寇兒買一幅瓊斯（當時是康寧漢舞團的藝術總監）的素描，交給他去賣。[39]寇兒說：「表面上是我買，但由他付錢，然後脫手。我告訴他我不會這麼做。」高古軒在這以後的幾十年交的都是有藝術頭腦的女朋友，但都沒娶她們進門。

回到洛杉磯後前景不見得比前更好；他當起停車場的經理，待遇倒還不錯。[40]他注意到停車場附近有人賣海報，相信自己也做得起來。他對報導亞美尼亞等中東國家的雜誌《無》（*Bidoun*）說[41]：「我開始賣海報，只是因為我感覺可以比泊車賺更多錢。我看見別人賣海報，基本上我只是複製他們的生意，完全沒有自己的想像力、沒有方向，只是因為我可以賣海報而不光是泊車。所以我就兩個一起做，多賺一些錢，讓我也過起畫商一般的好生活。我沒有進入藝術世界的計畫；我不認為這是我藝術交易事業的開始；它不是一個事業上的決定——若是我看見別人賣什麼東西，我相信也難不倒我。後來它變成了一條事業的道路，我非常幸運。」[42]

可能是比幸運或巧合更深的東西發揮了作用。《一千兩百萬美元的填充鯊魚：當代藝術奇怪的經濟學》是一部解析藝術市場的書，作者唐．湯普森（Don Thompson）認為許多畫商有一個特徵：他們「來自移民社區、在少數族群與宗教團體成長，不為新社會同儕接受。藝術交易成為一種可以一再證明自己的方式：他們帶來一種優越美學，他們有高乘議價技巧，他們比經商致富或是在各行各業出人頭地的委託客戶都出色。」[43]高古軒有一種「與生俱來的銷售本能與感覺」，他說：「我的基因有與生俱來的聰明，我的判斷不總是正確，但我很會抓住機會。」[44]

一開始做的一批，高古軒叫它做「希洛克」（Schlock）：大眼貓與絨毛球等等。利潤全在框中。他說：「那不是你會在惠特尼（Whitney）或紐約現代藝博館海報店看到的那種；它其實不是海報，只是一種廉價的印刷；框子要兩、三塊美元……**總之是要人來買**；是一張設法賣二十塊那種，但人出價十塊以上你就準備賣。是一種街頭生意；跟心理有關……是桶子最底層的買賣。」[45]高古軒「一個晚上會賺幾百塊錢，這在當時那是很多錢」。[46]

有次高古軒注意到他的海報是向比佛利山美術印製廠（Beverly Hills Fine Art Reproductions）的艾拉・羅伯茲（Ira Roberts）批來的。他說：「羅伯茲會印行希拉克海報小冊做廣告，但是最後一頁他們有價格貴些的海報，我就看看將它們加框以後是不是能賣到兩百、兩百五十美元。我是因為這樣而對藝術興奮起來。」[47]

不久高古軒就迷上此道，無論是在販賣貴海報的挑戰上或是樂趣上；三十歲那年，他終於能有相當不錯的收入。他說：「我小時候家裡沒錢，因此終於有錢買東西，有一個像樣的地方住，感覺不錯。你知道，很多東西是有一定的成功之後才能擁有，那一點很誘人。」[48]

海報生意讓高古軒不止賺到錢，也開啟了他的藝術之門，特別是對畢卡索。他說：「我拚命看每一本跟畢卡索有關的書，對他的能量、力量、心理和他的強度著迷。」他發現畢卡索是一位可以叫他忘我的藝術家，代表的是「美麗、狂野、性感」，他說畢卡索是「絕對的藝術家」，從此之後設定了人生航向。

不久後高古軒開了一家裝框裱畫店，裝裱自己所賣的海報。龐克音樂團體Sonic Youth貝斯手兼歌手金．戈登（Kim Gordon）高中畢業後的第一份工作就是替高古軒做事。高古軒是一位難搞的上司。她說：「他凶得不得了，經常對我們大叫大喊，不是罵我們搞砸事情，就是罵我們動作太慢，有的沒的，非常乖張，萬萬沒想到他會成為全球最強的畫商。」[49]戈登後來在高古軒的紐約畫廊做接待，顯然已經把兩人的關係搞好。

高古軒從賣畫框轉行到賣照片、賣畫，開始自視藝術交易商，而不是零售店的售貨員。同時他也在盤算如何做好跟好萊塢負責人的關係，拉攏他們為客戶。如今他想聯絡影藝大亨葛芬等頂級收藏家，隨時可以打電話給他們。但一九七八年時他還需要管道。在一個不經意光顧他畫廊的客人身上，他找到了這個管道，這位客人因為經過畫廊時感覺高古軒畫廊的窗口擺設有趣，而走了進來。

畫廊很安靜，大部分的時間都沒什麼動靜；沒生意時高古軒會閱讀藝術的相關書籍；迷到一個程度時就會開始打聽，買畫來賣。他在接受《浮華世界》（*Vanity Fair*）記者鮑勃．科拉切洛（Bob Colacello）訪問時曾說：「我把約瑟夫・博伊斯（Joseph Beuys）的雕塑擺在窗台。巴利・羅文（Barry Lowen）走了進來，心想：『這個雕塑放在這裡做什麼？』他結果也沒買，但是我們一見如故，成了我的最佳客戶之一和好友。」[50]

羅文是電視公司的主管，熱衷收集當代藝術，這在七〇年代的洛杉磯非常罕見。造訪高古軒畫廊開了例，以後他時不時就經過進去看看，他向高古軒介紹他喜歡的藝術家和收藏。高古軒說：「羅文成就了我的品味；就像愛德華・羅賓森（Edward G. Robinson）孕育出好萊塢所有的印象派收藏家，羅文也牽引出大多數的當代藝術收藏家。他不遺餘力地提倡收藏，他最淵博、最聰明。」[51]

透過羅文，高古軒結識了電視製片道格・克拉瑪（Doug Cramer），他是《愛之船》（*Love Boat*）與《朝代》（*Dynasty*）電視連續劇製片。克拉瑪又把他介紹給他的前妻、專欄作家喬伊絲・哈博（Joyce Haber）。哈博把她的加州藝術收藏賣給了高古軒，高古軒又轉手，利潤非常好。最後更透過羅文和克拉瑪，高古軒認識了葛芬和房地產大亨伊萊・布洛德（Eli Broad），兩人都是大收藏家。[52]

高古軒儼然成為洛杉磯畫商後，平步青雲，現在的問題是征服紐約。

對一個地方不大、一次只展八幅、十幅畫的沒沒無聞畫廊來說，薩利一九七九年秋天在蘇荷區的開幕展可說是一炮而紅。除了賣給畢紹夫伯格外，德州的德梅尼爾（De Menil）家族也買了一幅，薩奇亦然。每幅畫的標價是兩千美元，換作今天大概是六千七百五十美元；對一個新秀來說，絕不算低。[53]高古軒當時就已經學到藝術市場銷售的重要一課：絕不低標。

布恩那天晚上也大駕光臨。她是從對街過來的。在對街的西百老滙四二〇號，她從一樓儲藏空間闢出一間小畫廊，牆上只能掛五、六幅畫；小到一個程度，她常常想可能卡斯特里不知道她的存在。[54]不過布恩個頭也較小，小空間對她恰到好處。在薩利展上，她仰著頭跟高古軒談薩利，說高古軒看對人了，薩利的作品是真的藝術，也說自己以前沒去他的布魯克林畫室是錯的。她後來承認一開始對具象繪畫多所持疑，最初看到薩利的畫時「很驚駭……感覺那些畫是奇怪、喜劇、尷尬與笨重的組合」。[55]但在高古軒的薩利展場，她甩掉了這些疑慮，想知道：如果她簽下薩利，高古軒意下如何？

布恩身高可能只有高古軒的一半，但身上每一寸也都是雄心壯志。布恩在賓州的伊力（Erie）出生，父母是埃及裔，三歲父親就死了，長大完全是靠自己。[56]她說：「我母親是個愛做夢的人，但是非常堅強。」[57]布恩是羅德島設計學院（Rhode Island School of Design）的學生，十九歲來到紐約，來了之後才發現自己什麼條件都沒有。七〇年代中期她在惠特尼美術館（Whitney Museum）當祕書，然後換了一份好一點的工作，在麥迪森大道的拜克特畫廊（Bykert Gallery）負起比較重要的責任，為副館長克勞斯．凱特斯（Klaus Kertess）做事。凱特斯只中意極簡藝術、後極簡（Post-Minimalist）和過程藝術（Process Art）。[58]凱特斯也成了布恩的啟蒙師，布恩對極簡藝術心服口服，但是畫廊營運欠佳。一九七六年時，布恩利用關係找到七個支持者，開始自己闖江湖。[59]她頗具姿色，有著漂亮的顴骨，富有魅力，這些對她的事業都有加分作用。

一九七七年的紐約市在破產狀態，布恩的形容是：「藝術沒有太多空間。」觀念藝術似乎界定了七〇年代末期，至少對布恩來說如此；從知性角度來看，似乎沒錯，但從商業來說，不好賣。

是在一家叫「海洋俱樂部」的餐廳，布恩的交易商生涯首次改運了。她開始代理年輕藝術家布萊克納，而布萊克納告訴她她應該認識一位藝術家朋友。這個朋友當時在當廚師，從廚房走出來自我介紹——朱利安．許納貝（Julian Schnabel），這位未來十年的藝壇奇葩這時還沒出頭，但渾身散發著自信。薩利是他的二廚之一，布萊克納是他們之間的黏合劑。藝評家史托爾說：「布萊克納有錢，對大家都大方。」他也和布恩一見如故。史托爾說：「跟窮才子在一起，通常都是他出錢帶動場子。」至於許納貝，史托爾的評語是：「他做好東西，也做可怕的東西；沒人分得清楚」。

那天晚上，許納貝堅持布恩到他畫室去，布恩一看之下驚為天人；大幅畫作，忙碌的畫面；大膽的線條神似抽象表現藝術行動畫家，又有全新的感覺。[60]布恩曾發誓不簽首次碰面的畫家，但是許納貝揚言你不簽我就找別人，讓她不得不破例，當場就簽下他，許納貝也成為日後把布恩帶向藝術世界巔峰的火箭推進器。[61]

布恩一九七九年二月把許納貝的畫安排在團體展展出。[62]同年九月，她又安排了一次團展，但這次許納貝的地位更加顯著。兩個月後，也就是一九七九年十一月，又辦一次展，這次展改變了許納貝的命運，也改變了布恩一生。許納貝有次遊覽歐洲，來到巴塞隆納的桂爾公園（Park Güell）、看到高第（Antoni Gaudi）的公共雕塑使用馬賽克磚片，回來後他的繪畫中開始有陶瓷器皿的碎片點綴。這次展出作品銷售一空。[63]同天晚上高古軒和諾西也在對街推出薩利展。紐約市中心藝術世界活過來了，回到具象藝術的十年新表現主義於焉展開——起碼也開始疏離抽象表現與極簡藝術了。

布恩是在這種大環境下看清薩利。高古軒也不太能反對她簽下薩利：他的樓層不是一個合適的畫廊；諾西打算在普林斯街開自己的畫廊，但還沒行動。因此他們三人簽了約定；為了回報對方讓她簽下薩利，布恩讓諾西在她的畫廊業務展開後辦一次薩利展。薩利回憶：「這樣的安排似乎解決了紐約那頭該如何，不久後我開始跟高古軒在洛杉磯合辦展覽，那時我們已可共事。」

在他馬里諾設計的樓層，高古軒辦過很多展覽、派對。轟轟的樂聲震耳欲聾，吵到鄰居，他們氣得找他理論。他說：「整棟樓都快抓狂了，他們說電梯進進出出的人太多了。他們一點也沒說錯。我們的開幕展會場擠滿三百個人，還搞到凌晨四點。我如果住在那裡也會不高興。」[64]

不過那時高古軒也察覺他做不成紐約初級市場交易商，即使他發掘了更多像薩利一樣年輕、即將爆紅的有才藝術家，那樣的藝術家會去找有多年經驗、自己有畫廊、有人脈的畫商。就像薩利會選擇布恩一樣。高古軒在紐約還沒站穩，但三十五歲之年，他不打算從藝術世界的底部開始，只是為人送畫和煮咖啡。

高古軒能做的是為紐約藝術家在洛杉磯辦展，跟代理他們的畫商直接交涉，從卡斯特里和布恩開始。這樣，他不會威脅到任何人，大家都有好處，他也可以四處結交一流的藝術家。就像布魯姆，現在他是卡斯特里的衛星代理人。

在構成當代藝術市場的層層圈子裡，能跟卡斯特里共事，高古軒無疑地打進最裡層。一如《紐約時報》對高古軒的人物特寫：「戰後的藝術世界基本上是只有兩千支真正有價值股票的市場，」——股票指的就是畫作。[65]「那些股票在哪裡，很少人有概念，因為它們掛在收藏家的家裡或是倉庫裡；而基於安全理由，這些收藏家對他們的持有物保密到家。」[66]高古軒越能從卡斯特里和其他有生意關係的紐約畫商那裡追蹤出它們的所在，他就越能掌握權力。

還有件高古軒在洛杉磯和紐約都能做的事：他在次級市場的施展與銷售的能力是人前所未

見。[67]他就是有本事在一九八〇年代初的次級藝術市場利用各種可能性，買進並再賣出現代與當代藝術市場藝術家的藍籌作品，賺取十%到十五%的佣金，也打響了名聲。他因此博得自己極不喜歡的「快槍手」（Go-Go）綽號。[68]如果不是從藝術作品第一次交易來說，次級市場自十五世紀起都一直是藝術世界的一個特點。如今他全力投入其中。

高古軒很少等到有藏家推出藏畫銷售的消息才行動。他無所不用其極地爭取受邀到藏家的家中，牢記他們掛在牆上的畫，而根據兩位藏家——艾許．艾德曼（Asher Edelman）與克拉瑪的說法，他有時還會偷偷拍照，然後打電話給其他可能想要這些畫的藏家試探。未來的買家會出多少錢？兩萬美元？然後他回到渾然不覺的賣家那裡，說：如果想脫手，有一個買家願意出兩萬。不賣？出價不夠高？那麼還蒙在鼓裡的藏家多少才想賣？三萬美元？高古軒又回到願意出那麼多的買家那裡；如果遭到悍拒，那麼就等著他的連環扣吧！一位買主回憶：「他會打二十通電話來。大部分的人有一套遵守的社會成規，而高古軒不是；什麼規矩都可以打破，『不』永遠不是答案。」

艾德曼回憶：「高古軒會出現在我的辦公室，那時節他會到處巴結。」他沒想到高古軒囊中的目錄有一幅湯伯利畫作。當時艾德曼也是湯伯利作品的大藏家，高古軒拿出的幻燈片，原畫的主人其實是他。

他佯作不知地問：「這幅多少錢？」

高古軒警告說：「原主要價很高。我不清楚多少，可是我會問出來。」艾德曼也沒起底，說：「隔週我邀高古軒來吃晚飯，就安排他坐在那幅畫下方，他連眼都不眨一下。」

高古軒對傳說不以為意，只說：「我聽過這個傳說，我真的不覺得有什麼不對；聽起來還滿聰明的。」

很早，高古軒就明白他經手的各項交易佣金多寡不一定。賣家若要兩萬美元，而他找到願意出高於這個價錢很多的買家，價差就是佣金，他就可以放入口袋，不告訴買賣雙方。藝術交易是有規則的，不像外傳所說它是世界上最後一個沒有規範的生意，通常是握手成交。但私家畫商也有很多可運作的轉圜空間。

從一開始，高古軒就樹大招風。他狂妄，為達交易不擇手段。然而有人對他仰慕有加，薩利就是其中之一。一開始薩利視高古軒為典型的洛杉磯人：一身銅色皮膚、口若懸河、玩世不恭。但高古軒聰明過人也是千真萬確的事，眼光尖銳而獨到。薩利認為：「畫商要對新事物放開胸懷，否則就會錯失先機。而高古軒極敏感；你真了解他的時候，就會知道他腹笥淵博，懂得很多文學、爵士樂、建築；樣樣都通，而在藝術交易大海裡這些很容易被蓋住了。」

薩利大紅大紫要歸功高古軒，因此他的美言可能是意料之中。但高古軒與卡斯特里之間的水乳交融又如何解釋？從吉布森介紹兩人認識那天開始，高古軒有機會去卡斯特里畫廊那裡就不會錯過。他去爭取好感、培養感情、學習如何交易。他真有膽自認有朝一日能夠成為卡斯特里的合夥人或繼任人？

這就得細說了。卡斯特里畫廊經理史班格說：「是卡斯特里自己培養了跟高古軒的關係；高古軒不主動、不發起，兩人好不起來，但這也是卡斯特里鼓勵的。卡斯特里身上有一種慷慨大度，他給旗下的藝術家生活補貼，也願意拉同業一把。」

也是畫廊經理的布倫代琪針對高古軒激進的銷售新手法說：「高古軒是快樂的新世代，卡斯特里不願意被時代拋在後面。」她也認為卡斯特里是「喜歡不循規蹈矩的壞男孩」；不知是刻意還是無意，卡斯特里對歐洲同行有一種厭惡感，欽佩高古軒那種不管三七二十一的衝闖；從來沒有人給他什麼，只要能成功，他都願意去嘗試，而卡斯特里欣賞這一點。藝評家平克斯－維敦說：「高古軒身上有一種衝勁，卡斯特里將希望投射到他自己身上。」兩人的年齡差距也有幫助：一九八〇年時卡斯特里剛剛七十三歲，對一位漸漸放緩步伐、不討厭在下午四點收工、去喝杯葡萄酒、跟年輕的新朋友閒聊的這位傳奇而言，三十五歲的高古軒似乎更像學徒而非對手。

高古軒心裡清楚紐約市藝術世界的人對他的觀感，因此他對卡斯特里祝福的意涵格外感激。他對為卡斯特里作傳的安妮・柯翰－索拉爾（Annie Cohen-Solal）說：「無緣無故地，我有一些名聲，然而卡斯特里讓我正當化了。他會打電話邀我下班後去三黑鳥（I Tre Merli）餐廳喝杯酒，告訴我旁人說我的壞話——他覺得好笑！我能成功，都是欠卡斯特里的。對我來說他是金礦。」[69]

根據布倫代琪的說法，高古軒開始代賣卡斯特里畫廊委託的繪畫，賣出後卻未按時付給卡斯特里畫廊該拿到佣金時，卡斯特里也不以為忤。她說：「賣了畫之後我們該拿佣金的。高古軒賣掉一幅李奇登斯坦的畫，卡斯特里該拿的那一份卻要拖上一陣子。我們會一直催他，因為我們知道高古軒已經拿到錢了；但在他下一筆交易做成以前，我們拿不到錢。」高古軒似乎是拿夥伴的佣金來做資金去買一幅他感覺可以馬上就賺錢的畫，買賣過渡期間，他會保持低調。史班格說：「我們發現他不付錢是因為他付不出來；他同時有好幾樁交易在進行。」當然最後他不會賴帳，因此卡斯特里也選擇一笑置之。

在卡斯特里畫廊，後來在更大的圈子裡，高古軒開始被人形容為「大白鯊」——要一直游、一直游，否則就會面臨死亡。[70]

如果接觸本人，你會感覺格里姆徹比高古軒斯文多了。但市場上揚時，他也絕不袖手旁觀，即使這表示必須是殺出一條路來。一九八〇年，他策動了一場拍賣，瓊斯的〈三面國旗〉（*Three Flags*）以破紀錄的百萬美元成交，震撼了藝術世界，也讓畫商場棋盤的棋子重新布局。[71]

格里姆徹知道擁有這幅畫的主人泰緬夫婦在一九五九年以九百美元（加上十五美元運費）向卡斯特里購得。[72]藏家要出售他們向卡斯特里這類經紀人買得的藏品時，通常會向原賣主表示要轉手，但泰緬夫婦也知道要卡斯特里付那幅畫現在可能值的價錢，門都沒有。

因此，泰緬夫婦把這個機會給了格里姆徹，而惠特尼美術館當時的負責人，經常打著蝴蝶領結的湯馬斯．阿姆斯壯（Thomas Armstrong），當仁不讓地向他買下了〈三面國旗〉。[73]卡斯特里在《紐約時報》頭版看到這則歷史性銷售新聞，感覺被擺了一道。瓊斯是他心愛的畫家，是他事業高峰的代表人物；他不忍責怪泰緬夫婦，但非常不滿格里姆徹。布倫代琪說：「卡斯特里不喜歡格里姆徹，因為他太唯利是圖。打從一開始卡斯特里就不喜歡他。」

不久之後，瓊斯針對這項銷售寫信給格里姆徹。瓊斯沒有從交易中賺到一毛錢；這是泰緬夫婦與惠特尼之間的次級市場交易，除了可以安慰自己他手中的藝術會升值之外，原創人是一點好處也拿不到。無論如何瓊斯顯得事不關己，他寫道：「一百萬美元是個驚人數字，但不要忘了它跟藝術無關。」[74]

Chapter 5

The Start of a Dissolute Decade

十年潮起潮落

1980-1983

八〇年代初藝術市場一開始就高潮迭起，布恩在卡斯特里提攜後進受寵上，勝過他人數籌。她優雅伶俐、裝扮入時——曾坦承自己有兩百雙鞋子。她在西百老匯街四二〇號王國地位已經穩固，她旗下最紅的藝術家許納貝要她找大一點的展覽空間，這樣才不失身分。她想出一個解決問題的辦法。

「我說：『卡斯特里先生——那年我二十七歲，他七十二歲，您願不願意考慮跟我在我們兩人的畫廊合辦一場許納貝個展？佣金我跟您對分。』」布恩回憶。

卡斯特里一口回絕地說：「我上次簽下藝術家是十年前——塞拉，如果我展了許納貝這樣的人，我畫廊的藝術家會群情譁然。」

那是一九七九年秋天。大概是隔年左右，朋友們和收藏家帶著卡斯特里去看許納貝的東西。年邁的卡斯特里終於近距離地細細觀賞許納貝的畫作。

他不看還好，一看驚為天人。他說：「許納貝的作品讓我多年來首次再有初次看到瓊斯、羅森伯格、史特拉、歐登伯格和李奇登斯坦的感覺。」[1]

雙管齊下的許納貝展——分別在布恩西百老匯街四二〇號一樓狹小空間和卡斯特里樓上畫廊——於一九八一年四月四日開幕，轟動畫壇，每幅畫訂價在三千五百到二萬五千美元之間。[2]兩年後許納貝的一幅碎瓷磚畫的拍賣價格是九萬三千美元。那天晚上大家都感覺是：一個由新藝術與新錢構成的全新世界誕生了。

古德曼對當晚的派對反應不同。古德曼是美術印刷與石版印刷的交易商，從「倍數」畫廊起家，主要展的都是德國藝術家的作品。這在當時是非常大膽的舉動，但就是因為大膽，她很快就因簽下全球銷售成績最好的畫家之一李希特而大豐收，但一九八一年時她仍在卡斯特里鼓勵下慘淡經營——古德曼因印行卡斯特里畫廊畫家作品的石版畫而與之結緣。她在許納貝畫展派對上首次見到布恩。她說：「她年輕貌美，坐在卡斯特里的大腿上。」古德曼感覺布恩與高古軒對卡斯特里百般阿諛奉承、討他的歡心，感嘆道：「他們兩人讓他感覺展出他們旗下的藝術家作品，他會再紅一次。看見卡斯特里如此被耍，我很悲哀；我希望他不至如此，但他做了。這是我的一個教訓：『永遠不要失去自己的掌控。』」

布恩不久就有新的展間——一萬平方英尺，以前是卡車車庫。許納貝有機會就過來對她疲勞轟炸、百般挑剔。布恩舉手投足之間給人演戲的感覺，但也有極其嚴肅的一面。她很喜歡引述畫商康威勒的名言——偉大的藝術家造就了偉大的畫商。布恩表示：「這在瓊斯與與卡斯特里身上如此，在許納貝與薩利和我身上也是如此。」[3]

在許納貝一炮而紅之時，布恩當時沒有羅致的是巴斯奎特。二十歲的巴斯奎特是蘇荷新秀中最年輕的。剛剛開始從事藝術創作時，他在紐約各地建築塗鴉，署名SAMO©。他漸有信心後，開始汲取自身海地與波多黎各的文化傳統，瘋狂地畫一些夢魘或夢幻一般的人物。

率先去看巴斯奎特創作天分的人是諾西，她在普林斯街開了畫廊。[4]下一個是高古軒。

高古軒說：「芭芭拉・克魯格（Barbara Kruger）在諾西聯展中有作品展出。」那時她已以充滿挑釁言語的街景畫知名。在三個展間的第一間，高古軒看到觀念雕塑；第二間是克魯格的作品，第三間就是巴斯奎特。高古軒說：「我從沒看過他的複製品；完全是一種新體驗，我好像觸電一般。」

五幅大畫作中還有三幅沒賣掉，高古軒當場就通通買下，一幅三千五百美元。諾西問：「你想見見畫家嗎？」

高古軒尾隨她進入她的小辦公室。他以為會看見一位成年人，沒料到結果是一個二十幾歲、褲子上顏料斑斑點點、抽大麻的布魯克林年輕人。拚命三郎高古軒和這名有著法國名字的街頭小子一見如故。

諾西與高古軒都意會到巴斯奎特是不可多得的奇才，前程似錦。當然他們也沒料到巴斯奎特將會是這般影響當代藝術市場。一九八八年他不幸喪生後，他的畫作畫價攀高到幾十萬、數百萬、數千萬美元；二〇一七年五月的一個傍晚，一幅巴斯奎特的大幅畫作以一億一千零五十萬美元的價格拍出。[5]

八〇年代早期，諾西和布恩等女性畫商成為市場大咖時，並沒有出現勢力大挪移現象。不過一點一點地，她們對藝術的熱情匯聚成力量；布恩在藝術市場的身影最常見，是重要女性畫商行列中新進的一位。

一九七〇年代寶刀不老的是帕森斯。她一直跟她在一九五〇年代早期一樣，在剛剛冒出頭的新人身上試運氣：走進畫廊的人她都歡迎，也當場批評。從她簽下的大師那裡，她自己的收藏與日俱豐——這裡一張羅斯科、那裡一張紐曼，據說這些畫至少值五千萬美元。她在貝瑞斯福特大樓（Beresford building）俯瞰中央公園的公寓裡滿是都是藝術品。

《鄉村之聲》（*Village Voice*）年輕的記者霍華德・卜拉姆（Howard Blum）與帕森斯結為忘年之交。他發現帕森斯總是高高興興的，充滿活力。他說：「她教我永遠不要怕老。」

對詹尼斯挖走了艾爾斯沃茲・凱利，帕森斯永難忘懷。卜拉姆記得有次陪帕森斯到法屬西印度群島的聖馬丁（Saint Martin），她在拉薩馬納（La Samanna）有棟度假屋。吃飯的時候，帕森斯突然緊張，她說：「那是不是艾爾斯沃茲？」果其不然，就是那位偉大的極簡藝術家。

帕森斯向他走去，說：「艾爾斯沃茲，你在這兒做什麼？」

凱利照實回答，他要把酒瓶上的標籤撕下來，貼到一張紙上。帕森斯說：「簽好名，給卜拉姆。」

凱利乖乖照辦。

她又問：「你在這裡幹麼？」

凱利含糊地回答探訪朋友。

帕森斯大聲說：「這是我的島，你知道的。我要你離開。」

卜拉姆萬萬沒想到，凱利依言打包行李，離開了。

已經嫁給索納本的伊蓮娜度過一九七〇年代蕭條期的情形比其他畫商好。她留在她西百老匯街四二〇號的畫廊，銷售羅森伯格與瓊斯等人的畫作，天天都跟她樓下的前夫聊天，但與他藝術世界裡的打情罵俏保持一定的距離。

在普林斯街，庫博推出極簡藝術家，設法站住陣腳。她欣賞的藝術家之一是勒維特。這位觀念藝術家針對他的藝術加以詳細「說明」，這些說明——而非牆上的圖畫——才是作品。本事高的庫博把勒維特獨特的藝術說明相繼都賣了出去。

女藝術家莫瑞也由庫博畫廊代理，她是庫博的好友，庫博在她的藝術生涯裡扮演了重要角色。兩人的關係愛恨交雜，一度失和，直到莫瑞生病末期兩人才又開始來往。

藝術交易市場的新來者是芭芭拉．葛萊史東（Barbara Gladstone）。她一九七八年十月在東五十七街三十八號開了畫廊，兩年後搬到西五十七街四十一號。[6]庫博是葛萊史東的英雄，用她自己的話說，是她的「北極星」。

葛萊史東像古德曼一樣，也是在婚姻失敗後出來經營畫廊，但她經歷了兩段婚姻。她出道的年紀比古德曼年長，當時大約四十歲。她曾在霍夫斯特拉大學（Hofstra University）教書，但決定把未來押在一個每月七百美元租來「鞋盒」大小的畫廊上。以前從沒經營畫廊的經驗，她說：「可能有點蠢，我不了解這一行。」[7]

葛萊史東從一開始就受歐洲藝術家吸引，是少數在布魯塞爾有前哨站的紐約藝術交易商，也是率先跟伊蓮娜同樣擁抱「貧窮藝術」（Arte Povera）——一九六〇年代與一九七〇年代初期在義大利展開的一種藝術運動，以卑微為出發點，以撿來的東西為創作素材，挑戰義大利日漸強大的企業心態。

一九八〇年代的女性交易商若不包括荷麗．索羅夢（Holly Solomon）就不完全。她是一位銀髮已現、充滿趣味的蘇荷畫商，推出的新秀藝術家包括影像藝術家白南準（Nam June Paik）和場域藝術家戈登．馬塔－克拉克（Gordon Matta-Clark），後者曾經在紐約西城碼頭和其他破敗的建築牆上挖洞，拍成影片。索羅夢愛人一如愛藝術，古根漢博物館的未來館長理查．阿姆斯壯（Richard Armstrong）還記得一九七五年搬到加州，自己還是年輕的策展人時，接到素不相識的索羅夢女士的一封信，說道：「她參加了一項環境藝術家克里斯多・耶拉瑟夫（Christo Javacheff）的藝術活動〈穿過藩籬〉（*Running Fence*）——二十四・五英里長的藩籬從舊金山以北的牧場一直延伸到太平洋濱的山脈。他說：「她的口氣就像我們是老朋友。因此我下一次到紐約就去探望她。」兩人成了好友，友誼一直維持到索羅夢二〇二〇年因癌症早逝為止。阿穆姆斯壯說：「她充滿異國風味、話稍多；外表看似紐約上東區的媽媽型女人，內心卻是無窮無盡的波希米亞風格，總是大方，口頭禪常是『來吃晚飯』、『我們德國見』或是『你知不知道……』」

這就是八〇年代初期蘇荷的寫照。

一九八一年高古軒在洛杉磯比佛利山艾蒙大道開了一家令大家眼目一新的畫廊，次年更上層樓，搬到地方更好的羅伯森大道。[8]他在那裡有建築師羅伯特・曼古利安（Robert Mangurian）設計的家；為了這間豪宅，兩人搞了兩年。[9]但是高古軒多半的時間是在紐約做生意，討好卡斯特里，使出渾身解數設法控制才華橫溢、卻嗑藥成癮的巴斯奎特。

諾西讓巴斯奎特使用她在普林斯街的畫廊地下室，巴斯奎特可以不受打攪地在那兒工作。這項安排乍聽讓人吃驚：一個年輕黑人被關在地下——諾西一輩子都得背著「孰令致之」的罪名。[10]她極力澄清說：「與一般人的理解剛好相反，巴斯奎特不做他不想做的事；地下室其實也有天窗和兩扇窗戶，不是暗幽幽的黑牢。」

巴斯奎特作品多，每有新作都願意賣，在諾西知情或不知情的情況下，把錢拿來賣毒品。[11]滾石合唱團主唱米克・傑格（Mick Jagger）有次來買畫，瑞士畫商畢紹夫伯格、高古軒也都來過。紐約斯皮羅內・韋斯特沃特畫廊（一九八二年更名為Sperone Westwater Fischer）畫廊經理布瑞特・德帕瑪（Brett De Palma）回憶，有次高古軒一來畫室就說「我要這十幅畫」，他說：「我親眼看見的。高古軒拿走巴斯奎特還未完成的畫，巴斯奎特非常生氣，但也沒有阻止高古軒。」

高古軒最佳客戶之一是電視製作人克拉瑪。克拉瑪回憶：「我向高古軒買的巴斯奎特作品拿到時畫還沒有乾。他曾經帶我去過諾西的地下室畫室。我付了大概一萬五千到三萬美元之間的錢。十年後我因離開加州賣了，價錢大概是在四十萬美元到八十萬美元之間。今天的話大概一、兩千萬。」

諾西節儉是出了名的：她會把巴斯奎特用過的畫筆費用都加起來，然後從賣畫他該得的那一份中扣掉。[12]不過她對巴斯奎特的作品有熱情，極力促成他該得的注意力。高古軒的重點則在未來可賺的錢上。德帕瑪說：「他會在派對裡到處問巴斯奎特跟誰談話了？他信任誰？聽誰的意見？」高古軒這時與巴斯奎特的關係八字才一撇，諾西在一九八二年初替巴斯奎特辦過首展後，他們在東村塗鴉畫家凱斯・哈林（Keith Haring）的公寓辦了一個派對，德帕瑪形容：

「布恩、諾西和高古軒都在廚房，簇擁著巴斯奎特。高古軒說『我們簽個約合作一下』。接下來，巴斯奎特就跟著高古軒到洛杉磯辦展了。」

巴斯奎特一九八二年早春初次前往洛杉磯準備展覽的事永遠讓人忘不了，就像菲比・霍班（Phoebe Hoban）在《巴斯奎特：藝術奇葩》（*Basquiat: A Quick Killing in Art*）一書所說。[13]巴斯奎特堅持安排行程的高古軒和諾西替他買頭等票。等上了飛機，巴斯奎特拿出一大袋古柯鹼。諾西發現後趕緊把古柯鹼沖下飛機馬桶，力持鎮靜。展出那天，巴斯奎特突然不見了，後來被發現跟一個四十幾歲的女畫商搞在一起。諾西向高古軒大喊大叫：「你讓你的藝術家被這女人活活吞下嗎？」巴斯奎特在最後一刻獲救，一副什麼事都沒發生過的樣子走進艾蒙大道上的高古軒畫廊，沒把在開幕式上露臉的一流收藏家和好萊塢大人物放在眼裡。儘管巴斯奎特行為乖張，或者說正是由於這種乖張的行為，展出的畫作銷售一空。[14]

洛杉磯之行刺激了巴斯奎特，嚴重到在諾西夏天例行性前往義大利時，巴斯奎特在畫廊地下室用小彈簧刀至少割破了十張畫作，還在碎片上倒上白漆。諾西回來後看見此景心碎了，問他：「你為什麼這樣做？」巴斯奎特回答：「我不喜歡它們。」諾西問：「那為什麼不在上面重畫呢？也可省下畫布。」諾西永遠無法忘掉巴斯奎特的回答：「他給了我非常加勒比海式的回答，『因為我在畫裡看到他們的鬼魂。』」

夏末秋初時，巴斯奎特搬出諾西的地下室畫室，住進附近科斯比街的一層樓。是諾西付的房租，也會從巴斯奎特賣畫的錢裡頭扣除。諾西一直設法讓他戒毒，只是不管用；她代理巴斯奎特好一陣子，一起在鹿特丹辦展，不過蘇黎世的畢紹夫伯格漸漸取代諾西，布恩也加入代理。

高古軒也是巴斯奎特圈子裡的一環，一九八三年，他計畫在洛杉磯再辦一次畫展，讓上次賣光光的盛況重演。跟上次一樣，巴斯奎特住在高古軒位於洛城威尼斯海灘的豪宅。[15]這次他帶了女朋友瑪丹娜（Madonna）一起飛來。那是她還沒沒無聞，也不叫瑪丹娜。高古軒說：「巴斯奎特大半天都在睡覺，但是瑪丹娜會忙例行公事。她是非常有紀律的女性；早晨會打電話給代理、做瑜伽、在海邊慢跑，也不會吸毒。」[16]瑪丹娜為了不白住，就充當高古軒和巴斯奎特兩人的司機。

這個計畫的目的是要巴斯奎特在下榻高古軒住處那段日子，一直到一九八三年三月個展之前，盡量多畫。高古軒一名助理馬特．戴克（Matt Dike）告訴霍班：「第一天他把那個地方搞得淹水；還有一次把沙發燒了。跟他相處簡直會發瘋。」高古軒自己說並不在意，他說：「這是附帶性損失，沒什麼大不了。」高古軒口中，巴斯奎特工作是本能，他說：「他每天都會畫，我從不催他工作——他會自動自發。」不過巴斯奎特還是坐在高古軒的座車後座時最安全——瑪丹娜駕駛，高古軒在一旁守護。

瑪丹娜在巴斯奎特畫展開幕前兩週離開——她對與巴斯奎特戀情盼望幻滅了，巴斯奎特也崩潰了，幾乎酗酒至死。不過他還是把欠畫展的畫都完成了。巴斯奎特在高古軒畫廊的第二次畫展照樣被搶購一空，藝術界人士快把畫廊擠爆，人群中包括了布魯姆。他稀奇不已的是：高古軒創造出一個嶄新、火紅的藝術中心，而且是獨撐大局。

當代藝術價格的翻揚，除了把藝術家、畫商和收藏家帶到蘇荷外，還帶來一個穿著打扮與蘇荷格格不入的年輕人。因為他，新藝術市場出現一個全新的觀點：藝術是一門生意，他有一套前人未曾用過的策略。

這人就是德奇。他在在接下來的三十年裡靈活地從一個藝術市場的高處跳到另外一個，他那副大眼鏡和復古款式的西裝處處可見。他做了《財星》（*Fortune*）五百大公司的藝術顧問、是私人畫商、搞「計畫項目」公共活動的重砲型人物，甚至曾是第一位做過公立博物館館長的畫商，令純搞藝術的人覺得不可思議。總而言之，在當代藝術市場中他有很多斜槓頭銜。

德奇青少年時代就在麻州的黎諾克斯（Lenox）開過畫廊。他父親有一家冷暖氣機公司，公司裡有一個葡萄牙移民工負責鈑金，業餘還做金屬茶壺和花盆；因為作品很有藝術感，德奇的父親鼓勵他多做一些，在黎諾克斯夏天人潮多時推出銷售。德奇家在柯提斯飯店（Curtis Hotel）租了一個展間，擺放這名葡萄牙工人的手藝，但是牆上空無一物。於是德奇打電話給當地一名藝術家，要展他的畫，藝術家樂得從命；夏天結束時，畫也售罄。德奇這下知道自己以後可以做什麼了，但當地這位藝術家直白地對他說：「你有這方面的才華，但你根本沒概念自己在做什麼；你需要藝術教育。」

德奇結果在衛斯理（Wesleyan）大學接受藝術教育，之後又嘗試了不同的領域：在哈佛商學院修習藝術經濟學。德奇畢業論文的重點是沃荷的生意經、工廠多重的版本。但是德奇不局限於此，他看出：為了提供全新一代收藏家投資工具，藝術必須加重分析。因此他提出藝術投資顧問計畫，向銀行投石問路。他把計畫向花旗銀行提出。花旗董事長華特．里斯頓（Walter Wriston）恰巧剛剛開始考慮與蘇富比合作，贊助藝術採購。德奇的提案是一個完美的藍圖，也是這類企劃案的第一炮。德奇也澄清這不是「藝術基金」；花旗及蘇富比希望可以賺錢，但藝術投資部門不是一般常態單位；德奇說：「你無法要求它每年有八％的獲利。這跟了解藝術有關，知道花旗可以在什麼情況下購買藝術品，把藝術看成長期資產，它是跨世代、分散投資的一環。」

一九八〇年的一天，德奇加入花旗銀行，主持一項美夢成真的藝術顧問計畫。在接下來的八年裡，他會見藝術世界所有的要人：交易商、收藏家、藝術史學家與文物修復師，評估和資助藝術。在那個高高在上的位置，他也能與許多開展當代藝術世界航向與內容的重要藝術家深交，沃荷就是其中的第一位。德奇曾經寄了一份自己的論文給沃荷，馬上就獲得參觀工廠的邀約，奠定兩人的密切友誼。沃荷對有人如此年輕就對他的作品這般熱心，非常安慰。沃荷似乎非常寂寞，會打電話到德奇在花旗銀行的辦公室，他接電話的祕書會嚷著說：「沃荷的電話！」

沃荷會問：「現在年輕人都在幹些什麼？」他口中的「年輕人」，指的是二十幾歲的一代，沃荷年事已長，很多想不到、跟不上的趨勢都是年輕人創造的。

因為蘇荷是當代藝術的中心，新一代的歐洲交易商特別前來了解它到底在搞些什麼，也順便把新藝術帶回去。這也是幾十年來財富大翻轉的契機；幾十年前，歐洲才是藝術世界的霸主，美國藝術家只是新奇之秀或暴發戶。這些訪客中有一位是奧地利年輕人薩德斯・侯巴克（Thaddaeus Ropac），他後來也成了國際藝術市場最受尊敬的交易商之一。

侯巴克的父親是奧地利的小商人，十九歲與家人一同前往維也納時初次看到重要的當代藝術。博伊斯的大型寫實環境作品〈基本洗衣房〉（*Basisraum Nasse Wäsche*），畫如標題，內容只有門房的水桶、衣服和一個燈泡。侯巴克的老師說這是狗屎，但侯巴克不苟同。[17]

一九八一年，侯巴克得知博伊斯要到維也納研究，便來聽演講。演講廳擠得水洩不通，侯巴克跳到桌上聽。他說：「他說藝術應該充滿魅力，人人都是藝術家。」侯巴克也決定要做一名藝術家。

侯巴克找到博伊斯在杜塞道夫的公寓兼工作室，敲門求見。[18]他向博伊斯的助手說：「我想在畫室做事。我不要薪水，我可以掃地。」

博伊斯剛好要從杜塞道夫搬到柏林，需要人幫忙，就要巴望留下來的侯巴克搬箱子，一直到一九八二年九月他都留在柏林幫忙。博伊斯也喜歡上這個年輕人，雖然他一點藝術天分都沒有。喬遷完成後，博伊斯溫和地對侯巴克說：「你辛苦了。有什麼我可以效勞的地方？」

博伊斯可以為他寫一封介紹信嗎？他想拜訪沃荷。那年十一月，侯巴克拿著介紹信去敲沃荷工廠的大門；他在紐約一個人也不認識，憑的就是手上的介紹信。

侯巴克大失所望，因為沃荷的員工認為介紹信是假的。工廠經理休斯正要趕侯巴克出門，幸而沃荷伸手解圍，他對侯巴克說：「我要去拜望一位了不起的畫家。想跟的話，就一起來吧。」

侯巴克緊緊跟到諾西的蘇荷地下室畫室，也就是巴斯奎特工作地方。侯巴克說：「沃荷把我留下，只有他跟我；室內只有一張椅子。到了該告辭時，巴斯奎特問他想做什麼，我回答想在薩爾斯堡開一家畫廊。也許你願意讓我展你的作品。」

巴斯奎特問：「你喜歡這些圖嗎？」

侯巴克衝口而出：「當然！我的天！」

巴斯奎特又說：「那麼這些你帶去展。」他交給侯巴克一疊繪圖，連數都沒數。

侯巴克不知如何反應，只能結結巴巴地問：「你為何如此厚待我？」

巴斯奎特回答：「你是沃荷的朋友嘛。」

所有的交易商都有一肚子的故事可說——他們推銷的藝術背後若沒有故事，就沒有金錢效益可言。但是畫商裡又以侯巴克說故事的本事最為高強。幾十年後，在他巴黎郊外的藝術園地，在羅森奎斯特的回顧展裡，不難看出他這種作風。羅森奎斯特以類看板作品出名，但畫展中有一張不是這種風格的小幅繪畫吸引了一對夫婦的注意。侯巴克向這對夫婦說，畫家完成此畫時，他剛好在場，他說：「他對我說『這是我最後一張畫，我要封筆了。』」

這對夫婦大吃一驚，侯巴克說他也是。

侯巴克說：「我問他『你不是說真的吧!?』」「他說『是真的』。他知道自己跟我說的是什麼。『這是我最後一張畫，』他不但說了這句，還說：『**我從此封筆。**』」

這對夫婦感到太意外了，太太問：「你沒痛哭？」

侯巴克回答：「對這種強度的藝術家，是令人情緒激動。」

侯巴克指出，二〇〇九年一場大火把羅森奎斯特在佛羅里達州艾利皮卡（Aripeka）家中、畫室和倉庫裡的作品都燒毀了，這幅作品彌足珍貴。他說：「存放在這些地方的所有繪畫都付諸灰燼。」羅森奎斯特的太太猶豫要不要賣他最後一張畫——因為市面上他的作品太稀少了，而侯巴克那裡展的全都是借來的，也只有少數幾張能賣。

聽了這番畫，這對夫婦二話不說當場買下——有了這個故事增華，這幅畫看起來不同，現在它比他們初看它時更美麗。故事使作品價值提高，一點也不假。數月後，纏綿病榻多年的羅森奎斯特去世了，享壽八十三歲。

一九八二年，老格里姆徹屹立紐約藝術市場已經將近二十年，布恩是新加冕的蘇荷女王，卡斯特里依舊是老王，高古軒隨侍在旁。但是新一代的交易商也起來了，他們跟年輕、前衛的藝術家合作，這些藝術家的作品與六〇、七〇年代的極簡藝術家作品一樣難賣。新一代畫商中以珍妮爾・雷瑩（Janelle Reiring）與海倫・溫納（Helene Winer）最著名。她們經營的畫廊取為「都會影像」（Metro Pictures）——「都會」聽起來非常有正經的商業氣息，而「影像」是因為繪畫就像電影影像。它所代理的藝術家不斷湧進擴張不止的八〇年代藝術市場。例如辛蒂・雪曼（Cindy Sherman）以造型不斷演變的自拍肖像照片見長，理查・普林斯（Richard Prince）早期從事攝影挪移（appropriation），以及羅伯特・龍古（Robert Longo）致力於大型、單色與碳筆石墨素描〈城市男子〉（*Men in the Cities*）系列。[19]

都會影像畫廊一九八〇年在蘇荷的莫色街開幕，開幕團展包括雪曼的〈中間摺頁〉（*Centerfolds*）系列。雷瑩說：「她打扮不是為漂亮；她從小愛打扮，童年照片就穿得像個老婦人。」雪曼念的是水牛城紐約州立大學（State University of New York at Buffalo），龍格是她的同學，一起到紐約時，兩個人是一對，但後來戀情結束了，雪曼跟普林斯同居。[20]龍格、雪曼和普林斯都是以大眾熟悉的傳媒影像為素材，但操弄手法不同。剪輯、挪移這些大眾影像是一條往前的路，但普林斯的挪移讓他吃上官司。卡斯特里的前助手勞勒也開始針對藝術家在畫廊、拍賣公司和庫藏的作品做攝影；雪莉・勒文（Sherrie Levine）重拍愛德華・韋斯頓（Edward Weston）和沃克・埃文斯（Walker Evans）等人的攝影；親切的華特・羅賓森（Walter Robinson）先是藝術家，做了記者，後來又回老本行藝術，他從言情小說人物取材，從事新普普藝術繪畫。[21]這些人後來都成了「圖像世代」藝術家。

都會影像畫廊的藝術家也不是個個都是影像世代的人，並不以繪畫、攝影或雕塑自限。麥可・克利（Mike Kelley）涉足多領域，他集合簡單的物件、行為藝術的作品非常深刻。

凱理一九七〇年代初期風格成型，比普普藝術開始衝擊社會晚了很多。普普的花俏令他反感——它是富裕世界的藝術品，而他在家鄉底特律看到的是汽車廠倒閉，經濟衰退來襲。藝術也能表達中產階級文化嗎？他能在在郊區地下室找到藝術嗎？凱理在一九八二年舉行了第一場展覽，兩項作品的主題分別是〈猴島〉（*Monkey Island*）和〈混亂〉（*Confusion*）；他製作了道具和與表演有關的藝術，加上繪圖與文字，構成一場意識流獨白，各項內容都以藝術品出售。

他在七〇年代末期讀完加州藝術學院後，輾轉到了明尼亞波利（Minneapolis），在此教書，也搞藝術為副業。他不招搖，但名聲傳開。雷瑩回憶說：「你到他的畫室；你不敢確定他搞的是什麼，但看得出來他是天才。他藝術創作指涉非常多。」

奠定凱理名氣的是一場名為《領域》（*Arenas*）的展覽。多年來他都在跳蚤市場找尋手做的填充動物。一如《華爾街日報》（*Wall Street Journal's*）記者凱莉．克勞（Kelly Crow）所報導的，凱理有興趣的是：時間和那些填充動物所代表的愛心兩者之間的交流——「老奶奶花了多少小時縫製這些動物？希望喚來什麼？還清了嗎？」[22]凱理之後把這些填充動物縫在自己手織的披毯上。雷瑩形容它們是父愛的代替。她說：「人可以管它叫做卑賤藝術——都是些可憐、人不要的東西。但是它們可以帶動你無法相信的情感迴響。我們都有的這種情感投資——藍色兔子——他玩的是這個概念。」令雷瑩意外的是居然有人買。

當時都會畫廊另一位未來之星是科隆藝術家馬丁．基彭伯格（Martin Kippenberger），他對德國的感情既啟發他，又導致他自毀。他是那種德國戰後「放肆兒童隊」（enfants terribles）世代的一員，一九八四年參加都會畫廊團展。[23]雷瑩說：「他有那種壞男孩的習性，早上起來就會喝酒，但也會不斷工作，創作滿富政治批判意味的觀念藝術作品。」一九八六年前往巴西途中，他買下一個濱海加油站，根據納粹德國戰犯的名字，將它取名為〈馬丁伯曼的加油站〉（*Tankstelle Martin Bormann*），還僱人在加油站接電話，用德文回答「加油站的馬丁伯曼」。他被人指控為心懷新納粹思想，創作了幾個真人大小的模特兒雕塑，模特兒就是他自己，有一個名字是〈馬丁，站到牆角去，你應該感到不好意思〉（*Martin, Into the Corner, You Should Be*

Ashamed of Yourself, 1992），將這些模特兒面壁思過。基彭伯格一九九七年死於酒精引發的肝癌，一生看似一事無成，但他一幅自畫像二〇一四年在佳士得以兩千兩百六十萬美元拍出，由高古軒代客戶購得。[24]雷瑩認為這幅畫非常精彩，但一生混跡當代藝術市場，她跟別人一樣，也不懂為何基彭伯格的作品可以賣到那個價錢。

都會畫廊的藝術家在一九八〇年代初期只能勉強度日，但至少他們是掛在蘇荷一家知名畫廊下，還有數百名在蘇荷闖蕩的藝術家不得其門而入！藝術家太多，畫廊太少，形成僧多粥少的局面。

幾乎是一夜之間，一波被拒於蘇荷門外的藝術家在東村找到前途。東村有幾家文青畫廊在他們稱為畫廊的簡陋空間裡等待這些藝術家。報導東村消息就像報導戰場前線快報的作家羅賓森說：「潮流大約是在一九八二年開始，你可以感覺得到。蘇荷已經滿了，所有牆面都被占了，然而藝術繼續興旺，突然之間沒地方了，這整個新世界的藝術家和畫商就都搬過來了，搬到下東村方圓半英里，波蘭、西班牙裔破落戶蔚集的地區。」[25]

率先進入排隊的是樂趣畫廊（Fun Gallery），為巴納德學院（Barnard College）輟學生兼地下演員派蒂·雅思特（Patti Astor）所建。一九八一年九月，雅思特和她的夥伴比爾·史特靈（Bill Stelling）在東十一街二二九號開畫廊。[26]畫廊的名字是肯尼·夏夫（Kenny Scharf）

取的。夏夫的招牌作品是用塗了螢光漆的〈宇宙洞穴〉（*Cosmic Caverns*）裝置藝術，他說：「為什麼不叫它做『樂趣』？」這個名字抓住了那個時期的精神。[27]畫廊吸引來塗鴉藝術家，例如酷男五人組成員的「妙手弗雷迪」（Fab 5 Freddy）與Futura 2000。這家畫廊很快地搬到東十街，從此生意就做開來了；畢紹夫伯格和其他藏家、畫商都會進來探探。

率先對紐約下城藝術家和畫商製作大格式肖像攝影的蒂莫西．格林菲爾德－桑德斯（Timothy Greenfield-Sanders），感覺新生藝術家對期待有所改變，他說：「東村是起爆點。藝術家剛出校門，以為可以在那裡賣出作品，其實大部分並沒有從此建立事業；有些人只是一直衝，卻衝不出名堂來。」有的乾脆走上畫商的路。他解釋說：「當時的心理是：我們租一個月的店面，展示我們的作品試看看。庫博和布恩都不給機會，何不就自己試試？」

沸沸揚揚的展覽與深夜派對的表象下，隱隱約約聽見另一種市場聲音：房地產。交易商來尋找廉價房租：一個月一百美元或一百七十五美元的店面畫廊或無電梯公寓。然而不到一年的時間裡，房東見勢漲價，提高到一千美元，甚或一千八百美元。[28]格林菲爾德－桑德斯說：「房地產威脅始終都在，便宜的房地產消失了。」

一九八三年冬天，一名沒有固定代理畫商、也不想固定簽給其中一位的藝術家，站在東村的柯柏高度科學藝術聯盟學院（Cooper Union for the Advancement of Science and Art）外賣雪球。他穿著寬長大衣、戴著壓扁的禮帽，冷冰冰地站在學校的石牆前。他的雪球整整齊齊地在人行道上的一張地毯上排成一排，價錢依照大小；不止是他的東西非典型，在東村藝術景觀中他也屬於非典型：大衛．哈蒙斯（David Hammons）是一位黑人藝術家。

海默在伊利諾州的春田市（Springfield）出生，是家中十個孩子的老么。因為家貧，很早老師就輔導他走職業學校的路。一九六三年他二十歲時，他前往洛杉磯貿易技術學院（Los Angeles Trade-Technical College）讀書，在洛杉磯的幾年裡，他受到黑人前衛藝術的吸引，受到諾曼和克里斯．波登（Chris Burden）的啟發。現在開始，他立志要做藝術家。[29]一九七四年，海默定居紐約。[30]他創作人體印刷藝術，正如《藝術新聞》（*ARTnews*）執行副總編輯安德魯．路塞斯（Andrew Russeth）所說：「把塗滿油脂的身體（通常是藝術家自己）壓在紙上，然後再撒上顏料粉。」[31]他有強烈的社會意識，把憤青的困苦變成藝術，也一直是他的創作焦點。他後來也是身處時代最受敬仰的視覺藝術家之一，也是最與世獨立的一位。

在巔峰時期，東村吸引了新的一批上城藏家。[32]赫伯與莉諾．舒爾（Herb & Lenore Schorr）夫婦、盧貝爾夫婦、伊蓮．丹海瑟（Elaine Dannheisser）都成了東村的常客。盧貝爾是上東城的婦產科醫生，其兄弟史蒂夫．盧貝爾（Steve Rubell）是五十四號畫室（Studio 54）的負責人。盧貝爾夫婦一九六四年開始收集藝術品，經常出外尋寶，也有長期基金投資此道。[33]他們規定自己每次採購不能超過二十五或五十美元，但他們找到很多可買的東西，而很多都是因為有塗鴉藝術家哈林當嚮導。因此他們也展開了堪稱美國當代藝術史上規模最可觀的收藏行動，最後累積了將近八百五十名藝術家創作的七千多項作品，也催生了邁阿密盧貝爾家族收藏博物館（Rubell Family Collection Museum）。[34]

康泰納仕（Condé Nast）集團的山繆爾·歐文·紐豪斯（S. I. Newhouse）與妻子維多利亞（Victoria）在東村畫廊覓寶也不設限，他們的獵寶也是大量收藏行動的開始。在高古軒鼓勵下，他們買了上千萬美元的現代藝術大師的作品。不遑多讓的是希亞·韋斯翠奇（Thea Westreich），她大力參與，一九八二年開始幾乎隻手創出當代藝術諮詢事業。[35]她未來的丈夫伊丹·華格納（Ethan Wagner）後來也加入她的諮詢事業。二〇一二年，韋斯翠奇與華格納將他們當代藝術收藏很大一部分捐給了惠特尼美術館與巴黎龐畢度中心（Centre Pompidou）。[36]

東村交易商是活絡的一群，而科林·德·蘭德（Colin de Land）與派特·賀恩（Pat Hearn）兩人被傳為佳話。朋友們都有此共識：賀恩跟大多數畫商不同。一個朋友說，賀恩「瀟脫而有膽識，但最難得的是她優雅過人」。[37]至於蘭德，一個朋友說，「他是個波希米亞怪胎，有點像王爾德，是藝術家、作家和詩人。對衣著非常講究美感。他們夫婦就像最後的波希米亞人，若看到今天的藝術世界會嚇死。」

賀恩、蘭德去世後，在一篇致敬悼文中，記者琳達·亞布隆斯基（Linda Yablonsky）說：「她是位傾聽者，歷來最佳的傾聽者。」而蘭德則是「最可愛、滑稽、最會擠眉弄眼使眼色的另類畫商；格子西裝外套和卡車司機帽襯托出他的高大、黝黑、帥氣」。[38]藝評家傑利·薩茲（Jerry Saltz）說他是「藝術世界的基思・理查茲（Keith Richards，譯注：英國歌手兼作曲家）」。[39]製片兼藝術家約翰・華特斯（John Waters）說賀恩是「藝術世界的賈桂琳・甘乃迪（Jackie Kennedy，譯注：美國總統夫人）」。[40]蘭德在第六街開了「人聲畫廊」（Vox Populi），後來更名為「美國藝術」（American Fine Arts），賀恩的畫廊就在幾條街之外。

另一名年輕的交易史蓓曼在同一條街也有一家畫廊，它也是一段羅曼史的觀察站。她不久就成了九〇年代藝術場景的要角，但那時節畫廊每天賣不了幾張畫，因此很有餘暇看到鮮花每天從賀恩畫廊送到蘭德那裡。史蓓曼說：「他的畫廊裡到處都是鮮花。但同樣的戲碼也在賀恩畫廊出現，鮮花處處。」[41]蘭德不久就搬到賀恩在東十一街的公寓；她送他一把槍，他送她一尊貓王（Elvis）的釉彩半身像。[42]

大多數的東村藝術家十年內就褪色了，但賀恩與蘭德簽下的若干傑出藝術家歷久不衰。[43]賀恩畫廊代理的喬治・康多（George Condo）就是其中之一。[44]他早期在沃荷的〈神祕〉（*Myths*）系列作品撒上鑽石粉，一度以「沃荷式人物」聞名。後來從事大幅作品創作，他自稱為「人為寫實主義」：人為物品的寫實繪畫，後來大都會藝術博物館也加以收藏。賀恩與葛萊史東曾在一九八四、八五年同時展出他的個展，兩人都意識到他的前途無限。[45]菲利普・塔菲（Philip Taaffe）是賀恩簽下的另一位畫家，他的彩色抽象畫偶爾是從其他藝術家借箸代籌：把紐曼〈拉鍊〉的直線條改成螺旋型，是他最知名作品之一。瑪麗・海爾曼（Mary Heilmann）

以幾何形狀和鮮豔的顏色著稱，也是賀恩畫廊旗下的藝術家。

蘭德也經營得有聲有色。他畫廊出名的藝術家之一是卡迪．諾蘭德（Cady Noland），她是抽象藝術色域畫家肯尼斯．諾蘭德的女兒。卡迪後來成為她身處時代最受肯定的有價值女性藝術家之一。她的作品探索美國的黑暗面，尤其是經濟、社會和政治上的不滿情緒。蘭德旗下的知名畫家還包括：湯姆．伯爾（Tom Burr）、馬克．迪恩（Mark Dion）、安德莉亞．傅瑞瑟（Andrea Fraser）和潔西卡．史托克霍爾德（Jessica Stockholder）。[46]

東村也孕育出其他重要的畫商和畫廊，前者例如傑．葛尼（Jay Gorney）、勞倫斯．魯欣（Lawrence Luhring）、羅藍．歐古斯丁（Roland Augustine）和伊麗莎白．寇利（Elizabeth Koury）；後者包括凱許／紐豪斯（Cash/Newhouse）、國際文物（International with Monument）畫廊等；三、四年的時間裡，美國藝術似乎新泉湧現。記者藝術家羅賓森說：「一個非常大的另類空間以五十個另類店面畫廊的樣貌出現；非常受歡迎——這是多元稱王。不過後來也就陸續關閉了。」藝評家肯定東村風行的塗鴉藝術，但其餘他們卻不恭維，羅賓森的形容是「很庸俗……有政治意味卻欠火候」。最佳的都去了蘇荷，蘇荷的畫廊仍像磁石一般吸引群眾和收藏家。[47]

蘇荷雖是當仁不讓的首選，但不是每一位畫商都做得好，其中告急的就是卡斯特里。

Chapter 6

SoHo and Beyond

蘇荷之內與之外

1981-1984

對外在世界來說，八〇年代卡斯特里仍然支配當代藝術；他的畫廊仍代理藍籌藝術家中的藍籌：原來就有自成大家的瓊斯與羅森伯格，如今的品牌藝術家也包括羅森奎斯特和加州的魯沙。後者在一九六〇年代早期從洛杉磯的費魯斯畫廊起家，受瓊斯啟發、由布魯姆代理。魯沙臨近不惑之年時，顯然已在當代藝術大師之列，他枯乾的風景畫上鋪著文字或片語，充滿冷幽默。他的加州同鄉塞拉以金屬板材組構出的曲折蜿蜒「銅牆鐵壁」也讓他成為八〇年代極簡藝術大家。塞拉的戶外作品因為笨重不是那麼好賣，一九九一年，在卡斯特里祝福之下，高古軒在加固畫廊樓層後，開始代理塞拉的作品。卡斯特里其他的極簡藝術與觀念藝術家每次賣出作品時間就拖得更長。卡斯特里似乎不是那麼在乎；他們仍然陪襯出他是藝術世界最具地位的當代畫商龍頭；他的畫廊如明光照耀，地板每週上新蠟，每次展覽後四牆都會重新粉刷；他的畫廊的目錄編得精彩大方，而不管跟誰吃飯，從藝術家到百萬富翁，總是他付帳。

但不是每個人都樂見現狀；卡斯特里已經八十靠邊，對手認為他年紀大了，不合適繼續玩下去。卡斯特里畫廊一名員工說：「畫商常到畫廊來，東看西看，好像在丈量地界。看畫時，你幾乎聽得到他們在說『這個我要』，真是有點不忍卒睹。」[1]

聖路易（Saint Louis）畫商約瑟夫・赫曼（Josph Helman）一九八四年給了一記重擊。赫曼是布魯姆在紐約的合夥人，比卡斯特里小三十歲。他跟高古軒一樣也非常討卡斯特里的歡心，甚至更親，有點養子的味道。[2]布魯姆與赫曼展有泰半都是卡斯特里的藏品，兩家畫廊對分佣金。布魯姆和赫曼這樣日子也過得很好。另一位交易商有天問赫曼為什麼不找自己的藝術家，赫曼半幽默地說：「因為從卡斯特里那裡拿很方便。」[3]

打擊是因為赫曼對合賣的一位畫家的作品未信守約定。[4]在卡斯特里看來，這是違背了交易「一握為定」的君子協定。他對一個朋友說：「發生了一件事；以前的世界是多好……我們彼此信任。」布魯姆設法彌補，在卡斯特里的辦公室遞出一張支票；卡斯特里要兌現，卻跳了票。得知對方止付時他大發雷霆，也告訴了全世界。[5]

一九八四年四月又發生了另一件驚動藝術圈的事，許納貝離開卡斯特里和布恩，投效格里姆徹的佩斯畫廊。卡斯特里一如往常，在法國南部過夏天，對許納貝就要見異思遷毫無所覺。

當時許納貝在漢普頓（Hamptons）租了一所房子，離格里姆徹家族住的地方不太遠。雙方一起吃了幾次晚飯，晚餐後又進而一同散步、互吐心聲，結果許納貝就進了佩斯。布恩這樣自我寬慰地解釋：「許納貝不是那種你可以勉強的人。」但是卡斯特里氣炸了，說：「我除了看不起你沒有別的話。」說完，就重重對許納貝掛了電話。[6]許納貝的「變節」讓人紛紛議論卡斯特里畫廊根基「腐蝕」。赫曼公開說卡斯特里真的太老了；羅森伯格跟了卡斯特里幾十年，也寫信告訴卡斯特里要走人。[7]不過卡斯特里薑是老的辣，不理會這封信，繼續供應羅森伯格津貼；羅森伯格收下，領出來用，走人的話也就不了了之。[8]

最令他傷心的是賈德的出走。卡斯特里不管年頭好壞都支持極簡藝術，尤其是欠佳的時候。畫廊經理史班格說：「每年年底賈德總是欠錢，卡斯特里就拿作品抵銷；很多博物館無名氏捐贈的作品其實都是卡斯特里捐的。」但賈德離意已定，走前與史班格酒敘，說：「是弒父的時候了。」史班格說：「他對卡斯特里控制他那麼久懷恨在心。」

卡斯特里對四圍的豺狼怒不可遏，[9]他對記者羅伯特・安森（Robert Sam Anson）說：「他們認為我已經一隻腳進墳墓裡；但我還沒死。」[10]他知道自己已經老邁，需要的是一名年輕有力的執行者，保護他的利益，制服覬覦者。這人也要有足夠的財力，在複雜而昂貴的藝術世界中當他的夥伴。

卡斯特里需要的就是高古軒。

跟兩人都共過事的畫廊負責人約翰．顧德（John Good）說：「也就是這時卡斯特里開始把高古軒當作保護人，從八〇年代初期開始的。」在紐約藝術圈喜聚的昴宿星團（Les Pleiades）或舞蹈（Ballato）餐廳，高古軒只消隔著餐廳怒目而視，就能傳達「不要隨便招惹卡斯特里」的訊息。

薩奇對高古軒的形容詞是：只要老遠看見高古軒，他就會聽見電影《大白鯊》（*Jaws*）中大白鯊出現的配樂。

卡斯特里畫廊的人對「高古軒」三字非常憎惡。布倫代琪姐妹花派蒂與蘇珊都替卡斯特里做事，蘇珊說：「高古軒會東聞西嗅、翻我們的東西。我們會請他走。」但是卡斯特里知道沒有比高古軒更好的人選當他的保護人，對他格外慷慨、百般籠絡。

一九八五年卡斯特里在蘇荷散步時，看見大客戶康泰納仕集團發行人紐豪斯迎面走來；換作別的交易商，不會引薦一旁的高古軒，卡斯特里卻挽著高古軒的手臂走向這位億萬富翁收藏家。高古軒說：「我向紐豪斯要電話號碼，而且第二天就打電話給他。」[11]卡斯特里似乎不以為忤，對後來的一切發展好像也不在意。

高古軒不久之後也打電話給泰緬夫婦——亦即透過格里姆徹，未知會卡斯特里，一九八〇年以一百萬美元出售瓊斯〈三面國旗〉給惠特尼美術館的收藏家。[12]高古軒與泰緬夫婦相逢恨晚。[13]泰緬太太常被高古軒逗樂，他問他們夫婦願不願意把他們收藏的一幅馬登的畫賣給他。

高古軒連環扣，不斷討泰緬太太的歡心，後來她終於同意把馬登和另外兩幅藏品賣給高古軒，高古軒輕輕鬆鬆就轉手賣出。

高古軒接下來就更獅子大開口了。他打電話給泰緬夫婦說，他們所藏的蒙德里安〈勝利之舞〉（*Victory Boogie Woogie*）可以以一千一百萬到一千兩百萬美元的價錢賣給一位他沒有透露姓名的委託人。〈勝利之舞〉是蒙德里安一九四四年的最後遺作，沒有畫完就去世了。[14] 泰緬夫婦點頭後，高古軒馬上就打給紐豪斯，建議他買。紐豪斯爽快答應，一夜之間，高古軒也成了一千一百萬美元交易紀錄的保持人。[15]

卡斯特里對這筆交易從來沒有發過怨言。幾乎可以確定的是高古軒事前跟他報備過。高古軒不會做傷害他跟卡斯特里或紐豪斯關係的蠢事；即使卡斯特里漸漸老耄，高古軒也從沒向他的畫廊挖角；起碼沒有在卡斯特里點頭前就亂來。至於紐豪斯，高古軒知所進退，他告訴一名年輕的部屬說：「你不能玩弄他於股掌；就算這次得逞，也沒有下一次。」然而，一千一百萬美元的交易只靠一通電話，在已經彼此認識的兩家大藏家之間牽線，其中一方還曾經把高古軒介紹給另一方，如此操作，沒有膽量是不行的，無論是紐豪斯或是泰緬夫婦也沒有戳破高古軒。

紐豪斯是畫商最理想的客戶，不僅是因為他多金。從事十八世紀前與現代藝術交易的畫商法蘭西絲．比緹（Frances Beatty）說：「他是唯一會接電話的人。大部分畫商會打他的私人專線，他親自接電話。我會說：『嗨，我是比緹，我有一幅很棒的波拉克或瓊斯。』他會說：『給我看膠片。謝謝，再見。』你還沒意會過來，他就掛電話了；從不囉嗦，會回應；他聰明絕頂，你提什麼真正好的東西，他知道行情，不需向比人打聽比價該不該買。」

高古軒對紐豪斯的推銷其實很低調，這是他師父教他的。卡斯特里對高古軒是這樣形容紐豪斯的：「不能對他霸王硬上弓；貪心的話更糟；對紐豪斯只能推銷精品。」[16]高古軒自己也說：「你不能賣給他二流的東西；他只要最好的。」高古軒的施壓手腕只用在其他買家身上。一名藏家說，高古軒早想好一幅畫對未來的收藏人是如何合適的說辭：有了**這幅**畫藏家在某某藝術家的收藏上就完備了，藏家缺的就是某某藝術家**那個**時期的作品。[17]諸如此類的說辭，收藏家接電話時高古軒早就準備好，如數家珍報上。一名交易商說：「他胸有成竹，跟機關槍一樣滔滔不絕。」[18]他會一個電話接一個電話地打，一直到收藏家招架不住買下畫作。他賣出的都是知名藝術家在次級市場的作品。藝評史托爾說：「他從未引介有品質的藝術家。卡斯特里、比緹等畫商是替藝術家打出知名度重要的一環，高古軒純粹只是零售商。」

一九八五年時高古軒確定營運基地必須遷到紐約；紐約藝術市場熱翻天，時間耗在比佛利山畫廊好像沒道理，洛杉磯大多數收藏家反正也都在紐約購買藝術收藏。紐約有幾百家畫廊、存品極多，還有大型拍賣公司。條條大路都指向紐約。

高古軒向以猛著先鞭自詡，他在第十街與十一街之間的西二十三街開畫廊可謂大膽，甚至是躁進之舉，也因而成為在多風的雀兒喜區（Chelsea）下西城倉庫世界的「拓荒」先鋒。

根據高古軒後來追述，開畫廊的朋友比達·彭尼爾（Peder Bonnier）決定要租下偏遠的西二十三街一棟建築的樓上，邀高古軒同去看看。這棟大樓是義大利具象畫家桑德羅·齊亞（Sandro Chia）所有，他與恩佐·古奇（Enzo Cucchi）、法蘭西斯可·克萊門特（Francesco Clemente）並稱為義大利超前衛派「三C」。房地產和藝術市場在八〇年代中期都很繁榮，三C闊綽到可以買賣曼哈頓的房地產。[19]高古軒說：「在這之前我從來沒去過雀兒喜；那裡沒有畫廊，人行道上到處都是裝快嗑的小瓶子。」[20]

高古軒對一樓卸貨區很感興趣，問齊亞：「卡車卸貨區你要幹什麼用？」齊亞回答：「出租。」高古軒說：「我想租，租金多少？」齊亞答：「一個月三千美元。」高古軒說：「我租。」[21]

當高古軒告訴卡斯特里他租下西二十三街的卸貨區時，卡斯特里大吃一驚。高古軒承認：「這是經常有妓女出沒的地帶；入夜後，你開的若是好車她們會窮追不捨。」[22]但高古軒高瞻遠矚，相信藝術若好，可以把人潮帶到這偏遠的西城，何樂而不為？

高古軒在紐約依然沒有自己的藝術家。他可以為自己的畫廊尋覓新秀，但是他沒這麼做。一九八五年，西二十三街開幕畫廊時，他以泰緬家族收藏展為第一炮，打響了畫廊的名氣。[23]

這場展畫概不出售，目錄光亮耀眼，跟新畫廊相得益彰。這一招高古軒是跟卡斯特里學的，也成為他日後的招牌作風。

「非賣品」或「歷史性」的展覽是高古軒結交收藏家、打進高層社會圈的晉升術，亦可就此一睹他們卓越、有價值、令人垂涎的藝術品，鈔票則接踵而至。高古軒說：「泰緬總是擔心投資組合的平衡。他會說：『我們的藝術收藏太多了，我們需要現金。』我就會說：『我就是你們解決問題的人選。』」[24]

泰緬收藏展一炮而紅，也奠定高古軒在紐約非客串的新地位。後來他也辦了歷史性的李奇登斯坦、畢卡索和德庫寧特展。[25]又在一九八六年辦了沃荷的「氧化繪畫」——他有次去工廠參觀注意到這批畫，希望能夠代售。[26]

這批被藝界稱為「撒尿畫」的作品，是沃荷一九七〇年代的創作。他在畫布上蓋滿銅漆、員工在上面撒尿，產生了一名記者筆下的「綠、金色點、色塊、彎曲的金屬線條」繪畫。[27]沃荷的朋友道森．拉達（Dotson Rader）指出，「撒尿畫」的整個目的——對沃荷而言——只是要他身邊的少男掏出性器官。

這些畫沒有人表示有興趣，甚至根本未對外展示過。高古軒回憶說：「有一天我看見一捆東西，看來是繪畫，我們就展開來看。有三十英尺長。」畫上的一層抽象彩虹高古軒非常喜歡，便對沃荷說：「我打賭賣得掉。」一九八六年底，高古軒在他的雀兒喜畫廊掛滿了「撒尿畫」，而且至少把其中的三幅賣給了一流藏家：湯馬斯．阿曼（Thomas Ammann）、艾德曼與薩奇。令卡斯特里刮目相看。[28]

買家現在也搶著要買高古軒手上有賣相的藝術。新市場不斷演變；價格訂得越高，有錢的客戶越想弄到手；希望今天付得越多，作品以後價值走得越高。若干惜售的收藏家最後都會獲利，對藝術世界最積極進取的交易商也就一直有信心。

高古軒最後終於能賣出若干藝術家在初級市場的作品，而不只是「撒尿畫」。但即使是此時，他也不是像布恩、卡斯特里、古德曼和諾西這樣的傳統畫商——培養年輕的藝術家、開發他們的事業。他會從其他畫商那裡截走熱門藝術家，然後帶著這些藝術家登上更高的行情。

許納貝一九八四年春天離開布恩和卡斯特里，布恩傷心欲絕。但是也沒傷心太久。她說：「有天我坐在辦公室掉淚，巴斯奎特走進來，他摟住我說：『我反正比他棒多了。』」

其實布恩從一九八二年初起就是巴斯奎特的代理，只是還沒替他辦展；部分是因為還在思考如何與也想代理巴斯奎特的畢紹夫伯格合作。那年四月，布恩同意與畢紹夫伯格一起代理巴斯奎特，畢竟畢紹夫伯格的國際人脈很有幫助。

一九八〇年代畢紹夫伯格幾乎每週都會搭乘協和號到紐約市，實地看看他喜歡的藝術家的新作品或是他代理的作品。他會跟喜歡的藝術家直接購買他們的新作，不是付現就是匯款。

巴斯奎特很多新作都是畢紹夫伯格自己留下，今天他收藏的巴斯奎特作品也比任何人都多。其他人的作品他帶回去賣給歐洲客戶；他有二十五％的利潤，布恩得二十五％，巴斯奎特則是五十％。這樣安排似乎很公平，但是對巴斯奎特來說從來都不是錢的問題。

布恩對傳記作家霍班說：「這人就像蝴蝶；我知道我兩手張開，他會想落就落、想飛就飛……你看他的個性，情緒不斷兩極擺盪，總是神經質得要命。他的問題也不僅僅是嗑藥，他也有父親的問題。」[29]霍班形容巴斯奎特非像火山說爆發就爆發，甚至可能危險，但是布恩不同意這種說法，她說：「他是受虐狂；是他毒癮問題的一部分。」

布恩一九八四年五月在紐約為巴斯奎特舉辦第一場個展。人山人海，參觀者包括巴斯奎特的父親。巴斯奎特童年遭到家暴，心中留下來烙印。[30]布恩與畢紹夫伯格一直擔任他的代理，巴斯奎特搬到大鍾斯街沃荷擁有的建築中的一層樓，房租也是他們兩人付的。布恩就住在附近，部分原因是可以看緊巴斯奎特。布恩說：「我從廚房就看得到他的畫室，我們是一個大家庭。」高古軒也是這個大家庭的一分子，他也經手部分巴斯奎特的作品，一直到巴斯奎特意外身故。不過由於高古軒在紐約沒有畫廊，他的交易比較屬於非正式性質。

巴斯奎特賺的錢越多，就越依靠藥物。布恩證實巴斯奎特有一年賣畫有一百萬美元預支款進項，有一年賣畫賺了一百四十萬美元。[31]每個月不斷有錢匯進來：這裡兩萬五美元，那裡四萬美元。[32]他嗑藥嗑得凶，布恩說：「我們設法干涉，他唯一會聽的人是沃荷；也因此沃荷過世後沒多久他也就死了。」

巴斯奎特與沃荷的友誼在兩人離世之前不久，也就是在一九八五年九月一場為兩人造勢的展覽展出之後，碰上了考驗。下城區交易商東尼．沙法拉茲（Tony Shafrazi）年輕時曾經在紐約藝術藝博館毀壞了畢卡索的〈格爾尼卡〉（*Guernica*）——譯注：以此抗議越戰——後來又以與卡斯特里、市中心藝術家交往甚密知名。他說服畢紹夫伯格展出沃荷與巴斯奎特在工廠合作的聯展。一張展覽宣傳海報上印著兩人戴著拳套假裝賽拳的圖畫。然而一張畫都沒賣出，藝評家百般嘲諷。《紐約時報》的費雯．雷諾（Vivien Raynor）撰文說：「去年我曾撰文說，如果巴斯奎特不被外力搞成藝術世界的吉祥物，他就有機會成為優秀的藝術家。今年看來這些外力勝利了。」[33]事前沃荷鼓勵巴斯奎特與他共襄盛舉，展覽相關宣傳照片都是在工廠製作的。在拳賽第十六回合沃荷技術性擊倒的結局可能也惹火了巴斯奎特；他感覺自己公開遭到羞辱，他怪沃荷，也怪罪沙法拉茲。

沃荷可能也覺得有些愚蠢，情緒低落。從一九六〇年代以畫不驚人死不休開始闖蕩江湖，好不容易闖蕩出一片天地——夢露、毛澤東肖像、電椅系列，他靠這些建立起全球事業。但在一九六九年開辦《訪問》（*Interview*）雜誌後，他的重點就轉到名流身上。一九七〇年代他的繪畫多是名流畫像，為別人出錢委託而畫，畫中人是從沃荷忙碌的夜生活圈子裡拉來。他似乎什麼堅持都沒有了。

一九八六年，東村畫廊開始陸陸續續關門。飛漲的房租是個問題，但是藝術的品質也讓人打問號；很多都只是街頭畫家的草率手筆。另外就是愛滋病襲擊紐約藝術圈。[34]從一九八〇年代中、晚期到二〇〇〇年代初期，死者包括芮內·桑托斯（René Santos，一九八六年）、彼得·赫哈（Peter Hujar，一九八七年）、羅伯特·梅普爾索普（Robert Mapplethorpe，一九八九年）、哈林（一九九〇年）、大衛·瓦納羅維奇（David Wojnarowicz，一九九二年）、菲利克斯·岡薩雷斯－托雷斯（Félix González-Torres，一九九六年）與赫伯·里茲（Herb Ritts，二〇〇二年）相繼離世；樂趣畫廊歇業，一切樂趣都結束了。

也不是東村畫廊的火都熄滅了。有的做得不錯後來搬到蘇荷，也有些搬到雀兒喜。國際文物畫廊是其中之一，蘭德與賀恩的畫廊也如此。簡單地說，蘇荷興起了一種新藝術；從某方面來說是東村場景的對照。新幾何觀念藝術（Neo-Geometric Conceptualism，縮寫為Neo-Geo）讓藝術家與畫商都很反感，但似乎招架不住。它是一種商業性、不帶個人感情、酷而無常的藝術形態。其中最著名的藝術家是昆斯，他的作品都是在類似沃荷工廠的工作室完成，手下也有幾十個人幫忙。

打從一九七〇年代末期昆斯一方面從事藝術創作，一方面在紐約現代藝博館售票處做事起，他就知道他的藝術創作要著墨在「平庸」二字；要對現代普普文化中的平庸說話、甚至模仿，而且作品由機器代勞。[35]要從事這樣的創作，他需要可觀的預算，他毅然決然地做了幾年的華爾街期貨掮客，績效非常好。[36]

昆斯的作品一個接一個地探索平庸的面向，終而創作出〈平庸〉（*Banality*）系列。他製作了不鏽鋼花朵，看起來像充氣的不鏽鋼兔子系列；展示樹脂玻璃鑄出的全新吸塵器當作現成的藝術品，也把兩個籃球放在擺滿氰化鈉生理食鹽水的櫃子裡陳列。這些主題都是美國大眾文化的圖像。

大部分的藝評家認為他的作品充其量只是媚俗而已。《紐約客》的謝達爾甚至直言：「昆斯讓我噁心。他也許是此刻最定於一尊的藝術家，單這一點就叫我最想吐。我對我自己的反應感興趣，包括興奮與無助的喜悅，夾雜著疏離與厭惡……我愛這種感覺，原諒我要吐了。」[37]

策展人奧利弗．伯格倫（Olivier Berggruen）的評語比較持平：「（昆斯的藝術）道出我們是什麼樣的人？」針對昆斯最出名的作品形象——一九八六年推出的亮光鋼〈兔〉（*Rabbit*），他說：「不怎麼漂亮出眾；眼睛沒負擔；表面亮晶晶；它是一個簡單的概念，對若干人來說代表力量；我們注視它時，看見得是我們空洞人生裡的空虛。」但是昆斯吸引了群眾，這對當代藝術來說就不是小可的事。伯格倫說：「當紅的藝術家是那些能讓眼睛沒負擔的人。」

對昆斯來說，轉捩點是一九八五年國際文物畫廊在歇業前舉行的一項團體展。這個畫廊是委內瑞拉藝術家梅耶．魏斯曼（Meyer Vaisman）所成立。他被標榜為新幾何藝術畫派，很快地以新幾何四大——阿什利．比克頓（Ashley Bickerton）、彼得．哈雷（Peter Halley）、昆斯與魏斯曼為軸心。已經改嫁索納本的伊蓮娜看了展，感覺昆斯前途未可限量，提議把畫展移到她的蘇荷畫廊，風聲傳開來，一九八六年十月重新開幕的展覽佳評如潮，代理兩位參展畫家的東村交易商葛尼認為昆斯就要大紅大紫，他說：「索納本辦的展如火箭發射升空。」

沃荷一九八五年時仍是卡斯特里的藝術家，但感覺受到冷落。卡斯特里總是把沃荷的顏色鮮明的美鈔符號系列掛在格林街畫廊的地下室展廳中，沃荷酸說是「下層畫廊」，與西百老匯街四二〇號二樓相去甚遠；雖然掛得醒目，但是賣不掉幾張，沃荷士氣大損。

藝術圈知名律師亞倫·格魯伯（Aaron Richard Golub）對這些美元符號畫記憶猶新。一九八五年知名設計家洛伊·侯斯頓（Roy Halston）在家舉行派對，侯斯頓在家門口發放喀什米爾圍巾當禮物，沃荷也在一旁發送他的美鈔符號畫。格魯伯回憶：「我看著他們兩人，開玩笑地說『你窮到要畫美鈔？』」後來在廚房裡，沃荷又多塞給格魯伯兩張。他回憶：「我把它們塞到襯衫底下，回家後就塞到書桌抽屜裡；實在不好意思掛在牆上。」他後來跟演員妻子馬里莎·貝倫森（Marisa Berenson）離婚，三張美鈔畫也不翼而飛。他笑著說：「當然它們現在值七十五萬美元。」

一九八六年藝術市場少數對沃荷有興趣的人有一個是英國交易商安東尼·鐸非（Anthony d'Offay）。為人極其客氣的鐸非對沃荷有信心，認為他可以回歸嚴肅的藝術與挽救自己的聲譽。每次相遇，鐸非總會問沃荷能不能在倫敦幫他辦展，不去侵犯卡斯特里的紐約疆界，而沃荷總是用他慣用的「好」來回答。

他問：「下次你想是什麼主題？」

沃荷會說：「你挑，我照辦。」他承認自己有些「點子不夠用了」、「錢也不怎麼夠用了」。[38]

鐸非夫婦一九八五年在那不勒斯跟博伊斯夫婦一起過耶誕節，博伊斯在這裡完成了他最後的偉大作品〈王宮〉（*Palazzo Regale*）和〈拿坡里梯子〉（*Scala Napoletana*）。在那不勒斯時他們一同去拜望了一位收藏家，他的臥室裡掛了一幅大幅紅色的博伊斯畫像，是沃荷的作品。鐸非說：「我心裡想：天哪，這是二十世紀最偉大畫家的人像畫。還有什麼時間比此時展出另一系列的沃荷自畫像更好？」

一週後，鐸非拜訪沃荷在東三十三街二十二號的新畫室，建議沃荷辦一個自畫像展。沃荷說：「好。」幾天後就動手做出了一些東西。

還不到一週沃荷就打電話給鐸非要他回他的工作室。擺在鐸非眼前的拍立得攝影紀錄是若干系列作品的第一階段，鐸非非常喜愛，過目難忘。沃荷用壓克力顏料和絹印把它們沖洗出來後影像更有力，鐸非說：「就在我走出門口時，他問我『也許有些可以用迷彩保護色製作？』」

鐸非認為這個主意很不好，但婉轉地說：「何不先試一張，然後我們一起來看。」等鐸非回來一看，驚為天人，迷彩保護色自畫像太令人著迷了，便說：「當然要做！」[39]

沃荷的自畫像展一九八六年夏天在倫敦鐸非畫廊舉行，迴響非常好。[40]藝評與觀眾都對沃荷那頭嚇人的假髮和迷彩造型留下深刻印象。[41]沃荷東山再起了！幾幅立即被大博物館買走，包括大都會藝術博物館，它當場就開了一張三萬美元支票買下一幅迷彩畫。[42]後來這系列中的幾幅畫在市場拍賣，被形容為「最後大師的作品」，二〇一〇年一幅紫色自畫像售價為三千二百五十萬美元。[43]

鐸非希望乘勝追擊。一九八七年初，經過一番考慮，他打電話給沃荷，問：「誰是當代在世最偉大作家？」其實他是明知故問，當然是薩謬爾．貝克特（Samuel Beckett），沃荷也同意。

「他長什麼樣子？想想老鷹頭。」

沃荷把握機會，鐸非打電話給貝克特，貝克特喜出望外，沃荷飛往巴黎與貝克特一同入鏡的計畫也安排好了。沃荷對鐸非說，第一場自畫像展覽唯一的遺憾是色彩太淡了，這種失誤可以在貝克特身上補枉回正。沃荷說：「我保證會為你做出色彩美麗的貝克特畫像。」

沃荷告訴鐸非在飛巴黎前他需到醫院做一次例行檢查，那是一九八七年的二月；幾週之內沃荷去世了。

在認識沃荷前幾十年，鐸非的英國家鄉雪菲德（Sheffield）在二戰末期經常遭到空襲，他會跟鄰居一起躲入街坊的地下防空洞，這些經驗日後讓他跟德國藝術家建立起一種特殊的關係。

鐸非在戰後接觸到藝術。他說：「我母親去雷茨斯特（Leicester）辦事或去喝杯咖啡時，會把我放在紐華克（New Walk）的美術館；兩小時後回來，總是問接待員『他乖不乖？』」一個人待在美術館的經驗改變了鐸非的一生。紐華克二十世紀初的德國表現主義藝術在英國無出其右；浪漫的維多利亞時期繪畫，甚至當代藝術藏品也相當好，八歲的鐸非非常投入。

鐸非在愛丁堡大學讀了三年書之後，在倫敦國王街（Regent Street）開了一家小小的畫廊，裡頭有善本書、繪畫和日本藝術品。[44]那年是一九六五年，搖擺的六〇年代，披頭四樂團歌手保羅．麥卡尼（Paul McCartney）和搖滾樂歌手米克．傑格都是他早期的客人。一九六九年鐸非搬到新龐德街（New Bond Street）一頭的德令街（Dering Street）一個較大的空間。一年後，他結識了人像畫家盧西安．弗洛伊德（Lucian Freud），也就是心理學大師西格蒙德．弗洛伊德（Sigmund Freud）的孫子。

鐸非當時在他身上看到的是一位璞玉尚未完全琢磨的傑出藝術家。他說：「弗洛伊德過的是一種非常特別的生活，繪畫時間表非常嚴格，排了日夜兩班模特兒。」模特兒有男有女，有的端莊，有的輕佻。「兩班人馬絕對不會碰面。他也喜歡下層社會的生活和賭博的刺激，朋友從不法之徒到貴族都有。」

弗洛伊德的人跟他的畫一樣，永遠難忘。一名非常動人的年輕女子對鐸非說起有次在街上與他不期而遇；兩人以前從未見過面，但她認出他來。擦肩而過三十碼後，她停下腳步，回眸相望，弗洛伊德這時也停下來回頭看，四目交會，鐸非說：「她認為這是她人生中最浪漫的時刻。」鐸非完全懂得這名女子為何如此說，他解釋：「要不愛上他是不可能的。我一生中認識三個人如此：盧西安．弗洛伊德、沃荷和博伊斯。他們三個人與眾不同，都聰明絕頂，也都非常奇怪，世上無人像他們。」[45]

在七〇年代末期，倫敦仍是當代藝術領域的落後城市，鐸非的目標是讓倫敦與紐約並駕齊驅：有一間空間寬敞、天花板挑高的展廳，展覽歐洲一流藝術家的作品。他最先亮出的藝術家是令同儕嘆為觀止的博伊斯。一九七九年，博伊斯就展出了一幅題目是〈牛油脂〉（*Unschlitt/Tallow*）的驚世之作，作品用了二十公噸的脂肪。[46]二戰時，博伊斯是二戰時期德國空軍的機尾射擊員，飛機在德國前線被擊落；他記得自己被韃靼游牧民族救起，並用動物的脂肪給他裹傷，一直照顧他到傷勢養好、身體復原。不過德國的戰史紀錄顯示納粹搜救小組發現他時他神智不清，附近也沒有韃靼人。不過博伊斯口中的故事讓人心生好感，接受它是博伊斯藝術靈感的緣起。[47]

新而大的鐸非畫廊一九八〇年以博伊斯作品為開幕第一炮。展廳中彷彿是巫師的博伊斯鋪了長長的工業毛氈通向一個木製拱門；毛氈似乎帶著觀眾通往另一個領域：從人間到冥界，或是從受陰魂不散的德國二戰過去通向某種薩滿的蛻變。

德國其他的頂級藝術家注意到了，不約而同地與鐸非簽約。最先是一九八二年安塞姆·基弗（Anselm Kiefer）。這時基弗已經名利雙收，跟其他人一樣對博伊斯讚嘆不止。他對鐸非說：「我人生最重要的事是跟博伊斯在一起。」

基弗的作品也充滿追索意味的歷史感：厚厚的顏料、稻草、灰泥、生麵糰、鉛廢料堆出巨幅的風景畫。基弗一九四五年出生，在戰後廢墟中成長，童年曾用木塔做出一個自我的世界。木塔象徵荒涼或是重建很難說，但詢以為何他的繪畫和雕塑如此黑暗時，他會回答：「它們一點都不黑暗啊！美國人以為我從來沒過過一天快樂的日子，其實我非常快樂。」

作為一個團體，德國的新表現主義藝術家是許納貝、薩利、費思科和巴斯奎特等人的對應，但他們更是被二戰與戰後沉澱出來的劫後餘生者。喬治·巴塞利茲（Georg Baselitz）也是鐸非在倫敦展出的另一名藝術家，他倒掛人像的「倒轉形象」簡單卻讓人心情攪動的技法，把觀者的視線定在畫面上。西格瑪爾·波爾克（Sigmar Polke）從事的是歷史事件繪畫。李希特亦然。

一九八〇年代中期時，李希特是歐洲最出名的藝術家之一，只是當時無人預測到他會爬到多高。他從卑微的看板畫出發，曾參加《資本家現實主義展》（*Capitalist Realism*）。這是一項模仿與嘲諷普普藝術的展覽，因為「與事的藝術家也對大眾媒體和平庸有興趣」。[48]不久之後他開始以糅合攝影與繪畫，創造「模糊」繪畫，後來畫風又轉移到風景與抽象藝術。

古德曼一九八四年結識李希特時，李希特的紐約代理是韋斯特沃特。韋斯特沃特透過當時的男友雕塑家安德烈認識李希特。[49]李希特是韋斯特沃特代理的最成功藝術家之一。旗下另外一位知名的藝術家就是多媒材觀念藝術家諾曼，他的作品面向多樣，包括影片與霓虹燈等作品，在韋斯特沃特代理的歐美極簡藝術與觀念藝術家群中出色而不突兀。[50]諾曼跟韋斯特沃特合作數十年，但李希特不然。

古德曼經營倍數畫廊二十年，非常擇善固執。一九七〇年代中期，她非常受比利時超現實藝術家馬塞爾．布達埃爾（Marcel Broodthaers）吸引，希望自己的畫廊能夠展出他的作品。古德曼說：「既然無人有興趣，我就自己來展他的作品。我就是這樣開始經營畫廊，完全不務實，充滿了夢想。」就在古德曼籌辦畫廊，要舉辦布達埃爾畫展之際，布達埃爾一九七六年去世了，但她對歐洲當代藝術的興趣已經被激發；不管自己是猶太人，她毅然前往德國，去了解為何這麼多畫家和雕塑家在玩攝影。接觸者之一便是李希特。

新表現主義在紐約火紅，一九八〇年代初期的古德曼跟大家一樣，都喜歡布恩代理的藝術家，但她感覺她在歐洲見到的藝術家光彩被掩蓋了，李希特尤其如此。古德曼說：「我寫了一封信給他，告訴他我多喜歡他的作品、他的作品可以讓藝術改觀，促成我們初次會面。」

會面對地點是李希特的畫室。儘管事業上必須大膽，李希特和古德曼私下都是話不多的人。古德曼說：「我感覺跟他一樣坐立不安；我是因為偶像在面前。我們兩個人談不出什麼名堂。」

李希特對《紐約客》的謝達爾說：「這四十分鐘真是如坐針氈、度日如年。我不善聊天，也不擅長待客；古德曼也是如此。我們兩個對坐，不知談什麼。後來我終於說對不起，我得工作。我生自己的氣，氣自己怎麼那麼蠢。」謝達爾好一會兒才明白過來李希特說這段故事其實是在讚美古德曼。李希特還說：「我對她單槍匹馬前來非常刮目相看。其他交易商都是呼朋引伴前來或是有隨員一起來，聲勢壯大。古德曼有睿智的風範。」[51]

儘管見面時的種種尷尬——也可能因為這段插曲——李希特最後選擇古德曼為代理他的人選之一。古德曼說到她開始與韋斯特沃特合作辦展的往事：「我們非常辛苦地準備。」但後來李希特感覺在紐約有兩家畫廊代理是個錯誤；要為兩家畫廊創作壓力太大了。

古德曼說：「我想如果二選一一定是我出局，因為我是新夥伴。」但李希特沒這麼做。她說：「有天在紐約，他說他在第五大道和五十七街路口接我。我上了車，他就說：『我剛剛去見了韋斯特沃特，告訴她我不繼續跟她合作了。』我大概一臉驚愕的表情，他說：『是的，必要時我也直截了當。』」

古德曼鬆了口氣，說：「因此一切就這麼決定了。」

Chapter 7

Boom, Then Gloom

由盛而衰

1984-1990

沃荷死後有一段不長的時間沃荷市場下跌了；部分原因是他留下太多的作品。[1]大多數知名藝術家身後遺產不多，最佳作品生前也都賣掉了。但是沃荷因為死前評論不佳導致銷售欠佳，加上很多作品是他的工廠所製造，他一共留下四千一百一十八幅繪畫、五千一百零三幅單色繪畫、一萬九千零八十六幅印刷和六萬六千五百一十二張照片。[2]為了處置這些作品，新成立的沃荷視覺藝術基金會（Andy Warhol Foundaion for the Visual Arts）必須多年一路跟處理沃荷遺產的律師艾迪．海耶斯（Eddie Hayes）苦戰，另外要賣出前述這麼多藝術品。賣作品與打官司比，其實容易多了，而他們委託售畫的人不是別人，正是高古軒。

其他與事者包括沃荷的長期業務經理休斯、基金會董事長文森．傅利蒙（Vincent Fremont）——他從青少年期就在工廠掃地。[3]選高古軒，就是把價值一千萬美元的藝術品委託給他。高古軒談起傅利蒙繼承遺產的事說：「他知道我對沃荷的作品有熱情，我交易不達標不甘休，而我又是他們的朋友。他也把倉庫的鑰匙交給我。」對售出的所有作品，高古軒都有佣金可拿。

誰最合適先挑選沃荷身後的作品，決定權握在高古軒手中；瑞士畫商阿曼是人選，但另一位瑞士交易商畢紹夫伯格卻不是。後者緊緊掌握巴斯奎特的作品令高古軒非常不爽。穆格拉比家族和納麥德家族，高古軒也一概不售。德國藏家兼畫商尼尼古拉斯・伯格魯恩（Nicolas Berggruen）和布蘭特，他倒是歡迎。後者如今已是富有的紙廠大亨和雜誌發行人。高古軒說：「我願意賣給布蘭特等人。」在基金會點頭後，也舉辦了幾場沃荷畫展，大家公認已死的市場又開始活過來了。

在觀察沃荷市場時，畫商兼藏家艾德曼對這個沒有法律監管的市場中，交易是多沒法可言，瞠目結舌：買賣沃荷作品的人賺進的錢比拍賣結果所顯示的多太多了。

艾德曼形容：「以沃荷的作品交易為例，畫商甲有一幅作品要賣，畫商乙保證以一千萬美元的落鎚價成交。」沃荷的作品就這樣在甲、乙畫商與拍賣公司之間開始喊價了，而且大家都心裡有數目標價是一千萬美元，因為乙方已經擔保。艾德曼透露：「然後競標開始。乙畫商以一千萬美元標到沃荷的作品。」但有創意的地方也在這裡，因為同時「甲畫商私下也向乙畫商買了另一幅沃荷的作品」，這幅沃荷作品雙方同意也值一千萬美元。

艾德曼指出，這兩名畫商的交易淨值加減後是零。他指出：「他們只是互相交換了沃荷值一千萬美元的觀念。」是一種類似加州房地產買賣「1031同類交換」的複雜避稅做法。艾德曼說：「沃荷兩幅價值以前不是這麼高的作品，被他們創造出都高達一千萬美元的紀錄。」每一位畫商都大幅拉高了另一位畫商所有的沃荷作品的價值，而在換手過程中也避免付出營業稅，因為它屬於同類實物交易。艾德曼指出，常常這樣做，甲乙兩人手中的沃荷作品總和很快就超過一億美元，而根據的卻是價值遠不及此的畫作。

沃荷的作品一旦到了次級市場，穆格拉比就會在拍賣會中竭盡可能地大買特買。鐸非說：「穆格拉比認定沃荷是二十世紀上半葉最偉大的藝術家，這個家族有的是錢瘋狂買入。」他們剛剛開始收藏沃荷作品是在一九八七年的巴塞爾博覽會，搜刮了二十幅夢露像。[4] 鐸非說：「高古軒也在拍賣會場盡其可能地買下沃荷的作品。當沃荷一幅重要作品拍賣時，想要的藏家有一、二十位。高古軒是為了自己的存品數量，穆格拉比是為了投資。對沖基金經理人史蒂夫·科恩（Steven Cohen）、賭場大亨史蒂夫·韋恩（Steve Wynn）也會來攪局；把整個藝術市場搞到另外一個高度。」基本上，沃荷市場變成市場上的市場——就像黃豆市場——支配了當代藝術市場。

穆格拉比是這個市場聲音最大的支持者。律師格魯伯說：「他隨時帶著一本筆記本，裡面記的全是沃荷和巴斯奎特的事。他會在餐廳裡炫耀他的收藏，就像個小男生一樣展示他的球卡。」

沃荷成為市場的量表，跟以前的市場量表大為不同。評家史托爾說：「多年來最穩定的市場藝術家是瓊斯。他不常辦展，自己有龐大的印刷事業，但畫作不多。他把畫賣給會留住畫作的收藏家，因此流通的瓊斯作品不多，畫價也維持在高位。」史托爾指出，有很長一段時間大家的看法是，要做藝術家就要像瓊斯一樣——「就像要做畢卡索；最有魅力、最能在觀念上持續創新；創作能點石成金。因此，瓊斯比沃荷更是市場走向的領頭羊。沃荷是反諷觀念藝術家：雖然堅持的是內容的膚淺，卻有想法。瓊斯則更像象徵王者的人面獅身。」

如今沃荷死了，他的幾千件作品再也不會增加了——高古軒、穆格拉比家族、納麥德、布蘭特等大咖壟斷的集團也從中看到的沃荷市場價值將步步上升。

當然市場不是只有他們。頂級藏家如出版大亨紐豪斯、影藝大亨葛芬也都瘋狂搶進；不是跟前述畫商，就是在拍賣會競購。根據紐豪斯家醫的說法，在拍賣會上與葛芬較勁失利讓他沮喪不已，醫生提議休兵——為何不事前就講好由誰標下兩人都喜歡的畫？葛芬這次若要，下一次就給紐豪斯；如此西線無戰事，血壓會降低；兩人都可以省錢，一切也都合法。

但紐豪斯問：他們怎麼決定誰先誰後？葛芬提議擲銅板後拍板決定，葛芬贏了。

紐豪斯次晨打電話給葛芬說他重新考慮過了，前約不算數。他說：「我寧願多出價跟你競標我想要的畫，我不想要自己不喜歡的。」

一九八七年十月十九日股市崩盤，但蘇荷的藝術市場卻不跌反升；藝術被認為比股票更能避險，是更好的資產。然而不是蘇荷所有的畫商都身受其利，得到最多好處的是高古軒與格里姆徹，兩人在次級市場搶奪幾百萬美元的交易。

一九八七年除夕夜，德奇先一個人到印支（Indochine）地下酒吧喝杯酒，在那兒看見巴斯奎特。他回憶：「他那個世代最偉大、紐約最出類拔萃的藝術家，卻淒涼獨自一人。」

巴斯奎特可以很貼心，也可以很咄咄逼人。除夕夜，他非常貼心。有人給了他一個發聲玩具，他心不在焉地把它在兩隻手之間拋來拋去，好像兩個人在對話。德奇離開時，巴斯奎特把發聲玩具給了他。對德奇來說有些不祥：對巴斯奎特來說，派對結束了。

巴斯奎特死得突然，但一九八八年八月死訊傳來大家也不意外。他的作品價值飛升，時間比沃荷花得要久，但是一旦竄升，升速極快。對一九八八年藝術世界的人來說，巴斯奎特與沃荷的行情會在當代藝術拍賣市場高出同一時期藝術家，是匪夷所思的事。他們兩人可能也是私人市場——畫商私下出售——的霸主，但無公開紀錄佐證。

一九八八那年，瘦削、害羞的藝術家伍爾推出畫展，一鳴驚人，日後成為後巴斯奎特／沃荷時期的行情最高的藝術家之一。伍爾從莎拉勞倫斯（Sarah Lawrence）學院輟學，來到曼哈頓，終而在雕塑家喬爾·夏皮羅（Joel Shapiro）那裡做助手。[5]他賴以成名的「字」畫這是還沒影兒，他嘗試的是《紐約時報》畫評施密絲所謂的「隱隱約約的新表現藝術、黑白具象或單色作品」。[6]一九八六年伍爾追隨同儕藝術家羅伯特・格伯（Robert Gober）到史蓓曼的三〇三畫廊。[7]加入畫廊之前，伍爾有一天站在紐約街頭，看到一幕景象靈感一現，改變了他的藝術和他的一生。[8]

伍爾站在街頭，一輛白色卡車從他旁邊經過。車身上有噴漆寫成的「性」與「愛」兩個英文字。字！那是頓悟。[9]白色背景下字擠在一起，形成議題，提出問題，也啟發了他的創作路線。在一九八八年後來被認為是他里程碑的畫展中，格伯與伍爾在三〇三畫廊高大的牆面上掛出兩人合作與個別的作品。[10]格伯不久就因為他尖刻、超寫實，也往往是高度政治嘲諷性的幽默作品而聞名，他一九八九至一九九〇年創作的從畫廊牆面伸出穿鞋、穿襪、腿上有腿毛的「假腿」，就是他的成名作之一。

在三〇三畫展中，格伯展了三個小便器，人看到馬上會聯想到一九一七年杜象的小便斗作品〈噴泉〉（*Fountain*）。格伯作品對面是伍爾首次公開展示的字畫，名稱是〈現代啟示錄〉（*Apocalypse Now*）——伍爾借用了這部反越戰電影的片名和電影中「**出賣房子出賣汽車出賣孩子**」（SELL THE HOUSE SELL THE CAR SELL THE KIDS）的名言，大寫的粗體字簡簡單單地寫在白色的背景上。[11]

伍爾的「字畫」源源不斷：粗大的黑體模板字句，尾巴往往切掉。起先伍爾是在鋁板上繪上琺瑯，後來他師法沃荷開始絹印。若干評家認為伍爾是只有一個想法的藝術家，而字畫也的確是他多年的主要重點，但代表他的紐約畫廊魯欣．歐古斯丁（Luhring Augustine）對此一點怨言都沒有，因為伍爾的字畫價格節節上漲。二〇一〇年時，一幅伍爾畫作可賣到五百萬美元之譜；二〇一五年五月時，伍爾的一幅畫在拍賣會上更賣到二千九百九十萬美元。[12]

八〇年代兩大藝術家在八個月的時間裡相繼去世，而新世代的兩位明星——昆斯與伍爾——也邁向未知的目的地。他們超越了布恩領航的新表現藝術家，所迎接的未來、受到的全球矚目、影響力和財富，幾乎無法想像。不過他們也先得耐過一段艱苦的蕭條時期；其情況之嚴重，連蘇荷好像都得退回到它空蕩衰敗的過去。

無人有先見之明，連高古軒都未料到。一九八八年十一月，他代表紐豪斯，競標瓊斯一九五九年的〈錯誤的開端〉（*False Start*）。這場令人看得目瞪口呆的拍賣劇裡，共有三人角逐，其他兩人是誰不知。高古軒坐在紐豪斯身旁，起標一千萬美元。[13]隨著競標價格上爬，他每次加碼都是一次二十五萬美元。紐豪斯每輕點一次頭或移動左手，就是示意高古軒可以再出高一點。[14]競標價到了一千五百萬美元時，每次的加碼價也提高到五十萬美元。高古軒一路衝；一名對手知難而退，後來另一位未出面的藏家也打了退堂鼓，畫拍板價是一千七百零五萬美元，其他費用包括在內。落鎚時，全場起立鼓掌致敬。

一九八〇年代末期的藝術市場用新一代交易商的話形容是「泡沫」。其實他們當中許多並不算畫商，比較像自由畫商；畢竟，在這個行情超級熱的市場裡，誰還需要畫廊？不需多此一舉；畫商手中既有搶手的沃荷作品，上城藏家不惜高價搶進，何必搞個畫廊擔負多餘的開銷？

卡斯特里的部屬雅博斯形容這短暫動盪的時期是「藝術市場的荒野大西部」。年輕的企業主管在大通銀行（Chase Manhattan Bank）與普惠（Paine Webber）證券公司的大廳與走廊看到藝術品高掛；普惠董事長兼執行長馬龍建立起龐大的企業收藏。在八〇年代，這些企業家口袋極深，這樣的財力要買的、非買到不可的是藝術。

雅博斯說：「我完成買賣藝術品是一天的事；我一個人幹就行。有人打電話來問：『能給我找一張（沃荷的）花朵畫嗎？』」

雅博斯回說：「我剛賣掉一張。不過你願意出多少價？」他透露：「他們會提一個價錢；我打電話給剛剛買了花朵畫的人，問他『加價多少你願意脫手？』然後再打給要買的人，周而復始。」有次雅博斯同一幅畫一天之內賣了三次。他說：「沒錯，是真的。」不過他指出，是市場而不是個別畫商，促成了價格隨時在變。

高古軒一九八九年在市中心湯森街六十五號開了他第二家紐約畫廊，仍舊是跟卡斯特里合夥。這麼做的動機部分是出於愛護師父，但更是因為在揚升的市場這樣做是一件聰明的事。畫廊展出多位卡斯特里的一流畫家作品：凱利、李奇登斯坦和諾曼等人，都是極有利於紐約這位最暴衝交易商的好料。高古軒畫廊出售的泰半都是卡斯特里的存貨，而與卡斯特里合夥做生意，雖然未曾明說，也等於確定了高古軒是卡斯特里接班人的地位。布恩後來說：「合夥顯示出卡斯特里為他黃袍加身。」而即使市場活絡，價格也高得令人咋舌，但對高古軒來說，價格根本不是問題。

同一年，高古軒租下上城一處空間作為日後的旗艦店——麥迪森大道九十八號，卡萊爾酒店對面一處長達一條街、頗像皇陵的一座建物。這棟建築是蘇富比以前在紐約的家，後來被房地產商羅森買下。高古軒租到新據地，新地位更加確立。

湯森街的開幕展過了一週之後，高古軒與記者安東尼．哈登-蓋斯特（Anthony Haden-Guest）談起他的市場觀：下滑似乎不太可能、炒高的畫價對藝術家有不好的影響。他說：「它產生了很多期待心理。有些藝術家真的被毀了。他們對畫商傲慢；我是客觀地說——我自己現在沒有簽任何藝術家。」他指的是他沒有初級市場的藝術家。[15]「藝術家開始對古董家具、葡萄名酒、在豪宅中加一棟側廊有興趣，搬到很特別的地方去住。」而在藝術家身上，也有某些期待，「你得讓交易商高興；供輸管道得暢通；市場也不是讓藝術家大做特做實驗的地方。藝術家的價值每天都被重新評估。但他們改變得不夠快。」[16]

布恩對哈登-蓋斯特有另一種說法——提高藝術家的期待心理，正是她一心一意要做的事。「讓他們背債。身為畫商，你要做的就是讓藝術家有昂貴的品味；讓他們去買許多房子，讓他們去培養出很多奢侈的習慣、去交女友、讓太太去買奢侈品。我就愛這麼做，也這麼鼓勵他們。唯有如此他們才會賣力創作。」[17]她看到的未來一如現在。

某些藝術家可能受如此誘惑，對薩利卻不然。自從一九七九年秋天與布恩簽約後屢創成功佳績，但他也在去與留之間掙扎；他日益認為布恩可能不是他最合適跟的畫商。[18]他感覺高古軒比布恩更是他的知音，而且沒忘記高古軒是第一個買他作品的人。當時與時過境遷之後薩利都否認是為了錢而離開布恩。他說：「這跟錢一點關係都沒有。」他的作品跟布恩緣分盡了，是換人的時候了。

布恩對薩利的出走有她自己的詮釋，稱之為中年危機，也指出高古軒除了挖走薩利外，也剛剛挖走塔菲，還在打費思科的主意。是高古軒打破遊戲規則。

高古軒對此連回應都懶得回應。他的行事風格可能無法討人歡心，一如他在一次訪問中所承認的：「但誰在乎？我又不是競選總統；我是畫商，而在這個世界裡，只要你基本上不欺騙，不按牌理出牌不是不可以。藝術世界好玩的地方就在這裡——不必那麼死板。」[19]

在這個不是那麼容易玩的領域，高古軒既以卡斯特里的保護人自居，又是予取予求的新教父。這時權力已明顯由師父向徒弟傾斜，一名內線說：「真正的戰場是看著高古軒逐漸取代卡斯特里，而高古軒能夠如此是因為他有眼力。」

一九八九年末，高古軒也想羅致馬登；他沒料到馬登選擇繼續跟著布恩；至少當時是。後來馬登跟馬可斯簽約，跟了他二十多年。不過高古軒從未停下物色的腳步，後來到底還是簽下了馬登。

高古軒第一次到紐約就向湯伯利買畫，在湯伯利身上運氣也比較好。從技術面來看，湯伯利仍由卡斯特里代理，但是他感覺卡斯特里對他的畫感到乏味。一九七九年惠特尼美術館為他舉行了回顧展，一九八七年巴黎龐畢度中心也為他舉行了特展，他感覺卡斯特里在這兩項展覽中都只扮演了邊緣性的角色。湯伯利的歐洲代理是瑞士交易商阿曼，但阿曼愛滋病在身，四十三歲就英年早逝。用高古軒的話說是：代理出現空窗期，因此他在取得卡斯特里的祝福之後就前往義大利，要說動湯伯利由他代理。

一開始湯伯利似乎有點拒人於千里之外，高古軒擔心他可能搞砸了。情急之下，他說：「你為什麼不給美國一個機會？」湯伯利感覺這種話好笑極了，也與高古軒握手言定，後來也如此合作了二十年。為了慶祝簽下湯伯利，一九六九年十二月高古軒在紐約展出八幅湯伯利的〈無題：波西納〉（*Untitled, Bolsena*）畫作，這也是八幅畫首次同時展出。

沃荷的西部代理布魯姆也成了高古軒的朋友，常與高古軒乘高古軒的船同遊地中海。當高古軒對他說簽下湯伯利時，布魯姆非常驚訝。他說：「我知道湯伯利人在歐洲，但是我對他一點概念都沒有；我知道他是誰、知道他是羅森伯格和瓊斯早年的朋友，但我不懂得他的藝術，懂得時已經晚了。」

布魯姆對高古軒簽下湯伯利佩服得五體投地。他說：「我們一起到蓋它（Gaeta），湯伯利也上船玩了兩天。高古軒電話不離手。他一直在講電話，可能要我跟上船的原因也在此，他完全不用擔心我會打湯伯利的主意。」

布魯姆對湯伯利著迷不已。他說：「湯伯利又高又瘦，風度翩翩，充滿貴族氣息。他帶著祕書上船，什麼事祕書都照顧好。他不是貴族出身，但卻娶了義大利貴族。他過著非常優沃的生活：美酒佳餚，無敵海景，從不感覺有需要回美國，雖然他是美國人。」

那時，布魯姆決定要研究湯伯利的藝術。很難，但非常精彩。他感覺簽下湯伯利不僅是一個聰明的決定，更是「高古軒最大的成就」。

高古軒對簽到湯伯利及其代表的意義，得意非凡。這表示他終於在初級市場裡有了高等會籍。高古軒多年後表示：「我花了很長的時間跟他在一起。」[20]他說：「我們一起度假，無所不談。我不知『純潔』二字究竟是什麼意思，但如果它有什麼意義，它完全可以適用在湯伯利身上。他跟我認識的藝術家完全不同；從不開車、沒有電視，不在乎錢——但他不是傻瓜，只是不是為錢而創作。他過自己的日子，是徹徹底底的藝術家——時時刻刻都是。八十幾歲還畫大幅陽剛味十足的畫。大多數藝術家這時已上年紀、沒力氣、畫少了，但湯伯利老當益壯。」[21]

在接下來的幾年，高古軒在他八家歐洲畫廊中展了五場湯伯利的畫。[22]每一場高古軒都催促湯伯利拿出新作。他說：「有些朋友說『高古軒太貪心了，不應該去找湯伯利的麻煩；他做不了那麼多。』但他那最後十五到二十年非常喜歡畫。」

跟大多數藝術家不一樣的是，湯伯利不是每天非畫不可；有時停頓幾個月他才會重拾畫筆。因為高古軒不斷地催促，湯伯利晚年才有那麼豐富的作品。這個事蹟是高古軒每天早上在東城華廈醒來時都會想到——他一打開眼睛就會看到湯伯利最佳傑作之一：二〇〇三年的〈無題：維吉尼亞的萊辛頓〉（*Untitled, Lexington, Virginia*）。[23]

本著一貫天不怕地不怕的本色，高古軒每次展覽都漲價。藝術顧問施瓦茨曼說：「沒有人有膽量將畫價所值推高三、五倍，他這麼做拉高了門檻。」高古軒根本沒想到市場即將崩盤；生意很好、價格正夯，他本人也忙得要命。

市場一片大好，藝術是好資產的觀念首次吸引熱情的買家，尤其是日本新一代的房地產大亨。股市慢吞吞、懶洋洋不要緊，反正買賣藝術可以大賺錢。[24]《時代》雜誌藝評高手羅伯特・修斯（Robert Hughes）在一九八九年十一月二十七日寫了一篇封面報導〈藝術與金錢〉（Art and Money），痛斥追漲把藝術搞成金錢的係數，他也痛恨大部分的新表現藝術，認為它助長歪風，還特別為許納貝在藝術評論的地獄保留一席之地。他認為大畫商很快就會駕馭市場，小畫商會凋萎。不過修斯的嗅覺也不比高古軒好到哪裡，對於市場很快崩盤渾然不察。格里姆徹也沒有。他才在格林街一四二號（卡斯特里以前的地盤）開了他最大的畫廊，並在一九九〇年五月舉辦畫廊開幕首展。同時期拍賣價格漲不停，大藏家也買不停。

一九九〇年，羅格斯戴爾從薩奇身上得到上奇公司瀕臨破產的警訊，也了解它對當代藝術市場是什麼意義。[25]薩奇一九八〇年代在當代藝術市場掃貨，一九八五年他倫敦邦德利路的美術館開幕，展出美國藝術家的作品，英國民眾首次有機會看到賈德、馬登、湯伯利、沃荷、昆斯、格伯、哈雷、費斯克、曼格爾得、諾曼、雪曼和葛斯登的作品，介紹得極有深度。[26]但銷售永遠是薩奇的第一優先。如今他除了賣出沒有其他選擇；作為當代藝術的大藏家與大商家，他搶進得太快也太多。

不久薩奇兄弟的龐大收藏就被銀行拿來拍賣，銀行的跳樓拍賣價也永遠毀了許多藝術家的市場。[27]布蘭特說：「基本上他是在錯誤的時間點上賣掉他的核心收藏，賣掉了很多永遠無法取代的繪畫。」最知名的例子是義大利新表現藝術藝術家、義大利三C之一的齊亞。據報導薩奇在八〇年代中期大量買進齊亞的作品，後來完全售出，齊亞的市場也跟著毀了。

這也證明了格里姆徹對薩奇的懷疑。薩奇曾保證支持他的藝術家，很多藝術家也認為他會將他們的作品保留在他的美術館裡。格里姆徹說：「他是市場的威脅；他打著藏家的幌子買進藝術品，其實只是披著收藏家外衣的投機客，隨時準備脫手圖利。」

另一筆大銷售加速了市場下滑。慈善收藏家韋斯曼夫婦（Marcia & Fred Weisman）傲視洛杉磯地區的藏品包括李奇登斯坦、紐曼、羅斯科、史迪爾等巨匠的六十二件作品，如今也要出售。[28]根據紐約的聯邦檢察官詹姆斯·柯米（James Comey）一九九〇年控告高古軒、布蘭特與英國名流傑佛瑞．肯特（Geoffrey J. W. Kent）與一名稅務律師合組了一家控股公司，他們拿下這六十二件作品，其中的五十八件以兩千萬美元的價格賣給阿曼，不過在帳面上這五十八件藝術品只有兩百萬美元。

美國政府最後找上門來，索取一千八百萬美元的資本利得稅。就政府來看，這幾人共欠六百七十萬美元的稅金。柯米的訴訟書指出，餘下的四幅畫他們幾人就瓜分了；李奇登斯坦、史迪爾歸給高古軒；一幅紐曼、一幅羅斯科的作品「以象徵性的十元」進了肯特的家門。對政府的調查，這些合夥人回答控股公司沒錢報稅，因為他們唯一的資產——六十二件藝術品都已經不在公司手中，合夥關係也解散了。根據藝術產業新聞信《貝爾傳真》（*Baer Faxt*），這些合夥人最後還是被迫吐出九百一十萬美元和解。高古軒感覺他只是依合夥人的建議行事，細節多到他無法理解與應付，他自己也是受害人。這件官司纏訟十多年，一九九〇年代中期高古軒曾有何必當初之感：藝術市場就要垮了。

真正一落千丈是一九九〇五月的拍賣會之後。[29]一夜之間，市場劇縮。接著在一九九〇年八月二日伊拉克進軍科威特，啟動了第一次美國波斯灣戰爭。史蓓曼和她的三〇三畫廊沒在八〇年代中期的蕭條環境和愛滋病陰影中跟著東村的畫廊一起消失，但一九九〇年的蕭條卻如此令人猝不及防，衝擊力也超過想像，史蓓曼說：「八月三日燈好像突然熄了，情況非常糟糕。」對包括高古軒在內的畫商來說，市場完全停止不動了。

PART 3

REINVENTING THE CONTEMPORARY

再造當代

1990-2008

Chapter 8

Up from the Ashes

浴火重生

1990-1994

九〇年代的市場像溜滑梯一樣下跌，布魯姆跟大家一樣措手不及。他習慣靠貸款度小月，過去銀行也很配合，但是一九九〇年夏天，銀行沒那麼好說話了。布魯姆說：「他們限你二十四小時還錢。你怎麼辦？你只好忍痛低價賣掉自己手上的一流藝術；不是活下來，就是淹死。至今我還在為它失血。但若不這樣，可能傷更大；我花了三年的時間才爬出困境。」

大畫商傷得最大；布恩的年收入大減，高古軒追憶九〇年代初期的噩夢時說：「價格一直跌，非常殘酷。」[1]他說：「我記得一九九〇年十一月前往蘇富比拍賣會，通常拍賣結束後你會跟同事、同行或藏家一起去好好吃頓晚餐，但是那時節誰都沒心情跟別人說話；非常麻木。拍賣會中半數的東西拍不出去，人連競標的動作都不做。簡直無法令人相信，因為五月時拍賣會還很熱絡；高價、作品刷新紀錄、市場熱絡，而此刻交易量小得不像話。繼之而來的藝術市場蕭條也是我畫商生涯中看過最慘的。電話鈴響都不響……好像鬱金香熱泡沫戳破了一般，簡直要命。本來大家都在發財、大家都高興，突然一下音樂停了，只留下劇烈的宿醉。」[2]

跟布魯姆一樣，高古軒也動不動就得與銀行代表見面。這時他已經有數百萬美元的個人藝術收藏，可以拿來抵押借款，但也只到一個程度。銀行對藝術品做抵押的估值低得不像話，通常借錢也以幾個月為限。一九九一年春天時，紐約華友銀行（Chemical Bank）扣押了高古軒幾幅藝術品。[3]蘇富比也對一些徵收擔保權益。[4]扣押的畫包括波拉克、湯伯利、李奇登斯坦、馬登、史特拉、德庫寧和沃荷。[5]

手頭寸緊，但高古軒在被問及他的事業是否告急時會大發雷霆。一九九一年波拉克的一幅〈香〉（*Scent*）值八百萬美元，他說：「我賣一幅畫就能還清銀行的所有債務。」[6]他還對《華盛頓郵報》（*Washington Post*）一名記者指陳：「我從不需靠貸款經營業務，從不用為畫廊借錢。偶爾為買畫你需要借錢，有時銀行是最好的路，比有合夥同伴好。短期借貸比起跟人合夥，需付給對方五十％，是更便宜的途徑。」[7]

在這慘淡時期，葛芬仍不斷造訪高古軒畫廊，保住高古軒不至於狗急跳牆。他說：「我的畫廊經理看到葛芬走進來，便會說『這個月發得出薪水來了』。這位影藝大亨毫無懼色；別人都縮手時，他出手買。葛芬會說：『我知道乏人問津，但我要。』」儘管蕭條，葛芬開始一件一件地收購紐豪斯的大師級收藏，據一名內線人士透露，葛芬大概花了三億美元，全部都買下了。令人嘖嘖稱奇的是，葛芬從來沒有藝術顧問，他喜歡他就買。

高古軒已經享受了一段時間的榮華富貴，此刻也不讓蕭條影響他的生活方式。他的家是馬廄改成的豪華透天厝，位在東六十九街一四七號，少說值四百萬美元。這棟房子是他在一九八八年向休士頓藝術收藏家族克里斯多夫・德梅尼爾（Christophe de Menil）買下。[8]裡頭有桑拿、蒸汽室、健身房和大游泳池。一名看過內部的記者形容這棟房子「光潔有序、一絲不苟、沒有任何情感累贅」。[9]大約同一時期，高古軒向加拿大酒商後裔、世家子埃德加・布朗夫曼（Edgar Bronfman Jr.）買下在阿瑪根塞特（Amagansett）的陶德莊（Toad Hall），這個占地一萬一千平方英尺的現代主義房舍是由建築師查爾斯・格瓦斯梅（Charles Gwathmey）為法蘭斯華・德梅尼爾（François de Menil）設計，據報導高古軒為它花了八百萬美元。它位在漢普頓最夯的福德巷（Further Lane），據稱裡頭有一處三層樓的溫室和一間有超大銀幕的媒體室。[10]

即使市場不振，高古軒宣稱自己仍有十六名員工，麥迪森大道的展間也準備擴展到樓下，讓整個展覽空間達到一萬平方英尺。[11]一篇高古軒人物特寫形容他「目下無人」，有著「極大野心，在轉售市場中成功無人出其右」。[12]他出入都有司機，在「轎車裡靠一支手機辦交易」。手機在一九九一年還是身分象徵和珍稀的工具。[13]

少數安度九〇年代初期蕭條的紐約大畫商中，有一位是阿奎維拉。他是第二代畫商，在東七十九街十八號的一棟石灰石華廈中主持一家畫廊；畫廊離高古軒旗艦店很近，只隔兩條街，但他行事作風跟衝爆浪子高古軒差別極大。阿奎維拉的父親在一九六七年買下這座建築；買這棟房子，也等於買下一項重要的遺產——因為原始屋主是交易商杜文。[14]阿奎維拉比高古軒大上近十歲，無意為這房子加添畫廊，他父親一九六七年購自億萬富翁實業家諾頓・西蒙（Norton Simon）的豪宅對他來說夠大了。他也沒興趣在他們父子累積七十年的知名印象派和現代畫家之外再添什麼未經考驗的藝術家作品。他的藏品從畢卡索、莫內（Claude Monet）、塞尚（Paul Cézanne）、夏格爾到德庫寧、杜布菲和理查德・迪本科恩（Richard Diebenkorn），坐的是私人專機，交易也不對外聲張。

和藹、低調的阿奎維拉英俊瀟灑，一頭銀髮，他周旋於南普敦網球俱樂部（Southampton Bath and Tennis Club）老財主之間，比涉足高古軒也經常出入的紐約周英華餐廳（Mr. Chow）自在。蕭條之際，阿奎維拉因緣際會碰上巔峰時期的小弗洛伊德。[15]

小弗洛伊德是英國當代最受仰慕的人物畫家，鐸非代理他近二十年，功勞非常大。以前五千英鎊的人物畫，現在要價五萬英鎊。但在一九八〇年代蕭條橫掃全球之際，鐸非花在這位朋友身上的時間少了——他的畫廊需要他費心，小弗洛伊德也心生不滿。

一九九二年小弗洛伊德離開鐸非，不完全是為了錢的問題。[16]他喜歡作品完成後馬上就拿到現金，鐸非和他另一名代理詹姆斯・科克曼（James Kirkman）愛什麼時候賣，是他家的事。在畫的尺寸越來越大時，這就意味著鐸非和科克曼口袋裡要掏出更多的錢來。雙方漸漸有了歧見，阿奎維拉從朋友口中聽見小弗洛伊德願意跟他吃午飯。

阿奎維拉聽見未必高興。他人雖客氣，但生涯五十年，他只做自己想做的事，不受任何人左右。他父親尼古拉斯一九二一年起在五十七街經營畫廊，他自己在華盛頓暨李大學（Washington and Lee）修習藝術史，但從軍前無意從事藝術相關工作。退伍後他幾乎就要在雷曼兄弟從事金融工作。[17]但父親這時病重，他看了畫廊的帳簿，發現父親名下只有五千美元，卻欠銀行三萬美元。他問母親：「錢到哪裡去了？」

他母親回答：「在你父親那裡。」但父親囊中無錢，做兒子的只有跳下來幫忙。

這也花了幾年的時間。阿奎維拉一家過的是寅吃卯糧的生活；每年都到歐洲旅行，住最好的旅館，買進很多藝術品，但都不賣。阿奎維拉說：「好像我們有錢，其實我們沒有。」

有次去巴黎，阿奎維拉家買進一大批後印象派畫家皮耶・波納爾（Pierre Bonnard）的作品。彩色目錄那時還很罕見，但是阿奎維拉認為波納爾活潑的色彩有助於行銷。[18]之後就把彩色目錄送到十位首富藏家那裡，雖然他一個都不認識。[19]有一天，這些巨頭一個個自己上門來了——保羅・梅隆（Paul Mellon）、西蒙、洛克菲勒、康寶濃湯的傑克・竇倫斯（Jack Dorrance）、《讀者文摘》的華勒斯家族（the Wallaces），都搶著買波納爾。也就是那時，阿奎維拉不再擔心會破產。

接下來的二十五年裡，阿奎維拉不張揚地買賣藝術，一直到一九九〇年他的一筆交易震驚藝術世界，他才走出低調一舉成名。[20]小馬蒂斯是印象派藝術最著名的畫商，他死時留下二十世紀大師——米羅、杜布菲、夏格爾和賈科梅蒂（Giacometti）等人的二千三百幅作品。[21]因為稅的關係，馬蒂斯的遺產安排刻意排除拍賣，不過阿奎維拉拉著蘇富比各出資一半，以大約一億五千萬美元的價格吃下所有作品，希望脫手時全部都有利可圖。他擔心名氣較弱的作品賣不掉，想出一個令人拍案叫絕的解決辦法。他設計出一個組合，每個組合裡的藝術家都不一樣，但整個組合非常誘人。他也堅持不能拆開單獨賣或是互相替換。這招奏效了，十八個月裡頭，他賣掉三億美元的藝術品。

聽見小弗洛伊德約吃中飯，阿奎維拉第一個反應是想拒絕。弗洛伊德素來難搞；這不打緊，他還在畫行為藝術家、變裝同志黎．鮑利（Leigh Bowery）的裸像。很難想像還有什麼比這個更賣不出去的。

阿奎維拉對妻子嘆氣說道：妳知道吃飯以後他一定要我們去他畫室。」

他妻子回答：「去了再說。」

他們三人在弗洛伊德畫室附近吃了飯。阿奎維拉沒有想到的是弗洛伊德還挺幽默的。當意料中的問題出現時，阿奎維拉回答當然願意去看看新作；他們走到畫室門口，弗洛伊德要他們在門口等一下，他去後面的畫架上取來一件非常大的畫作。

畫中人果然就是肥胖赤裸的鮑利。阿奎維拉夫婦對繪畫的震撼力非常驚訝。

弗洛伊德去畫架取下另一件作品，阿奎維拉悄悄地問太太：「妳覺得色情嗎？」她悄聲回答：「不會。」[22]意思是好到不讓人感覺色情。

第二幅畫也一樣精彩。阿奎維拉後來回憶：「二十世紀的偉大人物畫？畢卡索畫的？你把弗洛伊德的人物畫放在他旁邊，它們一點也不失色。我非常興奮。」

就在那時那地，阿奎維拉同意買斷弗洛伊德未來兩年所有的作品。他說：「如果我可以在全球代理你，我們說做就做……不必有合約；如果後來你覺得不行，你告訴我，我們可以隨時中止。對我若不合適，我也會馬上告訴你，我們就叫停。」[23]他們沒有留下任何書面合約，就這樣握手一言為定；看起來很脆弱，但兩人就這樣開始合作了。

可能合夥了六個月之後，弗洛伊德告訴阿奎維拉他有一些賭博的債務；準確地說：四百六十萬美元，債主是北愛爾蘭的設賭莊家阿爾菲・麥可連（Alfie McLean）。清瘦、經常穿著小領合身西裝的麥可連翻臉像翻書。阿奎維拉一臉沒事地與麥可連共進晚餐，杯酒之間擺平賭債。他說：「我給他一定數目的現金，不到二百七十萬英鎊，加上一些畫。」[24]

弗洛伊德其實為麥可連父子畫過像。這件事令人嘖嘖稱道不僅是因為麥可連脾氣捉摸不定、動不動就發怒，也是因為當弗洛伊德的模特兒過程很煎熬；原來說的幾天會變成幾週。最後弗洛伊德也要阿奎維拉坐下來充當他的模特兒。

阿奎維拉說：「第一天在他那裡，倫敦熱浪來襲。我總是穿西裝打領帶，而他的畫室沒有冷氣。」兩人出去買了一個大風扇，畫像時間就開始了。阿奎維拉盡量穿同一件襯衫和西裝外套。他說：「有一天我到了畫室，他問我：『你的襯衫呢？今天不一樣。』」其實我的襯衫是同一個牌子、同一個顏色，但是洗了以後色調稍稍變了一丁點，但是弗洛伊德注意到了。」

如今弗洛伊德與阿奎維拉已經是至交，一週會講三、四次電話；阿奎維拉六十幾歲，弗洛伊德七十幾，暮年之交對兩人來說都彌足珍貴。他們經常會把握時間搭乘阿奎維拉的私人飛機前往各地或是巴塞爾藝博會、馬德里普拉多國家美術館（Museo Nacional del Prado）。在巴塞爾博覽會，弗洛伊德坐在阿奎維拉的攤位裡，為觀展人的吃驚模樣而竊竊自喜；在普拉多，他一一指出對他來說最有意義的作品。阿奎維拉多年後曾在他的畫廊說：「我們成為朋友我非常感動。弗洛伊德了不起的地方是他非常忠誠。人常常在我背後想把他弄走，但他完全不為所動。」

隨著不景氣的持續，興起了新一代的畫商，他們年輕，憑著一點點熱情和希望就過得下去。紐約長大的馬可斯是達爾頓預校（Dalton）畢業、哥倫比亞大學輟學，很少人預料到他會成為雀兒喜區頂尖交易商，代理凱利、馬登、格伯、女攝影家南．戈丁（Nan Goldin），還有瓊斯。

馬可斯其實十三歲就開始蒐集藝術品，第一個買進的馬斯登．哈特利（Marsden Hartley）的印刷，花了一百二十五美元。他的父母都是藏家，他進入格里姆徹的佩斯畫廊當支薪的學徒，可能跟父母的潛移默化有關。這份工作長遠看來比馬可斯的第一項事業——一九八〇年代中期在Area當DJ有出息多了。

馬可斯的父親讓佩斯的人知道兒子在青少年時就有美國藝術印刷版畫的收藏，於是格里姆徹與印刷部門負責人索羅門請他策劃一項展覽。這項展覽成功也促使馬可斯重回大學，一九八五年也從本寧頓（Bennington）學院畢業。畢業後他回到佩斯，負責一些畢卡索的紙上素描展。馬可斯做得有聲有色，甚至出版了一本漂亮的目錄。索羅門說：「只是格里姆徹把所有的功勞都給了自己的兒子馬克。」馬可斯氣壞了，拂袖而去，到倫敦在鐸非麾下工作了三年。

當時馬可斯體態可觀，二十幾歲就要與體重奮鬥。有一天布恩來到倫敦，到鐸非畫廊跟他討論畫家的事。不知什麼原因，他對馬可斯有反感，不准他參加會議。後來馬可斯不再有體重問題，但他一直有些下意識的自卑，總是駝著背，像一隻六英尺高的送子鳥老是在低頭啄穀子。

馬可斯回到紐約後，一九九一年在上麥迪森大道開畫廊，把布恩旗下的大將馬登搶走，報了布恩一箭之仇。馬登曾經力拒高古軒多方的利誘，之所以跳槽，馬登自己說是因為「相較於其他畫商，馬可斯不那麼自利」。[25]這從數字來看沒錯，馬可斯取的佣金比其他交易商少；

不是一般的五五拆帳，而是六四分，甚至更加傾斜，藝術家拿大塊。其他當代藝術畫商非常不悅。

馬可斯作風在傲慢與俠義之間，許多同行不喜歡他。但他有好眼力，也跟科斯特利一樣，他喜歡藝術家的程度超過收藏家。他聰明地再次利用畢卡索素描展的點子，在一九九一年秋天又舉辦了一次素描展。展前，他寫信給他心儀的每一位藝術家，請他們讓他展出他們的素描，只展不賣。瓊斯、弗洛伊德、凱利、萊曼、許納貝、李希特和馬登都樂意配合。畫家露易絲・布爾喬亞（Louise Bourgeois）更是心動，不只是口頭答應，而且「立刻派助理親自把素描本送到畫廊」。[26]藝術家本人也非常喜歡這個展覽，有的就從此改由馬可斯代理，包括瓊斯在內。三年後，一九九四年的十月，馬可斯在雀兒喜二十二街成立他第一家畫廊，面積達五千平方英尺。一九九六年又在二十四街開了第二家，同樣大小，馬可斯在雀兒喜的展覽空間也因此稱霸一方。

一九九〇年代初期許多東村的畫廊都歇業了，不過一些硬底子商家乘機搬到蘇荷。三〇三畫廊的史蓓曼在一九八九年就從東村遷到格林街，在那裡撐過蕭條。史蓓曼回憶：「當時是很嚇人，但同時又感覺相當解放。」許多洛杉磯的藝術家受紐約低房租吸引，希望在紐約揚眉吐氣，開始移居紐約。她解釋：「當時的想法仍然是你必須住在紐約才能參與。不像現在紐約藝術家紛紛出走。」

在年輕無畏的肥沃園地，史蓓曼簽下日後的藝術巨匠。當時沒沒無聞的凱倫．克林尼克（Karen Kilimnik）寫信給史蓓曼，信中附了奇怪的繪畫照片。史蓓曼請她帶著作品到畫廊一趟，克林尼克展示她一九八〇年代之後的作品，都是色調柔和的具象繪畫，風格讓史蓓曼想起雷諾瓦。有些簡直是童話一般的藝術，近乎幻想，似乎畫如其人。令史蓓曼意外的是，她還沒有代理。

多媒材藝術家道格．艾特肯（Doug Aitken）則是用一部影片打動史蓓曼。他在一枚火箭上綁上攝影機，從家鄉加州的里東多海灘（Redondo Beach）發射，日後的作品也帶有強烈的政治批判與環保意味，例如一部關於納米比亞（Namibia）開採鑽石的影片。蘇．威廉斯（Sue Williams）是一位有力道的女性主義藝術家，關注焦點是政治認同，她有一件作品是捲縮在地板上、挨了打的女性，臀上有一個足印。跟克林尼克、艾特肯一樣，若非年頭不好，史蓓曼也不會認識威廉斯。

行為藝術家里克力．提拉瓦尼（Rirkrit Tiravanija）在布宜諾斯艾利斯出生，父親是外交官，在另一種傳統薰陶下長大。處女秀是一九九〇年在寶拉．艾倫畫廊（Paula Allen Gallery）舉行的泰式炒麵秀，每天重複，供參觀者分食。兩年後他在史蓓曼三〇三畫廊的展出同樣富於感官性。

史蓓曼解釋：「大家害怕、擔心，里克力卻挑起強烈的共同體感覺。」最後里克力的廚房被一家博物館買下。史蓓曼有好眼力，她簽下的藝術家二十年後一個個崛起。其他一樣有創意的藝術家也在附近出現，畫廊如雨後春筍冒出來，藝術世界又活過來了。

參加里克力的公社餐飲當中有一個年輕的英國人，他滿面于思，衣服永遠皺巴巴的——布朗。這時他還不是畫商，但不久就展現畫商的才華。他傲慢而熱情，是當代藝術的另類力量。他願意擢拔沒沒無聞的藝術家，用新方式辦展，也自成一格地成為當代藝術市場最有影響力的人物之一。布朗一九九四年在蘇荷的布羅姆街成立他的第一家畫廊，三年後又在西十五街開了一家更大的，有一天更在附近開了一家叫「路人」（Passerby）的酒吧，地板是彩色的燈光格子，為酒吧添了一層氣氛特殊的光彩。

簡單地說，與高古軒南轅北轍、卻能與高古軒分庭抗禮的人，就是布朗了。

布朗出身倫敦郊區，父母離異，一九八〇年他帶著三千美元來到曼哈頓。來美前，他分別念過紐卡素理工學院（Newcastle Polytechnic）——譯注：即今諾桑比亞大學（Northumbria University）——和倫敦大學金匠學院（Goldsmiths），在美國榮獲一筆獎學金，參加了惠特尼美術館的獨立研究計畫。但是他還是需要工作付房租，因此他在紐約市中心有名的運河酒吧（Canal Bar）和歐迪恩（Odeon）跑堂打工。布朗回憶：「有天我在酒吧看到嘻哈樂團 Run

DMC大啖龍蝦。」[27]一年後他弄到一份替賀恩處理藝術品的兼差工作。賀恩這時與蘭德在熱戀之中。

布朗說：「這兩人是神祕而浪漫的人物；不僅是因為他們的戀史，他們也是藝術世界一種行為方式的具體表現，以前我不知道有這種事的存在。我無法想像若是未曾目睹他們的生活方式，我的畫廊要如何存在。」他們是畫商，也是文化仲裁，他們的畫廊既是重要藝術品的展場，也是藝術世界的社交中樞。

布朗這時仍希望成為藝術家。他燃起街角的垃圾桶，將燒著的垃圾攝入鏡頭。他向街頭小販購買平裝書，用它來做雕塑。[28]卓納一九九三年在格林街開畫廊後不久為他舉行過展覽，不過他們兩人都感覺他的藝術沒有出路。

浮躁之下，布朗從賀恩畫廊轉到史蓓曼的三〇三畫廊。一開始他也是做藝術處理的工作。史蓓曼覺察到他的才華，鼓勵他在畫廊策劃一個團體展。里克力的觀念藝術〈滾石啤酒瓶〉（*Rolling Rock*）是布朗首選之一。他仰慕里克力的藝術共同體，兩人一拍即合。布朗幽默地說：「他是我從不想有的兄弟。」他策劃的團展題目是《真向人生》（*True to Life*），一九九一年夏天開幕時，引起不小的轟動。除了里克力的啤酒瓶外，還有格伯與三〇三畫廊幾年前代理的伍爾的作品。

《真向人生》（*True to Life*）轟動一時，布朗跟他個人熟知的藝術家合作日繁。一九九三年他在雀兒喜酒店八二八號房成立一家臨時畫廊，展示二十七歲的藝術家伊麗莎白・佩頓（Elizabeth Peyton）的小幅人物畫。[29]參觀者得先到櫃檯取得鑰匙才能進房間看畫。佩頓不久前才嫁給里克力；她與里克力根本不熟，是為了協助他取得綠卡才結婚；因為這樁婚姻，他們三人也幾乎就是一家人。佩頓在八二八號房展的人物都是史上貴族：拿破崙、巴伐利亞國王路德維希二世、泰國國王等等。作家湯姆金斯後來在《紐約客》指出：「近世似乎無人這樣以非主流作品駛入藝術主流。」雀兒喜酒店展舉行時，布朗私人圈以外很少有人聽過佩頓的名字，策劃佩頓展顯示布朗跟高古軒、卡斯特里等前人一樣，眼光過人。後來成為全球最知名藝術顧問的策展人施瓦茨曼形容布朗是「那個時代的卡斯特里，比任何人都了解時代脈動，也有創意去實踐。他的思維就像一位藝術家」。[30]

一九九〇年代初期，布朗、史蓓曼和賀恩等畫商張羅房租之餘，都在等待新的願景，快快帶領他們到一個未知的領域。他們知道什麼已經過去：布恩時期大尺碼的新表現主義繪畫：許納貝的超大畫布如今看來膨風托大，無人問津，連與一九八〇年代晚期不成比例的低價都沒人要買。

類似佩頓這樣的小幅人物畫倒是一條可行的路。觀念藝術是另一條：原本是創作主角的手，再次被委派到次要角色。約瑟夫・科蘇斯（Joseph Kosuth）創作自我指涉的裝置藝術，以語言文字為重點，例如取用弗洛伊德的文本以霓虹燈展現。觀念藝術家珍妮・侯哲爾（Jenny Holzer）也使用語言文字創作公共藝術，評論商業消費行為、疾病與死亡。旅居紐約的英國觀念藝術家亞當・麥可尤恩（Adam McEwen）將一般的消費品納於新的情境脈絡之中，以口香糖在畫布上作畫，顯示二戰是德國城市轟炸的情形——與其說是手做，不如說是口做。

九〇年代初期的藝術很多都是針對個人議題，而這些個人議題同時又是強烈的社會與政治議題。後來大家所知的身分認同包括了女性主義和同志權利問題。有關民權和種族問題的話題則大抵仍然未受充分探討。

當時、當地最尖刻的政治藝術探討的是紐約下城藝術圈的愛滋病荼毒現象。其中最知名的藝術家之一是菲利克斯・岡薩雷斯－托雷斯。他把彩色包裝的糖果堆起來，擺在那裡讓參觀者打開紙來取用、吃掉，以此象徵他的愛滋病戀人羅斯・雷考克（Ross Laycock）日益減輕的體重。糖果堆會一直補貨，把「理想」的總重量維持在一百七十五磅，也就是雷考克染病前的體重。一盞、一盞的燈從天花板垂下，一盞一盞地燒壞了，象徵著致命疾病不停地惡化。有時他的作品比較樂觀，例如糖果吃了可以補、燈泡壞了可以換。這是藝術創作的用意，但愛滋病一直沒有離開創作人的腦子。德奇說：「美國畫壇人人都知會走向死亡，它刺穿一切，許多有趣的藝術也由此誕生。」

德奇現在已經是全職的畫商，一九九二年辦了一場《後人類》（*Post-Human*）團體展，從乳房填充到基因工程，探討人類透過科技經歷身體變化。性別認同與性傾向又如何受影響？它會帶來何種行為與道德上的改變？《後人類》詭異地預測了未來兩性的變動，三十六位參展畫家中也不乏日後的全球明星，例如保羅．麥卡錫（Paul McCarthy）、凱理和昆斯。麥卡錫看見後人類機器人．凱理探討變態暴力的底流，而娶了義大利脫星伊蘿娜．史特拉（Ilona Staller，譯注：坊間媒體曾譯為小白菜）的昆斯，創作了夫妻合體雕塑，性意味十足，在歐洲展出時，主辦人侯巴克不得不拿白床單遮遮掩掩，成人參觀者也必須從孔洞中管窺。

一九九三年惠特尼雙年展（Whitney Biennial）是一道里程碑，完全獻給藝術「認同」的議題，有色種族、女性、同性戀藝術家全都有熱情的訊息要表達。《時代雜誌》藝評修斯嘲笑參展藝術家都是自戀、都在自怨自艾，但這時的大眾文化就是充滿不滿之聲的眾聲喧嘩。

此刻還不清楚的是藝術要往哪裡去，藝術顧問兼收藏家韋斯翠奇說：「關於九〇年代初期我唯一記得的是好看的年輕藝術比較少；感覺上它就是……不夠好。這跟錢無關。就是好像沒有一群像八〇年代初期那樣的藝術家——薩利、費思科、許納貝，加上歐洲的基彭伯格、波爾克和李希特。九〇年代感覺非常貧瘠，沒有幾位讓我們感到興奮的藝術家。」

格里姆徹也對九〇年代初期同樣失望。他感覺那個年代的年輕藝術家沒有特定的目的地，沒有新世界想去開創，他說：「前衛結束了，新鮮的藝術觀眾不多，對藝術愛好者來說多半也都了無新意。」

昆斯對九〇年代初期的大眾通俗文化則有不同的觀感。他無意去挑戰它，倒是在慶祝——靠著創作反映通俗文化的藝術而大發其財。他有一套工作哲學：藝術應該取悅所有觀眾，從美術館策展人到可能對藝術一無所知的消費大眾。電視就是如此，昆斯為何不能做藝術世界的電視？從充氣花朵到水箱裡的漂浮籃球，昆斯開始製造自己視野中的美國主流藝術：生產流行歌手麥可・傑克森（Michael Jackson）的真人大小瓷像、寵物黑猩猩「泡泡」（Bubbles）像（一九八八年），以及以玩偶為造型的四十多英尺高的剪樹雕塑（一九九二年）。無人指控昆斯沒有個人的視野，但它們是否是好的藝術？還是只是收藏家容易一眼就看到的膚淺影像，完全不願花時間和精神去了解買的到底是什麼？

有件事倒是可以確定，他的作品都非常非常貴。伊蓮娜・索納本非常得意自己在一九八〇年代中期簽下昆斯，也依舊喜愛他的作品，但是製作費用也實在驚人。她的養子、畫廊的負責人霍門說：「在作品完成前我們得付鉅額費用多年。」畫廊與昆斯之間的緊張一九九二年也到了一個臨界點。昆斯打算舉行新系列的展覽《慶祝》（*Celebration*），製造時間在一九九五年到二〇〇〇年後之間。霍門說：「我們告訴昆斯我們只能付出每一尊雕塑的一個版本的製作費用，希望那個版本可以在展覽中賣出，我們能用賣出雕塑的錢來支付其他版本的費用。但是當時昆斯不理解我們的用意，感覺我們放棄他了，揚長而去。」

昆斯是一個有趣的案例，原因之一是他的作品永遠在具象與觀念藝術中拉扯。昆斯的藝術是具象的，但也只有在玩具、娃娃是具象的意義上來說如此；都源於現成的商業產品，都達到技術精準的藝術目標；也因此，生產要花大錢。但生產結果是既非具象，亦非抽象，而是一種大眾文化的圖騰，平淡媚俗，立刻可以辨識，最終由價格來界定。

在未來幾年裡，藝術家與交易商會越來越專注在藝術的市場價值，到了一個地步，一幅畫——其內在真正的價值——定奪於它的市場價格。阿奎維拉畫廊的麥可・芬德雷（Michael Findlay）說：「藝術運動演變為價格分類。」爬得越高，往往跌得越快。他說：「說畢卡索一直到二十二世紀都會是巨匠，這是合理的推論，但是歐內斯特・特洛瓦（Ernest Trova）會如何就難講了。有一陣子公園大道人人都有一幅特洛瓦的作品。」

可能將當代藝術要由此命運轉到有深度、有趣味的方向，推手之一是布朗。他在布洛姆街主辦的早期畫展，其中一個主要人物是具象藝術家多伊格。他的繪畫有一種印象派的味道，跟當時吹刮的抽象或觀念藝術——或身分認同藝術風潮——大相逕庭，卻讓人折服。但布朗沒有理由認為多伊格後來會成為最出名與售價最高的藝術家之一，一九九四年也無其他人作此想。

布朗是率先把多伊格介紹給紐約藝術世界的人，但他不是發現者。布朗跟內向的英國畫商維多利亞・米羅（Victoria Miro）接觸了一段時間，兩人開始合辦展覽，畫作在兩人的畫廊之間交流。是米羅先展出多伊格，展時，布朗才知道在藝術學校時就認識他；他對多伊格的進步大為讚賞，早年實在是看不出來他會有什麼前途，因為他談不上會畫。

米羅是在一九九三年從共同朋友那裡耳聞多伊格其人。她在倫敦的科克街有家畫廊，但起步晚，這時她已有孩子，也已經四十歲，幾乎放棄了做畫商的念頭，是他經商有成的先生華倫．米羅（Warren Miro）鼓勵她不要放棄，說不做她會後悔。

朋友向她提起多伊格時，米羅感覺去看他的作品沒什麼意義，因為多伊格是具象畫家，而她自己搞觀念藝術，或是這樣自我認為。不過她仍有耐心地傾聽朋友介紹多伊格的教育背景及如何形塑他的藝術；多伊格年幼時父親經常搬家，從愛丁堡、千里達到加拿大，這三個地方都啟發他的風景畫創作。

有一天晚上多伊格無法成眠，他強迫自己一一看完累積數週的帳單，大多數都是二、三度催繳費用的通知。一家銀行告訴他：「請立即剪掉信用卡。」[31]信堆中最後一個信封看起來有點不同，多伊格打開了看，發現自己得到「約翰．摩爾繪畫獎」（John Moores Painting Prize），獎金兩萬英鎊。而且雙喜臨門：米羅也上門來看他的作品。

米羅回憶：「多伊格的畫一幅幅掛在架上，非常大。他走動時會拿著畫；我不敢相信自己的眼睛。」米羅感覺他的畫雖然不是觀念藝術，卻叫人嘆為觀止。她甚至對多伊格的創作方法感到眼界大開。因為他的繪畫技巧不高明，乾脆就用照片——通常是雜誌上的——開始創作，然後加以模糊、扭曲、放大、投射。[32]於此同時，繪畫也在此展開。

米羅一九九四年在她的畫廊首次為多伊格辦展，布朗同年底在紐約辦。米羅把多伊格一幅大畫帶到巴塞爾藝博會，她說：「我把它放在最顯著的位置，每個路過的人都會看到。但是人不喜歡，他們問『妳為什麼展這幅畫？』幾乎沒有人問價錢。」他的作品與時代脫節，風景畫在觀念、社會和政治藝術中沒有地位。

儘管不叫座，多伊格一九九四年進入「特納獎」（Turner Prize）決選提名。最後是安東尼．葛姆雷（Antony Gormley）從四人中脫穎而出，但泰特現代美術館（Tate Modern）仍買下多伊格的作品。他起步了，畫商也開始摩拳擦掌。

布朗代理的奈及利亞裔英國畫家克利斯．歐菲利（Chris Ofili）不久也受到矚目。他的處女秀一九九五年在布洛姆街展出。歐菲利畫的是水彩人物，幽默地併入了幫派饒舌指涉。他的人物也使用金彩、樹脂和象糞層層厚厚堆疊。歐菲利在繪製聖母像時使用這三樣媒材也招致當時紐約市長魯迪．朱利安尼（Rudy Giuliani）的怒責。

一九九五年十一月二十日歐菲利在布朗畫廊展出前夕，《紐約》（*New York*）雜誌藝評家薩茲剛好開車經過布洛姆街畫廊前。他說：「我看見驚心動魄的一幕，我把車停下來，看清楚後也拍了照。畫廊外，我看見一人背對著我在畫廊外牆上上下下地畫。」畫家是歐菲利，他「在表層到處畫點，用不同的畫筆拚命揮灑；人行道上放著水桶和其他的東西，可能還立著一盞燈。我看呆了，看見美妙的畫面從無到有。不把他看為在世偉大藝術家之一，實在說不過去」。[33]

布朗率先發掘歐菲利，賞識多伊格也先人一步；抽象畫家喬・布萊德利（Joe Bradley）、文青亞歷克斯・以色列（Alex Israel）也數他最早慧眼識英雄。後者平坦的洛杉磯風景畫，類似魯沙的宣言，絲毫不帶個人感情。然而，他眼看著自己提拔的藝術家一個接一個地被新一代、把更多的金錢帶進藝術市場的超級畫商挖走，他怒不可遏，也只能徒呼負負。

Chapter 9

The Europeans Swoop In

歐洲畫商空降紐約

1994-1995

傑克・史恩曼（Jack Shainman）與同伴克勞・席曼德（Claude Simard）從未起意要代理黑人藝術家，他笑著解釋說：「我想我們沒說過『我們代理黑人藝術家吧，我們可以大賣。總得先愛作品才行。』」他們一九八四年從華府起家，不久就搬到東村，轉進蘇荷，畫廊擴大到三層樓，一直到一九九〇年市場崩盤才叫停。電話鈴聲不再響起時，史恩曼說：「我不能接受失敗，我盡一切減少開銷。」

一九九二年，史恩曼在公司公布欄上看到俄亥俄州克里夫蘭一位策展人的一張明信片，是一張繪畫的複製品，公布欄上還有其他的明信片，但史恩曼的眼光一眼就被它吸引住不放。明信片給人民間藝術的感覺，黑色的場景既傳統又挑釁傳統。明信片後方寫著藝術家的名字：凱瑞・詹姆斯・馬歇爾（Kerry James Marshall）。策展人心血來潮把明信片放上公布欄；他知其人念過洛杉磯的歐提斯藝術設計學校（Otis College of Art and Design），其事一概不知。

史恩曼一路按圖索驥；先去了西部，再轉到德州，後來又北往芝加哥，終於聽說馬歇爾即將在芝加哥文化中心開展。他看後說：「我大吃一驚，立刻知道是好東西，我喜歡。」用史恩曼的話來說，馬歇爾可愛又聰明，但也謙虛、謹慎。他不覺得自己已經成竹在胸能在紐約辦展。史恩曼大半年的時間都在勸他不妨試試。他說：「我們在蘇荷辦首展；我知道我有東西，但好笑的是藝術世界還沒準備好。」畫展賣掉了三幅畫，每幅七千美元，由兩家美術館、一名收藏家買走。他說：「我自己很失望沒賣光，但是馬歇爾詼諧地說：『也許人對把黑人掛在自己的客廳裡還沒準備好。』」

史恩曼也察覺自己專注於賣畫，沒注意誰買和展什麼。馬歇爾希望自己在博物館裡有一席之地，在幾乎是清一色的白人領域裡也能有黑人的畫作。他也希望自己的畫作能賣給非白人收藏家。史恩曼承認：「這我倒是完全沒想過。」

史恩曼接二連三把馬歇爾的畫安排在可能會造成社會衝擊的情境，尤其是博物館裡。這麼做的同時，馬歇爾漸受好評。二〇一六年史恩曼仍與馬歇爾有合作關係，在紐約大都會藝術博物館為他辦了一場大型個展，不僅創造了馬歇爾的事業高峰，也讓他站上一流在世美國藝術家行列；畫價節節高升，先是破了一百萬美元，後來漲到五百萬美元，終而在二〇一八年春天的蘇富比拍賣會上賣掉大幅畫作〈過去的時光〉（*Past Times*），創下二千一百一十萬美元的高紀錄。

對黑人藝術家和代理他們的畫商來說，一九九四年惠特尼美術館一道里程碑性質的展覽引起鋪天蓋地的報導和爭議。《黑人男性：美國當代藝術中的陽剛呈現》（*Black Male: Representations of Masculinity in Contemporary American Art*）。煽起議論的是有視野的年輕女策展人希爾馬．古登（Thelma Golden）。古登曾與策展人伊麗莎白．蘇斯曼（Elisabeth Sussman）協辦一九九三年惠特尼雙年展，把政治身分認同端到最前線和最核心的地方，迴響毀譽參半。古登展示了二十九位藝術家的繪畫、雕塑、影片、攝影和裝置藝術，以「挑戰與轉變**黑人男性**的負面刻板形象，不管是真實或想像中的」。大多數參展者是黑人，但非全部。[1]大部分是男性，也非全部。叫座的觀念藝術家海默在參展之列，其他包括：羅伯特．科爾斯科（Robert Colescott）、阿德里安．派博（Adrian Piper）、勞娜．辛普遜（Lorna Simpson）、利昂．戈盧布（Leon Golub）、巴斯奎特和裸照讓人側目的攝影家梅普爾索普等。批評箭頭泰半指向古登：一名白人猶太女子，憑什麼辦**黑人男性**的展覽？這種批評可能是因為古登這個姓氏讓人以為一定是猶太人，但其實古登是不折不扣的黑人。

在二〇一七年贏得普利茲評論獎的希爾頓．艾爾斯（Hilton Als）是這項展覽的編輯。展覽前他提議在紐約的歐迪恩餐廳吃飯。為了測試古登對展覽的想法，他特別只穿了睡衣、外面套上外套、腳上穿了酒紅襪子露面，說：「為什麼不把畫廊漆成紅、黑、綠？」這三色是黑人解放的旗幟。古登回應：「太好了！」於是乎兩人大張旗鼓開始籌備。

艾爾斯說：「這是分水嶺的一刻。我們不僅讓人接觸黑人藝術家，而且若是把作品放在博物館的情境裡，就多了金錢上的價值。尤其是有惠特尼的加持，買家出手毫無懼色——他們不見得想看，但願意投資，希望可以從中賺到錢。」

除了巴斯奎特外，高古軒九〇年代中期未代理過有色人種藝術家，一直到一九九八年他簽下混血兒艾倫·蓋勒（Ellen Gallagher）。高古軒原可以像史恩曼一樣走得更遠，但生存才是他的第一優先。

九〇年代初到中期當代藝術市場仍然疲軟，高古軒向現代與印象派藝術投石問路，出售全球名字最響亮的藝術家作品。他對畢卡索的作品愛好與日俱增，在次級市場出售他的作品既刺激又能獲利。畢卡索是暢銷榜上的常青樹，無論是作古的或在世的。高古軒的歷史展也造成一股風氣：聘請藝術史名家策劃只展不賣的已故大師展，主其事者包括寫過畢卡索傳記的約翰·理查森（John Richardson）與紐約現代藝博館當時的主要策展人約翰·艾德菲爾德（John Elderfield）。

同時高古軒也加強尋找初級市場藝術家。一九九二年冬，他瞄準了新幾何畫派的哈雷。在那年二月預定舉行的畫展前，伊蓮娜突然得知哈雷不再由她代理，被高古軒簽走了。[2]她大吃一驚；她已經預售了十一幅畫，也預付了哈雷錢。[3]高古軒若要耍狠，她也可以：哈雷必須還錢。她也指控高古軒付給哈雷兩百萬美元的紅利，利誘他跳槽。哈雷在官司的筆錄中發誓沒有兩百萬美元的事，他也不感覺欠伊蓮娜什麼錢。

哈雷的律師是藝術攝影記者格林菲爾德－桑德斯的太太。她說：「這是一個里程碑。大家了解到這是生意，藝術家也不會原地踏步，因為能有更好的際遇。畫商也試圖對藝術家動之以情：『留在我這裡，這是你欠我們的。』」

畫家約翰．金瑟（John Zinsser）說，怪的是，在官司和解時，哈雷被認為是搞權術的馬基維利（Machiavellian），高古軒事後反被敬重有加，都認為他跟卡斯特里一樣，是實至名歸的強權經紀人，不畏挑戰藝術圈的大梁。兩年後，在一九九四年，高古軒與哈雷拆夥，雙方都否認哈雷未如預期大賣。

這短暫、不快的結合顯明了藝術市場的兩個原則：一，藝術家可以像球員一樣被換來換去；二，作品賣不到高古軒設定的高價，藝術家可能兩三年後就會淪落街頭、另覓東家。對哈雷來說，這是一段痛苦期。他說：「我想我是藝術圈裡卡斯特里唯一不肯碰的人。」後來布恩收留他，二〇〇二年起在她的畫廊展出。[5]

一九九三年蘇荷還在努力掙脫蕭條，一個高大英俊、有著淺藍色眼珠的德國青年跟著畫商葛萊史東在格林街漫步，手上提著李希特一幅早期的畫作〈鹿角〉（*Antlers*）。此人就是大衛・卓納。他身上散發著低調的魅力，讓很多人一看就想起他的父親魯道夫——德國最知名的畫商。經過多年的猶豫，小卓納終於投入了家庭事業，也碰到事業上的貴人沃斯。

沃斯與卓納在格林街的新畫廊買下了〈鹿角〉。卓納動作連連，很快地又賣了幾幅給沃斯。卓納後來說，「我們彼此互看，」想想為何不一起做生意呢？於是這兩位雄心勃勃的畫商後來合作了十六年——非正式地從一九九三到一九九九年，正式地從一九九九年到二〇〇九年，之後才好聚好散、各據山頭，成了對頭。

卓納與沃斯都是在歐洲生長，都迷當代藝術，都意會到九〇年代初期的蕭條中有商機。最壞的無疑已經過去，現在是投入的時機——畫廊租金便宜，初級市場畫家不難羅致。卓納在格林街有了據地，眼力高強，他旗下的五位藝術家還是無名小卒，但已經受到評家注意。卓納顯然是藝術家的伯樂，是事業推手。而沃斯與卓納的緣分比其他富有的歐洲藏家深些；他除了與人為善，會買進看好的藝術品外，也把有力的資產帶進了合夥關係——未來的太太和岳母。

卓納是受父親啟蒙。父親魯道夫名氣響噹噹，策展人出身，轉型為畫商。一九六七年的科隆藝術博覽會他是共同籌辦人，他最出名、時間最長的客戶是巧克力富商路德維希，也是歐洲實力雄厚的大藏家之一，是普普藝術早期支持者。[6]

卓納十歲時父母離異，父親再婚，舉家遷居到蘇荷，卓納進了華頓學院（Walden School）。他的同學夢妮佳・席曼（Monica Seeman）也是他未來的妻子。十六歲時他回到德國，父親為他預備了公寓和汽車。[7]如果魯道夫是想靠這些誘導兒子進入家庭事業，他就錯了。科隆太老氣沉沉，也太小。卓納渴望回到蘇荷，但不是做畫商，而是做爵士鼓手。他申請紐約大學時，送的帶子是他跟著查理・帕克（Charlie Parker）的「鳥類學」（Ornithology）的曲調打鼓，憑著這個演出，他錄取了。

卓納在紐約大學求學期間，在畫商布魯克・亞歷山大（Brooke Alexander）處打工，亞歷山大發行博物館等級的印刷品，而卓納打工之際也發現他愛上了藝術。[8]一九九三年他在蘇荷格林街四十三號開設畫廊時，年方二十八；他父親放棄了勸他回德國的念頭，反倒自己宣布退休。魯道夫說：「我不想跟兒子競爭；很明顯輸的會是我。」[9]卓納的時機選得太高明了：一九九三年是衰退的確退潮了。

對沃斯來說，瑞士東北部的原始淳樸地景與他選擇所走的道路大有關係。他不是在蘇黎世或巴塞爾長大，而是在古老的大學城聖加侖（Saint Gallen）成長。有兩位世界級畫商也是這一帶的人：阿彭策爾（Appenzell）的畢比紹夫伯格，以及康斯坦湖（Lake Constance）的阿曼。沃斯說：「身處邊陲地區逼得你必須多付出，多走一里路。你的創意和信心受到不同的挑戰。」

沃斯的父親是建築師，母親是老師。[10]他們一起讀書、討論，住在農莊，生活簡單。他說：「我從不知道有畫廊的存在，我對藝術的第一印象是我祖母和父親帶我去美術館，我記得看到牆上寫的是賈科梅蒂展；他是我人生的初戀。」

沃斯隨後就大量閱讀藝術書籍，在瑞士當代藝術寶庫爾克畫廊（Erker Gallery）流連忘返。十五歲時，在爾克畫廊工作的一名女士注意到也有一名青少年跟沃斯一樣對藝術有興趣。那人便是日後的策展名家漢斯．奧布里斯特（Hans Ulrich Obrist）。奧布里斯特是全球最忙碌的策展人，到處演講、主持藝展，同時還能擔任倫敦蛇形畫廊（Serpentine Galleries）的館長。他多年後透露：「我是十七歲還是十五歲時認識沃斯，那位女士說你們倆應該認識，我們就這樣認識了，而且成為好友。」

沃斯十六歲便立志成為畫商。他會找他喜歡的藝術家，打電話給他們。他對布魯諾．蓋瑟（Bruno Gasser）說：「我開了一家畫廊，你願意讓我在我的開幕展中展出你的作品嗎？」其實沃斯並沒有畫廊，也沒辦展，他只是希望如此。蓋瑟欣賞他的勇氣，表示如果具備以下兩條件，他就願意讓沃斯做他的代理：一，出蓋瑟的畫冊；二，蓋瑟將在埃及做駐地藝術家，而沃斯同意到埃及來。沃斯當場答應了。[11]

在埃及生活的吉光片羽可以預見沃斯的未來；影星奧瑪．雪瑞夫（Omar Sharif）就住在隔壁，沃斯和蓋瑟後來都認識了他；他們也曾在沙漠中被搶，性命在人刀下。現在沃斯需要的就是一間畫廊。一九八六年他在聖加侖一棟公寓的地下室找到一間；他付不起房租，跟房東說好以賣畫所得部分抵付。[12]他展示了蓋瑟和其他藝術家的作品，但是畫賣不出去。

這時沃斯已經十八歲，也結交了一些畫商。當中有一個可憐他，願意用很好的價錢讓給他一幅畢卡索晚年的貓與龍蝦的作品，以及一幅夏格爾的畫。沃斯只擔負得起這筆套裝交易的一半，他需要一名有現金的藏家提供他另一半的頭款。他唯一能想到的就是豪瑟女士——住在聖加侖豪宅區的有錢人。[13]沃斯小時候就認識她，交情熟到可以問她能不能登門拜訪的程度。豪瑟一頭霧水地聽完了沃斯的來意，同意買下此時已故畢卡索的畫。[14]她也把沃斯介紹給她女兒曼紐拉（Manuela）。沃斯事後對人說：「我第一天去就認識了我太太。」他們開了一瓶上等干邑，沃斯還沒搞清楚就喝了三杯，令曼紐拉印象欠佳。沃斯離去時，車子一頭撞上籬笆，印象更好不到那裡去。[15]

豪瑟對未來女婿賣給她的畢卡索畫作很滿意，但對自己累積的很多藝術品不是頂級，就不是那麼高興了。沃斯說：「我對她非常無情地表明，『妳收藏的藝術家名字都對，但是作品全是錯的。』」他先說服豪瑟賣掉當中的大多數，然後說服她由他來賣。就這樣促成兩人的豪瑟沃斯畫廊事業。一開始他們在蘇黎世一家公寓裡營業，沃斯在曼紐拉協助下處理豪瑟的收藏，曼紐拉也成了他們的祕書。根據一名友人的說法，如果她是沃斯的女友，戀史顯然是在瑞士古老家族的儀禮下進行的。

市場一九九〇年崩盤時，他們三人賠了錢，但金額不大，因為他們一次也只是買賣一兩張畫。一九九二年時，他們在蘇黎世一處美麗的山莊租下一間公寓，從事私人藝術品交易，也就此向不久就因愛滋病去世的阿曼致敬。那一年他們也在蘇黎世西大街租下工業規模的空間，展出二十世紀初俄羅斯收藏家塞吉．薩巴斯基（Serge Sabarsky）私人所藏的埃貢．席勒（Egon Schiele）作品展，接下來也展出了諾曼、李希特等人的作品。

蘇黎世肅穆宏偉，但也是沉睡的城鎮。豪瑟與沃斯對它失去耐心後，在紐約的翠貝克（Tribeca）富蘭克林街租下一層樓，他們無意把它搞成畫廊空間，反倒在此舉辦多次派對，會見很多藝術家。藝術品現在便宜了，更多的藝術家願意與新的交易商簽約，希望藉以展開或重啟事業。從蘇黎世來的這對合夥人感覺市場在成長，他們希望在其中有一份。

卓納一九九三年在格林街開畫廊，也是嗅到了商機。但跟沃斯一樣，他對自己要如何展出藝術並無固定的概念，他只知道一件事：「我不管哪一類藝術，畫家、雕塑家、影片，一律不設限，原創性才是我要的。」藝術家能為畫廊創造多少利潤不重要，卓納是這麼標榜的。

卓納在格林街畫廊的首展是法蘭茲．魏斯特（Franz West）——維也納的多媒材藝術家，他在歐洲備受愛戴，但在美國知名度不高。後來大家漸漸知道他是雕塑家，粉紅色的戶外雕塑用石膏、紙漿、金屬線和鋁材來創作，若干顯然是陰莖造型，八或是十英尺高。如他一名好友所指出，魏斯特外表瀟脫隨和，內心卻深知自己的才華，後來曾因此與他的新代理起摩擦。這位朋友說：「卓納是年輕的畫廊主人，可能有些雄心過度，不停地告訴魏斯特該如何。魏斯特漸漸心生反感。」不過九〇年代他完全不吭聲，卓納在展覽揭幕夜提供的寬敞禮賓轎車，他也享受不誤。

卓納非常仰慕魏斯特，對他的作品也非常熱情，毫不懷疑自己能把魏斯特在美國推銷成一個響噹噹的人物。他認為，只要把他的藝術家身分弄周延，不讓他妖魔的一面跑出來作怪，應該就沒有問題。但是挑戰也在這裡，魏斯特的肝因酗酒而出了問題，得了肝炎。

卓納非常明智，一九九〇年代初期跑遍了歐洲藝博會——當時也沒有那麼多，開發出一套新興藝術家的名單，包括比利時的具象畫家路克．圖伊曼斯（Luc Tuymans）和影像藝術家戴安娜．泰特（Diana Thater）：前者從攝影開始，然後融入具象繪畫中；後者在特定場域製作裝置藝術，有些使用多重螢幕描述大自然與現代文化之間的對比。卓納代理的藝術家在未來二十多年幾乎都跟著他，只有魏斯特例外。

卓納此時已經娶了夢妮佳，孩子盧卡斯（Lucas）也在一九九一年出生。卓納喜歡踩著滑板來上班，這是他每天喜歡做的事。他堅持有恆，全心為事業和家人，兩者又常常分不開，跟裝置藝術家傑森．羅德斯（Jason Rhoades）更是如此。

卓納一九九三年春天是從麥卡錫那裡聽到洛杉磯加州大學藝術學院有這麼一號碩士生；

麥卡錫自己在那裡教書，也已經靠創作扭曲普普文化人物的雕塑而成名，剛剛參加了了德奇策劃的預言性的《後人類》聯展。麥卡錫在羅德斯的作品中看見自己也有的反社會精神，惺惺相惜，便打電話給三位紐約交易商，告訴他們有一位有才華的學生一天要到蘇荷，他們能不能見見。卓納是其一，另外是葛萊史東和都會影像畫廊，地點都在格林街。

那天早上卓納反常地打電話到畫廊說自己生病了，交代他第一個僱用的格雷格利·林恩（Gregory Linn）說有一位加州年輕的藝術家會到畫廊來，要林恩招呼。羅德斯到時手上拿著三環活頁夾，裡頭放的是八×十的裝置藝術影像。林恩說：「在一張照片裡，他是中東地毯銷售員，站在廢棄停車場上，打扮成大胖子、完全赤裸、抽著水煙。我從未見過藝術家有這種作品。」羅德斯那天最先到位在格林街最南端的卓納畫廊，從最遠的地方開始叩門。林恩想卓納若是不建議為他辦展，另外兩家可能就會搶著做，他立即打電話給卓納說：「我知道你病了，但羅德斯飛回加州前你一定要見他。」卓納依言這麼做了，當他看見羅德斯的照片，欣喜若狂，他說：「我完全沒去想作品能不能賣掉的問題。他的作品我是前所未見；他是未琢的璞玉。無論如何，偉大的作品早晚賣得出去。」

羅德斯一九九三年九月在卓納的畫廊首展他題目為《櫻桃·牧田》（*CHERRY Makita*）。在他為畫廊所建的車庫正當中展示一個汽車引擎，卓納解釋：「羅德斯會打開引擎，換檔加速——他們得設法把廢氣排到前門，而這也是雕塑的一部分——敘述有人在車庫裡做事，就像藝術家在畫廊做事情一樣。這件裝置藝術居然大賣，我們也開始被重視。」收藏家買散在引擎四周、地上的零件——有些是羅德斯親手做的，有些是現成物。

羅德斯的裝置藝術總是有他自傳性的一面：幽默不拘、經常嘲諷顯眼的消費主義。若干評家把羅德斯歸類為「散落藝術家」（scatter artists）；裝置藝術的物件看似隨機的凌亂四散，一如青少年的房間，但是在卓納眼中，羅德斯有他的名堂。

羅德斯下一件裝置藝術展用的是家庭物件，例如電動玩具火車、鐵軌、電視機，以及俗世物件如硬紙板、黃色便條紙和成堆摺好的衣服等等。中心展件是一個紅色的金屬大球體「太空球」（Spaceball），象徵遊樂園的摩天輪或雲霄飛車。它自我封閉自給自足，裡頭有一個位子留給乘者，有一根門閂可以打開和關上。收藏家克萊頓．普雷斯（Clayton Press）和林恩付了兩萬美元買下。普雷斯說：「你可以繫上安全帶，把自己拴在膠囊裡。外頭的人會轉動輪子，你就開始旋轉。我們把我們的建築師放在裡面，他尖叫個不停。」

沃斯一九九六年娶了曼紐拉；他二十六歲，曼紐拉三十三歲。沃斯回憶：「我們的婚禮是一場傳奇性的婚禮；很多藝術家出席。喜帖是魏斯特設計的，他也在婚禮中表演。」在他們仍舊不大不小的事業中，曼紐拉留在幕後，但是每一項重要決定她都參與。

豪瑟與沃斯清楚即使他們的資源可觀，其實處於不利地位。沃斯說：「我們是瑞士人，有時必須像海盜一樣去尋寶，因為寶藏不會自動上門。我們一九九二年開業時，大部分重要的畫家已經被簽走了，在地的收藏家也跟別人建立了穩固的關係。我們的利基是從事比較複雜視覺作品，需要支持的藝術家；他們重要，但在商業上還未成功。」[16]他們簽下的藝術家不是只有小小的市場就是完全沒有市場，沃斯與豪瑟的任務是為他們在市場中站穩。

一九九七年他們最早簽下的藝術家之一是瑞士影像藝術家皮皮洛蒂．瑞斯特（Pipilotti Rist）。沃斯問她：「妳需要什麼？」她回答：一名助手跟沃斯的汽車——她要用來砸車窗。[17]沃斯答應當然可以。從這次創作裡，慢動作影片《曾經已然結束》（*Ever Is All Over*）誕生了，裡面有一名女性拿著像一枝熱帶花朵一樣的鎚頭砸碎了車輛的車窗，之後碰到一名含笑首肯的女警察。瑞斯特要什麼沃斯給什麼，顯示豪瑟與沃斯對旗下所有藝術家承諾不遺餘力。沃斯說：「我們也有一個信念：讓我們的藝術家——我們的資產引導市場，不是我們。」

瑞斯特把孩提時代的名字改成了現在的名字，用來紀念阿斯特麗德．林格倫（Astrid Lindgren）的童話小說《長襪子皮皮》（*Pippi Longstocking*）中的淘氣女孩皮皮，創作重點已經放在兩性、性和女性主義議題上。豪瑟意識到女性藝術家也是她的焦點。身為畫廊的共同創辦人，雖然以前她最沒有聲音，這時卻敦促畫廊多引進女性藝術家。他們率先代理的女藝術家之一是布爾喬亞，以巨型蜘蛛雕塑全球知名。另一位是幾何圖形、原色抽象畫家海爾曼，這時已經名氣在外。

買女性藝術家的作品容易，賣就難一些。甚至連一九九〇年豪瑟沃斯簽下她時已經如日中天的布爾喬亞，也都不容易。他們那年在蘇黎世為她辦了個展，沃斯好笑地說：「我們一件都沒賣出；唯一的客戶是我岳母。」布爾喬亞二〇一〇年以九十八歲高齡去世，沃斯夫婦簽下她二十年之後，畫廊仍在展示她的作品。布爾喬亞探討女性主義、家庭、兩性角色，深刻而有政治挑戰性。即使在離世之前，她還在創作一件提倡同性戀平權的藝術品。

另一位很早就被他們簽下的是事業已經有成的麥卡錫。麥卡錫多年來都由其他畫商代理：一九八六到一九九四年是洛杉磯的羅莎蒙·菲森（Rosamund Felsen），一九九三年之後的紐約畫商歐古斯丁。沃斯讚嘆：「他是位傳奇，我不敢相信我們有機會簽到他。」

麥卡錫在一九六〇年代以行為藝術起家，與兩位未來的藝術巨匠時有過從：影片與裝置藝術家諾曼和戶外「發生事件」藝術先驅亞倫·卡普羅（Allan Kaprow）。麥卡錫後來轉型成多媒體藝術家，敢碰其他藝術家沒碰過的東西，去其他藝術家未曾涉足的領域：諸如與人體排泄與孔竅有關的人類神經官能症。他首次發表行為藝術在一九七六年，對象是一班大學生，題目是〈班級蠢蛋〉（*Class Fool*）。展演時，麥卡錫身上沾滿番茄醬和嘔吐物，裸體在教室地板上爬行，一直到學生感到受不了才停。《紐約時報》的蘭迪·甘乃迪（Randy Kennedy）在麥卡錫人物特寫中說，麥卡錫陶醉在「他個人的美國哥德式（American Gothic）風格中……血腥、糞便，有悖常理、令人血脈賁張，即使是藝術世界的生力軍看了也感到不安。」[18]透過卓納，豪瑟沃斯也開始在歐洲代理卓納旗下的美國藝術家。他們一九九八年首次在瑞士展示羅德斯，後來也在倫敦展出。泰特女士也與豪瑟沃斯簽約，在歐洲展出。

一九九〇年代沃斯或卓納都未曾在初級市場賺到什麼錢。但他們的代理的藝術家漸有名氣，市場也開始重振。卓納拿到父親普普藝術的存品清單，沃斯也宣稱：「也許外人不知，但我們在一切過程中是有經營計畫的，只是商業模型是建立在非商業性的藝術家身上。」

卓納稱高古軒畫廊是一個平行宇宙。高古軒對羅德斯或其他一九九〇年代的裝置藝術家一概沒有興趣。他已經有品牌藝術家如魯沙和沃荷，但在高古軒的宇宙裡，他們的光彩次於真正的明星：收藏家。卡斯特里經營的是以藝術家為中心的畫廊，高古軒則以買家為中心。他要交往的是非常希望有人指點他們如何投資的有錢人，這些有錢人似乎認為給他們建議的交易商從來不會押錯藝術家。這些大戶包括：邁富（MacAndrews & Forbes）財團負責人朗．帕爾曼（Ron Perelman）、房地產開發商布洛德、對沖基金大亨科恩、私募基金大王阿波羅全球管理公司（Apollo Global Management）負責人里昂．布萊克（Leon Black）、賭場大亨韋恩、影藝鉅子葛芬、英國超級收藏家薩奇、實業家布蘭特、納麥德家族、穆格拉比家族與出版家紐豪斯。這些人都是高古軒內線圈子裡的人物，個性與高古軒也近似。他的一名員工說：「高古軒天生就是不耐煩的人，因此他也傾向往沒耐心的人身上發展。」一六〇年代經營畫廊的布魯姆也常指出，高古軒的圈內人都有同樣的特質：快樂、狂妄、身價淨值高，都是金融圈裡呼風喚雨的大男人。

有這樣一批收藏家，高古軒不把卓納視為威脅；他對他所知不多；他的死對頭是格里姆徹，兩人經常彼此征逐的戰場是卓納和沃斯完全陌生的好萊塢。

多虧羅文、克拉瑪、他的前妻哈博和影藝大亨葛芬，高古軒在好萊塢從事藝術交易此時大約已二十年了，葛芬透過他買下紐豪斯大部分的收藏，也因而可能是美國現代與當代藝術最大的買家。

好萊塢超級經紀人歐維茲在一九八〇年代初期開始挑戰葛芬的收藏家地位。他閱讀了所有跟布恩有關的文章，被吸引到蘇荷。他向布恩購買藝術品已有一段時間，漫天殺價的作風後來惹惱了布恩，布恩今生今世不准他再進她的畫廊一步，他這才轉向格里姆徹。他可能求助過高古軒，只是這裡頭有件微妙的事：高古軒已經在賣畫給葛芬了，而葛芬與歐維茲兩人卻是不共戴天。

格里姆徹就這麼成了歐維茲的交易商，美夢也因緣際會而實現——他成了好萊塢製片人，讓《迷霧森林十八年》（*Gorillas in the Mist*）和《好母親》（*The Good Mother*）在一九八八年搬上銀幕，一九九二年《曼波王》（*The Mambo Kings*）得以推出，他還是執導人。

格里姆徹應該是很願意與葛芬共事的。早年他曾協助葛芬評估紐豪斯持有的抽象畫與普普藝術，但是歐維茲與葛芬之間因為多場好萊塢戰爭埋下深仇大恨，造成葛芬拒絕與格里姆徹合作，擔心格里姆徹只會把歐維茲不要的藝術品送到他那裡去。格里姆徹曾說：「葛芬曾對我一個朋友說，我給他過目的東西全都有歐維茲的手指印。」格里姆徹其實十分心儀葛芬，對此懊惱不已。

透過歐維茲，格里姆徹接觸到好萊塢大咖，他實在也沒什麼好抱怨。迪士尼的麥可・艾斯納（Michael Eisner）、華納兄弟的特里・塞梅爾（Terry Semel）買畫都假手格里姆徹。這些人都是猶太幫：愛家、正直、跟電影事業有著密切的關係。高古軒則有葛芬，足以分庭抗禮。不久兩人就在洛杉磯建立亮麗的新畫廊。一九九五年格里姆徹請來了名建築師查爾斯・格瓦斯梅蓋起佩斯威登斯坦（PaceWildenstein）畫廊。這一年格里姆徹開始跟法國名畫商蓋伊・威登斯坦（Guy Wildenstein）合作，只是時間不長。建築師理查・邁爾（Richard Meier）則是高古軒洛杉磯新畫廊的設計人，畫廊也在一九九五年開幕。

兩人之間的角力持續了四年，直到格里姆徹撤手；洛杉磯熱絡的藏家到底不多，不值得一直戰下去。高古軒有葛芬在手在洛城天下無敵；格里姆徹日後還會再戰西岸，但也不會太久。即使轉戰好萊塢多年，格里姆徹也從未對紐約市場鬆手。這一點他的老對頭庫博太清楚了。她畫廊的新總監史蒂夫・亨利（Steve Henry）一九九七年從西岸來到紐約，發現庫博畫廊四面楚歌。庫博的左右手道格拉斯・班克斯特（Douglas Baxter）被格里姆徹挖走了；班克斯特還帶走庫博所簽的四大藝術家：曼格爾得、夏皮羅、賈德和莫瑞。[19]亨利堅信格里姆徹不僅是要壯大個人旗下的藝術家名單，「更是有計畫地要蓄意埋葬庫博」；庫博要搶救不止是另覓藝術家，在從蘇荷搬到雀兒喜，買了一家新畫廊後，她還必須重新思考庫博畫廊的全盤推進力，以及讓銷售足以維持生計。

庫博力抵格里姆徹之際，另外三位畫商在財務重負下舉步蹣跚。在伊蓮娜·索納本決定退出，中斷與昆斯的關係後，德奇、達菲和科隆的麥可思·賀茲樂（Max Hetzler）決定聯手資助昆斯製作〈慶祝〉系列。這個承諾幾乎至少讓三人中的兩人幾近破產，成品至今不見蹤影——藝術金錢化受到這種禮讚，令人啼笑皆非。[20]

這時昆斯與史特拉的婚姻已經結束了，這位前義大利脫星出狠招把小兒子帶到義大利，〈慶祝〉是為了期待兒子歸來而做，這個系列包括幾個版本的不鏽鋼〈氣球狗〉——也是昆斯最出名的作品，連同他的「情人心」、鑽石和復活節彩色蛋最為人所熟知，大部分是大件作品，有些更是奇大無比。

昆斯跟伊蓮娜·索納本不歡而散後，轉而求助於德奇。德奇這時已是私人畫商，昆斯對他而言是可遇不可求：與史特拉的夫妻合體系列作品在藝術界為人樂道。但德奇以索納本為前車之鑑——昆斯的招牌作風是要求交易商擔負系列作品的製造費用，成品卻遙遙無期。因此德奇同意找一位口袋很深的畫商合作，一起資助系列創作，作品在昆斯自己希望展出的一九九六年完成。德奇事後說：「我去找了很多畫商，但是沒有人願意出面，動支太多。」最後德奇找到達菲願意負擔三分之一，賀茲樂負擔另外三分之一，剩下的三分之一德奇不情不願地自己擔下來。

達菲說：「那段過程真是不堪回首。昆斯夫婦在辦離婚手續，為孩子的監護權打官司，我們面對的問題有如噩夢一般。昆斯必須創作新作品，但他往往會飛到義大利兩週看兒子，回來後疲累不堪，又發現作品製作得不夠完美，強迫他的團隊重做。達菲承認：「昆斯把他的畫商推到臨界點。」如今三位畫商都有同感；起先他們同意出三百萬美元——這也是系列的估價。[21]是他們膽戰心驚地看著費用一直爬到三千萬美元，都還沒有停止的跡象。

德奇最先喊吃不消了。他針對〈慶祝〉說：「我所有現金都投下去了；等到了我必須變賣房地產的時刻，我只能說不行。」他設法說服蘇富比投資，但對方的條件嚴苛，堅持昆斯的藝術品承造商卡爾森藝術公司（Carlson Arts）提出報價，完成系列的第一部分：龐大的金屬氣球狗。他們得到的報價是：一隻狗二十五萬美元。[22]根據這個價錢，德奇預售作品：一隻狗一百萬美元賣給藏家布羅德、實業家達吉斯．尤安努（Dakis Joannou）等人。

有了那項保證，蘇富比承諾了五百萬美元，其中兩百五十萬美元在簽約時必須到位。德奇說：「卡爾森知道我們要跟他們簽製作合約那天，突然說承造一隻狗的費用要從二十五萬跳到一百萬美元。」為了保住這一系列，除了原先要做的三件外，要再加一件，並且另找一家廠商。合夥人願意守約，但結果責怪的矛頭全部指向德奇；他黯然退出，錢也大概有去無回。

〈慶祝〉系列若干作品在接下來的二十年裡都沒有動靜，最先完成的在二〇〇一年展出，品評毀譽參半，最後高古軒以投資人的身分加入這些計畫——對畫商來說這是險棋，雖然最後總算賺到錢。[23]高古軒說：「我很幸運當時有那個機緣。在達菲手裡這個計畫停擺了一年，昆斯對達菲很忠心，他沒有見異思遷。最後他說達菲不想做了，我才立即把握了機會。」

〈慶祝〉系列的藝術品總算完成時德奇沒份兒，不過昆斯送了他一隻大的氣球狗——最先做出的五隻當中的一隻，酬庸他的投資。德奇後悔地說：「我應該保留的。」但他將它賣給了一九九八年買下佳士得的法國億萬富豪法蘭索瓦．皮諾（François Pinault）。二〇一三年十一月，〈氣球狗〉系列中的一隻狗賣到五千八百四十萬五千美元，是在世藝術家拍賣作品的最高價格。這項紀錄持續了五年，在二〇一八年秋天被大衛．霍克尼（David Hockney）的〈藝術家肖像〉（*Portrait of an Artist; Pool with Two Figures*）的九千零三十萬美元的賣價所打破。事實上藝評家與策展人都不認為這兩人是所在時代最頂級藝術家，然而在譁眾取寵的萬神殿中他們最叫座。

除了美術館、博物館採購外，還有一小群好奇、人數漸多的買家熱衷舉世聞名的作品，價格越高越好；昆斯至少有一個穩健上升的市場，霍尼克的美麗肖像畫幾乎人見人愛，但前次拍賣紀錄已經落到二千八百四十萬美元；〈藝術家肖像〉也許不是偉大作品，卻是一個世界認得的偶像，這在即將要來的市場中似乎最算得數。

Chapter 10

The Curious Charm of Chelsea

雀兒喜魅力無邊

1995-1999

一九九六年五月，高古軒首次展出當代藝術市場另一巨匠赫斯特的作品。這項在紐約舉行的展覽題目是〈無感於絕對的腐敗〉（*No Sense of Absolute Corruption*）；一條切成兩半的豬立在充滿甲醛的兩個水箱。赫斯特命題有一套，一個作品的題目是〈這隻小豬去市場〉（*This Little Piggy Went to Market*），另一則是〈這隻小豬留在家〉（*This Little Piggy Stayed at Home*）——譯注：西方著名童謠內容。[1]

這場展覽是赫斯特在美國初試啼聲，但在此之前他就已經震撼英國中產階級，甚至全球多地。自一九八〇年代末以來，他由英國畫商傑．喬普林（Jay Jopling）代理，薩奇是率先收藏者之一。但把赫斯特引薦給這些人是他的一位老師麥可．克雷格——馬丁（Michael Craig-Martin）。這位老師有一班極有天賦的學生，也有人認為是因為他對學生的鼓勵，興起了英國整個「英國年輕藝術家運動」（Young British Artist movement），在一九九〇年代抓住了英國當代藝術的動力，也造成赫斯特成為國際上大紅特紅的藝術家。

愛爾蘭出生、耶魯大學受教育的克雷格－馬丁一九七三年靠〈一株橡樹〉（*An Oak Tree*）躋身觀念藝術家之列。他把一杯水放在附著在畫廊牆壁的書架上，用文字解釋它是棵橡樹——即使它看起來不過就是一杯水。[2]他說：「我對藝術的性質非常有興趣。藝術的參數是什麼？底線是什麼？藉著橡樹的命題，我在問：我如何創作一項牢牢抓住藝術本質的作品？我決定最佳方式就是看似無為，同時卻做出最大可能的宣告。它必須是我自己無法證明，同時別人也無法否定；藝術不需要證據。」

主流媒體對此作品多不以為然，但是同儕觀念藝術家對他大為傾倒，克雷格－馬丁也為倫敦大學金匠學院延聘，從一九七四年任教到一九八八年，後來又從一九九四年續任到二〇〇〇年。他在一九八〇年代中期在學校裡開始質問當代藝術將何去何從，他認為「似乎已不可能大膽突破，放眼所見跟四、五十年前差不多」。

一九八八年，他發現自己班上有一名天賦過人的學生——當仁不讓的班長赫斯特。赫斯特的母親在理茲（Leeds）經營花店，一生從來沒見過父親。[3]赫斯特滿懷雄心，不僅是在最好的當代藝術學校註冊，他還在鏵非的畫廊找到兼差一份工作，負責處理藝術品。[4]克雷格－馬丁說：「不是每個一年級學生都敢奢望能在城裡最好的畫廊做事；他想搞清楚藝術市場如何運作。」赫斯特一九八六至一九八九年就讀於金匠學院。[5]一九八六年那年，他創作了他的第一幅點描繪畫：家用亮光漆繪出的多彩圓點。[6]赫斯特急著想出名，但他也知道倫敦沒有一家畫廊會展出學生的作品，別說是彩色圓圈的作品了。在學第二年，他決在倫敦的碼頭區一處倉庫展出學生聯展，畫展名稱是《冰凍》（*Freeze*），一九八八年開幕展出。

參展的許多藝術家都是克雷格-馬丁的學生；老師開心死了，尤其是畫展一夜成功。能夠賣出作品可不是小成就；不僅是因為他們都是無名小卒，更因為當時也沒幾位收藏家。他說：「當時年輕的藝術圈中沒有什麼『藝術市場』的感覺，只有『藝術世界』。」

赫斯特當時也沒有錢製作玻璃櫥窗中的死動物——大家可能不會料到它的製作費非常貴。一九九〇年他採取這種創作方向的第一步，製作了〈一千年〉（*A Thousand Years*）——玻璃櫥窗內一邊是一個白色箱子，箱內有無數蛆蟲，孵化成蒼蠅後，飛入玻璃櫥窗另一邊，在腐化的牛頭上滋生；有的則落入補蟲燈死掉。死亡與衰敗是赫斯特的創作主題。不僅他推出「甲醛」系列第一個作品：一九九一年〈生者對死者無動於衷〉（*The Physical Impossibility of Death in the Mind of Someone Living*）——一條鯊魚置於充滿甲醛的玻璃櫃中，同樣驚世駭俗的還有一九九三年被對切的母牛和小牛被放在甲醛裡的〈母子分離〉（*Mother and Child, Divided*）。

新藝術大鳴大放不久之後，藝術家也受到矚目。到了一九九〇年代中期，赫斯特與昆斯齊名，他在倫敦藝術圈子裡經常酒後大放厥詞，行徑引人側目就跟電影明星和搖滾樂歌手一般。

赫斯特在一九九三年如日中天，喬普林同年也在倫敦開了白立方畫廊（White Cube）。[7] 他跟鐸非成長背景相似，自小就浸淫在藝術裡，媽媽去辦事時就把他寄放在泰特美術館中。[8] 他說服佳士得免費借給他一個展出空間，位在杜克街十八世紀前古典大師店面之間，那時才剛滿三十歲。英國年輕藝術家的闖天下精神與喬普林如出一轍，其中又以赫斯特最積極。

赫斯特與喬普林都在一家酒館裡見面。這兩人的出身背景南轅北轍——一貫都打領帶的喬普林是伊頓學院出身，父親是保守黨農業大臣；而赫斯特總是勞動階級的裝束。然而喬普林只看過赫斯特的企劃書後次日就簽下他，喬普林說：「他有非常詳細的電腦繪圖，說明這些雕塑如何製作。看到我感覺強有力的藝術作品的圖表和企劃書，我非常興奮。」[9]

赫斯特非常熱衷於闖蕩藝術世界，喬普林亦然，不惜花費數萬美元去實踐赫斯特的計畫。他曾經對《金融時報》說：「我跟赫斯特之間彼此欣賞，都有雄心和強烈的速戰速決心態。我們每次見面，總是聚到凌晨四點才分手。一天上午九點，他在我布里克斯敦（Brixton）的家展示他的雕塑、鯊魚玻璃櫥窗企劃書、首批圓點畫，我們當下就說『我們一起做！』」連喬普林的女友瑪雅．諾曼（Maia Norman）一九九三年移情別戀，愛上赫斯特，拋棄喬普林，兩人的情誼也沒有中斷。喬普林說：「這是一段美妙的旅程，我們一路互相提攜，幾乎每天都聯絡。」[10]

兩人最早、最佳顧客之一是薩奇。他收藏行動在一九九〇年代初期蕭條時也沒停頓，即使當時他面臨破產危險——他賣掉很多，但是接著買進更多。英國交易商米羅不解：他其實無需至此，她說：「若收藏得久一點，他會是今日的梅迪奇（Medici）。」但薩奇終究不是收藏家；他是商人，而且不是那種耐得住二、三十年的交易商，能夠熬到下一代願以數倍的價錢承接。

在慘淡的九〇年代初期，高古軒始終與薩奇保持密切關係，他說：「每次我去倫敦，我就是從希斯洛（Heathrow）機場直奔薩奇美術館。」在一九九二年的一次聯展裡，他一看到赫斯特的鯊魚櫥窗，立刻被吸引。當時那樣的作品還未受重視，高古軒說：「我也不懂為什麼。其實作品很簡單：你只是把鯊魚放到一個箱子裡！但是它的尺度、它的大膽沒話講。我立刻到美術館的辦公室打電話給薩奇說：『這真是瘋狂。誰做的？』他說：『赫斯特。他會成為世界最有名的藝術家。』被他說中了。」

高古軒第一次展出赫斯特是一九九六年五月，展地在他的蘇荷新空間伍斯特街一三六號。這個展覽幾乎流產。高古軒事後說：「我們無法將藝術作品運到美國，因為它泡在甲醛裡，非人所食；當時的檢疫是這樣規定。」他情急之下打電話給新澤西州民主黨參議員法蘭克·勞滕博（Frank Lautenberg）求救。勞滕博打了幾個電話，牛就這樣進了紐約，讓紐約藝術世界神迷不已、討論不休。

在倫敦，薩奇決定承銷一次參與者多為英國青年藝術家（The Young British Artists，簡稱YBAs）的展覽；作品的所有人是他，參展品全由他借展，畫展的題目是《聳動：薩奇美術館的英國青年藝術家》（*Sensation: Young British Artists from the Saatchi Gallery*）。一九九七年九月的這場展覽場地在倫敦皇家藝術學院（Royal Academy of Arts），因為利用的是公共空間，是透過藝術家展覽個人收藏，而目的是展後俟機高價賣出，薩奇受到狠批。澳洲國家美術館（National Gallery of Australia）原本計畫舉行一場類似的展覽，後來也因「跟商業市場連結得太近」而取消。[11]薩奇是對趨勢有敏銳嗅覺的生意人，期望透過公、私立美術館定期合作辦展，造成當代藝術品價格飛漲的趨勢。公家美術館這樣做明顯有利益衝突，而策展人恍然大悟時悔之已晚。

九〇年代，個別的畫商與藝術家起起落落，紐約出現了慢動作的遷徙。發誓絕不離開蘇荷的畫商感覺到雀兒喜的拉扯力。雀兒喜一排排的倉庫和地點偏遠可能不誘人，但是房租便宜，空間寬敞。同時期蘇荷漸漸變成了一個吸引觀光客的地方，高端零售商店林立，在一個無人覺察到的時刻——或許是一九九六年一個春天星期四的傍晚吧，雀兒喜倉庫區的畫廊一家家開張——藝術世界的軸線肯定地從蘇荷斜向雀兒喜。

促成傾斜的人之一是庫博。這位蘇荷最早的拓荒者一九九六年跟著保羅．莫里斯（Paul Morris）、賀恩及馬可斯等人到了雀兒喜，在西二十一街買下一棟挑高的計程車車庫，花了五十萬美元多一點——這在當時是相當一筆數字。庫博對極簡與觀念藝術的喜愛始終未減，在她買下的新空間，她展示了一系列的大師作品：安德烈、勒維特、格伯、安德里斯．塞拉諾

（Andres Serrano）與魯道夫．斯汀格爾（Rudolf Stingel），畫廊從未達到超級畫商的規模，但她絕對是策展高手，有著強大的藝術人脈。

在其他頂尖的女性交易商中，古德曼不動如山地留在五十七街。有一陣子，葛萊史東也留在上城，就在她剛剛入行是租來的「鞋盒」空間附近。經營有成後，她在五十七街有一個比較大的空間，在這裡，她開始代理一九九〇年代最偉大的藝術家之一：馬修．巴尼（Matthew Barney）。

故事是這樣開始的：有一天蘇荷極有慧眼的畫商、後來成了藝術顧問的克拉麗莎．達爾林普爾（Clarissa Dalrymple），十萬火急地打電話給葛萊史東，說她對剛出校門的巴尼非常賞識，可是她擔任顧問的那家畫廊當天就要關門大吉，她無法替巴尼在那裡辦展。達爾林普爾和另一名交易商妮可．克拉斯布倫（Nicole Klagsbrun）是發掘畫家伍爾的人，在史蓓曼的三〇三畫廊之前就曾為伍爾辦了他首場畫展。達爾林普爾對葛萊史東說：「巴尼擔負所有的製作費，身上已經一毛不剩。請到他的畫室去看看，給他一些關注。」

葛萊史東在肉品包裝區（Meatpacking District）找到巴尼的畫室。葛萊史東說：「他的影片和繪畫跟我以前所見過的完全不同。一些作品是他縫製入框；有雕塑、各式醫療器材，包括金屬診視鏡鑲嵌在裡頭。我想：『一九六四年諾曼的工作室大概就是這個樣子。』關乎運動、醫療，一種新的雕塑語言。然後他把我帶到樓下一張上面蓋滿冷凍凡士林的傾斜條凳前，太特殊了。」

葛萊史東問巴尼他想做什麼。他回答：「一齣視覺歌劇。」他那時心理已經有譜：系列影片探討出生、繁殖、死亡，他稱之為《克雷斯特循環》（*The Cremaster Cycle*）。葛萊史東說：「我留在那裡幾個小時。晚上走出他畫室後，我用公用電話打電話給達爾林普爾說：『我真希望妳當初沒要我去他的畫室。誰看了不想展他的作品？』」她以為達爾林普爾簽下他。

葛萊史沒想到達爾林普爾的回答居然是：「妳比我合適。應該由妳辦。」葛萊史東第二天就從善如流，而她擢拔的新人巴尼也未辜負眾望，一如藝術顧問施瓦茨曼所形容的，巴尼是未來二十年的偉大藝術天才之一，《紐約時報》形容他一九九一年在葛萊史東畫廊的處女秀是「非常特別的首展」。

一九九六年葛萊史東明白五十七街畫廊對她的畫家來說實在是太小了，同年她花了將近兩百萬美元買下西二十四街一個較大的空間，與都會影像、歐古斯丁畫廊合用一處倉庫，也從此成為紐約最受敬重、最有實力的雀兒喜畫商之一。一名藝評家針對她對藝術家事業的影響力表示：「她不像高古軒那樣活躍，但她挑選的重要藝術家始終跟著她。這就是金礦。」

一九九六年史蓓曼把她的三〇三畫廊遷到雀兒喜。那一年另一位跟進，是有「鮑斯奇」這個響噹噹姓氏的瑪麗安·鮑斯奇。她自己是這麼形容的：她比大多數的畫商多一個敵人：自己的父親。

伊凡・鮑斯奇（Ivan Boesky）在九〇年代最大的內線交易醜聞中被捕，與垃圾債券大王麥可・米爾肯（Michael Milken）一同落網入獄。她說：「每個人都認為我入行時口袋滿滿，如今我大概混不下去了。但是兩者都說錯了。」她搬到雀兒喜前借了五萬五千美元，在格林街卓納第一家畫廊隔壁的隔壁租下一個小地方，每月房租八千美元；第一年營業賣掉價值十一萬美元的畫，她說：「當然這是一年的總收入，有一半是藝術家的。」

她的首選簽選得漂亮。麗莎・尤斯塔維奇（Lisa Yuskavage）畫的是敘事性具象女性，往往也是裸女，掀起人對具象藝術的舊情，尤其是對女性藝術家。鮑斯奇承認：「我父母嚇壞了。」但他們也都同樣以女兒為榮。鮑斯奇與尤斯塔維奇的關係就比較挑戰；兩人都是單身女性，每件事都要討論、都有爭執，非常難搞。她說：「尤斯塔維奇把我形容為穿著普拉達（Prada）的賤人。」

鮑斯奇另外兩個大膽的人選就讓她更加分了。這兩人都是日本人，都是日本藝術的先鋒。村上隆（Takashi Murakami）揉合高級藝術與卡通動畫藝術為一體，創造超扁平風格。奈良美智（Yoshitomo Nara）的創作焦點放在帶著成人惡劣態度、看似天真兒童上。對鮑斯奇來說，這兩人都是冒險，但到了二〇〇〇年初期，他們開始大紅大紫。這三人後來都改投名氣更大的交易商，鮑斯奇只好另起爐灶。

一九九九年，高古軒一個房地產動作說出來未來的天下大勢。他前番買下二十三街的卸貨區時就已經是開路先鋒，預示藝術市場重心要從蘇荷遷到雀兒喜，如今砸五百七十五萬美元買下二十四街與十一大道之間一層兩萬一千平方英尺的建築，更是令藝術世界傻眼。業主原是已故黑幫大老卡洛・甘比諾（Carlo Gambino）的兒子湯馬斯（Thomas）。高古軒對《紐約觀察家》（*New York Observer*）說，蘇荷一九九九年時明顯已經成了零售成衣業的天下，他沒心情在那裡保留畫廊。他說：「你有這種感覺時，重新調適總是好主意。」[12]馬可斯常誇自己五千平方英尺畫廊稱霸雀兒喜，等高古軒的新畫廊二〇〇〇年開張，比這間大出一倍以上，曾是雀兒喜最大畫廊好一段時間。

高古軒的新畫廊不是受邀藝術家個個都有信心。雀兒喜一名畫商說：「那麼大的地方需要很多藝術品才填得滿。高古軒在畫廊掛起一位藝術新秀的作品，可能是災難的邀請函；不是造就搖滾明星，就是毀掉他們。地方太大了，空間太大了，可以應付的藝術家沒有幾個。」

那時節，高古軒有錢，也有魄力簽下任何自己想簽的藝術家。他仍然會辦歷史系展覽——愛德華・霍普（Edward Hopper）、伊夫・克萊因（Yves Klein）、已故的沃荷作品展，甚至是彼得・保羅・魯本斯（Peter Paul Rubens）的畫展，但都是他選擇這樣做，而不是必須如此。他代理的藝術家名單越發長了，包括塞拉、史特拉、魯沙、湯伯利和布萊克納，旗下藝術家展出的盛況也為全球其他畫廊所望塵莫及。

在建立起畫廊陣容的過程中，高古軒有一個不變的原則：不延攬剛出校門的人才。沒有人在二十幾歲被發掘；沒錯，他多年前簽了薩利和巴斯奎特，但今天他已是藝術世界的大人物，他想簽的是已經聲譽卓著的藝術家。他說：「我喜歡已經有現成的動力——藝術家已然具備某種吸引力；其中的經濟效益更具吸引力。他們越是在食物鏈的上端，他們的價錢也會越往上，他們也會是比較好的藝術家。」不過他也笑著補充說：「有時你看見真有天分的年輕藝術家，就得克制非簽下他們不可的衝動。」

藝術家簽了合約之後，他們也經歷了新的現象：高古軒效應。富有的收藏家在一旁等候高古軒告訴他們買什麼、用什麼價錢買。結果呢，新秀藝術家在一兩年的時間裡看著他們身價上揚。藏家若將他從高古軒那裡新買來的作品拿去拍賣，也可能提振藝術家的市場行情。不過市場上不是每一件拿出來的東西都能找到願出高價的買家，這也可能傷害藝術家的行情。

收藏家，而不是藝術家，是高古軒得費心取悅的一群：是他們讓世界周而復始地旋轉運作。高古軒會舉辦高級晚宴，或是在他的豪宅，或是在有螺鈿黑檀家具、供應精緻中餐的周英華餐廳，招待他的客戶群。

藝術市場律師格魯伯曾經是高古軒的社交朋友，但後來卻對簿公堂。他曾經參加過數次這樣的場合，對個中一切甚為知悉。他注意到，客人都千篇一律是有錢的男士，而夾雜著其中是高古軒越來越多的銷售代表，絕大多數是年輕的女性。格魯伯說：「售畫的都是那些漂亮小姐，年齡在十九到二十五歲之間。」這也許有些誇大其詞，但她們確實都是同一型：「都大約五英尺六英寸高，都很漂亮；雖然沒有漂亮到做模特兒的程度，但做銷售業務確實極佳。」對被高古軒請來，內心誠惶誠恐的收藏家來說，受邀證明最後都只賺不賠。他們可以在世界各地的藝術圈子裡提起高古軒的名字，炫耀這幅或那幅畫是透過他到手。高古軒的品牌跟藝術家一樣重要。對這群人來說，高古軒的意見比誰都重要，別人還沒問他們就會主動說：「高古軒是我的藝術交易商。」

高古軒也親自為這類晚宴安排座位。格魯伯回憶：「他非常仔細，這個做法已經行之有年。若是不再受邀到高古軒的晚宴，人會開始擔憂自己的社會地位。」總是會在這些場合出現的是高古軒旗下的幾位藝術家。格魯伯說：「藝術家就立定一處，客人們可以趨前跟他們握手、說話。」但是不是人人都可以靠近他們，他說：「有這種特權的人不是已經有向高古軒購畫的紀錄，就是即將這麼做。握手非常有幫助。」

出現高古軒派對的客人有一個共同點：他們向高古軒購買藝術。這一點讓他們有了談話的話題：他們收藏的藝術品；他們彼此互訪、參觀對方的收藏，往往也參觀家族收藏。

格魯伯口中的「高古軒藏品」當中一定有一幅赫斯特的作品，還加上一幅馬克·葛羅傑（Mark Grotjahn）、一幅普林斯、一幅魯沙、一幅湯伯利、一幅斯汀格爾。如果這棟豪宅有院子，當然就還有塞拉和昆斯的雕塑。

在這些熱衷的買家中，格魯伯感覺到一股很深的動機是讓朋友羨慕大過他們對藝術的喜好。在他們天之驕子般的生活中，搭乘私人飛機出行是家常便飯，藝術讓他們覺得自己身分與眾不同或與名流平起平坐。格魯伯說：「倘若到了亞斯本（Aspen）沒打電話的對象，能做什麼？讓他們跟其他人銜接的是藝術收藏，可以打電話給藏家說：**我聽說你有不得了的收藏。**」格魯伯認為，收藏家越老，就越想套那種交情。

格魯伯也不確定高古軒來往的藏家是不是真正鍾情於藝術；它是一種存在上的需要。他說：「牆上若沒掛畫，來看他們的人就沒話可談；沒人願意上門，也沒有人一起共進晚餐。」

高古軒二千年到西二十四街時，雀兒喜一共有一百二十四家畫廊。最晚思遷的老業者之一是布恩。她一九九五年最先遷到五十七街，把蘇荷和過去美妙的十五年拋在身後。在許納貝投效他人、巴斯奎特去世之後，她主辦過藝術大家的展覽：馬丁、弗萊文、李奇登斯坦、馬爾科姆．莫利（Malcolm Morley）和理查．阿提瓦格（Richard Artschwager）。她邀請抽象表現藝術收藏家海勒策劃了史迪爾特展，但是她發現她在五十七街樓上的畫廊已經疏離了藝術圈，因此她在二〇〇〇年也搬到雀兒喜，在新畫廊為光線藝術家索尼耶、艾未未（Ai Weiwei）、麥卡連．湯馬斯（Mickalene Thomas）等人辦展。在未來的幾年裡布恩仍是藝術交易圈的要角，但已不如她年輕時風光。對她來說，這沒有問題，她說：「我討厭名流。我若要人記得我，我希望有人做一本我所有的裝置藝術攝影——三、四百場展覽。我討厭自己的照片。」

被這股文化遷徙現象拋在後頭的是卡斯特里。這時他已八十多歲，依舊雄踞在蘇荷西百老匯街四二〇號，影響力衰微，漸漸地，藝術世界開始打他身邊而過。

卡斯特里的老友攝影家吉布森仍常在傍晚時刻來看他。高古軒也是，儘管這時他的行程安排遠比兩人初識時忙碌。這麼多年來高古軒一直沒有從卡斯特里那裡挖走任何藝術家——他不是不想，而是出於對老人家的敬重而沒有這麼做。偶爾卡斯特里會讓高古軒借用他的藝術家，如塞拉和史特拉。史特拉已經開始有展覽，有時是在賴利・魯賓（Larry Rubin）的諾德勒畫廊（Knoedler Gallery），但他從來沒有離開卡斯特里，而是在不同的畫商中間輪流辦展。卡斯特里似乎不在意。史特拉還是喜歡他，但比較不像別人那麼感情用事，他說：「有人說他不是一位好的畫商；他沒有積蓄什麼財富，都是過一天是一天，財務上不怎麼成功。但是他的畫廊動力充沛，他喜歡讓旗下藝術家在大機構裡有表現的機會。」

卡斯特里也人老心不老，還是會追求女性——比他年輕得多的女性。一九九五年，他娶了義大利藝評家芭芭拉・柏桃濟（Barbara Bertozzi）為第三任妻子。後者向卡斯特里訪問有關瓊斯的事，因採訪而結緣，也從此留下來。那年，卡斯特里八十八歲，柏桃濟三十三歲。兩人起先分房而睡，一天早上兩人共進早餐，卡斯特里給了柏桃濟一張瓊斯的繪圖。什麼時候兩人的婚姻正式合法？柏桃濟回憶：「我不知道。我們後來同房而眠，他比很多三十幾歲的男人更有魅力。他是卡斯特里！」

柏桃濟是在卡斯特里堅持下與他結婚。她回憶說：「『妳得嫁給我。我怕他們要把我送走。』這是八十八歲老人說的話。」

兩人在一九九五年完婚，布倫代琪兩姐妹當然不樂見。他們後來都揚言卡斯特里生前都曾交代根據若干藝術品販售所得留給他們一些東西。然而卡斯特里再婚後不久，新當家的就要布倫代琪兩姐妹走路。

布倫代琪兩姐妹怪罪柏桃濟，聲稱她偷走卡斯特里的真皮記事本，不讓卡斯特里打電話給朋友。蘇珊·布倫代琪說：「那個記事本是他獨立生活的依靠，跟所認識的人的聯繫方式。」柏桃濟則說布倫代琪姐妹離職的細節透過私人解決方式，但矢口否認拿走記事本，她說：「記事本他一直保留到死。」

卡斯特里毫無結束事業的意思。經營西百老匯街四二〇號太累時他就歇業，但同時又在東七十九街開了一家小一點的畫廊，家當都移到新所在。柏桃濟說卡斯特里的產業其實分成三份：一份屬他兒子尚－克里斯多夫（Jean-Christophe），一份屬他女兒妮娜（Nina），一份卡斯特里自己保留，死後由柏桃濟繼承。他的一雙兒女也繼承了很多珍貴的藝術。據一名接近畫廊的消息人士被問到卡斯特里的子女是否受到公平對待？他回答：「當然！他們絕對未被虧待。」

二十多年後，卡斯特里生時最後一家畫廊仍開著，由柏桃濟負責，卡斯特里的志業能夠傳承、發揚，她感到驕傲。

高古軒在阿瑪根塞特濱海豪宅為卡斯特里舉辦九十壽誕慶生會，是對他生前最後一場敬禮。卡斯特里過完生日後健康情形就急轉直下。高古軒到東七十九街柏桃濟購置的小畫廊看他——高古軒感覺不是一個什麼了不起的地方，但也是卡斯特里從東七十七街四號連棟別墅起家的一生事業一個不錯的句點。

高古軒回憶說：「他躺在長沙發上，我們談到一位藝術家——一位了不起的藝術家，非常出名，事業飛黃騰達，仍然健在——我們談到他的境遇、他的作品，卡斯特里說：『他總是會捅自己的簍子！』」說到此兩人都咧嘴大笑。

多年後，有人問起高古軒從卡斯特里身上得到什麼，高古軒會停個半晌，然後不動聲色地說：「噢，很多……他的客戶。」[13]其實高古軒從老人身上學到做生意的全套本事。他也磨去了稜角，學會如何迎合有錢的客戶，如何分辨偉大的藝術與普通的藝術。最重要的是，他學會如何沿用卡斯特里的風格模式辦展，從畫冊到畫框，從如何掛畫到開幕夜如何呈現，他都做得精美到位。他對啟蒙師的形容是：「他教導我一家畫廊如何讓藝術呈現出它的重要，推出作品的方式高超又恰如其分。」[14]然而，卡斯特里屬於過去，高古軒生活在新世紀，在金錢和藝術行銷上，兩個人代表的是兩個世界。

卡斯特里的最後一場展覽是在一九九九年五月，是瓊斯的單色版畫。柏桃濟回憶，這場畫展讓卡斯特里非常開心，但是不久他就罹患帶狀皰疹，他九十一歲的身軀不堪負荷，人生最後幾天是在他第五大道高級公寓的臥房中度過。兒女守在床側，臥室四牆掛的是瓊斯和李奇登斯坦的畫。這時瓊斯仍很活躍，李奇登斯坦則已於一九九七年去世。這對風中殘燭的老人來說也是一大打擊——他總覺得他旗下的藝術家都會活得比他久。

卡斯特里在病床上生死掙扎了三天，於一九九九年八月二十一日溘然長逝。新聞的追悼文章稱他是「藝術交易的王侯」，隨著他的去世，藝術市場也從此改朝換代。

Chapter 11

The Mega Dealers

百萬畫商

1999-2002

一九九〇年代末期出現重大變化，前仆後繼、此起彼落；藝術**世界**成了藝術**市場**，有一段時間卻無人注意到。

卡斯特里去世那天或其他任何一天都可以被說成是變化的開始。那天，在從蘇荷遷徙到雀兒喜的趨勢催動下，下城區的生命共同體一體感消失了。遷徙路程在一九九九年時幾乎已經走完，那一年攝影家格林菲爾德－桑德斯完成了他一九八〇年代早期開始的紐約市藝術家、畫商、收藏家及藝術世界要人的肖像系列攝影，一切拍照過程都是用木製大框幅迪爾多夫（Deardorff）四腳相機完成，他選了其中一小部分編輯成書，在那一年出版，書名是《藝術世界》（*Art World*）。[1]

卡斯特里氣宇軒昂的黑白照就在其中。其他被收入相冊的其他畫商包括：庫博、安・席莫（Anne Seymour）、鐸非、古德曼、馬可斯、羅格斯戴爾、侯巴克、布恩、艾默里奇、賀恩、德奇、高古軒、格里姆徹、雷瑩、伊蓮娜・索納本、所羅門與沙法拉茲；個個看起來都年輕熱忱，一股離心力把他們向外推，跟著數百名畫商、藏家、藝術家在強大的氣流中順勢飛揚。格林菲爾德–桑德斯後來在他的東村工作室回憶說：「他們之後就像流彈亂竄，換在今天，我做不成這部相集，因為我無法判斷誰是頂尖的藝術家、誰是頂尖的畫商。」

柯林頓（Clinton）主政時期牛市沖天，畫廊興旺，也出現了一批全然不同的收藏家，這些百萬富翁、億萬富翁拚命在買。一九八七年，《富比世》（*Forbes*）在全美四百名首富名單之外，也開始公布全球億萬富翁名單，那年的總數是一百四十人。[2]到了一九九七年，全球億萬富翁名單有二百二十四人，許多來自亞洲與中東國家。[3]從二〇〇七年到二〇一七年，名單從八百九十一人增長到二千零四十三人，涵蓋國家超過五十個。[4]令窮人感到痛苦、富人受益的全球主義來臨，最高形式的特殊境遇就是藝術。

財金專家兼收藏家艾德曼說：「每個人都可以有三棟房子、一艘大遊艇、僕傭、汽車。但是名畫卻只有一幅，富人可以買回家來掛，用它來發言。」

對無名的有錢人來說，買一幅名畫是讓自己出名的機會，是受畫商及紐約、倫敦拍賣公司歡迎的晉升階：他們也樂得賣給對方更多。艾德曼指出：「圈子中也有好身材、好長相的藝術顧問。就像加入一個讓你感覺功成名就、很酷的俱樂部，只不過想加入必須有錢在手。」高古軒的說法則是：「金錢跟藝術，兩者是分不開的。」

有錢人買藝術品甚至是前所未見的程度，已不再是什麼了不起的事，新奇的是，藝術現在不僅是身分地位的象徵和世間難得多的樂事。兩千年初期達康泡沫破裂，利率近零，持續下探，對很多人來說，藝術是比股票還好的投資。因此藝術是一種另類資產的觀念形成了；即使不是一直都可靠，但令人興奮無比。若干有高淨值客戶部門的銀行也跳進來，願意對所謂的名牌藝術放款，為銀行賺取手續費、與畫商和收藏家建立關係，即使是曾經吃過蕭條時銀行抽緊銀根苦頭的人如高古軒等，也願搭順風車。畫商從某方面來說也成了銀行家，願意對收藏家無息貸款，有時甚至徵召他們合夥一起行動購買昂貴藝術品。藝術諮詢的行業應運而生；他們對如何處理買來的藝術、銷售後如何就獲利再投資，向收藏家提供意見。但十年後大部分銀行這些部門不是收起來了，就是對取悅從事藝術投資的客戶從嚴審核。

兩千年初期的轉捩點是拍賣公司加入了藝術市場。傳統上蘇富比與佳士得都只在次級市場出入，讓畫商在初級市場買賣。這麼做也有它的道理：拍賣公司需攪動貨品，一年要賣掉幾千件藝術品，他們對藝術家的長期事業沒興趣，在意的是他們眼前、此刻的市場。畫商和策展人才是發掘與培養藝術家的人，把藝術家的作品介紹給世界。畫商手中的藝術家可能被其他畫廊搶走，但通常拍賣公司不會打他們的主意。

然而時尚鉅子皮諾一九九八年買下佳士得，拍賣公司也成了藝術交易商，跟私人畫商從事的無什兩樣，私人銷售也相形壯大。現在拍賣公司也可能跟畫商一樣私下出售藝術，甚至可以向買賣雙方兩邊收取佣金。它不需像拍賣時要印行精美目錄，也不用拿出藝術品對外展示以激起藏家的興趣。私下賣出，交易就完成了。

拍賣公司此刻似乎占了上風，但是高古軒看法不同。他說：「你把一幅非常重要的畫交給拍賣公司在他們的私人房間裡拍賣，它還是有拍賣公司的氣味；抹不去的……還有，他們若賣不掉，就會跑來找你說『我們應該公開拍賣這個作品』，這是他們的兩步策略。」當然如果拍賣作品不能在價格上達標，他們就必須自己買進，賣品在短期內賣不出去。

畫商與拍賣公司之間有著反反覆覆地競爭，但也彼此需要。拍賣公司需要收藏家和包括私人藝術交易商在內的委託人，希望後者把好的藝術交給他們拍賣、加強自己的銷售，而藝術交易商有些客戶希望銷售有高曝光率，這就是拍賣公司可以發揮作用的地方。

市場最上端是十九、二十世紀印象派與現代主義大師作品，而在新貴、新富爭相購買有限的存貨，藝術品價值上升之際，抽象表現主義與普普藝術也吃香起來；傑作越稀珍，就有更多的年輕藝術家湧進市場。剛出校門的藝術新秀若被發掘、受到賞識，他們才一、兩年前的便宜作品會被拿去拍賣，售價驚人。

不僅如此，供應也源源不絕。年輕而多產的藝術家來日方長，甚至可能生產過剩，到頭來發現自己吃香只是曇花一現。但是富有的收藏家可能也不是那麼在乎；此刻購買夯藝術，此刻他就是夯藏家，能與同好權貴時相過從。他喜歡的藝術家若是行情掉了，總有其他的新藝術家可以繼續嘗試。新美術館出現如雨後春筍，單是美國一年就幾十家，加上收藏家的夢寐目標——擁有私人美術館，在在代表著美術館空洞的牆面需要藝術去補上——十之八九這意味著當代藝術有出路。

對畫商而言，這時是最好、也是最摧心裂膽的時間。市場翻騰之際，他們也跟著市場如脫韁之馬亂竄，規模最大的畫廊因為財大勢大而自成一格，這些百萬交易商清一色是男性——除非你把古德曼也算在內；她跟旗下最出色的藝術家李希特、沃斯的太太曼紐拉在藝術世界有自己一片天。這些高手競爭激烈，眼角餘光總是看得見對手的動作。他們是在紐約大興土木建築多層大畫廊的一群，而且很快在倫敦複製同樣的事。高古軒一貫一馬當先，其他人都紛紛跟進。

二〇〇一年時卓納仍在蘇荷的格林街經營畫廊，這時他首次感到來自同行百萬交易商的競爭壓力。他常說自己不是雀兒喜畫商，將來也不會是；蘇荷是老友、是市區的心臟，雀兒喜又冷又沒有靈魂，在卓納口中，它是紐約糟亂的一區，有如荒原，一點也不好玩，但他這個觀點很快就要改變。

經營畫廊八年以來，卓納挑選的藝術家都是上上之選；也許不是就賺錢來說，但是在藝術美感上絕對是。他最感到驕傲的人之一是維也納雕塑家魏斯特。魏斯特日益被認為是歐洲最重要的雕塑家之一，卓納說：「我喜歡他這個人，跟喜歡他是藝術家是一樣的。我們為他做了最大的努力，他的事業如今在巔峰。」

說這話的同時，魏斯特換了經紀人，投效到高古軒旗下。高古軒對他所知不多，其實是他倫敦的藝術總監之一史蒂夫．拉提伯（Stefan Ratibor）所推薦。布蘭特認為高古軒簽魏斯特的動機「完全是因為錢」，就跟早期簽下沃荷一樣。魏斯特的動機就牽涉較廣；能與湯伯利等了不起的藝術家同屬一間畫廊，他感覺與有榮焉，健康不佳則是另一個動機。

魏斯特的出走對卓納的打擊既重又不解。他做得還不夠嗎？慢慢地他也看清自己完全無計可施；高古軒跟旗下藝術家分享的財力與實力更多。對卓納而言，魏斯特的離去改變了一切，他說：「很清楚我非成長不可。」格林街實在是太小了，卓納需要夠大的空間讓展覽的潛力足以振奮藝術家，讓藝術家不受其他畫廊的吸引。二〇〇二年他終於在雀兒喜的中心，西十九街五二五號租下一個空間；仍然繼續栽培、吸收新的藝術家，但也正式與沃斯夫婦搭檔合作，經手次級藝術市場銷售，以及為出名的畫家策展。

儘管有這些急起直追的布局，卓納對高古軒始終懷恨在心。巧的是，他們兩人其實非常像——都身高超過六英尺，結實俐落。卓納熱愛衝浪和相對年輕日體態也許還略勝一籌。不過比卓納大上二十歲的高古軒也不是邋遢之輩。他們兩人都有著一頭剪得很短的銀髮，都穿休閒襯衫和牛仔褲；他們對藝術都有尖銳的眼光，講起價來都咄咄逼人；兩人都好勝，都忘情於藝術交易，兩人也都是爵士樂迷。

相異處也同樣驚人。卓納的父親出身科隆知識分子家庭，他自幼就受文化熏陶，浸淫在視覺文化、歐洲與普普藝術中。高古軒年幼時則沒有接觸藝術的機會，他的文化背景就是令人發噱的當年賣過海報的故事，他的當代藝術知識全是自修而來。

卓納是顧家的男人，愛妻子和家中三個小孩，很少在外交友。高古軒則是女友不斷，生活中經常有豪華派對、常跟友人在遊艇上奢華度日，朋友嚴格地說都是事業夥伴。

然而兩人之間一眼就看出的差異是他們培養出來的辦公室文化。卓納竭盡所能地在辦公室注入了友好的氣氛，友好到一個程度，他的員工，尤其是前檯的職員，好像都像什麼邪教的會員一樣有點精神恍惚。卓納自己看起來也是隨和的老闆；近從知道他有難搞的一面，但不會隨便發脾氣。高古軒也可以一臉和氣，尤其是交易快要到手時。不過他是一位難伺候的老闆，有人甚至認為他的畫廊機能失衡，一切靠最上面的大老闆維繫。

顧德是位老練的畫廊總監，在卡斯特里畫廊做過六年，經營自己的畫廊也長達十年，不過為高古軒做事的十年可能是他一生獲利最多的時候，但這一段時間生意也最不好。九〇年代的蕭條打擊到每一個人，他當然也不例外，急需一份工作。他跟高古軒算熟，在一次飯局上他向高古軒自薦，高古軒答應考慮。不久之後，小說家布雷特・艾利斯（Bret Easton Ellis）舉行了一場狂歡派對，擠滿了人，高古軒突然從人潮中冒出來，恰好就在顧德身旁，顧德連忙提醒他工作的事。等人潮散去時，顧德已經有工作了。

顧德聽說過高古軒辦公室文化的故事，但第一天上班還是他吃了一驚。他說：「就像電影《大亨遊戲》（*Glengarry Glen Ross*）裡頭的情景；一人一部電話、一個工作方格、一張桌子、一張信用卡，然後你就要去賺錢了！」

在高古軒畫廊，大多數新人，尤其是像顧德這樣急著就業的，薪水有名無實；那些在其他畫廊做得出色而願意到高古軒的王國做事的，則看他們接洽的暗盤。高古軒想挖的一名畫商，記得他是這麼說的：「我們的藝術家更好、人面更廣，在我們畫廊你有機會接觸更多的人、賣更多的畫、從事更多旅行。我們給你品牌，你自己去建立客戶名單；你可以選擇要不要跟藝術家合作。被開除的情形不多。」這名年輕的畫商最後選擇不在這個事業時間點上投效高古軒，但也的確心動過。他形容高古軒是「那種古怪、膽大包天、活得淋漓盡致的人物，會在倫敦五星級倫敦多契斯特（Dorchester）酒店一週就花上十萬美元；藝術家都喜歡他，富豪名流都希望與他結交，而他也是真的喜歡藝術」。

然而這份工作其實並非那麼光鮮動人，即使銷售紀錄漂亮的人也只能預支薪水的一部分。真正的錢要靠兩種方式賺：把藝術帶到畫廊或是售出畫廊的存貨；前者可拿到十%的發現者獎金，後者可得十%的銷售佣金。藝術總監若能帶生意上門、又能賣畫，就可以拿到兩成的錢。

這在畫廊世界是很不錯的待遇，沒有哪家畫廊這樣付佣金，至少顧德沒聽說別家有。其他畫廊付的是薪水；畫廊若是當年經營得不錯，還有年終獎金可拿。這種獎金不到高古軒誘人的兩成門檻。不過他的員工很快也發現其實裡頭很多陷阱。

這兩種佣金的第一種——發現者獎金——只有在高古軒認定值得的情況下才有。顧德的一個朋友同意讓高古軒畫廊處理她的一幅米契兒的大幅抽象表現主義畫作，顧德說：「高古軒卻說：『不好，我沒興趣。』」

達標的作品，價格也要夠低才行。有意託售的賣家往往因高古軒的開價而勃然大怒，如此一來發現者獎金也就泡湯。至於銷售佣金，也只有在次級市場賣出畫作時才適用。高古軒原本就代理藝術家的原有作品當然屬於已經被發現的作品，這種作品賣出時沒有銷售獎金可拿。

兩種佣金還有兩個陷阱。發現者獎金在被發現的作品賣出前是拿不到的。而十％的發現者獎金與十％的銷售獎金也都根據利潤而定，並非藝術品的十％。一幅被認為值一百萬美元的畫在高古軒點頭後被帶到畫廊來，以一百一十萬美元售出，業務代表不是拿到一百萬美元的十％，更別說一百一十萬美元了。利潤既然是十萬美元，業務員僅拿到一萬美元；即使如此，高古軒也可能會心生二意。顧德說：「因此佣金真正到手前總是有些心驚膽跳。」

高古軒畫廊的藝術總監的大目標是帶進藝術新秀讓高古軒簽下。理論上，新人展若是有作品賣出，藝術總監拿得到佣金，但並非鐵律。顧德說：「高古軒會巡視即將在畫廊展出的作品，他挑選當中最好的展品留給自己，未來擇期賣出，他會說：『這是我的收藏！』」

跟其他畫商一樣，高古軒要做的事不只是賣藝術品。他必須跟藝術家做朋友，經常保持聯絡。他喜歡藝術家——不管藝評家怎麼說——也喜歡混跡其中，尤其喜歡跟他深愛的藝術家消磨時間。但是他時間有限，興趣不大的那些他就分派給年輕一點的員工。分派沒有特定的制度或標準可言，分到誰就是誰；藝術家若是剛好跟一名年輕員工在高古軒舉辦的派對上談話，可以就派給他；要不就是哪個新進員工心儀哪位藝術家，或是一位藝術家平常的聯絡人離開畫廊，那麼新進員工也可以接棒擔當重任。員工與藝術家的交際費用必須自己出；這是他工作的一部分。

「你聽過高古軒指環（ring）嗎？」

顧德在高古軒畫廊任職期聽到這個問題。難不成高古軒手上戴著一枚環戒讓員工跪下親吻？不是，同事向他解釋說，高古軒製作了一種專屬於他的鈴聲（ring）；聽見這鈴聲，就知道是他打電話來了；顧德學到不僅一響馬上要接，還要備妥一份有三、四個好消息的清單馬上報給老闆。

高古軒會咆哮：「說！」從來沒有客套話。

顧德這時就會逐一報告。通常到第三點時，高古軒就已經如外傳的那樣注意力果然用完，嘀咕一聲後走人了。這通常是顧德報佳音時；若是跟交易在望有關，高古軒會全神貫注。顧德解釋說：「如果你有什麼事要找他，絕對找不到。但為的若是交易，隨時找得到。」顧德會打電話報告哪位客戶想買一幅沃荷，也許出價八十萬美元；高古軒聽了不會龍心大悅，反倒可能會破釜沉舟地說：「我要立即付款；立即付。」

顧德可能回電給買家報告消息。買家週三可能答：「好的，我下週一付。」

次日顧德會聽到高古軒的專屬鈴聲，他會問：「錢呢？」

顧德會說：「下週一。」

高古軒說：「要馬上付款。」

顧德又會打給買家說：「高古軒要馬上付款。」

對方會沉吟半晌，回說：「下週一就是馬上付款。」但對高古軒而言不算。顧德很快學到不要跟老闆提到還在談的交易，高古軒操之過急，事情反而可能搞糟。

不過顧德也感覺到高古軒因為敢衝耍狠，弄成的交易是比弄砸的多，而且他對任何人都會緊迫盯人。有天顧德跟高古軒一起等電梯。等時，高古軒也在跟超級收藏家布洛德通電話。高古軒和氣地招呼，語音中沒有不快，然而高古軒越講聲音越大，最後他發火了，說：「那筆交易你害我做不成，這筆你若是不要，我們就算了。」電梯門打開時，他停頓了一下，然後又聽見他說：「是呀，好的。」他的怒氣消了，「太好了，謝謝。」

他們一起搭電梯下樓，顧德說：「哇！我從來沒有試過這一招——對客戶大吼。」

高古軒皮笑肉不笑地說：「嗯，什麼管用用什麼。」

但高古軒對員工卻不知適可而止。顧德指出：「他的腦子處理事情的方式跟我們不一樣。他對員工施以語言暴力，從不感到愧疚，他的目標總千篇一律是完成交易與賺錢。」

二〇〇〇到二〇〇六年在高古軒一家畫廊擔任藝術總監的福格斯．麥卡佛雷（Fergus McCaffrey）認為，總的來說，高古軒在他見過最勇於任事、最聰明飽學之人之列，也很風趣。他說：「出了他的安適區，他非常保守，但是關起門來，他有趣極了。」他也承認高古軒知道如何對他使用激將法，「他是操縱心理的大師；什麼管用，他都猜得出來。」麥卡佛雷提起一件特別的事，有年在巴塞爾藝博會上，他有一位客戶準備買下一張李奇登斯坦的大幅繪畫和一幅沃荷的中幅毛像。但高古軒不喜歡這樣交易；毛像若搭配德庫寧的遺作更賣錢。麥卡佛雷的任務是勸客戶單獨買下李奇登斯坦；高古軒對麥卡佛雷連環扣，有次共打了十二通，麥卡佛雷說：「完全是反效果。」

最後高古軒提高了聲音，麥卡佛雷也吼了。麥卡佛雷沒想到的是，電話另一頭沒聲音了，接著是妥協的回覆。對麥卡佛雷來說，這真是個有趣的教訓，「高古軒吼，你也吼，結果他會讓步。」後來他果然單獨賣出李奇登斯坦的作品，只是用了兩天的時間，而非一天達陣。幾年後他得意地說，他為同一位客戶找到另外一幅更精美的毛像。

高古軒的藝術總監們當然都學得更具進攻性，但是老闆的火山脾氣讓辦公室的氣氛——如一名藝術總監所形容——變得「有毒」。一人承認：「我們都很怕高古軒。他會滿嘴髒話。」而且攻擊會突如其來。一天顧德向老闆報告好消息：一名收藏家經他勸說後願意讓高古軒畫廊代賣她收藏的德庫寧畫作。高古軒一聽火冒三丈。前一天晚上他才和那名藏家一起吃晚飯，他不滿地說：「她對我隻字未提。你什麼東西！」顧德明白問題所在：「他感覺那位闊太太喜歡我超過他。」但這也不該是大發雷霆的理由，顧德說：「你不能這樣對我說話。」這是他第一次看見高古軒失態，但絕非最後一次。

高古軒上層的定調毫無疑問會上行下效，員工會失去他們的道德準繩。有次一樁交易處理得特別不好，各方都不高興，一名藝術總監與畫廊律師談過之後，回來興奮不已，告訴同事說：「好消息！他們說我們做得不道德，但並不是不合法！」

有時藝術總監找到理由，要求他人分享佣金。下城區畫廊賣了一幅沃荷畫的演員丹尼斯．霍柏的畫像，買主購買前曾到上城畫廊打探消息，成交後佣金是否應由兩家對分。「平分佣金」在業界常有所聞，但兩名藝術總監若僵持不下，就會到高古軒在洛杉磯打天下時就與他一起打拚的瑪麗莎．拉扎若芙（Melissa Lazarov）那裡求她主持公道。一名員工這樣形容她：「她有所羅門王一般的智慧。」她可能會說這次這個人拿、下次另外一人拿，如果其中一方堅持不讓，那就再往上喬。

有時藝術總監也會奇怪高古軒哪兒來的動輒得咎的脾氣，對員工為何如此冷感。一名藝術總監跟高古軒吃了一頓中飯後突然有了一套理論。在座的三人當中，有一位藝術總監問高古軒是否考慮過撰寫回憶錄；他一定有很多精彩的故事可寫。高古軒聞之臉色大變；他沒有興趣內省；把自己的一生公諸於世無疑是將優勢拱手讓人。

但是沒有打住相關話題的討論，反而談起他的家庭來。他在一個不快樂的家庭中成長；父母濫用藥物、酗酒，他和妹妹深受其害。這位藝術總監轉述：「我不養小孩就是看見孩子如何受到摧殘，我絕不要重複這種事。」但是從某方面看，高古軒就是在重複父母的行為。

卓納就相對的冷靜與克制，至少表面看起來如此。他也有好眼力，眼光可能比高古軒還銳利，因為卓納在他經手初級藝術市場藝術品的頭十年裡，幾乎完全都是跟新銳藝術家打交道。但是以他這樣層級的交易商來說，他的仰慕者比我們想像的要少。雀兒喜一名畫商說：「卓納不是那麼講同業的江湖道義。他惹火了一些收藏家、畫商……人們不怎麼想和他共事。」[5]《華爾街日報》（*Wall Street Journal*）曾引述卓納的話說庫博對他懷恨入骨。一位不具名的雀兒喜畫商也宣稱：「我可以舉出二十個討厭卓納的人來。他讓人有他是好人的錯覺；高古軒起碼還有一定的誠實，但是卓納的大好人形象只是一個幌子。」

經營畫廊最棘手的項目之一是訂價。這一點高古軒做得極成功。在世藝術家次級市場如何訂價不是問題，基本上是根據他們在畫廊的賣價紀錄與拍賣歷史；每次售價也總是比上一次的成交價高。畫商很少降低藝術家的價位，即使他們的作品在晚近拍賣時下滑也不會。他們倒是會提供折扣——不過不是人人可享，而是針對他們相熟與信任的藏家有所禮遇。折扣的幅度可能在三成到三成五之間，但真正的幅度只有天知地知你知我知，第三者無從知道。對買主來說，打了三折的一百萬美元的畫，名目價值還是一百萬美元。

畫商對初級市場的藝術品可以充分發揮本能。畫廊往往會設定一個公道的價格，好在下次拉抬。有時憑的不只是運氣。英國年輕藝術家中的具象畫家珍妮．薩維爾（Jenny Saville）肉肉的裸體畫像讓人想到弗洛伊德。她的作品一九九九年末起由高古軒畫廊代理，她首次紐約畫展由其訂價。高古軒在高端市場代理還未經過市場考驗的藝術家是很稀罕的事，他也把畫價訂得奇高，造成藝術圈議論紛紛。高古軒的訂價策略也是藝術界所謂的「非死即活」；這次畫賣不出去，就不會有下一次，二十九歲的薩維爾若是鎩羽，就永無翻身機會。她的首展共有六幅大幅裸體畫展出，訂價每幅約十萬美元。

高古軒太貪婪嗎？展覽開幕了，藝術世界平息斂氣觀看。結果每一幅畫都賣掉了。顯然高古軒具有在初級市場訂價的本事。

為已故大師畫家的傑作訂價就完全是另外一回事。它跟收藏家的自我感覺或有沒有安全感有關，一如藝術品的私下交易和公開拍賣紀錄的關係。

高古軒與大藏家紐豪斯的關係就是一個很好的研究個案。一九九〇年代末紐豪斯透過高古軒賣掉了大多數的收藏——大部分賣給葛芬。不過舊的不去新的不來，賣後又開始買進。這時他對高古軒幾乎唯命是從。一名藝術顧問有次前往紐約聯合國廣場的高級公寓拜會紐豪斯，會面時高古軒並不在場，但高古軒的威力似乎揮之不去。藝術顧問說：「紐豪斯有過一幅非常好的羅森伯格的畫作。」話題後來就轉到羅森伯格另一幅一九五五年的油畫作品〈畫謎〉（*Rebus*）上。它是羅森伯格的上上之作，為甘茲夫婦收藏多年，如今才流入市場。紐豪斯對這名藝術顧問說，高古軒告訴他三千四百萬美元可以買到。

藝術顧問感到意外，便問：「確定？要那麼多嗎？」並表示〈畫謎〉的價位在二千六百萬到二千八百萬美元之間，但紐豪斯二千四百萬美元就買得到。

紐豪斯的反應卻是：「是三千四百萬美元，這是我聽到的價錢。」

這位顧問再次解釋二千四百萬美元就行。

紐豪斯不耐地揮手說：「不對，是三千四百萬美元。」

藝術顧問覺悟：「往返三次之後我明白他不想聽我的。他寧可相信三千四百萬美元。價格越貴，對他來說就越重要。」這位藝術顧問也指出：「他不想被人當成笨蛋。」

高古軒訂價凶狠，但是許多藏家，包括紐豪斯在內，寧願捨卓納而跟他打交道。藏家和畫商都知道高古軒好眼力，也知道他過河不拆橋，還要做下一筆生意，他們希望都身在這股熱勁兒中。就算他開門見山、毫不客氣，他也不是不懂裝懂或打腫臉充胖子。如果他訂的價位比卓納高，又怎麼樣？反正他們買到的東西有「高古軒」三個字加持。

有件事大家卻不得不承認：高古軒是第一位在全球布局畫廊的交易商。他採取了卡斯特里的衛星畫廊制度，用實體建築的方式將花樣翻新。兩千年他從倫敦開始，在黑登街成立一家畫廊，比卓納進軍倫敦整整早了十二年。

史蒂芬妮婭．波托拉密（Stefania Bortolami）是他當時的一名藝術總監，她說：「我想他並沒有一套掌控全球的策略，只是說發生就發生了。」事實上高古軒每一家畫廊的地點都有它的道理。他會在客戶的居住地、產業或度假的所在地開設畫廊，例如雅典；羅馬的高古軒畫廊固然與展覽羅馬居民湯伯利的作品有關，但也是顧到想收藏湯伯利作品的義大利藏家。

布局倫敦不完全是著眼於生意。高古軒不會從倫敦獲利最多——因為那裡的收藏家不多。但倫敦是全球第二重要的拍賣市場，也可以開發未來的買家；把他們帶到他的社交圈，早晚可以誘導他們進場購買一兩件藝術作品。在倫敦開畫廊，也是高古軒想要留住他最鍾愛的紐約幕僚莫莉．登特－布洛克赫斯特（Mollie Dent-Brocklehurst）離他而去的一個方式。因為家庭因素，後者必須回英格蘭老家薩德里城堡（Sudeley Castle）處理家產問題。在倫敦有畫廊，高古軒就能夠留住人。畢竟她是打響赫斯特名氣的大功臣；她跟赫斯特是好友，在高古軒行銷赫斯特之際，讓赫斯特開心非常重要。[6]一名常跟高古軒打交道的藝術顧問有次問：「你想他們賣掉多少赫斯特的作品？」答案是：**幾千件**。7

登特－布洛克赫斯特知道她的老闆手段有多高壓，她在紐約領教過。如今她一個人在倫敦柏克萊廣場的小辦公室運籌帷幄，高古軒雖天高皇帝遠，仍可以電話緊迫盯人。她說：「你早上十一點才跟他通過電話，隔天凌晨四點又有電話打來；你會以為是不是有人死了。」

電話裡他會問：「有什麼新消息嗎？」

她會回答：「你是說十一點到四點之間嗎？」

高古軒有消息飢渴症，總是想知道有什麼新動靜。登特－布洛克赫斯特說：「他打電話來時需要知道你手上有一張辦事的單子；即使不是什麼大事，你就是需要列一張清單告訴他；例如跟某某美術館聯繫等等。需要提供他很多正面消息。」登特－布洛克赫斯特對自己的產假「含糊其辭」，感覺自己待產中有權利不接電話。結果高古軒派人騎腳踏車送來一支電話給她。

因為倫敦的行動高古軒又奪得一項開路先鋒的頭銜，這次是美國第一位在倫敦開畫廊的畫商。豪瑟與沃斯仍然以瑞士為根據地，二〇〇三年方有行動，高古軒其他的紐約對手也一直到十年之後才進軍倫敦。格里姆徹稀奇高古軒的先知先覺，說：「高古軒二〇〇〇年開了倫敦畫廊——他自己並不清楚這招有多高明，他走進了倫敦的第一波俄羅斯錢潮。」

波托拉密回到紐約後，對上司急欲全球拓展有第一手近距離的觀察。她在羅馬長大，學的是早期大師的作品，後來被鐸非延攬，帶到倫敦。倫敦讓她眼界大開。鐸非是個縝密周到的人，她說：「我們什麼都討論：要不要做目錄？精裝還是平裝封面？誰執筆？」波托拉密原可留在鐸非身邊久一點，但是她的一個女友，日漸走紅的多米妮克·李維（Dominique Lévy）一九九九年被佳士得聘任，委以加強私人銷售的責任，波托拉密也跟著她到紐約，落腳在紐約高古軒畫廊，擔任資深藝術總監。

在高古軒畫廊做事當然跟其他地方不同。她說：「跟著鐸非，你感覺像一家人；有藝術家交給你照顧，要跟這人或那人共事。」而在高古軒畫廊，跟所有新進人員一樣，你要有所生產。她指出：「生產不只是賣藝術品，也可以引進藝術家或是製作一場展覽。跟高古軒做事，你要衝闖，或是跟一位沒有人想共事的藝術家一起做事。」

令她意外的是，她的老闆經常邀她一起吃中飯。她說：「我們總是談策略：吸收哪一位藝術家等等。但你想不到的是什麼都是最後一刻才定案。他總是說：『我們要找一個人在洛杉磯做奧斯卡展。』我感覺高古軒拒絕佩斯畫廊那種公司架構很長一段時間。他是發號施令的人——這是他的公司。」

高古軒兩千年時仍然沒有電腦；十八年後他還是沒有。他的助理都有，但他靠黑莓機（BlackBerry）過日子，他只消找到人就行。對他來說，電腦能給他的其他東西不過就是購物和閒言閒語，兩者他都沒興趣。一名與他相熟的收藏家對這一點倒是存疑。他說：「高古軒喜歡看起來無助。」其實必要時，他只需看一眼助理的電腦，要人把文件印下來給他就是。但他確實喜歡憑直覺行事，可能更希望別人佩服他的直覺。兩千年時高古軒也許只有一個黑莓機，但他對電子通訊是如何改變藝術市場、代表什麼意義，有著非常敏銳的觀察，知道全球即時買賣全在指掌之間。

二〇〇一年高古軒手中又有一個機會。鐸非在倫敦經營最大的當代藝術畫廊二十年之後，心生倦意，波托拉密說：「高古軒走運，他要擴大業務時，鐸非剛好要收山。」

鐸非之所以被對手看成力敵，他退出業界之所以讓對手感到如釋重負，是因為他在倫敦代理的幾位藝術家，剛好也是高古軒在紐約代理的，包括湯伯利和沃荷身後留下的所有作品。波托拉密指出，這批藝術品原本應由里森畫廊的羅格斯戴爾當仁不讓地拿下，但是他的動作不夠快；高古軒迅雷不及掩耳，快速橫刀奪走好幾位，當中最重要的就是湯伯利，現在湯伯利在倫敦、全球都由他來代理。

認識湯伯利，對登特-布洛克赫斯特來說，是全然美妙的感受，就像他與高古軒結緣一樣。她說：「我是負責與湯伯利接頭的人，每個夏天都跟他們一起度過。湯伯利非常喜歡高古軒——喜歡他渾身是勁兒、不做假；他不喜歡假惺惺的人。從某方面看，他跟高古軒對味兒令很多人不爽，這一點他很洋洋自得。」

鐸非離開藝術市場令高古軒震驚。他認為：「鐸非有倫敦最好的畫廊，也可能是歐洲最好的……還代理極為傑出的藝術家；才五十幾歲。我聽說……他看到蕭條襲來，不願被席捲。其實他錯估了情勢：藝術市場是下挫了，但不是那種他認為的不堪一擊。」事實上對藝術市場而言，達康泡沫榮景來了又走了，捲去的是高古軒眼中倫敦市場最大的威脅。

這時地平線上另一頭——科隆，也有大畫廊需要正視以對。莫妮卡·斯普魯斯（Monika Sprüth）和菲夢妮·馬格斯（Philomene Magers）也許不如高古軒急進，但是她們的堅定不移和率先代理起女性藝術家，讓同行刮目相看。斯普魯斯在一九八三年在科隆獨自開了一家畫廊，把馬克思哲學思想背景帶入藝術市場。她也心生了一個問題：為何出頭的女性藝術家不如男性多？她展示趣味性十足的具象畫家安德烈斯·舒爾茨（Andreas Schulze）、康多和羅斯瑪麗·特羅克爾（Rosemarie Trockel）的作品，後者在工業紡織機上製作「織布畫」。她也展示數名都會影像畫廊藝術家的作品，包括勞勒和雪曼。一九八五年，她在她的科隆畫廊首次舉辦女畫家聯展，與展三人都是女性，同時也發行了一本叫做《古龍水》（*Eau de Cologne*，譯注：古龍與科隆字同、音同）的雜誌。早在布恩之先，她就為侯哲爾和後來的克魯格辦展。斯普魯斯與馬格斯兩人一九九八年搭檔，在二〇〇三年進軍倫敦。

女性藝術家是優先，但這對合夥人也清楚這代表什麼和不代表什麼。馬格斯指出：「我們的工作不僅只針對為女藝術家辦展，若是把畫廊定位格局縮小到是女藝術家畫廊，就一點意義都沒有。」同時，即使是那時，她們都能看見女藝術家面對的藝術挑戰大過男性。斯普魯斯說：「女性被接受、被認同、在藝術上占有一席之地，比較困難；權力仍握在男人手中，一如電影業，女演員的報酬不如男演員，藝術世界也一樣。我們會以為現在世界已經不同了，但其實沒有。」

這也造成很不一樣的視角。斯普魯斯認為：「女性藝術家對權力絕對有另一番體會。例如，男藝術家成功時，通常有大工作室、成群員工。女藝術家比較不會如此。可能是因為她們的價值觀不同。」斯普魯斯、馬格斯二人一直秉承這種理念經營到二〇一八年，她們的六十四名藝術家中有十七名是女性，男女比例大過同期任何一家畫廊。

在男性與女性畫商之間，至少也有一種文化差異。有藝術相關學位的女性畫商多過男性。貝拉米只有高中文憑；詹尼斯、卡普和沃斯都沒有藝術學位。布魯姆在亞利桑那大學（University of Arizona）主修英文與戲劇，高古軒在洛杉磯加大主修英國文學，卡斯特里習法和經濟史，卓納在紐約大學學音樂，馬可斯在本寧頓（Bennington）學院學藝術，但沒有碩士學位。格里姆徹是少數有碩士學位的大畫商，他從麻州藝術設計學院（Massachusetts College of Art and Design）拿到學士學位，然後又到波士頓大學（Boston University）念到藝術碩士。

在女畫商裡頭，布恩有羅德島設計學校（Rhode Island School of Design）與杭特學院的藝術學位，庫博在索邦古什學院（Sorbonne, Goucher College）、紐約大學藝術研究所等地修業，葛萊史東有紐約長島大學珀斯特學院（C. W. Post College）和霍夫斯特拉（Hofstra）藝術史學位，米莉．格里姆徹在衛斯理（Wellesley）主修藝術史，也有紐約大學的藝術碩士學位。古德曼在哥倫比亞大學念藝術史。

為何如此不平衡？從當時女性受工作場所的限制——藝術圈內外皆然——來看，有碩士學位的女性比男性多，可能是她們想在畢業後做藝術史學者或策展人；開畫廊不僅需要資金，也需要有意願跟女畫商購買藝術品的客戶群。諷刺的是，即使有高等學府的學位，大多數女性要找一份像樣的工作仍不容易。尤其是那些已婚、有孩子的女性，開畫廊沒有什麼前景可言。其他女性發現——可能也比較有道理——夫妻兼事業夥伴輕省容易些。這麼做的有伊蓮娜．索納本、米莉．格里姆徹、荷莉．所羅門和曼紐拉．沃斯。

無論如何，她們走到了畫廊經營得有聲有色那個地步，女性畫商帶來男性畫商擁有的優勢，而且還錦上添花地帶來更高的教育水準。

倫敦歡迎高古軒陽剛十足的畫廊場景，如今也歡迎斯普魯斯、馬格斯和另外一位低調的畫廊主持人米羅，她代理的是風景畫家多伊格。

一九九〇年末期，米羅與布朗都意會到他們手上有一位世界級的天才，他的作品可能代表當代藝術世界的走向——至少在具象藝術上如此。他們舉辦了多次展覽，包括布朗一九九六年和一九九九年在他的向上畫廊（Enterprise Gallery）舉辦的兩次。次年，米羅格局更大，她搬到倫敦碼頭路一家八千平方英尺的畫廊，部分資金的來源就是多伊格的畫作。漸漸地有人封她是「英國藝術安靜的女士」，實至名歸地反映她的名聲漸揚與人格光明磊落。[8]

一九九〇年代末期到二〇〇〇年代初期，對米羅而言是一段美好時光。多伊格夫婦跟她、她先生華倫成為好友。這個圈子也包括另外一位自成一格的具象畫家歐菲利。[9]多伊格跟他本來就過從甚密，兩人早期在米羅和布朗畫廊所辦的畫展中結緣。兩千年時，兩位藝術家結伴到多伊格位於千里達（Trinidad）的家度假一個月，多伊格年輕時就愛上這座島。[10]米羅也知道多伊格正舉家遷往千里達，想在那裡生活與畫畫。[11]他們愛上那裡的異國情調，也可以在那裡躲開藝術市場的漩渦。

米羅事後說：「我感覺非常奇怪。這位畫家、他的工作室就在我的畫廊隔壁，我幾乎每天都看得到他。他是非常可愛的人，常常過來，中飯的時候一起烤肉，他甚至幫忙設計我的畫廊。如今他搬到千里達去了。」米羅後曾親往千里達探望他們，也喜歡島上未經雕琢的魅力：未經人工破壞、有點刺激。多伊格在島上一家大畫商場弄到一個空間，二〇〇三年成立影片俱樂部工作室（Studio Film Club）[12]，每放一部經典影片，他就火速、隨興做一張海報配合，這些後來都成了知名、搶手的藝術品。[13]千里達為多伊格的新作提供了背景。作品稠密、具寓言性的歐菲利，靈感也是來自島上，以後在島上花的時間也越來越多。

米羅無法斷定德國交易商麥可．華納（Michael Werner）是什麼時候開始拉攏多伊格，只知必是二〇〇二年華納在他的紐約畫廊給多伊格辦畫展之前。華納是大多數德國表現主義畫家的經紀人，包括巴塞利茲和波爾克，鐸非關閉其倫敦畫廊後，更是如此。多伊格似乎也對由華納代理很心動，米羅難過地說：「多伊格不是那種魯莽、不考慮別人的人，他溫暖貼心，具有一位藝術家一切的良善特質。因此他離開令我非常痛心。你一直擔心它發生，而且花了好長的時間才體認到他真的帶槍投靠華納了。若是正式分手，你會熬過，但這樣的方式痛苦更久。」

此時高古軒已清楚，對開新畫廊、對人帶他去的地方，他有無比熱情。他說：「紐約仍是藝術世界的中心，但是我感覺它在改變之中。我也喜歡在不同的城市開畫廊的冒險感；找地方、找合適的建築師，其中的複雜，以及你了解一座新城市的方式絕非泛泛觀光客可比。」二〇〇四年春天他在倫敦不列顛街開設的第二家畫廊，是倫敦最大的展示空間，畫廊開幕式高古軒選擇開展的藝術家是湯伯利，大家也不感意外。

湯伯利的新作利潤豐厚，尤其是湯伯利讓高古軒保留三分之二的畫價。波托拉密指出：「如果你賣了十幅湯伯利的畫，一幅五百萬美元，你可以留下六成利潤，賺到三千萬美元以上，你一定會說：『何不在巴黎、羅馬也開畫廊？多辦幾場湯伯利展？』」

高古軒指出：「這樣畫廊裝潢的錢就有著落。」辦展也讓湯伯利的腎上腺素如湧泉噴放：最後限期效應。高古軒會告訴他下次畫廊辦展的時間，湯伯利會不疾不徐地回答：「好，我來研究研究。」

高古軒清楚湯伯利的作風：「他不是那種每天會進畫室工作的藝術家。他必須先有靈感、知道自己要畫什麼。他也必須看到畫才行；看見了、感覺不錯，他就會去執行。這是他的工作方式——斷斷續續地爆發。他會一個月連續每天不停地畫，接下來停頓六、七個月。大多數我認識的藝術家都是早上工作，一天或一週之內就把畫完成。湯伯利這種作畫的方式非常不尋常。」

高古軒雖著墨不多，但非常以與湯伯利的友誼為榮，對自己以截止期限助湯伯利一臂之力完成畫作等事，也非常自得。這些都是可以保存的畫作，它們的存在就某種程度上來說，是高古軒的功勞。只有那麼一次這個方法失靈，起了反效果。

湯伯利有兩個家，一個在義大利，一個在美國維吉尼亞州他的老家。

高古軒說：「他在維吉尼亞辦展，過了不久就會抱怨受不了美國的食物，要打道回府。在義大利他會說：『真受不了這些義大利人，我得回維吉尼亞去。』他在兩地都有畫室，準備辦七十五歲回顧展。我去維吉尼亞，住進一家我常住的民宿。那天晚上，湯伯利對我說：『抱歉，我沒辦法舉辦畫展。』」

「真的嗎？」真是壞消息，因為展覽預訂兩個月後開幕。

湯伯利說：「真抱歉，我無意讓你失望。但是畫糟透了，簡直就是泥巴。」

高古軒試著掩飾自己的懊惱，但是心裡實在不快。

次日清晨七點，高古軒被湯伯利打來的電話吵醒，他說：「別走！」

原來高古軒上床睡覺以後，湯伯利想出如何在「泥巴」上作畫，而且蓋拙成巧。高古軒睡覺之際，他畫完了一、兩張，現在更欲罷不能，要一鼓作氣完成其餘。高古軒說：「那天他每張都重新畫過。現在這些畫在全美最大的私人美術館格蘭斯東（Glenstone）、在布洛德那裡。」。這一系列是淺藍作品，一點都看不出底下的深色痕跡。湯伯利管這一系列叫〈光陰或生日畫〉（*Passage of Time or Birthday Paintings*）。高古軒離去前，常和湯伯利一同做些兩人在維吉尼亞最喜歡做的事：逛沃爾瑪超市（Walmart）。他說：「我們會在一條條走道上逛來逛去，逛兩個小時。他就是喜歡東看西看，彷彿是他的參禪。鄉間的沃爾瑪幾乎就是民眾活動中心，人來人往、在此聚合。」

經營畫廊既辛苦又寂寞，這也是一九九九年四個年輕人在下東城合辦加拿大畫廊（Canada）的原因之一。他們沒有別的選擇。畫廊創始人之一菲爾．古爾（Phil Grauer）說：「根本沒錢！」畫廊後來從原址搬到布若姆街現址，展間上方的辦公室連窗戶都沒有。他說：「很多畫商有大把鈔票，而我們必須自己打掃、自己做帳；我負責工程。」

然而在紐約開畫廊的願景還是把他從加拿大的新斯科舍省（Nova Scotia）帶到紐約，與其他人一起用五百美元的租金租下翠貝卡一間漆成黑色的地下室；他們叫它工作室，其實更像一個開派對的地方。無論如何加拿大畫廊的這幫人也辦起畫展，逢人就推銷他們的藝術品。他們的客戶其實更像是協辦人，在他們財務緊縮時便買幅畫。

九一一之後，畫廊幾乎倒閉，後來知道可向聯邦政府申請補助，他們自己也沒料到可以存活下來，而且搬到克里斯提街。市中心的年輕藝術家很多成為「加拿大幫」的一員，成天在一起轟趴、抽大麻，及展現作品。麥可．威廉斯（Michael Williams）的作品充滿卡通風；麥特．康納斯（Matt Connors）畫寬條彩色抽象畫；布萊德利畫中的主題總是跟海有關，古爾說：「有點像畫海景；四周是水手的繩索，像舷窗。」畫的主旨在反諷。加拿大畫廊中無人太以錢為念，以上三人皆然，跟畫廊有關係的人都未料到布萊德利居然有一天會由高古軒代理，畫作的價格都是以千萬美元計，而康納斯和威廉斯也跟進，不遑多讓。

在下城藝術家與畫商不拘形式地交往中，賀恩地位特殊。她在兩千年夏天，四十五歲時英年早逝，藝術世界的一段羅曼史佳話也因此戛然而止。賀恩的藝術生涯精彩無比，不僅經營自己的畫廊，一九九四年也曾與史蓓曼、馬可斯、莫里斯和她的摯愛蘭德一起主辦格拉梅西國際藝術博覽會（Gramercy International Art Fair）——紐約軍械庫博覽會（New York's Armory Show）的前身。經她發掘而成名的藝術家包括抽象畫家康多、海爾曼、影像藝術家瓊．喬納思（Joan Jonas）與裝置藝術家傑克．皮爾森（Jack Pierson）；她為三十幾歲就過世的雕塑家伊娃・海瑟（Eva Hesse）辦身後展。最重要的是，她為啟發了下城當代藝術畫商，包括布朗在內，開啟了一個嶄新的時代。[14]

賀恩的保險公司拒絕支付她的醫藥費時，兩百多名藝術家、收藏家、策展人和畫商群起抗議，並為她籌錢。後來保險公司改變態度，同意付錢。藝術記者亞布隆斯基撰寫的訃聞說：「賀恩每次化療完畢，總是穿著一身華麗的新裝出席畫展或首演開幕式，新裝上綴著亮片或珍珠，她頭上也會綁著時髦的頭帶或是戴頂男孩氣的短假髮。」[15]二〇〇〇年春天，二十位友人出席賀恩與蘭德的婚禮。亞布隆斯基說：「還有比這更甜蜜中帶著辛酸的歌曲嗎？」那一年八月，賀恩死於癌症。

施密絲在《紐約時報》訃聞欄稱讚賀恩「是位複雜的女性，全方位、見過世面、極高的品味，極為慷慨。她纖細髮黑，裝束經常混搭名牌與舊款，賀恩就像充滿波希米亞風的荷莉・葛萊特利（Holly Golightly，譯注：電影《第凡內早餐》女主角）」。[16]不到三年之後，在二〇〇三年的三月，蘭德也因癌症去世。他跟賀恩一同留下了興辦格拉梅西國際藝術博覽會的歷史紀錄；他跟賀恩一樣都深受整個藝術圈——藝術家與畫商——的愛戴。

現在市場似乎昂首闊步向前行進，只有少數畫商落在後面。

Chapter 12

LA Rising

洛杉磯興起

2003-2008

二〇〇〇年初期，藝術市場成長速度驚人，百萬畫商把小型畫廊拋在身後。四大畫商都屬私人性質，沒有公開財報細述收入、開銷、獲利與損失等統計數字；他們的企業架構外界也不清楚。然而，從藝博會的銷售結果、四大對外的誇耀和拍賣公司的紀錄，不難了解其中的虛實。在拍賣公司的活動中，四大和他們的客戶有時追逐的是零售價格的數倍。整體來說，二〇〇二年的藝術市場總值為二百一十一億五千一百萬美元，而到了二〇〇八年，量幾乎成長三倍，達到六百二十億美元。[1]也就是在這些年裡，高古軒成為藝術世界最知名的畫商，他畫廊的成長也跟藝術市場的成長呈平行發展。

隨著成長，畫商挖角之風更增了幾分厚顏。眼前擺著的一個好例子是二〇〇三年十二月，歡迎度日高的畫家約翰．柯林（John Currin）。柯林的具象畫帶著文藝復興時期作品的筆觸，但著眼點在諷刺。中型畫商羅森從一九九一年就開始為他打天下，讓他的畫價穩健上升。她剛剛為柯林在芝加哥、倫敦和紐約辦完三地回顧展，剛剛才慶祝完畢，就有消息傳來說，四十一歲的柯林離她而去，投效高古軒。藝術家換代理商像換衣服，但是在巡迴展覽剛剛結束，選擇自己的家鄉出招，情何以堪？

高古軒對《紐約時報》大幅報導此事感到好笑，但對報導中引述老卓納的一段話暴跳如雷。老卓納說柯林跳槽「令人震驚」，還說：「我們這一代不會有這麼過分的行為。」[2] 高古軒說這種話完全是「放狗屁」，他說：「每個人營運方式都一樣；放話說我不夠光明正大來自命清高，氣死我了。換作是他，他也會照做。為什麼這樣此地無銀三百兩？沒有人拿槍頂著任何藝術家的頭要他怎樣。我的經驗是，是因為某某藝術家對現有情況不滿意而埋下了種子；極端的情況是畫廊不付錢。當然好藝術家比較少碰上這種事，但也不是不會發生。要不就是藝術家與畫商失和。若是你在意的藝術家，你會留意。我就是這樣簽下柯林。」

老卓納感覺他那一代不同，但他也不是沒幹過這種事。雀兒喜一名畫商不屑地說：「老卓納自己不斷挖人。沒錯，挖角是藝術圈常有的事，老卓納有他自己一定的方式，往往是有高度競爭力的方式。」他就是這樣挖走尤斯塔維奇的。尤斯塔維奇人像畫充滿性暗示的作品原由鮑斯奇畫廊代理，市場歡迎度很熱烈。

市場成功也在藝術家與畫商之間滋生出緊張。鮑斯奇承認：「尤斯塔維奇是走定了。」她走紅後，對鮑斯奇提供的「環境」頗有微詞，換成行話：畫廊代理的其他藝術家不行。她希望鮑斯奇放下若干藝術家，就像早年帕爾森旗下的藝術家要她去蕪存菁一樣。鮑斯奇考慮引進尤斯塔維奇可能喜歡的藝術家，藉此改變「環境」，但是她怎麼有把握新人時間長了不會又惹尤斯塔維奇的反感？尤斯塔維奇棄她而去，她感到顏面大失。[3]村上隆投效高古軒她更是感到受傷，畢竟她對沒沒無聞、無人問津中的村上慧眼識英雄，苦心栽培了他將近十年。

村上隆獨家的「超扁平」風格已經成熟，一如迪士尼的卡通動畫單元，他的繪畫中沒有視覺深度、沒有筆觸感或明顯的人為不完美。鮑斯奇是透過一個小型、但大膽的特寫公司（Feature Inc.）畫廊認識村上隆，然後挖角了他。巴黎的佩羅汀畫廊（Galerie Perrotin）為村上隆打知名度有功，但是村上在美國建立起事業，泰半要感謝鮑斯奇和聖塔芒尼加（Santa Monica）畫商傑夫．波（Jeff Poe）和提姆．卜洛姆（Tim Blum），當代藝術是如何起飛，可由後兩者的故事看出端倪。

傑夫波沉默寡言，卜洛姆則熱衷銷售。他們一九九四年在聖塔芒尼加開了一家小畫廊，做得非常辛苦，不過手中有一張牌可以打，在急迫之下他們也就打出了。[4]卜洛姆二十幾歲迷上日本，迷到一個程度，搬到日本住了四年，也學會日語，愛上日本當代藝術，在東京一家畫廊找到一份工作。[5]他們兩人都特別喜歡當時沒沒無聞的村上隆。一九九七年他們開始展出他的畫，當了他在洛杉磯的交易商，而鮑斯奇則在紐約代理他，最早在一九九八年辦了含他在內的團展，次年為他舉辦了個展。

一九九九年，他們在巴塞爾藝博會引薦村上隆：十幅畫包圍著一座有蘑菇和人物造型的雕塑，典型的村上風。[6]傑夫波說：「我們被藝博會的人看成笨蛋，超扁平那時還不成氣候；我們帶到西方的是被西方歷史排除在外的東方歷史。」

村上隆早期作品製作都是自掏腰包。隨著知名度漸高，二〇〇一年他在日本找了一個地方生產作品，僱用了數十名幫手。[7]顯然是受沃荷的影響，他同時從事美術和商業藝術，兩者的界線非常模糊。最後他包山包海什麼都做：繪畫、絲巾、鑰匙鏈，全用他的名字做品牌。二〇〇三年，村上隆跟時尚品牌路易威登的皮包設計師馬克・雅各布斯（Marc Jacobs）合作。[8]這款皮包暢銷一時。

這時村上隆也開始要求交易商承擔他的製作費——路易威登除外。卜洛姆和傑夫・波知道他不是揮金如土的人——他睡在東京郊外辦公室裡，用的是一張木箱改製的床，只要是醒著就在工作，決定如何設計，不管是多小的東西。[9]問題在於他的雄心：每項創造規模都很大。他們盡量像其他畫商負擔藝術家開銷一樣擔下，但等村上隆宣布下一個計畫是造一尊十九英尺高的白金與鋁製佛像時，他們一口拒絕了。鮑斯奇二〇〇六年懷孕，村上隆對她懷孕的時間點並不滿意，對她說：「妳要餵奶，不能做我的事業夥伴。」

跟鮑斯奇合作十年之後，村上隆中止了兩人的關係，改與高古軒簽約，代理紐約業務。卜洛姆波畫廊（Blum & Poe）仍是村上隆洛杉磯的代理畫廊，竟然包機將村上還沒完成的佛像從日本運到洛杉磯加州當代藝術美術館（Los Angeles Museum of Contemporary Art）——簡稱為洛美館（LA MOCA）——在村上回顧展中展出。他們買了開幕式晚宴相當於五萬美元的門票，也貢獻了六位數的資金協辦畫展，還需要從別處張羅錢；高古軒和村上隆的巴黎交易商佩羅汀也出了錢，鮑斯奇亦然。[10]

鮑斯奇可以接受村上隆跳槽到高古軒畫廊，令她痛心的是，洛美館跟她借她所有的村上隆重要作品，村上隆畫作一旦掛上了洛美館，村上隆就不跟她聯絡了。鮑斯奇說：「我恨之入骨，但他是天才沒話講。我痛恨的是他離開的方式，太不光彩了。」

能夠在畫壇旋乾轉坤的藝術家如村上隆者，能在洛美館展出不是偶然；卜洛姆波畫廊坐落在聖塔芒尼加也絕非因為他們喜歡充滿陽光的加州勝於紐約市。對他們兩人來說，西岸已非吳下阿蒙，藝術已經走出貧瘠。當代藝術在洛杉磯展開新的篇章，絕不只是畫商挖牆角的關係，而是藝術也在這裡產生。

洛杉磯藝術史開枝散葉，從某方面看，是一九七九年隨著洛美館落成啟用開始——洛杉磯終於擁有當藝術中心的條件，而且是藝術家創立的。四年後，葛芬在洛杉磯小東京為加州當代藝術美術館（MOCA）添加了四萬平方英尺的展間，美術館館長理查·柯沙雷克（Richard

Koshalek）一九八四年有一招漂亮的動作，買下龐薩伯爵抽象表現藝術歷史性收藏。[11]董監事對一千一百萬美元的高價有點不能接受，但是他們馬上就明白買下這批藝術品，加美館就可不費力氣地躋身全球首屈一指的當代藝術博物館行列。

有了這些生力軍，慢慢地更多畫廊在六個地區出現，理查・施密特（Richard Kuhlenschmidt）在威爾仕大道開了一家地下室畫廊，展覽挑戰性藝術品，大多是觀念藝術的創作，來自「圖像世代」。丹尼爾・溫伯格（Daniel Weinberg）把紐約藝術家引介到西岸，包括昆斯、格伯、勒維特與諾曼。到畫廊開始群聚於比佛利山邊緣的西好萊塢，洛杉磯的藝術世界終於有了核心地點。在一九九〇年初期，聖塔芒尼加成為核心地；施密特來了、溫伯格也來了；紐約和歐洲的畫商歐古斯丁和賀茲樂合夥成立了國際性畫廊，而卜洛姆波畫廊也在聖塔芒尼加建立據點。

對洛杉磯最長命的畫商菲森來說，聖塔芒尼加突然炙手可熱的滋味真是酸甜苦辣兼而有之。她一九七八年就開了她第一家畫廊。[12]如今藝術家一個個離開她，最後連麥卡錫和凱利也出走了。麥卡錫的理由是他要開始做一個大型、昂貴的鑄造作品，而他的全球代理豪瑟沃斯畫廊願意出錢。菲森說：「然後凱利進來……說他也要走，與他同在一個屋簷下的藝術家都走光了。」聖塔芒尼加羽翼漸豐、光芒漸露，但中小型畫商也被無情沖刷。

布魯姆對這種情形一點也不以為怪。這位和氣、率先代表沃荷的畫商對在洛杉磯開畫廊也有一肚子苦水。他最早在一九六〇年代初期開了費魯斯畫廊，然後一九八六年與紐約畫商赫曼合作，在洛城開了第二家畫廊。後來有人提醒他，既然如此，當初為何要離開洛杉磯。布魯姆說：「洛杉磯的藝術圈總是進兩步退一步。它需要若干中心性，聖塔芒尼加恰好可以提供。但事實是，洛杉磯當重要藝術中心的條件還不齊備；它有三十家左右的畫廊，但密度不及紐約。如今這裡成為重點，這當然很好，但一直存在的問題是，收藏家花錢只會花到一定的程度；他們想多花錢時，就會到紐約去，洛杉磯也因而始終是有著鄉下色彩的村姑。」[13]

卜洛姆與波一心要證明對洛杉磯帶著懷疑眼光的人錯了。從他們地處聖塔芒尼加的小畫廊，他們對遠在他鄉的藝術家如村上隆、近在洛城的葛羅傑都有莫大的影響力。葛羅傑起步時非常內向，他到畫廊來看其他藝術家的作品。畫廊兩位主人在九〇年代中期認識他，那時他已經奮鬥近十年仍一無所成、還在摸索；感覺前途無亮時，就跑去喝酒。[14]他也跟朋友布蘭特．皮特森（Brent Peterson）在好萊塢合開了一個小畫廊叫「七〇二室」（Room 702），與其他藝術家合作。[15]起碼他跟外界的談話對他有所幫助。他為了賺錢養家，曾在德州撲克大賽（Texas Hold'em）孤注一擲豪賭。[16]

葛羅傑一直找不到自己的畫風，一九九三年甚至畫起他在街坊看到的手繪招牌來了。藝評家薩茲注意到很多是平價餐館、漢堡速食店、報攤和沽酒店的招牌，販酒商店市招尤其多。薩茲說：「我歸納並猜測作者是一個沒有安全感、不願走進大商店的異鄉邊緣人。他彷彿是推理小說家雷蒙・錢德勒（Raymond Chandler）的書中人，感覺自己是困頓孤獨的酒徒。」[17]

無論評語是否一語中的，葛羅傑感覺自己臨摹的市招沒有原來的好，因此他到商店跟店主說要跟他們換招牌。大部分都同意了，對他們來說都一樣。這一段經歷讓葛羅傑學到很多有關線條與色彩的事，也把他從頹廢中拉出來，一九九八年時，他已經可以用自己滿意的新方式作畫。

傑夫・波說：「葛羅傑過去會到畫廊來看展，跟我們聊聊。他從來沒給我們看過他的畫。有次我們說：『何不把你的作品帶來給我們看看。』」他依言帶來了。傑夫・波並未驚為天人，但是基於禮貌，也因為葛羅傑人不錯，他答應去他的畫室看看。傑夫・波在那裡看見的是一批不同的東西，叫他難以忘懷。葛羅傑畫的好像是風景畫；夕陽散發著光芒。畫家自己叫它做二階視角繪畫，也就是後來知名的蝴蝶繪畫。

葛羅傑一九八八年在卜洛姆波畫廊的首展一張畫都沒賣掉。兩年後第二次展覽賣掉一幅，價錢是一千七百五十美元。葛羅傑形容這個經驗像受了「鞭笞」。[18]後來他買了兩大張別人訂了未取的畫布，從此也走上新的畫法。第一張他沿水平方向畫，也就是他過去一貫的二階視角作品。但是畫完後，他仔細研究，覺得不喜歡這個方向，於是他將畫布靠著牆、豎著畫；畫完感到滿意，第二張他就從頭開始就豎著畫。垂直視角看起來令人著迷、有新鮮感：看來不是夕陽，而是漩渦。[19]二〇〇二年葛羅傑在卜洛姆波畫廊第三次辦展，這次引起了注意。

多金的收藏家馬龍不久就將葛羅傑的作品加入收藏行列。他見多了藝術家和畫商，但卜洛姆、波與葛羅傑的關係卻不是泛泛。他說：「卜洛姆、波與葛羅傑的關係是畫商對畫家信守承諾的最佳實例之一；你信任你的藝術家會有不凡的創作，而不是支持他一年、看他會不會一步登天，不行的話到時甩掉就是。這是真正的承諾，就像卡斯特里對瓊斯、馬可斯對凱利和馬登。」嘲諷地說，葛羅傑後來成了他那一代最先有多位代理的藝術家之一——他有四位經紀人，而且什麼都是他說了算。

洛城藝術景觀上了地圖，不僅是因為有了畫廊和美術館的緣故。一九六一年成立的加州藝術學院也吸引了新一代的藝術家和交易商。藝術學院的若干老師就是知名的藝術家，一九九二年，《忙亂：一九九〇年代洛杉磯藝術》（*Helter Skelter*）就是一場開創新局的展覽，十六位藝術家參展，探討疏離、損失、變態、性與暴力。這場展覽吸引很多好奇的人來觀展，其中之一是大衛·康丹斯基（David Kordansky），來自康乃狄克州的藝術家兼畫商，正在藝術創作與藝術市場中闖蕩。麥卡錫與凱利等人是他心目中的英雄，觀念藝術家約翰·巴爾德薩里（John Baldessari）是終極啟蒙師，他從他們身上看到前景、大感振奮，決心以當代畫商為職志。

康丹斯基到加州藝術學院感受到時代巨變。以巴爾德薩里為首的若干加州藝術學院老師跳槽到洛杉磯加大或帕沙迪納的藝術中心設計學院（ArtCenter College of Design）。康丹斯基是這麼形容的：「這裡不再是瓦倫西亞（Valencia）的修道院。」師生都在挑戰加州藝術學院的傳統和嚴格校風。這裡的嚴格是出了名的，老師經常無情地把學生的作品批評得體無完膚，學生只有掉淚的份。而在洛杉磯加大與藝術中心，即使學生從未拿起畫筆，也都是藝術家。加州藝術學院失去了它的光輝，那裡能找到的畫家也少了很多。

二〇〇三年康丹斯基畢業，他跟夥伴依凡．高林科（Ivan Golinko）在中國城的死胡同伯納街五一〇號開了他的第一家畫廊，簽下的第一位藝術家是喬納斯．伍德（Jonas Wood），他是康丹斯基妻子敏迪．夏皮若（Mindy Shapero）的助手和朋友；夏皮若自己則是雕塑家。伍德畫朋友的肖像出名，二〇一九年康丹斯基仍是他的經紀人，但此時高古軒也是他的交易商。

康丹斯基另一名早期的朋友是英國出生的湯馬斯．侯希格（Thomas Houseago）。他使用銅等材料從事大型雕塑，有時做的是具象人物，有時是抽象作品，作品往往暴露出鋼筋，給人一種未完成的感覺。兩人一見如故，康丹斯基承認：「我們少不更事，縱情荒唐度日，我們兩人之間有一股爆炸性、有毒的能量。」二〇〇五年之前，他們只合辦了一場個展、一場團體展。但是康丹斯基認為一切都會在二〇〇八年他搬到考爾弗市（Culver City）一家大一點的畫廊時改觀。孰料侯希格在新畫廊辦了一場畫展後就走人了。時過境遷幾年之後康丹斯基餘痛猶在，他說：「我對他用盡一切心血，他卻離我而去。」藝術家展翅高飛，一段友誼也吹了。不過他那時才二十六歲，他後來說：「那是我人生最大的祝福。」就像卓納對魏斯特離開他時的覺悟，康丹斯基也看見自己需要成長——而不是把全副精神都放在一位藝術家身上，他需要對他畫廊的藝術家一視同仁，悉心拉拔每一位。

洛杉磯有藝術學校，畫廊和美術館等次也在提升，但是洛杉磯有一個難以彌補的弱點，就是缺常設的藝術拍賣公司。二〇〇四年，紐約與倫敦的當代藝術品拍賣如雨後春筍，清楚顯示市場成長之快。那年的當代藝術品拍賣首次創下一億美元的紀錄，也為波拉克、村上隆等二十多名藝術家寫下他們的個人高峰。[20]一年後，這項紀錄被一場黃昏拍賣一億五千七百五十萬美元刷新。價格飛揚之際，蘇富比與佳士得也把一九八〇年代和一九九〇年代的藝術品重新拿出來拍賣，新繪畫作品更不在話下。

公開拍賣一落槌，這些數字也就成了歷史紀錄。三家當代藝術的拍賣商——蘇富比、佳士得和富藝斯（Phillips）——也透過私下交易幫助藝術品流通。蘇富比是唯一公開上市的公司，也只有它公開各項銷售紀錄，例如二〇〇五年私下銷售紀錄為二億七千一百萬美元，不過這個數字包括它售出的各種藏品，如當代藝術品、古董車和上等葡萄酒。佳士得不公布數字，但是它的私人銷售成績斐然，大功臣則是藝術鑑賞本能極為敏銳的瑞士女子李維。

李維的父親是猶太裔埃及貨幣交易商，她修習的是藝術和政治學，二十一歲就在一棟十八世紀的華廈裡策展，也是她生平第一場展覽。[21]原來的屋主想要賣房子卻一直脫不了手，李維就提議在牆上掛畫辦展。她說：「我來展示年輕藝術家，會引起注意力。」結果畫和房子都順利賣出，李維也找到自己的路。她說：「對我來說，接近藝術是解放；什麼都有可能。」

李維的父親有辦法讓女兒吃穿不愁，但是不他放縱女兒，反倒非常嚴格，李維花了很多年向父親證明自己能夠頂天立地。也許不是偶然，李維也非常受男性威權角色的吸引，其中之一是佳士得老闆皮諾。皮諾器重李維，讓她負責開發佳士得的國際私人銷售部門。[22]畫商恨她，與之勢不兩立，因為他們的生存受到她威脅，藝術市場其餘部分也是如此。李維說：「我逆流而上的五年，嚐到的孤獨與灰心是我畢生沒有經歷過的。」她的閨蜜，前高古軒畫廊總監波托拉密帶給她一些安慰，但成功更能讓人感到安慰。到二〇〇三年時，李維私下交易的業績是一年一億美元。[23]這也是她自立門戶的時候了，從此蛻變為手上握有黃金名單的藝術顧問。

二〇〇三年，高古軒被《藝術評論》（*ArtReview*）選為對當代藝術價值與聲譽最有影響力的人物，此後也一直留在年度名單上的最高或近高地位。布魯姆的妻子賈琪（Jackie）認為高古軒的高招是在真正闊綽以前就表現闊綽——在真正具備實力之前就擁有漢普頓豪宅與私人飛機，藉以與大富大貴者平起平坐、交際來往，後來他們一個個成為他的客戶。

對手們承認高古軒是藝術圈霸主，但對他的行事作風十分不以為然。佳士得一名員工有天問一位收藏家：「你為什麼跟他交易？」這位收藏家嘆口氣，說：「是……高古軒啊。我也不知道。我知道他霸道，但他介紹給我的是最佳作品。」其他人對「霸主」公論心照不宣，一名畫商說：「如果我跟高古軒想認識的人在一起，他會跟我打招呼；如果電梯裡只有我們兩人，他連招呼都懶得打。」

新一代的收藏家連同過去二十年六位左右的超級藏家，這時都成為高古軒的委託人。其中一位是房地產開發商兼藝品投資人艾比．若森（Aby Rosen），另一位是避險基金經理人大衛．伽內克（David Ganek），還有電視節目製作人小比爾．貝爾（Bill Bell Jr.），他跟他太太馬利亞．艾麗娜（Maria Arena）都是昆斯作品的收藏者。[24]高古軒經常為這些收藏家舉行奢華派對，但自己卻不是那麼踴躍出席。一名觀察家認為，在這樣的派對中高古軒其實不覺得其所哉；他說：「他會露面十五分鐘，然後就消失了；除非是（創辦微軟的億萬富翁）保羅．艾倫（Paul Allen）來了。你找不到他，但突然之間他又出現了。他是操作高手，只是對一般人沒興趣。」

這段時期高古軒最大的斬獲是普林斯，也就是先從都會影像畫廊跳槽到葛萊史東畫廊的那位。《華爾街日報》報導，二〇〇〇年初期，普林斯利用一九五〇年代平裝書封面上的護士影像，製作多幅〈護士〉（*Nurse*），高古軒一開始認為只是「策展人的藝術」。[25]而且不是只有他如此，格里姆徹也宣稱普林斯不會讓人起共鳴，他說：「這種表現方式有點意思，但也只是書的封面——是對藝術的攝影藝術而已。又能有多了不起？」

不過隨著普林斯市場行情看漲，高古軒開始有興趣了，他也穿上普林斯常穿的格子襯衫。

轉捩點是普林斯在古根漢美術館舉行的大展。儘管這場展覽是葛萊史東催生，但普林斯求去之心似乎已定，一如葛萊史東指出，古根漢展一結束他就走人了。

顯然，錢是他求去的主要因素。根據《觀察家》（*Observer*）報導，高古軒與普林斯之間是六四對分，畫家拿六成，而且他也讓普林斯的作品掛上他認識的每一位收藏家家中的牆面。[26]在葛萊史東畫廊，普林斯的〈護士〉賣到六位數前排，二〇〇八年七月，普林斯一幅二〇〇二年的作品〈海外護士〉（*Overseas Nurse*）在蘇富比創下八百四十萬美元的銷售高紀錄，顯示出高古軒對普林斯在初級市場的行情經營是如何用心。[27]這也是普林斯和高古軒暴利曲線走揚的開始，不過普林斯和高古軒畫廊也吃上官司，原作攝影對普林斯利用他們的作品加工再創作，怒不可遏。[28]

權力與財力都不可一世，高古軒卻不見得比其他超級畫商更勇於冒險。格里姆徹也如此；豪瑟沃斯還在摸索；卓納是眾人之中最感嘗試新人的一位。在簽下第一批初級市場藝術家大約十年之後，原班人馬幾乎都還跟著他、名氣都蒸蒸日上，包括政治人物、政治諷刺畫家圖伊曼斯、特地場域裝置藝術家（site-specific installation artist）泰特、用鋼筆和墨水創作的社會批判插畫家雷蒙德．佩蒂朋（Ray Pettibon），以及黑色製片家史丹．道格拉斯（Stan Douglas）。

好像是從事副業似的，卓納也簽了幾位極簡與觀念藝術家。他們在一九六〇、七〇年代闖出一點名聲，但光芒被一九八〇年代後來風起雲湧的新表現主義掩蓋。他們大多數已不在人世，所以代理他們等於是處理他們的身後作品。一九六七年去世，以單色、黑色繪畫出名的抽象畫家萊茵哈特是一例。二〇〇三年去世的佛瑞德．桑巴克（Fred Sandback）是另外一例，他是極簡藝術／觀念藝術家，把單絲毛線從地板拉到天花板，從拉出的幾何角度中創造出雕塑的厚重。

極簡藝術基本上以紐約為大本營，不過加州的約翰．麥可拉肯（John McCracken）未成遺珠，也被卓納簽下。麥可拉肯創作的也是簡單的幾何圖形，他倒是還健在的時候就開始與卓納合作，最出名的作品是靠牆斜立或呈金雞獨立的單色光潔木條——就像他〈二〇〇一年：太空漫遊〉（*2001: A Space Odyssey*）特展中介乎衝浪板和矗立的長方巨石之間的展品。他的創作素材是漆器、玻璃纖維和三夾板，做出來的東西往往充滿流線感、色彩鮮明，也因而與西岸若干藝術家被歸類為「上光物戀派」（finish fetishists），不過他拒絕被貼上這個標籤。麥可拉肯吸食大麻，相信外星人的存在，也自稱有過第三類接觸。他二〇一一年去世，身後的作品依舊由卓納代理。

卓納代理大約十名藝術家的遺產，當然數賈德最出色。賈德公認是極簡藝術之父，最出名的創作是堆疊的箱子和藝術哲學廣泛的書寫。他不認為自己的創作是雕塑，寧可叫它們做「特殊物件」。[29]他也不承認自己是極簡藝術家，只是這個標籤貼定他了。他受美國西部風景的廣大無邊與孤寂吸引，走遍了美國西南部，發展出落腳在沙漠的建築風作品。[30]德州的碼法市（Marfa）也是他後來的安息所在。賈德曾成立奇那提基金會（Chinati Foundation），展出同儕藝術家張伯倫、弗萊文、安德烈、歐登伯格等人的作品，這個基金會後來保持了七十平方英里的牧場土地。

賈德在一九九四年六十五歲那年去世，當時卓納剛剛開了他第一家畫廊。賈德的作品日益看漲，及至二〇一三年，他一的大幅雕塑拍賣價高達一千四百一十六萬美元。[31]這是一九六三年後外行人難懂的作品寫下的最高價格。然而到二〇一八年時，只有七件賈德的作品在拍賣會上售價超過五百萬美元，不過賈德的作品仍然是交易商競逐的對象。佩斯畫廊在他生前和死後代理他二十年，但在二〇一一年替他辦了最後一次展覽後，賈德的遺作就轉到卓納手中。

有陣容強大的極簡藝術家在旗下，卓納讓人感覺他就是卡斯特里的衣缽傳人。一名畫商同意卓納搞藝術「有向歐洲傾斜的情形；高古軒會拉到當紅藝術家，也就是收藏家認為會其作品會讓他們賺到錢的藝術家；卓納比較有頭腦、比較含蓄」。

格里姆徹前前後後跟極簡藝術家、觀念藝術家和各種類型的抽象藝術家都共事過。以抽象表現藝術自況的馬丁，也許是格里姆徹的最愛。兩人之間的友誼和深富哲理的對話，尤其是一九六三年在康堤那次，對他影響深遠，但不曾料到友誼會如此持久與深邃。

一九六七年，馬丁的好評與日俱增時，她突然停止創作，離開紐約。在接下來的一年半的時間裡，她開著「清風」（Airstream）拖車遍遊美國、加拿大。她與萊茵哈特交往深，後者那年去世，讓她起了旅行的念頭。出遊期間很少跟人接觸，也曾被診斷出有思覺失調症，最後落腳在新墨西哥州偏遠的一座平頂山，建了居所，四年過後，才又重拾畫筆。

格里姆徹不預期會再看到馬丁，更別說會再代理她。因此馬丁出其不意走入他的畫廊時，對他說：「我又開始畫了，你願意展嗎？」格里姆徹忙不迭地回答：「願意！」

馬丁回答：「我再告訴你什麼時候到畫室來。」說完人就消失了。

一個週五的下午電話來了，她說：「明天早上有一班飛往阿爾布開克（Albuquerque）的班機，九點起飛。我在機場接你。」格里姆徹和他的事業合夥人弗雷德．穆勒（Fred Mueller）趕緊打點，一定要搭上那班飛機。

馬丁這時居住區已經落成；裡頭有小屋、有放置農具的儲藏小屋。一連幾個月生活都沒有討論藝術的對象，格里姆徹來到，是兩人他鄉遇故知；她對格里姆徹解釋她對美的觀點：「有些人不喜歡這裡的景觀，他們所見都是沙塵，看不見美。詩人威廉．布雷克（William Blake）在沙粒中看見美──看見全世界。美是我們所知，而非所見。」談話之際，貝多芬的音樂滿室流淌。對馬丁來說，貝多芬是歷來最佳的作曲家。[32]

格里姆徹後來多次回訪，回訪時總會看到新作，每一張他都心動無比。但是他也得接受馬丁會毀掉很多作品的現實，因為這是她的作風。她會畫十二張畫，然後問格里姆徹喜歡哪兩張。格里姆徹邊嘆氣邊選之後，馬丁就會用刀毀掉其餘。因此二〇〇四年她要他來最後一次，因為在世時間已經不多，需要格里姆徹幫她毀掉更多作品時，他一點也不驚訝。

格里姆徹曾把這一段經過寫成文字：「馬丁示意我走近床旁，她有氣無力地說：『畫室中還有三幅新畫。掛在牆上的已經完成，地上的兩幅需要毀掉。』我會去毀掉它們嗎？這是她生前的最後要求。」[33]格里姆徹解釋：「我只好用她的拆箱刀，不情不願地割毀兩幅，保留牆上的一幅。」

馬丁去世後，格里姆徹得知一名畫室助手沒有照馬丁所交代地毀掉她不希望留下的多幅作品。他知道馬丁不留這些作品的原因是因為畫面「凹凸不平，是個失誤，必須毀去」。然而這些有積彩的畫作仍然進了市場；對格里姆徹來說，這形成了一個兩難：這是馬丁的作品，出自藝術家之手，所以必須列入藝術家的作品目錄。但是格里姆徹也知道，馬丁若地下有知，會死不瞑目。格里姆徹能做的就是在目錄中指明有些畫沒有馬丁的簽名，佩斯畫廊不會買賣。

作品若在藝博會上展出馬丁會有所覺，但到了兩千年初期時，她的作品在次級市場流通幾乎是肯定的事，而且超出格里姆徹所能掌控。大多數藝術家希望自己的作品在每一個重要的藝術大展都露臉，對畫商來說這也可創造出新的需求——藝博會越多，他們代理的藝術家就有更多的作品展出，越有機會可賣。而畫商若不希望花錢空忙一場，乘興而來、空手而回，都希望利用藝博會創造銷售捷報。從一方面看來，這種局面是他們自己造成；他們歡迎藝博會蓬勃成長，不僅用它來拓展市場、開發新的客戶，從而阻擋拍賣公司的攻勢。畫商能在藝博會占上風，因為拍賣公司不准來此設攤。

也在藝博會上趴趴走的是藝術顧問中的新血輪，後面跟著一堆富豪客戶。大部分的時間畫商對他們都有幾分咬牙切齒，因為這些顧問會壟斷客戶。他們也不滿藝術顧問不需要什麼資格，愛來就來、要走就走。當然他們偶爾也代客戶買藝術品，對此畫商倒是沒有微詞。

每位藝術顧問在此百無禁忌的時代都有滿腹故事可說：最早的工作、最初的啟蒙師、每一次的巧遇；那一位大藏家要找什麼物件、何處剛好有等等。施瓦茨曼是紐約市立新美術館（New Museum）的元老員工，做過藝術記者。達拉斯大藏家拉喬夫斯基夫婦（Howard and Cindy Rachofsky）喜歡他的文章，收藏需要協助時，就打電話給他。[34]藝術顧問麗莎・希芙（Lisa Schiff）跟任何銷售高手一樣，往前的指標是錢。她說：「我有一個好朋友嫁到錢堆裡，我跟著經常奢華旅行的闊太太們走，說服她們的先生買一堆藝術品。」

在藝術顧問多變的世界中，有一個有錢、有意願收藏的客戶，就夠了。菲利普・希格拉（Philippe Ségalot）在佳士得一直做到二〇〇一年，然後做了開雲集團（Kering）負責人皮諾的藝術顧問；珊蒂・赫樂（Sandy Heller）為億萬富翁避險基金大亨科恩在藝術購買上操盤；投資銀行家菲力斯・羅漢庭（Felix Rohatyn）的媳婦晶瑩（Jeanne Greenberg Rohatyn）在紐約有三家畫廊，也是畫商，經常幫忙饒舌歌手傑斯（Jay-Z）；希芙愛替電影明星兼收藏家李奧納多．狄卡皮歐（Leonardo DiCaprio）跑腿。往往同一藝術家的作品會先後在不同的客戶家中出現。希芙承認：「我的客戶都有一幅伍德的作品，我樂見這種重疊。」[35]

對這一批新血輪藝術顧問，二〇〇二年十二月問世的邁阿密灘巴塞爾藝術博覽會（Art Basel Miami Beach）是新的藝術中心。希芙指出：「突然之間當代藝術引起廣泛的興趣，我還年輕，也沒概念拍賣會上發生了什麼事。」但希芙不需要知道太多，只要知道誰在博覽會一開幕頭幾分鐘搶到買了什麼，並在他人之前搶到同樣的藝術家作品就得了。

為邁阿密灘巴塞爾藝博會催生不遺餘力的盧貝爾夫婦，自從早年從事東村藝術之旅花了二十五美元購買藝術品後，就開始不斷收集——對象幾乎都是新秀藝術家或完全不為人知的藝術家，事後也證明他們的買價都太實惠了。他們也搬到邁阿密住下，一九九三年，他們買下舊的美國緝毒局（US Drug Enforcement Agency）一個倉庫，當作非商業性畫廊，它很快演變成一個非營利性、向大眾開放的畫廊。他們一年買進幾百件作品，到二〇一八年時，已經擁有八百名藝術家創作的六千八百件藝術品。雖然他們珍藏大部分的項目，但偶爾也販售或以物易物。[36]在首屆邁阿密灘巴塞爾藝博會，他們夫婦建立起一個新傳統，在倉庫畫廊開辦幾百人可參加的開幕式派對，主打他們喜歡的新秀藝術家作品。這些作品只展不賣，但展覽可以提升盧貝爾夫婦賞識的千里馬地位，協助他們進入頂級畫商和藝術顧問的軌道。

盧貝爾夫婦每日晨起後第一件事就是在倉庫外的網球場打一個小時的網球。他們打球認真，提拔他們感覺有潛力的新人也不含糊。詢以對當代藝術市場的竄升，盧貝爾會皺眉避之不談。他們在乎的是藝術，不是藝術市場；但對藝術，跟他們對網球一樣，他們喜歡贏。

邁阿密灘巴塞爾藝博會不僅把畫商和收藏家聚集一堂，高談闊論藝術、玩三天，跟它前面的巴塞爾藝博會一樣，也把熱門藝術家的行情推得更高。希芙指出：「葛羅傑曾經是只能溫飽的藝術家，但後來就在拍賣會中炒熱。」葛羅傑的「蝴蝶」繪畫價格衝得比其他人都高，「從五萬美元衝到五十萬美元」。當代藝術短期獲利的新階段開始了，希芙嘆道：「手中的蝴蝶畫大家都喊拋，我也一樣。這是我做過最愚蠢的事，但當時我害怕。漲到那麼高，你不敢不跟賣。」

藝術顧問這行飯非靠運氣不行，也大概無人比梅瑞迪・達若（Meredith Darrow）更走運。她在藝術市場發跡的故事，情節有如好萊塢電影。二十一歲剛剛從哥倫比亞藝術學系畢業，憑著機遇和甜美的笑容，她在倫敦當時最夯的白立方畫廊得到實習的機會；有次坐在紐約與倫敦之間的飛機上，她發現旁邊坐的居然是布朗，進而建立起友誼。達若說：「人脈就這樣建起來了。我不確定現在還有沒有這種從天上掉下來的事。」

回到紐約，達若為紐約下城畫商德奇管理軍械庫大展的攤位，邁阿密收藏家卡洛斯和羅莎．德拉克魯斯（Carlos and Rosa de la Cruz）夫婦經過也結了緣。從這個位子上，達若在前高古軒畫廊副總監波托拉密自己新開的畫廊找到一份工作。達若這時年方二十五，男友艾倫．楊（Aaron Young）是藝術家，從事的藝術活動包括騎摩托車騎過表面為螢光漆的三夾板。

達若後來運氣突然轉壞，她與男友分手，在波托拉密畫廊的工作也沒了。達若憂鬱，身無分文。這時有朋友建議她去當藝術顧問，畢竟她認識很多藝術家。她在佩斯畫廊工作的這個朋友也力邀她以他客人的身分到巴塞爾藝博會。也許這裡會有什麼機遇。

機會果然出現。藝博會每晚都有大型晚宴，達若與德拉克魯斯夫婦重逢，立刻做起德拉克魯斯夫婦的藝術顧問來。她建議他們為新成立的邁阿密美術館要添什麼，成了空中飛人，參加全球各地的藝博會，有如活在夢中。

二〇〇〇年代中期不是只有百萬大咖畫商吃香喝辣，布朗也在支持看好的新秀，而且成績斐然。他代理觀念藝術家包括馬丁．克里德（Martin Creed），他有一件出名的作品，作品中只有一間房、一個電燈開關。

布朗也與費雪過從甚密。後者二〇〇七年曾以一項觀念主義作品測試兩人的友誼。有一天布朗不在，費雪帶了一個工班到畫廊來，不一會兒工人就用他們帶來的電鑽鑽出一個三十八×三十五英尺的大坑洞，鑽出來的泥土、碎屑用鋤頭鏟走，這個過程就是藝術。[37]

布朗事後不在意地說：「作品剛完成時我不在場，可是看到時我一點也不感到意外。」這個挖坑的作品〈你〉（*You*），受到藝評家注意，品評大部分很正面——尤其是布朗將它賣給收藏家布蘭特後更是如此。[38]布蘭特買的究竟是什麼？布朗的回答是：「他買的是能量。他開風氣之先，然後在自己的地方挖了一個坑。」

布蘭特後來解釋：「這是一個可以複製的環境作品，而我就為了費雪一場展覽複製了。我們的一間畫廊後來挖出一個洞。」它可以再次複製，而且按布蘭特的意願隨時複製。

布朗承認整個創作、複製都有點瘋狂。他說：「我認為它展現了一種瘋狂。藝術家知道，我們也知道。我認為我們在一種瘋狂的時期；我想不是上那班車，就是走到另外的目的地。」問布蘭特他的坑值多少錢時，他沉吟：「值多少？我也不知道。可能一文不值。但這是我們歷史中一件重要的作品。」

對沃荷市場來說，二〇〇七年是創紀錄的一年。五月間，沃荷一九六三年創作的〈綠色車禍〉（*Green Car Crash*）——又叫〈燃燒的車一號〉（*Green Burning Car I*）——在佳士得賣得七千一百七十萬美元，包括相關費用在內，創下沃荷歷來作品最高銷售紀錄。[39]高古軒那晚也競標，但沒有標到。拍賣的買、賣雙方姓名都沒有對外公布，但高古軒的名字才重要。沃荷去世後的市場完全是他搞出來的。《紐約》雜誌的艾瑞克．孔尼斯伯（Eric Konigsberg）在他的高古軒人物特寫中說：「這應該是他的重要成就，為他其他的工作項目鋪好路。」[40]

〈綠色車禍〉還不是二〇〇七年競標狂熱的終曲，而是開場。紐豪斯珍藏了二十年的瓊斯作品〈錯誤的開始〉（*False Start*），是他一九八七年以一千七百萬美元買下，當時寫下在世畫家的作品最高銷售紀錄。二〇〇七年五月，瓊斯的〈形狀四〉（*Figure 4*）又以一千七百四十萬美元的價格賣出。但幾乎是一夜之間，那個紀錄被超越了。首先是赫斯特的〈搖籃曲之春〉（*Lullaby Spring*），二〇〇七年賣了一千九百二十萬美元；接著是昆斯的〈懸掛的心〉（*Hanging Heart*）十一月以二千三百六十萬美元賣出；接下來盧西安．弗洛伊德的〈沉睡中的救濟金管理員〉（*Benefits Supervisor Sleeping*）在二〇〇八年五月以三千三百六十萬美元寫下紀錄。高古軒仍是赫斯特和昆斯的畫商，弗洛伊德由阿奎維拉代理，他們此時可能是全球進項最高的交易商了。〈搖籃曲之春〉為卡達親王薩德（Sheikh Saud bin Mohammed al-Thani）的家族收藏，據傳卡達王族在半年裡花了十五億美元把卡達的新建美術館填滿。[41]三千六百磅的不鏽鋼紅、金二色〈懸掛的心〉入了高古軒的客戶烏克蘭超級大亨維克多．平楚克（Victor Pinchuk）的府庫。[42]弗洛伊德的作品根據報導則到了俄羅斯大亨阿布拉莫維奇手中。[43]

二〇〇七年底經濟疲相顯露，但高古軒似乎不在意。二〇〇八年四月他拿出兩億美元買下部分伊蓮娜．索納本部分收藏。[44]她在前一年十月去世，遺產繼承人霍門賣掉收藏的時間後來證明是極好的時間點。高古軒買到沃荷所有的群組繪畫，包括〈四幅瑪麗蓮夢露〉

（*Four Mariliyns*）、兩幅伊麗莎白泰勒肖像畫，以及三幅小的〈死亡與災難〉系列（*Death and Disaster*）。三年後有人注意到高古軒在阿布達比將這些作品展示於人，顯然是要出售。[45]

高古軒雖有一身的畫商應有的本能，但對一九九〇年中期開始的那場經濟蕭條有所不察。他對這次要來的風暴好像也沒好到哪裡，忽略了過度槓桿操作的銀行和房地產搖搖欲墜的徵兆，但是雷曼兄弟二〇〇八年九月十五日內爆那天，藝術市場的變動不是他的錯，怪的話要怪赫斯特。

雷曼兄弟在紐約垮掉時，赫斯特兩百一十八件作品也在倫敦蘇富比拍賣。這次拍賣不是拍賣公司主導，而是藝術家自己策劃。如果不是他對必須付給畫商佣金不滿，就是他對十八世紀前古典油畫的熱情導致他債台高築，需要籌錢還債。狂妄的赫斯特自己在蘇富比推出《我腦中永遠的美》（*Beautiful Inside My Head Forever*）的拍賣會。他說：「我認為藝術世界絕對已朝這個方向走，我的拍賣會只是向前快轉而已。」高古軒和赫斯特的倫敦交易商喬普林都氣炸了，整個藝術市場也瞠目結舌。赫斯特仍堅持要做。他對《紐約時報》表示：「即使拍賣失敗，我也為各地的藝術家打開一扇新的門。」[46]

從蘇富比門外看，這項兩天的拍賣似乎非常成功。共有兩萬一千人到場，衍生出二億零七十萬美元的銷售。[47]但是許多藝術品的價格受到高古軒和喬普林拉抬，他們出標、拉高赫斯特的市場，從而賣掉自己手上的赫斯特作品。[48]事實上，這時赫斯特的行情低迷：二〇〇五至二〇〇八年之間他巔峰時期賣出的作品，如果賣得掉，轉手價也只有三折。接下來幾週，據傳很多買家還反悔了。[49]

行情崩盤引起警覺，甚至恐慌。但是冷靜的人清楚當代藝術市場成長了多少：最受藝術市場敬重的歐洲藝術博覽會（European Fine Art Fair）的藝術市場經濟學家克萊兒・麥坎安德魯（Clare McAndrew）認為：二〇〇三至二〇〇八年之間成長了六倍，她的年度分析說明藝術市場的規模為六百三十億美元。年頭雖然突然轉壞，但是這個成長數字讓畫商對要來的歲月抱著審慎的希望。

PART 4

APOCALYPSE NOT

末世未臨

2009-2014

Chapter 13

A Most Astonishing Revival

驚人復甦

2009-2010

二〇〇九年六月，倫敦拍賣會前夕，高古軒與穆格拉比之間的一通電話暴露出拍賣市場的一些內幕。他們通話的主題不外跟行業有關，但穆格拉比在倫敦克萊齊（Claridge）飯店大廳裡所講的每一句話，都飄進了藝術市場一名內線的耳膜，高古軒可能的反應與穆格拉比的一字一句他都寫了下來。這兩位藝術市場的大咖是如何聯手影響生意，可從《紐約》雜誌記者孔尼斯伯所撰寫的高古軒人物特寫中進一步了解。[1]

雷曼兄弟事件掀起金融大海嘯後約八個月，高古軒就又忙起來。紐約可能還在躺平狀態，但他這次受到的打擊小於一九九〇、一九九一年。他當時對一名記者說：「今天跟當年完全不可同日而語；我們現在的藝術市場更具全球性。」[2]紐約世界畫壇中心的地位保不保得住，他都不打包票，他說：「（藝術市場有）走位的現象，特別是移向歐洲。顯然中東有很強的購買力，阿布達比、多哈的美術館、博物館都在擴充，令人振奮，但畢竟是外圍。我倒認為我們是朝歐洲挪移。」[3]市場在動，不是向下而是向上，因此那晚倫敦的氣氛充滿了期待。

高古軒與穆格拉比關注的重點是六月二十五日傍晚蘇富比拍賣的三幅沃荷畫作。穆格拉比剛從蘇富比一名主管那裡得知：三幅畫中大概有兩幅無法達到德國收藏原主約瑟夫·傅洛李克（Josef Froehlich）設定的最低價格目標。[4]賣不掉，就表示蘇富比需買回，進而影響到沃荷的全盤市場，而高古軒與穆格拉比正是這個市場的操作要角。

沃荷兩幅行情低迷的作品，是在他過了早期黃金時期之後很久的創作，因此拍賣標價合理。但即使如此，也可能銷不掉。蘇富比估計，一九七六年創作的〈鐵鎚與鐮刀〉（*Hammer and Sickle*）可能的成交價為三百八十萬美元，而一九八〇年的絹印〈鞋子〉（*Shoes*）可能低於一百萬美元。問題是：穆格拉比與高古軒的出價要不要高於蘇富比的買回價？

穆格拉比問高古軒：「你喜歡『鞋子』？還是無所謂？若是可以，我希望便宜買進。」[5]便宜二字完全看你怎麼解釋。穆格拉比與高古軒仍希望沃荷的作品能夠賣出好價錢，以保護沃荷市場。

高古軒顯然有興趣。

拍賣前，穆格拉比打電話給蘇富比一名高層商量價錢。他表示他和高古軒對〈鐵鎚與鐮刀〉價格超出三百萬美元有意見。[6]他說：「對方若是要脫手，告訴他要務實一些。」

穆格拉比這時仍在旅館大廳，他打電話給他父親，講的多是西班牙語，然後再打給蘇富比高層。他說：「我父親說他願意出兩百萬英鎊買〈鐵鎚與鐮刀〉和〈鞋子〉，一切費用在內。」他告訴蘇富比和賣方可以把底線設在那裡，也決定了他和高古軒願意付出什麼價錢，防止蘇富比買回。

穆格拉比和高古軒進場時，他們有其他競標人沒有的資訊：底線在哪裡。但這也不是說結果已經安排好——到時還是可能有人冒出來，出標高過他們兩人。當然有人攪局也好，他們衷心希望有人出面撐住沃荷的市場，省下這次的錢日後使用。

結果，三幅沃荷的作品都在兩人估計範圍的中價位賣出。孔尼斯伯報導高古軒自己買下〈鞋子〉，打算一、兩年後賣出；他放棄〈鐵鎚與鐮刀〉，因此穆格拉比買下，只是事先那樣處心積慮，最後還是為它付出三百二十萬美元。[7]

同一個月，卓納結束了與沃斯的合作關係——雙方合作了將近十年，一起買賣次級市場的作品。[8]拆夥不是因為失和，沃斯夫婦只是想在紐約開一家屬於自己的畫廊，引進自己的歐美藝術家。他們從卓納手中接下羅德斯與泰特；發掘兩人的功勞全屬卓納，沃斯夫婦只是為他們開創了蘇黎世和倫敦市場。

那一年的九月，沃斯夫婦在紐約東六十九街三十二號他們的連棟別墅三樓開了一家畫廊，裡頭聽得見回音。一九五〇年代畫商瑪莎．賈克森（Martha Jackson）在這裡的四牆懸掛多位抽象表現主義畫家的作品：法蘭西斯、奈納爾森、迪本科恩和哈蒂根等人。如今豪瑟夫婦終於走出歐洲，為他們自己的藝術家在紐約辦展。

市場還在恢復當中，對卓納來說，也許抓緊口袋深的沃斯夫婦才是智舉，但是他看到乍現的靈光，他說：「二〇〇九年，萬事俱廢，價值下滑，我心想：這可慘了，而且會慘淡多年。但藝術世界的結構仍舊完整，我們都還飛去參加藝術博覽會、參加晚宴；藏家雖不出手，但也沒走，還在我們的網絡中。我看見一切機制仍然完好，也看見我們在人們生活中的拉扯力，知道這些人不希望錯過機會。」[9]

沃斯夫婦在紐約東六十九街開畫廊沒多久，卓納也在西二十街買了一間老舊的車庫，聘請當時火紅、承包數家畫廊設計工程的建築師安娜貝爾．塞爾多夫（Annabelle Selldorf），規劃雀兒喜區最大的展示空間，設計一座五層樓的宏偉建築。原有的舊建築拆掉後，遭遇各種情形，因此施工四年後才落成，開幕時引來調笑。沃斯夫婦跟進，不過他們沒有大興土木修建新畫廊，只在西十八街租下一座舊溜冰場和舞池，面積也非常大。這兩家新畫廊在二〇一三年初先後開張，四大畫商當中的兩大邁入經營的新局面。

在生氣蓬勃的氣象或反之的境況中，畫廊越大，開銷越高，風險也越大。藝術市場從來不是膽小的人涉足的地方，它越來越像是達爾文進化論的場地，只有最強的才能生存、發達。

對小型畫商來說，二〇〇九年的經濟大衰退是一段艱苦的日子，在百事停滯裡，雀兒喜中型畫商伊麗莎白・迪（Elizabeth Dee）決定辦一個超大型的團展，讓藝術家有出路。她需要的是免費的空間，結果她跟西二十二街迪亞藝術基金會（Dia Art Foundation）建物的主人那裡借到了。她說：「我跟他說：『你這棟建築在大衰退時期大概難撐下去，不如我們把藝術世界的一些代表性人物請到這裡來演講、做活動。他非常喜歡這個主意，就把鑰匙交給我了。』」從二〇〇九到二〇一〇年一年多時間裡，迪和一組策展人辦了十二場展覽、五十次活動，吸引了七萬五千人參觀。[10]迪稱之為「X計畫」（X Initiative）。乘勝追擊，她接下來又協辦了紐約「獨立藝術博覽會」（Independent Art Fair）。

迪的行動鼓舞了畫商與藝術家。在英國，鐸非做得更多。自從他決定在二〇〇一年關閉倫敦畫廊後，鐸非和妻子安・席莫、及藝術夥伴瑪麗－露易・拉班（Marie-Louise Laband）就開始他人生的收藏階段，一直持續到二〇〇九年。針對他的畫廊階段，鐸非說：「把倫敦帶到鎂光燈底下，我們感覺自己是這場美好運動中緊要的一環。」他可以功成身退了，他的畫商階段可以畫下句點。藝術交易新秀出名前很多都跟著他，有些起步時做的只是處理藝術品的工作。新一代的代表人物包括馬可斯、布朗、李維與波托拉密，他們跟鐸非展過的藝術家一樣，都是鐸非的傳承，如今自立門戶，往往還是他的對手。

如果收藏只是為了填滿牆壁，鐸非不會有興趣。他希望有更多人欣賞當代藝術。鐸非小時候常去的雷茨斯特美術館已經無力買或借到重要的藝術品，他與席莫、拉班聯手收藏的國際當代藝術品展現出藝術家作品有深度、厚度，足以作為全英國的資源。

等鐸非接觸泰特美術館館長尼克拉斯·賽若塔（Nicholas Serota），他的收藏已經有四十個房間那麼多，包括一百幅沃荷的畫作與素描、博伊斯一百幅繪圖。透過二〇〇八年鐸非的「捐贈」，價值一億兩千五百萬英鎊的藝術品捐給了泰特和蘇格蘭國家美術館（National Galleries of Scotland）。據報導鐸非從英國政府那裡拿到二千六百五十萬英鎊，也就是當初他原初的投資額。[11]他的願景受到賽若塔力捧，叫作「藝術家房間」（Artist Rooms）。[12]

「藝術家房間」畫廊在新建的泰特現代美術館的四樓，常年展出，內容經常更換。[13]不久之後它就達到一千六百件藏品，在七十五家畫廊和美術館展覽超過一百五十次，吸引來自英國各地的參觀者超過五千萬人。《每日電訊報》（*Telegraph*）藝術版主編理查·鐸蒙（Richard Dorment）曾撰文說：「藝術家房間是我有生之年所見過英國藝術世界最重要的大事。」[14]賽若塔形容得更豪邁：「全球史無前例。」[15]

為擺脫二〇〇八至〇九年的衰退，畫商竭力爭取完全不同的一批低風險的現代與當代藝術家：知名或已故的。沃荷再度領先群倫，死後與生時相同。一九八七年他去世時家財萬貫，留下他那個時代第一個真正有價值的藝術家遺產。巴斯奎特比他晚一年去世，留下的遺產規模普通，但近年拍賣價格頻創紀錄。依時間先後，相繼離世的富有藝術家是：賈德（一九九四年）、德庫寧德與李奇登斯坦（一九九七年），以及羅森伯格（二〇〇八年）。

幾乎無一例外，最大筆遺產落在最大咖畫商身上。這些巨頭錢比較多不說，也比較有能耐處理。知名的已故藝術家留下的不算多——沒有太多的藝術品可以銷售，但是仍然可以提升畫商的名聲，並且攬到處理權後，可以吸引在世的藝術家上門——若想用亡者餘輝來烘托自己的話。已故藝術家的遺產周邊可能有一堆重量級收藏家，他們過去買過這位藝術家的作品；畫廊要找已故藝術家的作品，可能踏破鐵鞋無覓處，但有這些藏家在，也可能得來全不費工夫。大咖畫商擴張畫廊空間的同時，需要更多的品牌藝術品掛上畫廊的牆面；不是為銷售，就是要用歷史性非賣品展覽來充門面。藝術家的遺產可以解決這些需要，畫商也可藉此吹噓。越來越多的畫商運用這些權利來吸引藝術家加入他的門牆。以前他們把自己形容為某某已故藝術家遺作的代理人，如今他們已經不提遺作，只提藝術家的名字。在仍尚健在的同儕圈子裡已故的藝術家如此也大豐收，得到最上等的獎賞：永生。

大咖當中也有一股傾向：把藝術家的遺作視為學術理論的佐證。卓納一九六、七〇年代的極簡與觀念藝術的收藏，對他大概跟卡斯特里幾乎類似——為了生意，但對卓納來說更是一項美學事業。他延攬專家學者籌劃展覽，編撰高明的目錄。他的同僚亦然。高古軒有畢卡索、曼雷和亨利．摩爾（Henry Moore）的若干遺作，東西不多，但明星魅力無窮。佩斯畫廊有考爾德、奈納爾森和馬丁，他們都是傳奇藝術家。一名市場觀察家說，在四大當中，豪瑟沃斯對壯大藝術家遺產生意功勞其實最大，他說：「他們把塵封之作變得誘人。」對沃斯夫婦而言錢從來不是問題，兩人也就從布爾喬亞、戈爾基、葛斯登與大衛．史密斯（David Smith）的遺作中如入無人之境，極盡買進之能事。

《彭博社》（*Bloomberg*）的詹姆斯．塔米（James Tarmy）稱這種經營藝術家遺產的生意為「藝術世界未來財富所在，利益極大」。他指出，關鍵是對價格的控制，一旦畫商被已故藝術家的遺產管理人或基金會聘請，他就大權在握。但這還只是一半；畫商店銷售代表會向收藏家發送塔米形容的「蝙蝠信號」；這些藏家或許想賣掉一項已故藝術家的作品，最好的途徑就是經由遺產管理人與擁有授權的畫商。是畫商能說服遺產管理代表買回作品，訂出一個皆大歡喜的價格。這種安排只有一個問題，塔米指出：「這表示畫廊取代了過去一百年學者擔任的角色：決定重要藝術家何時、何地、如何展出？」

羅森伯格二〇〇八年去世，格里姆徹與高古軒為了羅森伯格身後的六億美元藝術財產槓上了。格里姆徹一九六三年就認識羅森伯格，但是一直到一九九八年才開始代理他。中間這段時間羅森伯格有過幾位代理，但是他從未對那一位做過承諾。他作品歷久不衰，但是人生卻有很多考驗。格里姆徹承認：「羅森伯格有段時間酗酒，他走了出來，我們也形成合作關係。」格里姆徹協助羅森伯格在一九九七到九八年之間在古根漢美術館辦了一場回顧展，然後又到休士頓、科隆和畢爾包美術館（Bilbao Museum）巡迴展出，作品被重新評價、肯定。格里姆徹以其代理身分宣布羅森伯格死於鬱血性心臟衰竭，其實根據一名知情者，他是死於過度服用嗎啡。

羅森伯格其實在一九九四年把家產信託給三人，其中一人是他的助手，也是他二十五年的伴侶達若．波托夫（Darryl Pottorf）。[16]他們四人在紐約和羅森伯格住了幾十年的佛羅里達開普提瓦島（Captiva）長相為伍。這三名信託人的早期動作之一是切斷與格里姆徹和佩斯畫廊的關係。格里姆徹心碎了，但是信託人有其用意。羅森伯格的身後財產九十％是他的藝術，為了防止藝術家死後常見的藝術擠兌，他們選擇將其受託管理的所有羅森伯格作品都撤出市場，加以估價，也許日後慢慢地賣出。因此眼前似乎沒必要留著畫商，即使是像格里姆徹這樣一位處處替羅森伯格設想的人。

羅森伯格死後大約兩年，受託代表向新成立的羅森伯格基金會（Rauschenberg Foundation）提出一份帳單，要收取八百萬美元服務費。另外還出現藝術品本身價值的問題；佳士得估價六億美元。[17]通常遺產的託管人能夠針對遺產收取多少專業服務費有一定的上限；

羅森伯格沒提過要給多少，信託人要求五%，也就表示他們要三千萬美元，減去已經提出的八百萬美元後，所得由三名受託人平分。[18]

然而這三人也認為羅森伯格的遺產絕不止六億美元，而這個想法是他們延請高古軒之後提出的。高古軒的任務是賣出幾幅價格高出現有市場行情的作品，拉抬遺產的全盤價格——亦即佳士得在二〇〇八年谷底時的估價。高古軒把羅森伯格一九五五年最早期、最高評價的組合作品〈短路〉（*Short Circuit*）賣給了芝加哥藝術博物館（Art Institute of Chicago），售價為一千五百萬美元。[19]受託人也因此要求重新評估羅森伯格的遺產。他們感覺值十二億美元，他們也應該得到六千萬美元。

賣出〈短路〉不久後，羅森伯格基金會從紐約聘請了一位藝術執行長克里斯蒂．麥可里爾（Christy MacLear），她以前掌管康乃狄克州新迦南（New Canaan）菲利普．強生（Philip Johnson）的公共建築玻璃屋（Glass House），二〇一〇年受基金會之聘，擔任首任董事長。羅森伯格基金會與遺產管理信託極為不同。遺產相關事宜清算後，所得要交給基金會，按照羅森伯格生前所指示的用於教育與慈善事業。麥可里爾發現那三名受託人赫然也在基金會董事會名單時，吃驚非同小可，指出其中明顯的利益衝突，不讓他們進入董事會。

至於三名受託人獅子開口要六千萬美元，麥可里爾認為不可理喻。她說：「我們的感覺是，你們非但沒有出力做事配得這樣酬勞的工作，身為羅森伯格的朋友、事業夥伴和愛人，明知錢要用在慈善上，怎麼能自視為親信、自封為專家，卻表現得如此自私？」

麥可里爾與基金會認為他們不值六千萬美元，只能拿三十七萬五千美元，三方均分。

遺產問題上了法院，高古軒關心得很；官司誰輸誰贏和他無關，他只想賣畫。然此一居心也讓他跟有決定權的麥可里爾處在衝突的航道上，她說：「有時基金會同意授權，有時不委託他。」高古軒永遠不會滿足。她模仿高古軒的口氣說：「他常說『我不是教會』，他的意思是他的行當是出售藝術，不是為了藝術家建立祠堂。我並不是要醜化他，他在發掘市場上功勞很大。」

隨著事情的演變，格里姆徹毫不掩飾他對受託人開除他的憤怒，他說：「真是痛心，他們對我下手。」他對高古軒也不爽。格里姆徹說，高古軒向受託人和基金會保證羅森伯格每幅重要作品都可以賣到五百萬美元，但事實上高古軒沒賣出什麼。他說：「他毀了市場三、四年，他要的只是從佩斯畫廊手中搶走羅森伯格的身後遺作，才不在乎羅森伯格如何。他不知道如何處理，他沒這份感覺。」

官司一直到二〇一四年八月才宣判結果。巡迴法庭法官傑．羅斯曼（Jay Rosman）否決受託人的六千萬美元要求，但准了近半：二千四百六十萬美元；扣去他們已收到的八百萬美元，一共是一千六百萬美元，三人均分。代表受託人作證的估價員作證時認為遺產這時已經增值為二十二億美元，因為羅森伯格二〇〇八年死後市場成長了很多；關心這件事的人聽到法官說

「法庭認為三名受託人做了很好的決定、提供很好的服務」，也感到錯愕。

在這項宣判之前，麥可里爾既然身為基金會董事長，二〇一〇年之際就必須思考要不要留高古軒做代理，還是要由格里姆徹之類的人頂替。

格里姆徹等了三年，麥可里爾才做決定。這期間，他可以誇口從高古軒手中搶走德庫寧遺產的處理權，報了一箭之仇。他說：「德庫寧的女兒麗莎（Lisa）不喜歡高古軒，就草草做了決定。我們有天晚上一起吃飯，可能是在東漢普頓。她說她很不滿意高古軒。」[20]對格里姆徹來說那是豐收夜，德庫寧遺產中有很多是他晚年的繪畫，估價為四億二千五百五十九萬六千一百八十一美元。

二〇一一年在羅森伯格遺產權待決之際，以汽車廢零件製作雕塑最出名的藝術家張伯倫的遺產，成了對格里姆徹和高古軒之間的另一個戰場。格里姆徹最早在一九六一年結識張伯倫，一年後，他在波士頓畫廊為張伯倫辦展，兩人的交情深厚。張伯倫在卡斯特里與佩斯畫廊先後代理下，吃香了四分之一個世紀，雕塑作品可以買到五百五十萬美元。但二〇一〇年末時，格里姆徹的看法是：張伯倫已經過氣了。《華爾街日報》二〇一一年報導張伯倫的作品由一家比利時廠商承造。[21]但格里姆徹不看好，他說：「可悲的是作品沒有力量。」

這也是高古軒見縫插針的時候。二〇一一年初，他開車到紐約夏特島（Shelter Island）張伯倫的畫室，參觀他的近作。張伯倫示意他可以直接進入畫室自行參觀，他本人留在客廳裡。幾分鐘後高古軒看完了，滿臉笑容地進入客廳對張伯倫說：「我全部都要。」幾週後，張伯倫就正式換了畫廊，二〇一一年五月在高古軒畫廊舉行展覽慶祝。當時有人問張伯倫對換人代理的感覺，他說：「有時藝術家需要換檔。高古軒隨時都在出發檔，我應該坐在一旁文風不動嗎？」[22]

高古軒是否真正佩服張伯倫晚期的作品其實不是重點；他、張伯倫夫婦都知張伯倫在世年日無多。高古軒賣他晚期作品無論多不容易，總排上代理張伯倫遺產的號，而遺產中可能有多幅張伯倫的精品。張伯倫在二〇一一年十二月去世，高古軒果然也拿到代理銷售權。

格里姆徹對這一切都不看好，他說：「張伯倫市場從高古軒為他第一次辦展後下跌了三、四成，拍賣售價也從兩、三百萬掉到幾十萬美元。」不過一名熟悉張伯倫市場的收藏家加以駁斥：他早期作品依舊搶手——這也越發凸顯高古軒的精明——晚期作品也會隨時間上揚；德庫寧晚年的抽象畫就是如此，一開始被形容為失智邊緣，作品不值一顧，如今也要賣幾百萬美元。

大約是這個時間，卓納也設法搶到了一個至少跟張伯倫一樣重要的藝術遺產，也就是螢光燈藝術家，一九九六年以六十三歲之年去世的弗萊文的作品。不過一堆麻煩也接踵而來。

弗萊文一開始也沒打算做極簡藝術家，甚至也不把他的藝術作品稱為雕塑。它們是「紀念碑」，壽命也沒打算撐過燈泡的兩千一百個小時的壽命。他創作的材料簡單，都是店裡現成的：燈座、電線、二×四現成框架等等。他對抽象表現主義的行動畫派或色域畫風說不；簡單的組合也可以成為藝術。重要的是光：顏色與螢光燈泡的強度。

弗萊文生時燈泡燒壞了如何更換，是個問題。他曾由卡斯特里畫廊所代理，畫廊經理史班格說：「弗萊文酒醉或清醒時，我都跟他談過幾次這些問題。他知道技術會改變，應如何對應，有點模稜兩可，但也感覺自己的作品必須完美——不應該讓鏽蝕的燈座露出來。」弗萊文對燈泡的感覺似乎隨著時間改變，他還活著的時候，喜萬年（Sylvania）廠後來宣布不再製造他喜歡的那種綠燈泡，他的助手曾搶先囤積了大約六百個。

最初弗萊文的遺產信託人選擇不再做新的銷售；弗萊文可能也是這麼希望。他曾說過：「我衷心相信臨時性的藝術。」[23] 遺產託管人如選擇繼續生產、亡者曾示意如此，就有權繼續生產。通常弗萊文會為三、五個相同的作品做不同的版本，但是很多版本後來不是缺這就是缺那。其實這些也不難判斷，因為弗萊文將製作過程、版量等一切大小事都記錄在三×五英寸的索引卡片上。每賣出一項作品，弗萊文都附有一張證書，顯示作品的圖表、名稱和發行版數，伴以作者簽名和蓋印，擔保作品的真實性。

弗萊文死後，他的兒子史蒂芬（Stephen）開始跟卓納合作。新作品在遺產託管人監製下，完成了弗萊文未完成的遺作，然後未加大肆宣揚地出售；收藏家擁有的舊作燈泡若是壞了也可以更換。對庫博來說，這是始料未及。自二〇〇三年以來，這位下城畫商前輩就是弗萊文遺產託管的非正式顧問，也是經過遺產託管人同意，協助買賣雙方評估弗萊文作品的諮詢專家。她注意到製作與銷售新作品的事，她對《紐約客》記者指出：「卓納說動了弗萊文的兒子；我想兒子大概是需要錢，但卓納起碼也得公開做才對。」

新作當然就沒有認證，二〇〇八到一三年之間售出的二十四件左右弗萊文作品，全都是透過卓納畫廊售出，附帶遺產託管人的認證。庫博同意若干收藏家可能不在乎他們買到的弗萊文作品是在他死後完成的；新作品附帶新燈泡，新買家可能更歡迎：他們可能有時心血來潮想打開作品來欣賞，而不需擔心燒壞燈泡沒得補；一位老一代的收藏家就經歷這種情形。但對鑑賞家來說，小地方非常重要，庫博說：「我們很多跟弗萊文合作過的畫商都還有**舊式**燈泡。」[24]

卓納感覺這整個辯論都豈有此理。只要做的、賣的都是弗萊文的東西，為什麼不多做一些？給世界更多的弗萊文不好嗎？就卓納來看，庫博不過是酸葡萄心理。

省幾道手續、走幾條捷徑、換幾個燈泡，對處在爾虞我詐的當代藝術世界的商人來說也許只是家常便飯，但在二〇一〇年春天，卓納發現自己陷入一樁涉及利害、茲事體大的棘手官司中。

官司是邁阿密房地產開發商兼收藏家克雷格·羅賓斯（Craig Robins）提控的，他告卓納在受他委託賣畫的事上背信和詐欺。這幅畫是南非畫家瑪琳・杜馬斯（Marlene Dumas）的作品。杜馬斯以油畫人像出名，媒材包括剪報與照片。羅賓斯非常喜歡杜馬斯的作品，一共買了二十九幅，當中只有一幅不在他手中。[25]不過二〇〇四年時他感覺需要賣掉〈萊茵哈特的女兒〉（*Reinhardt's Daughter*，一九九四年），應付他的離婚手續。

他們兩人都知道其中有什麼風險。每當聽見有人賣她的畫轉手迅速獲利時，杜馬斯都怒不可遏，羅賓斯保有〈萊茵哈特的女兒〉十年，但他知道買賣的消息傳到杜馬斯的耳朵裡，自己就會上了她的黑名單；只要上了名單，就會被視為投機客，永難再買到杜馬斯的作品。羅賓斯感覺買了杜馬斯二十九幅畫後，他應當可以賣掉一張，也認為卓納會保密到底。

卓納不動聲色地把羅賓斯的那幅收藏以九十二萬五千美元的價格賣給豪瑟沃斯畫廊。[26]後者希望轉賣給瑞士一名藏家。不過卓納到底還是事後告訴了管理杜馬斯畫藏的工作室。羅賓斯認為卓納是向杜馬斯賣乖，在紐約現代藝術博物館二〇〇八年舉辦杜馬斯回顧展前，爭取出任她的代理商。杜馬斯一怒之下，把羅賓斯加到黑名單上，而卓納也的確當上杜馬斯的代理。據說卓納曾經把羅賓斯拉到一旁告訴他會賣另一幅杜馬斯的畫給他，來彌補這場誤會。[27]

藝術世界的律師格魯伯代表羅賓斯向卓納求償八百萬美元，格魯伯說，卓納「對保密食言」；羅賓斯認為「卓納始終都打算告訴杜馬斯這筆銷售，討好杜馬斯」。[28]

卓納在庭上駁斥羅賓斯的說法。他說：「我從未允諾或向羅賓斯陳述我會賣給他一幅杜馬斯的繪畫。」這指的是他擔任杜馬斯的代理後會對上了黑名單的羅賓斯另謀補償這件事。他也說：「此外，我也從未答應或陳述過若美術館無意購買杜馬斯展品，他有最先的選擇權。」[29]至於羅賓斯賣給卓納的那張畫，卓納說他只同意到保密到銷售完成，他指出，畢竟新主人有權根據自己的意願出借、出售此畫，畫的來源會被註明，卓納無法永遠讓杜馬斯蒙在鼓裡。

官司提出後兩個月被紐約南區地方法院法官駁回。羅賓斯拿不出卓納承諾保密的書面證據。這位法官是藝術世界的新鮮人，認為卓納與羅賓斯都不正大光明，他告誡雙方：「在這看似文明的商場中，要留意『買者留意』的古老格言。」[30]

卓納對這件訴訟感到難為情，以後也都盡量避免吃官司。但高古軒就沒這麼幸運了。他幾件訴訟臨頭，從中不難看出高古軒如何做生意、如何冷酷和具有黑色的幽默感。

Chapter 14

Lawsuits and London

訴訟與倫敦

2010-2011

訴訟環環相扣，椿椿也都說出高古軒在市場黯淡期是如何行銷。第一件在二〇〇八年秋天開始，道瓊工業指數從九月中旬起一直到十二月，三個月內大跌三十四%。一名腦袋有點秀逗的胖收藏家兼畫商查爾斯·考爾斯（Charles Cowles），急需頭寸，把李奇登斯坦的一幅畫〈鏡中少女〉（*Girl in Mirror*，一九六四年）委託給高古軒出售。[1] 作品鋼材琺瑯瓷，一位少女持鏡注視自己。考爾斯說這畫是他的，希望能賣三百萬美元。[2] 高古軒認為沒問題；果然賣到這個價錢，他可以從考爾斯那裡拿到五十萬美元的佣金——很慷慨，但不算到頂。

考爾斯沒說的是這幅畫實際的主人其實他母親蓁·考爾斯（Jan Cowles），[3] 一位九十三歲的紐約名媛，出身自一家有名的出版商家族。考爾斯約高古軒到第五大道的公寓看畫時她顯然不在家。詢以來源，考爾斯答說是他的家族一九八三年跟卡斯特里畫廊買的；是他的，他要賣。高古軒完全不知所有權不在考爾斯手上。後來事情發展有如噩夢，他感覺自己是不知情的受害人。

高古軒去拜訪時，也不感覺畫的狀況是個問題。[4]事實上他的僚屬曾經做了畫況評估報告，裡頭並未提到什麼重大問題，形容畫「整體來說狀況非常好」，約值四百五十萬美元。[5]在一番兜售後，高古軒畫廊的銷售代表回報考爾斯說「多名買家不願購買，因為它嚴重受損」；高古軒可能必須大幅下調價格。

高古軒和他的銷售代表黛博拉．麥可柳（Deborah McLeod）都沒告訴考爾斯其實畫廊已經找到一位可能的買家——湯普森．迪恩（Thompson Dean），他是一家私募公司的合夥人與共同執行長，也是藏家，以前曾跟高古軒買過東西，但他希望買到便宜，一直到二〇〇九年的夏天他都不願意出價。[6]後來麥可柳終於在七月份再次寫信給他，這一次她直截了當地問願意出價多少。她說：「賣家需錢孔急。你要不要隨意出個價？來吧，試試看吧？」[7]

顯然迪恩出兩百萬美元，麥可柳酸酸地回應：「大概是半價；我喜歡。」[8]李奇登斯坦一幅類似的畫二〇〇七年賣了大約四百一十萬美元，包括費用在內。[9]

高古軒出庭答辯時被問到對麥可柳的言詞觀感如何，他回答是有點不尋常，但也指出那些話「根據他們之間的對答機鋒，我認為（迪恩）是個不良資產，也許（麥可柳）是以她的動物性本能為訴求……坦白說，這段對話很誇張，誇張到令人發噱的程度」。[10]

迪恩有意用兩百萬美元買下李奇登斯坦後，高古軒就可以進行。高古軒畫廊無人向考爾斯提起迪恩；沒有人說起迪恩只願出兩百萬美元買畫。高古軒或他的行銷只問考爾斯：一百萬美元——不是他想要的兩百五十萬美元，如何？[11]高古軒只要能讓考爾斯點頭，畫就賣掉了；高古軒、考爾斯各能拿到一百萬美元。

然而八字還少一撇；考爾斯顯然對只拿一百萬不屑一顧。因此高古軒帶著糖果回來找他。考爾斯還委託他銷售馬克・坦西（Mark Tansey）的〈天真的視力檢查〉（*The Innocent Eye Test*，一九八一年），說畫是他的、他要賣。高古軒提議為他找買主，說：一張賺得到，兩張賺更多。高古軒的本事在看穿了考爾斯的心理：考爾斯若要拿更多的錢，只有兩張才辦得到。

這項交易的妙，在於坦西的畫高古軒已經找到買主——英國收藏家羅伯特・韋爾德（Robert Wylde）。他在全球金融海嘯之前已經向高古軒買了一幅坦西，價格大約是五百萬美元。[12]因此高古軒這一幅出價二百五十萬美元，似乎是景氣不好下的便宜價格。韋爾德二〇〇九年七月買下這幅畫。[13]一個月之後，迪恩用兩百萬美元買下李奇登斯坦的〈鏡中少女〉。

高古軒把賣坦西畫作的兩百萬美元送到考爾斯手中，當然自己先拿五十萬美元，也就是兩成的佣金費。至於李奇登斯坦的畫作，他最後給了考爾斯一百萬美元。[14]考爾斯很高興，賣出兩張畫，三百萬美元到手；至於高古軒，賣兩張畫他賺進一百五十萬美元：李奇登斯坦一百萬、坦西五十萬。一名藝術顧問說，「這是藝術世界以前從來沒聽過的佣金數字」。[15]

故事原可在這裡就結束了，但是蓁．考爾斯，或許是她的會計師，在二〇〇九年底聽說兒子在她不知情的情形下，透過高古軒賣了兩張家族藏畫，於是告上聯邦法庭。一椿是韋爾德提告的，告高古軒畫廊在知情狀況下賣給他一幅沒有合法地位的畫。[16]他的律師是無所不在的格魯伯。高古軒畫廊矢口否認知道真正的所有權誰屬，高古軒本人感覺也被蒙在鼓裡。他委屈地問朋友說：還要怎樣做盡職調查來判斷畫不是考爾斯的、不能賣？

二〇一一年十月，高古軒畫廊同意付給韋爾德四百四十萬美元賠償金，並把畫還給蓁．考爾斯，後者按原來計畫把它捐給紐約大都會藝術博物館。[17]李奇登斯坦的〈鏡中少女〉塵埃落定的時間比較長，因為蓁．考爾斯要求高古軒畫廊賠償的金額為一千四百五十萬美元。這也是另一椿官司。

蓁．考爾斯控告高古軒未徵得她同意，在她不知情之下出售此畫。她也指控高古軒謊稱畫受到嚴重損毀，因此只能以低於市場價值許多的價錢賣出，最後還說高古軒應該知道她才是畫的主人，不是她兒子。[18]

在筆錄中，高古軒必須針對他是否從兩邊拿好處、對賣方是否背信，提出回答。[19]他說：「我的考慮不是這些。我的考量是：『這是財務轉手，賣方希望拿到錢。』我的目標是付錢給賣方，為畫廊牟利。」[20]

蓁．考爾斯的律師大衛．鮑姆（David Baum）認為這種代表買賣雙方而不加告知的做法，「依據紐約代理法，完全不合法」。[21]高古軒的律師則反駁說，畫廊的做法「完全合法與合乎藝術世界的標準」；他們沒錯。[22]

鮑姆對高古軒的道德再度放箭說：「根據賣方簽署的委託書，你難道沒有義務對賣方忠誠？」

高古軒回答：「我不知忠誠為何。」

鮑姆說：「這實在是羞恥，太可恥了。」

這樁官司的和解案於二〇一三年三月宣布。[23]除了一項細節外，其餘都保密，那就是為〈鏡中少女〉付出兩百萬美元的迪恩可以保留畫作。

這些都沒有讓高古軒放慢腳步。全球最大咖畫商的力量一年比一年大，每一家新開的高古軒畫廊都可以為此作證。高古軒增建畫廊的零售模型不再被質疑：其他畫商只是在衡量最先進攻哪一個市場？倫敦顯然是下一個重要場域，無論是從地點和獲利來說都如此，雖然後者跟紐約相比只是小巫見大巫。推廣品牌，才是布局倫敦的真正要義；經過的倫敦人或旅客雖不一定會在那裡購買藝術品，但是他們喜歡從事倫敦畫廊之旅，實地看看他們喜歡的展物。

其他畫廊布局倫敦的重要年份是二〇一二、一三年。[24]倫敦離紐約只有五個半小時的飛行距離，比當時全球花在當代藝術上錢最多的卡達，對紐約而言還近半小時。在卡達，瑪雅莎公主（Sheikha Al-Mayassa bint Hamad bin Khalifa al-Thani）似乎願意付出任何代價買進最好的藝術品，她本人也是卡達博物館總館與分館的董事長。

高古軒在梅費爾（Mayfair）與國王十字（King's Cross）區成立畫廊，豪瑟沃斯亦步亦趨，二〇〇三年也在皮卡迪力圓環（Piccadilly Circus）的薩佛街（Savile Row）開了超大間的畫廊。四大咖中最謹慎的卓納，二〇一二年終於在倫敦有了行動，在梅費爾心臟地帶的格拉夫頓街（Grafton Street）一棟十八世紀的喬治風連棟別墅取得用地。同年，佩斯在梅費爾伯靈頓花園（Burlington Gardens）六號開了佩斯畫廊。離高古軒畫廊一箭之遙的地方，格里姆徹聘用人脈豐沛的登特－布洛克赫斯特經營他們的倫敦畫廊。登特－布洛克赫斯特二〇〇四年離開高古軒畫廊，回英處理古堡家產問題，後來協助俄羅斯寡頭權貴阿布拉莫維奇及其妻子朱可娃經營莫斯科的車庫當代藝術美術館。

登特－布洛克赫斯特說：「高古軒很生氣我加入佩斯沒跟他商量。可能我應該那麼做的。我不希望再為他做事，他發現了。」

跟過兩位風格南轅北轍的大咖做事，登特－布洛克赫斯特發現自己處境非常特別。對比實在太強烈了，她說：「高古軒緊、快、急；格里姆徹跟藝術家接觸思慮縝密、凡事計畫；什麼都需要場合、意義和關聯。」從某一方面跟高古軒畫廊做事比較容易，因為一人說了算；佩斯是父子畫廊，少主漸漸凌駕老王，登特－布洛克赫斯特說：「小格里姆徹不像高古軒那樣霸氣，我比較不容易拿方向。」

所謂的第五位大咖古德曼落後了幾年：一直到二〇一四年她才在倫敦開了一家畫廊，在離金色廣場（Golden Square）不遠的一個曾經是工廠倉庫的地方，選了一萬一千平方英尺的空間；面積不是衡量大咖在歐洲成功的唯一方式，古德曼代理李希特四分之一個世紀，後者從某些標準看是全球在世賣得最好的藝術家。

從一九八五年兩人那次彆彆扭扭的初次見面後，古德曼看著李希特成功地度過六〇與七〇年代，作品日豐，很得安慰。二〇〇〇年，他利用佛羅倫斯的照片創作了一百一十八幅作品：〈領主廣場循環〉（*Firenze cycle*）。[25]十二幅在接下來的幾年中重現江湖，最高售價是二〇一七年寫下的九萬七千二百七十六美元。李希特後來迷上科學，常從大自然現象中找靈感。他也做了一本書，針對伊拉克戰爭事件極盡細膩攝影與文字描述。最震撼的是他繼續從事大幅抽象繪畫，用滴著顏料的大刮刀模仿色彩豐富織物的經緯。

問題是，人人都想要一幅或更多李希特的抽象畫。他的畫作人一眼便認出，而且人見人愛。不知是他拚命應付需求，還是就是動作快，他的抽象作品，尤其是使用刮刀的作品如雨後春筍；十年多前的舊作自然也開始在拍賣會中浮現。這幾年之間，他的畫價是以古德曼賣出的原價倍數成長，也因此李希特成了拍賣會中翻售最頻繁的在世藝術家之一。

拍賣公司如此影響藝術市場，惹惱了李希特。他不滿地說：「這就像金融危機一樣荒唐。

根本無法理解是怎麼回事，簡直瘋了。」[26]他不是因為拍賣公司大賺特賺，自己從第二次銷售中分文未得而發怒，他氣的是到頭來人會用價錢來定義他的藝術。

古德曼一九八一年就立足西五十七街，坐鎮滿室書香的辦公室遙控局面，盡量不讓李希特的行情更進一步如脫韁之馬。她聯繫美術館，遊說他們買下李希特的作品——通常由董事會董事買下作品後捐給美術館。她也把李希特初級市場的行情壓低，在李希特的作品在拍賣會中出現接近兩千萬美元的高價時，古德曼會推出李希特的新作，十英尺高的畫價格大約為二百五十萬美元，這也是畫家本人嚴格堅持的。古德曼說：「起先我想：天哪，這人居然不想抬價。但這就是他心之所欲；他要的是真實的價格，我就不打算跟他爭論。」不過古德曼的確也向李希特保證初級市場的作品賣出後一、兩年，甚或十年內不得轉售；若轉手，就永遠別想從古德曼手上再買到李希特的作品。

李希特是古德曼畫廊最出名的藝術家，但不是她初級市場中唯一的。其他大咖畫商生意很大一部分依賴名家藝術家在次級市場的轉售，古德曼從不如此，除非是轉售的是她代理的藝術家；她所經手的都在初級市場。她也沒有家族背景支撐，一切以她那低調、內斂的方式，迎接藝術新秀——簽約時他們都只有一點點名氣或是完全沒有知名度——的挑戰，她完全依靠自己的本能和預算。

古德曼旗下的藝術新秀之一是朱莉．米若圖（Julie Mehretu），她牆面大小的繪畫，像在俯瞰人的遷徙，探討人的流離失所。她最知名度作品是掛在下曼哈頓高盛（Goldman Sachs）總部大廳的壁畫；高盛的形象有爭議性，因為與之合作她受到批評。但古德曼鼓勵她這麼做，米若圖自己也不後悔。她對《紐約客》說：「不是每幅畫都有成為公共藝術的機會。我在別的地方不可能有機會掛出這樣一幅大畫。」[27]其實二〇一七年的秋天她又有一次機會：為舊金山現代藝術美術館（San Francisco Museum of Modern Art）創作兩幅規模更大的畫（二十七英尺高、三十二英尺寬）。美術館原想繪畫完成時再付款，但古德曼堅持一次付清，美術館後來也配合了。[28]

古德曼旗下另一位藝術家是德國攝影家托馬斯．斯托特（Thomas Struth），以超大型影像知名；作品也是非常大膽的嘗試，但與古德曼旗下的觀念藝術家和以時間為創作基礎的媒體藝術家（即以前所謂的「影帶與影片」藝術家）相比，不算什麼。就像她尊敬的卡斯特里，古德曼也會簽下可能一項作品都賣不掉、但她認為十分重要的藝術家。她說：「有六、七位從事影片攝製的藝術家我邀請到畫廊展覽，有一點瘋狂，因為沒有人買影片。但我還是照著感覺走；雖不像賣畫那麼容易，仍有它的觀眾。」

古德曼顯然是不守窠臼的年輕藝術家想要跟的畫商之一，而能夠如願的機會其實不大。每年成千上萬的藝術家到紐約闖蕩，當中只有一、二十人能靠藝術餬口；如能在多份工作之間醒著的幾小時完成創作、賣出、扣稅後拿到一萬美元，就算幸運。然而往紐約藝術道路上的人絡繹於途，他們對在這裡闖蕩有憧憬、抱希望。也有年輕人不選擇在畫室裡埋頭創作、挨餓度日，他們走上學術途徑，取得藝術碩士學位，期待有朝一日苦盡甘來，受到跟前輩一樣的認同。

二十一世紀初具備碩士學位、名校出身成功的人不少，頂尖的有葛羅傑（科羅拉多大學）、巴尼（耶魯大學）、伊斯列（耶魯大學）、布萊德利（羅德島設計學院）、艾特肯（藝術中心設計學院），以及大西洋藝術學院（Atlantic College of Art）畢業的卡拉・沃克（Kara Walker）。在各校當中，耶魯似乎最能提供年輕人機會。對五百名頂尖藝術家做過調查後，《藝術網新聞》（*Artnet News*）發現，五十年來，五百名藝術家中近十%從耶魯畢業；在過熱的當代藝術市場中，年輕人的雄心被挑旺，六月初畢業生勇往直前，夢想自己在二十五歲時參加一場團體展、三十歲時有個展，三十五歲時名氣響遍全球。[29]

一個問題是，藝術學院畢業生的藝術往往看起來都差不多；悅目但公式化，處理過程多過熱情。藝術顧問施瓦茨曼認為更大的問題是：即使是年輕藝術家中的佼佼者，不管有無藝術碩士學位，面對的都是慘淡的現實。

他說：「就看韋德・蓋頓（Wade Guyton）好了。我覺得他是重要人物。」蓋頓創作的是噴墨印表機數位繪畫。他說：「大約還有五十位藝術家在同樣的市場裡創作抽象繪畫或是具象寫實繪畫，從機械生產或從時代性生產過程中創作。」蓋頓之後，市場會怎樣看待其他四十九位？施瓦茨曼說：「藝術家人口增加了，想買藝術品的人數也提高了，但是偉大藝術家的數目不見增，為什麼？一個時代就只有那麼多的才華和創新。」

即使少數幸運的藝術家找到了代理商，作品就算能以每件兩萬五千美元出售吧——兩萬五在初級市場不是個小數目，可能也就到此為止了。施瓦茨曼說：「過去，藝術家若是能從一個價位跳到另一個價位，他們往往就是那個時代的重要藝術家。」換句話說，以往，藝術家是在畫評中慢慢爬升，十年裡辦三、四次畫展，價格隨著地位的上升而規規矩矩地攀高，他們很有機會成為時代的重要藝術家，價格升不停。而今，市場只給少數的幸運藝術家短暫的出人頭地時間，然後就把他們放在一邊，去迎接下一波藝術家。

當然也不盡如此。對常年必須思考如何面對藝術圈挑戰的藝術家而言，亞歷克斯・卡茨（Alex Katz）是一個啟示。他是具象畫家，在市場口味改變時，他對自己平坦的幾何形畫風忠實到底。他畫出安靜、沉思的畫，不當明星，卻成功到底；他也是肖像畫家，對象是他的朋友。早年的藝評家山德勒在他紐約公寓的壁爐上方掛了一幅卡茨的畫，畫中人是山德勒夫婦。山德勒的太太露西，也就是一九五七年在一場雞尾酒會派對上喊：「你聽說了嗎？卡斯特里開畫廊了！」像卡茨這樣的藝術家需要的是讓他盛久不衰的代理商。

卡茨近年感覺代理他的佩斯畫廊冷落了他。他說：「我打過三次電話後，他們總應該回一下。不是嗎？」[30]卡茨這時已經八十好幾，不低聲下氣，身軀依舊魁梧。布朗感覺卡茨沒受到一流藝術家的對待。他說：「從歐洲來的我感覺他就是我要的美國視覺反映。」當他聽到卡茨離開佩斯後，布朗打了電話給他。高古軒其實同週內也打了；兩家畫廊都在試探與卡茨共事的可能性。[31]

卡茨對布朗也有所風聞。他去了布朗的開幕式，呼吸到布朗下城群眾的氣息。他對自己說：「我要跟這些年輕人競爭。」在布朗最新畫廊的開幕式上，兩人談起話來，布朗提到自己喜歡卡茨作品什麼地方。卡茨說：「他說到光感的立即性；平常一般人會談主題，我明白他了解我的畫。這樣的人不多。」[32]

布朗一席話卡茨聽得心情大好，但感覺也該會會高古軒。他對高古軒不是那麼樂觀，說：「他有格調、有品味，但大部分都在飛機上。」[33]高古軒是由他上城畫廊的總監陪同一起來看望卡茨，開門見山指出：高古軒的業務比布朗大太多了，在全球已經有十一家畫廊，可在全球展出卡茨，代表更多的財源。卡茨聽進去了，但是他很清楚自己的最後選擇是誰，他對高古軒說：「你有好品位。」但又接了一句：「他有好風格。」[34]

卡茨事後說起這事：「高古軒笑了，說：『你說得不錯。』他的確有一群好客戶，他知道怎麼回事。」[35]

布朗那年做的不止是重振一位美國偶像藝術家的事業，他也總是在找下一個地方。二〇一一年他跟夥伴和普・安瑟頓（Hope Atherton），也是他日後的妻子，一起搬到哈林區，計畫在這裡開一家打畫廊。

四大畫商當中的沃斯經驗相對最少，卻最早自立門戶，帶著不常出面的太太、後台夥伴曼紐拉一起打出天下。

跟古德曼一樣，沃斯代理的是極其非主流的藝術家，不過他們都能名利雙收。他最得意的故事是麥卡錫。麥卡錫與豪瑟沃斯畫廊合作十二年左右，作品多是取自大眾文化偶像，包括聖誕老人、芭比娃娃和兒童文學中的主角海蒂（Heidi），將之暴力化或墮落化呈現。如果髮型整理一番、加一點化妝，麥卡錫與迪士尼創始人華德・迪士尼（Walt Disney）有點詭異的神似。[36]二〇〇九年他在豪瑟沃斯畫廊首次個展，展出的是受到《白雪公主與七個小矮人》（*Snow White and the Seven Dwarfs*）啟發的混合媒材作品。小矮人都真人實際大小，形狀扭曲，像部分燒掉的蠟燭，其中一個握著肛門塞的性玩具。根據畫廊，有些一個賣價超過一百萬美元。

總的來說，麥卡錫的市場起起落落。二〇一八年之前，他只有一件作品在二〇一一年拍價超過四百五十萬美元，七件作品拍價破百萬美元，包括手持性玩具的小矮人在內。然而麥卡錫仍是豪瑟沃斯畫廊的好招牌，他的好評和畫廊對他的投資把他推上昆斯、雪曼和普林斯的行列；他有今天，是豪瑟沃斯替他圓的夢。

二〇一一年，大多數畫廊無論大小，都生意興隆，金融海嘯已經遠揚。但是沒有人比高古軒更春風得意，人人瞠乎其後，對他一年能在他全球的十一家畫廊辦六十場展覽嘖嘖稱奇。《富比世》的結論是這位藝術市場之王年所得在十億美元以上，他到底怎麼辦到的？他常說：「開銷是發明之母。」二〇一一年他大張旗鼓地投資房地產，以三千六百五十萬美元的不景氣價買下紐約東七十五街四號整棟哈克尼斯華廈（Harkness），二〇〇六年以五千三百萬美元的高價賣出。買賣之間他保留東六十九街一四七號的車棚屋當基地用，當華廈裝潢不再需要它時脫手，售價是一千八百萬美元。

高古軒點石成金，不吝向媒體炫耀。二〇一一年四月，高古軒難得地邀請《華爾街日報》記者去參觀他躍進中的世界：位於洛杉磯荷爾貝山（Holmby Hills）一千五百五十萬美元的新居向一群收藏家開放。[37]

高古軒心情特好，四處寒暄。為什麼不？嘉賓如雲的這一天，他美輪美奐的玻璃新屋中，臨時舉行了一場普林斯展，他的海灘美女肖像和通俗小說裡的護士像掛滿牆面。《華爾街日報》記者注意到客人當中包括金融大亨帕爾曼和他當時的明星女友芮妮．齊薇格（Renée Zellweger），他們在傳一個紙捲；不清楚的人會以為是大麻菸卷，但其實那是一張普林斯牆上作品的價格表。高古軒不會放棄任何做生意的機會。

那年七月，湯伯利死於羅馬，享年八十三歲，死前跟癌症纏鬥了一年。高古軒飛到羅馬道別。

看見故友遺體說，高古軒哭了。以後每年夏天他都會帶著布魯姆夫婦等一票人造訪湯伯利在蓋它的濱海別墅，向亡友舉杯致祭。

高古軒一貫地看好市場，二〇一二年他對一名記者的提問這樣回答：「只有少數人買一件超過一億美元的作品，但我也看見市場中段的活動上升。一件一千萬、兩千萬美元的作品現在被認為是中段的藝術品嗎？那也是不少錢，許多收藏家在買那個水準價位的藝術。」[38]高古軒此刻走在雲端，但是他以前也在市場看走眼過，而不久他就要面臨他事業中最壞的一年。

Chapter 15

Larry's Annus Horribilis

高古軒流年不利

2012

對高古軒而言，二〇一二年伴隨著二〇一一年的陰影而來：他旗下受歡迎的普林斯捲入一件官司，普林斯被告非法挪用另外一位藝術家有版權的藝術影像。原告也一網打盡，除了普林斯外，高古軒畫廊、高古軒也都吃上官司。

這不是普林斯第一次被控侵權；一九七六年拍攝女星布魯克．雪德絲（Brooke Shields）裸像的攝影師，也曾控告普林斯重拍他的作品加以利用，官司最後以和解落幕。[1]他也用同樣手法挪用萬寶路（Marlboro）牛仔香菸廣告畫面；原攝影師山姆．阿貝爾（Sam Abell）用這幀牛仔攝影作品找工作，後來把作品所有權讓給菲利普莫里斯（Philip Morris）香菸公司，因此他不能告普林斯。

普林斯未經法國攝影家派翠克．卡里歐（Patrick Cariou）同意使用後者的影像作品，也吃了官司。二〇〇八年普林斯在紐約西二十四街高古軒廊所舉行的〈運河區〉（*Canal Zone*）拼貼系列個展中，使用卡里歐攝影著作〈是的，拉斯特〉（*Yes Rasta*）中的拉斯特族（Rastafarians）人像；二○一一年初，紐約一名地方法院法官認為普林斯的確侵犯了卡里歐的版權。[2]下令普林斯銷毀未售出的〈運河區〉作品。普林斯與高古軒當然上訴。

官司在畫廊和藝術界聚集中引起討論。紐約藝術圈內人大部分理解也接受挪移的事；妥善借用與不妥借用之間的分際在哪裡，誰敢說？但普林斯似乎不把他人的著作權放在眼裡，一意不加變動地挪用其他藝術家的作品。如果藝術家不能保護自己的影像，如何防止世界上普林斯者流一再盜用他人心血？官司的最終宣判對當代藝術世界有著巨大影響。

高古軒年頭欠佳的另一個徵兆是赫斯特對他失去耐心。赫斯特掛在高古軒畫廊十六年，不知賺進多少錢，高古軒自己也從赫斯特的作品中大發其財，但二○○八年九月赫斯特自己在倫敦蘇富比策動拍賣以後，情形就改觀了。

高古軒為拉抬赫斯特的市場價值，二○一二年一到三月在全球展開赫斯特「圓點」畫展。赫斯特一千三百六十五幅點狀畫中，有三百幅去了高古軒的八處畫廊展出，畫展的名稱是《完整圓點畫——一九八六－二○一一年》（*The Complete Spot Paintings, 1986-2011*）。[3]畫展不是將赫斯特的價位推到新高，就是會終結他在高古軒畫廊長期所享的最高售價畫家地位。

圓點畫剛剛掛上牆，畫廊就發生一件個人悲劇。高古軒畫廊多媒材藝術家凱理自殺了。凱理曾被《紐約時報》評論家霍南・寇特（Holland Cotter）讚譽為「二十五年來美國最有影響力藝術家，對美國階級、通俗文化與叛逆年輕族評論最尖銳」，自殺那年他五十七歲。[4]朋友說他變得害怕開車、憂鬱成疾，在他的洛杉磯郊區寓所與世隔離，感情也諸多不順，而且還不止這些。

凱理二〇〇五年轉到高古軒畫廊時，已經在都會影像畫廊待了將近二十五年。[5]他對都會影像畫廊的兩名創始人雷瑩與溫納感情很深，就像一家人。開始高古軒一直鼓說高古軒畫廊業務比都影大不知道多少。凱理當時是在那種每一位藝術家似乎都無法避免的中間點，需要再次重新出發，而有幾年高古軒似乎也真能從旁協助。但高古軒畫廊似乎不斷地給凱理壓力，要他多產。一名畫評承認凱理「酗酒成性」，但「高古軒需索無度更讓他心力交瘁」。雷瑩多少也是這麼看。她說：「接近他的人說，是因為他離開我們這個小家庭，但是我不全信。他非常有雄心，我想他希望跟昆斯一樣紅，選擇去了高古軒，最終卻希望落空。」

雷瑩還指出：「昆斯會跟藏家周旋，但是凱理不屑於此。在公開場合，他不是那麼愉快，會喝個不停。」她對凱理的死很震驚，說：「我絕未想到他會走上這條路，餘生怎麼過他有過很多想法，知性創作豐富。」

另一名藝術家之死也震撼了高古軒。維也納雕塑家魏斯特的去世不是意外，畢竟他已經長期臥病，讓人意外的是他躺在死亡病床上時和他死後發生的事。他二〇〇一年離開卓納後，就在高古軒畫廊展開了事業的新篇章。魏斯特是歐洲的明星藝術家，在美國市場已打開知名度，他在瑞士的代理伊娃．培森胡柏（Eva Presenhuber）也不斷力捧。魏斯特與高古軒合作，是畫廊紐約藝術總監伊藍．溫加特（Ealan Wingate）牽線有功，但是魏斯特後來的財務爛攤溫加特也難辭其咎。

魏斯特二〇〇一年與高古軒簽約後，僱用了一個比他小二十五歲的嬌小助理，兩人後來戀愛起來，提比里斯（Tblisi）出生的塔姆娜．瑟比拉茲（Tamuna Sirbiladze）成了魏斯特的太太。作家班內迪．雷迪博（Benedikt Ledebur）跟魏斯特合作寫書之際，與他太太發生了戀情，儘管雷迪博已婚、育有兩子。結果一場公開的三人婚姻展開。[6]不但如此，二〇〇八年瑟比拉茲還生了一個兒子拉薩瑞．奧圖（Lazare Otto），次年又生了一個女兒阿努克．艾米莉（Anouk Emily）。瑟比拉茲是懷了誰的孩子三人都不覺得是問題，雷迪博說：「魏斯特說他把他們視為己出。」如培森胡柏所說，這是一個充滿維也納色彩的故事。

二〇一二年六月初時，魏斯特體力漸弱，住進一家維也納醫院。一名自稱是魏斯特基金會（Franz West Foundation）成員的男士到醫院去探視，取得想要的魏斯特所有簽名。魏斯特亡故後所有藝術品都歸基金會，價值可能為五千萬歐元左右。根據遺產代表律師克里斯多夫．寇斯（Christoph Kerres）說，在這項安排之下，魏斯特的家人可以繼承若干不動產，其他就沒什麼了。

基金會律師艾瑞克・吉博（Erich Gibel）指成立基金會其實是魏斯特的願望。他曾在二〇一一年提議離婚，瑟比拉茲要求「很大一部分遺產」，成立基金會是保護魏斯特藝術遺產的一個方式。不到一週，魏斯特就去世了。

寇斯一眼就注意到基金會文件中的一項內容；魏斯特簽署的法律文件要求他所有的藝術作品都交給基金會，而這就違反了奧地利的法律。在奧地利，子女可以擁有父母五十％的遺產，沒二話。[7]寇斯建議，基金會若將五十％魏斯特的藝術品留給他的子女，在法律上它就站得住腳，並且可保留魏斯特其餘的藝術品。基金會此刻必須接受魏斯特子女的法律挑戰。

基金會律師吉博不否認奧地利有這條法律，但子女成年後才能成為基金會的受益人；基金會中家屬董事會成員由魏斯特的一名甥兒代表；魏斯特的未亡人和子女對基金會的所作所為都沒有發言權，即使是子女成年以後，而這也是魏斯特的願望。吉博指出，魏斯特的子女已繼承了很多資產：一棟豪華別墅、維也納五間公寓、現金等等，這一切加起來相當於一千五百萬歐元。

被任命為基金會終身「保護人」的是溫加特，這時也擔任高古軒紐約畫廊的總監，家庭律師寇斯認為溫加特可決定基金會出售那些魏斯特繪畫與家具作品，吉博則反駁說基金會董事會與高古軒畫廊之間沒有任何關聯，如果董事會碰到涉及畫廊的事務，溫加特會退出決策，以免有利益衝突。

雷迪博不吃這一套。他代表子女提告基金會明顯觸犯奧地利的繼承法。法庭初審結果對子女有利；基金會上訴。之後事情就急轉直下，瑟比拉茲二〇一六年死於癌症，得年四十五歲；那年六月，奧地利最高法院發現魏斯特基金會的三名董事二〇一二年在五個月的時間裡支付自己總額達五十六萬三千四百二十五美元的數目「可疑」的薪水，然後又在二〇一三年自肥五十六萬三千四百二十五美元。這三人後來被撤去基金會職務，不過溫加特不在其中。

基金會沒在怕，繼續纏訟，好保住魏斯特所有的作品，不讓子女和他們的繼父染指。官司一路打到奧地利最高法院，而魏斯特留下的作品——他的奇特、看似非商業性的藝術價格同時不斷暴升。

二〇一二年的勞工節才過沒多久，多年來在彼此的漢普頓豪宅不知交際過多少次的兩位老朋友反目成仇，各派出自己的律師在紐約州最高法院彼此互告。《衛報》（*the Guardian*）記者艾瑪．布魯克斯（Emma Brockes）報導：「我們很久沒有看到闊綽名人反目的精彩好戲。」一如今為了一樁交易，帕爾曼控告他二十五年的好友，長期代理他買賣藝術品的高古軒。高古軒不甘示弱，也提出反告。[8]

幾件藝術作品涉及其中，涉及的幾筆金額數目大不說，還變來變去。不過內中要義簡單不過；身價約為一百二十億美元的帕爾曼，指高古軒在幾件藝術品交易中詐財。[9]高古軒則反指帕爾曼才是騙財的那個人，而且欠錢不還，數目帕爾曼自己心知肚明。

故事從二〇一〇年五月開始。帕爾曼當時同意以四百萬美元，透過高古軒畫廊，購買昆斯一件大的花崗岩〈大力水手〉（*Popeye*）。[10]原本預定十九個月後交貨，但昆斯落後生產進度的毛病又犯了，最後，帕爾曼決定取消這筆交易。[11]

對帕爾曼來說，這不只是要回四百萬美元的事。他感覺這個雕塑的價值已經上升七十%，作為當時的作品主人應得到適當的賠償。[12]而他的求償也與時俱增——一千兩百萬美元。[13]那時候高古軒才透露，在把〈大力水手〉賣給帕爾曼時，他跟昆斯有項私下協定。昆斯顯然擔心帕爾曼會將他的作品瞬間轉手獲利，於是約定：帕爾曼若出售他的雕塑，至少八成的利潤要歸給昆斯。[14]

帕爾曼火大了。不過二〇一一年四月，他在麥迪森大道的高古軒畫廊看到一件作品他非常喜歡，可能靠它來解決爭端。作品是湯伯利的〈帶著海浪離開帕福斯〉（*Leaving Paphos Ringed with Waves*，二〇〇九年）。帕爾曼的訴狀說，高古軒告訴他價格是八百萬美元。[15]帕爾曼說好，他願意放棄對〈大力水手〉的權利，高古軒則負責把湯伯利的作品送到帕爾曼的東漢普頓豪宅。

不知道到底什麼內情，結果不是那麼回事；高古軒把畫賣給了穆格拉比。幾個月後，帕爾曼問起高古軒這件事來，咆哮說：現在畫已經漲到一千一百五十萬美元了；不過他還是要那幅畫，而且使盡全力把畫價講到一千零五十萬美元。高古軒說服穆格拉比把畫賣回給他，前者可能拿到一、兩百萬美元的利潤，高古軒則有五十到一百萬美元的佣金入袋。[16]

帕爾曼終於拿到畫了，但他越想高古軒上下其手就越氣。最後他基於幾個不同的理由，告高古軒背信、詐欺等等。帕爾曼在提告後罕見地接受訪問指出：「他大概是全球最有魅力的人，大家都覺得他跟高古軒做生意會被誠實以待。」[17]但帕爾曼最後的感覺是：高古軒操弄所有代他進行的交易，圖利他自己。

藝術圈高興的是：高古軒罕見地露面了，他的答辯詞形容帕爾曼「欠債不還」、「霸凌」，法官應該禁止他的「輕浮」行動。[18]

彼此互告的官司二〇一二年九月呈堂，高古軒幾個月後放棄了，但帕爾曼繼續奮戰。兩人兩年裡都官司纏身、彼此氣憤填膺；如在公開場合見面，氣氛如劍拔弩張，一室不容二人，一人必須離去。二〇一四年十二月，帕爾曼的告訴被紐約州最高法院駁回，那一刻，高古軒的律師麥修．唐辛（Matthew Dontzin）說：「正義得到伸張。」[19]

帕爾曼興訟好勝，高古軒可能在硝煙中得到若干同情，但他的下一個行動也讓藝術圈見識到他出拳會多傷人，不為別的，只為作賤對頭。

一九八〇年代帶著博伊斯一封介紹信來到紐約求見沃荷的年輕人侯巴克，這時已是五十出頭的中壯年，在歐洲藝術交易行業中竄起，儼然已是他那個世代歐洲最重要的畫商之一。一九九〇年，他將在薩爾斯堡的畫廊遷到巴黎瑪黑（Marais）區，先只是在一層樓，後來擴大到整棟樓。他代理的歐洲藝術家包括基弗、卡茨和喬治·巴塞利茲（Georg Baselitz）。

侯巴克在法國還沒有畫句點。在二〇一二年春天，他宣布在巴黎郊區潘丁（Pantin）買下一間工廠，將它的八座建築改成展覽、表演空間、藝術家工作室等等。新畫廊在二〇一二年十月開幕時，侯巴克展出了基弗三十八幅次級市場的繪畫與雕塑，以及巴塞利茲的作品。潘丁的地理位置很好，不僅接近特快火車樞紐、有地鐵站，距巴黎的勒布爾熱（Le Bourget）機場也只有二十分鐘的路程。侯巴克預期搭乘大眾運輸和海灣飛機的大戶藏家都找得到這裡。

六週後，高古軒宣布他也在巴黎近郊找到一個很大的地方，作為畫廊之用，也是在十月揭幕——可能比侯巴克早些，也在勒布爾熱私人機場附近——其實就在機場旁。哦，還有，高古軒也會展基弗的作品；基弗是不是為高古軒畫廊的展覽推出新作？高古軒畫廊的一名發言人對此問題不屑回答。

他們兩人都跟基弗和巴塞利茲合作；侯巴克感覺豈有此理，他說：「我為了展覽籌備了兩年！」[20]其實不久前基弗才把三幅大畫交給侯巴克，侯巴克計畫在潘丁畫廊開幕時當作裝置藝術重大亮相。但是現在是高古軒要展。他抓基弗抓得更緊了。

兩名畫商整個夏天都在較勁看誰先能開幕，最後是侯巴克搶先了五天。他為揭幕式，隆重推出基弗的一系列繪畫與雕塑新作〈胎死〉（*Die Ungeborenen*）。高古軒的則是極盡華麗之能事，亮點是現在非常出名的基弗的裝置藝術〈摩根索計畫〉（*Morgenthau Plan*），大約兩百五十名賓客為之讚嘆不已。他們尚且搭上火車專車到一個私人飛機停機棚出席晚宴，觀賞燈光音響秀；ＤＪ放的震耳欲聾音樂與亮光地板互相輝映，侯巴克坐在出口旁的那一桌，他椅子沒坐暖就走了。[21]

高古軒的銷售上衝，但對他心生不滿的藝術家越來越多——他好像一天到晚都在飛，根本沒時間留給他們。令英國畫商米若私心竊喜的是，當中有一位是日本藝術家草間彌生（Yayoi Kusama）。草間二〇〇七年在倫敦參加過高古軒舉辦的一項團體展，高古軒在她八十歲那年簽她時，她是個特立獨行的大怪咖；一九七七年起就自願住在清和精神病院，同時也在醫院附近保有一間工作室。[22]草間是「圓點」女士，創作的〈無限鏡屋〉（*Infinity Mirror Rooms*）和南瓜雕塑都圓點密布，是從她過去大半生的作品衍生出來。她形容她的〈無限之網〉（*Infinity Net*）是「無始無終無中心」；草間彌生有她的粉絲，但這時格局還待更上層樓。

草間在一九五〇年代以來就從事〈無限之網〉的創作。當年她是紐約下城的日本佳麗，早期的〈無限之網〉的主題就出現在她一張一九五九年的照片中，那年她三十歲，畫幾乎跟她一樣高，她的藝術願景那時就展現得很清楚，照片中她也展現出無比的自信。

在她長期與曲折的藝術生涯中，草間彌生從抽象藝術轉型到普普、觀念藝術、女性主義、超現實主義和極簡藝術。[23]她主辦過圓點裸體公開藝術活動，創作〈無限鏡屋〉系列，鏡屋中懸掛了霓虹彩球，有的還附帶音樂。[24]幼年時父親玩女人，母親逼她觀察，還要她報告，這樣的童年生活陰影終生揮之不去，因此即使自己一生不碰異性，性卻進入了她的藝術。[25]

草間八〇年代早期回到日本後，一名畫評形容她「完成了她自我抹消的承諾，隨之而來的是精神崩潰」。[26]休養期間，她從事的是肅穆暗沉的拼圖水彩畫，題目十分病態，例如〈記得終有一死〉（*Remember that Thou Must Die*）、〈無名英雄之墓〉（*Graves of the Unknown Soldier*），以及〈戰爭海嘯〉（*Tidal Waves of War*）等等。[27]

以後大半時間草間在紐約的代理是羅伯特．米勒（Robert Miller）。他的畫廊也位在藝術氣息濃厚的東五十七街，大力支持女性藝術家，包括黛安．阿巴斯（Diane Arbus）、海瑟和克拉斯納。草間的作品不是那麼好賣，米勒也沒特別去促銷，但代理一直持續到二〇〇六年。米若一直受到必須與米勒共同代理的限制，在米勒的紐約畫廊如此，在倫敦碼頭路自己的畫廊亦是如此，所以為了大家好，她一直希望草間在紐約選一位更有衝力的畫商。二〇〇九年草間這麼做了，放棄米勒，選了高古軒。

一開始米若非常滿意；她更喜歡獨占草間，但按高古軒的作風，一定會不遺餘力地行銷，米若若在倫敦這一頭用心，銷售一定跟著來。孰料高古軒並未真正在草間身上下功夫。他後來承認從來沒跟她見過面，他說：「她是位很棒的藝術家，但我個人並不那麼著迷。」當然草間大部分的時間都在日本，總是說身體不好、不能旅行，高古軒也從來沒飛到日本來看她。但若非泰特展覽事件，草間可能會一直跟著高古軒。二〇一二年，泰特美術館草間彌生舉行回顧展，結果開幕式高古軒沒出席。高古軒後來汗顏地說：「我沒去；是不太聰明，因為她是非常好的藝術家，銷路非常好。」

草間彌生二〇一三年初投效紐約的卓納，在倫敦保留米若，在卓納、米若兩人合力之下，草間彌生終於打響她應得的全球知名度。

草間彌生其實是終極「即時電報」（Instagram）藝術家。二〇一七年將近十六萬人前往華府宏修博物館（Hirshhorn Museum）看她的展覽，不惜排隊數小時。[28]雖然平時接受採訪沉默寡言，只要是跟她有關的報導每篇都津津有味地仔細閱讀。草間人生後期的大紅大紫讓卓納、米若和拍賣公司大發利市，在二〇一三年一月到二〇一七年十二月三十一日之間，拍賣公司賣出草間五十多幅作品，每一幅都超過一百萬美元。[29]

草間彌生的離去對高古軒若是一項挫敗，那麼昆斯二〇一二年十二月宣布他的新展二〇一三年五月要在卓納畫廊展出也是如此。昆斯否認離開高古軒畫廊，他說：「身為藝術家，我與多家畫廊合作。高古軒畫廊從二〇〇一年開始就代理我的作品，也會繼續如此。我喜歡與高古軒合作。」[30]高古軒同一週就對卓納採取報復措施，宣布卓納畫廊辦昆斯展的同一時間，也要在二〇一三年五月展出昆斯的新作與近作，地點也在紐約的雀兒喜區。

二〇一二年高古軒的「災難」還沒結束。十二月，赫斯特宣布他要離開高古軒畫廊。[31]全球的圓點畫賣得不夠好，赫斯特開始焦躁不安；他的家庭生活也沒幫忙——跟他廝守十九年、他三個孩子的媽諾曼離開他，投奔蘇格蘭衛隊（Scots Guards）一名退休軍官的懷抱。赫斯特事業的經理詹姆斯．凱利（James Kelly）向《紐約》雜誌坦承，跟高古軒合作了十七年之後，雙方漸行漸遠，他形容高古軒「是一部非常大的機器，他現在又代理很多已故藝術家的遺產」。[33]這時赫斯特也感到為高古軒多處畫廊不斷生產的壓力，凱利說：「赫斯特告訴我他要放慢腳步，因此繼續留在高古軒畫廊沒意義。」[34]

米若對要跟草間合作，興奮不已，但草間不算是她唯一的明星。早期是卓納畫廊藝術家的道格拉斯創作黑色影片；以跨界扮裝知名的英國藝術家葛萊森．裴利（Grayson Perry），他創作的希臘風瓷器與大幅織錦在藝術圈引起廣泛的討論；這兩人是米若代理。在她代理名單上的還有歐菲利，不過和多伊格多年的合作就要結束，他們都具有英國人的堅毅隱忍，都沒有談拆夥的來龍去脈。那年多伊格改投德商華納。

多伊格離開米若、加上離婚，跟歐菲利的長期友誼蒙受打擊。市場價格也是另一項壓力，歐菲利的市場成績不錯，但多伊格的更驚人；在銀行催繳欠款的年日，多伊格的一幅畫只能賣幾千美元，但是此刻拍賣可以賣到七百萬英鎊。一九九四年的畫作〈松屋〉（*Pine House*

(Rooms for Rent)）二〇一四年十一月在佳士得拍得一千八百一十萬美元。這種拋物曲線讓人目瞪口呆，多伊格也備受攪擾。所有的原因都在過程中消失了，只有記錄留下多伊格情何以堪的話：「拍賣公司口口聲聲說是大師傑作。其實沒有當代傑作這回事，傑作不是你自己的時代可以決定的，所有都是行銷。」

出於報復，多伊格開始從事他形容為特意高難度的作品——不再是早期加拿大或加勒比海生活時看到的風景，而是充滿原始風格的畫面，彷彿出自年輕、未經考驗的藝術家之手。米若解釋說：「他認為只有真正、對他有信心的收藏家會買。因此他的畫風改變的確是市場造成。」另一位知名畫商則更進一步地問：多伊格為何要如此自殘？

鮑斯奇二〇一二年也流年不利。那年她力圖擴張，用貸款將她的雀兒喜畫廊擴大到一萬平方英尺；這筆貸款她原打算支付頭兩次展覽——尤斯塔維奇與村上隆，但如今兩人都離她而去。她需錢孔急，同時也感到格里姆徹背著她打奈良美智的念頭，又被診斷出有乳癌，真是禍不單行，像她自己說的，她只能聽天由命。後來及時替她解圍的是史特拉。

那年，贗品醜聞震撼了諾德勒畫廊，史特拉多年來對諾德勒負責人安．弗里曼（Ann Freedman）忠誠不二，但此時顯然該走了。同時，年輕的畫廊負責人米奇．曼恩（Ricky Manne）在諾德勒工作時曾與史特拉共事，他央求鮑斯奇給他一份工作，並敦促鮑斯奇去拜訪史特拉。鮑斯奇沒把握曼恩是否適合她的畫廊，也擔心由他介紹認識史特拉會欠下人情。後來，不管是不是要靠曼恩牽線，她說：「最後我說：『管它呢，我就用他。』」還好，史特拉同意見她。會面之後，曼恩對鮑斯奇解釋，史特拉通常對會客都會表現出無聊、坐不住的樣子，可是對鮑斯奇她始終保持興趣。第二次造訪時，史特拉開門見山告訴鮑斯奇請她代理。這是鮑斯奇夢寐以求的，但是她的反應卻是：「不行。」

反倒是史特拉保證：「你可以的。」

鮑斯奇說：「給我一點時間。我還沒準備好獨自做。」

鮑斯奇知道史特拉曾在東七十八街的LM藝廊（LM Arts Gallery）展出過，因此她打電話給畫廊兩位主人李維和羅伯特．孟努欽（Robert Mnuchin，譯注：川普政府財政部長孟努欽之父）。孟努欽出身華爾街金融家，曾是高盛合夥人；李維在佳士得拉抬私下銷售成績斐然之後跳槽與孟努欽合作。鮑斯奇認識李維多年，「因此我就教於她」，建議兩人一同代表美國這位當代傳奇；「她非常喜歡這個點子」。

共同代理史特拉是這兩名女士的高招，也是惠特尼美國藝術博物館（Whitney Museum of American Art）館長亞當．溫伯格（Adam Weinberg）的大好消息。他問：「你們要代理史特拉，是真的嗎？」他早就希望安排一場史特拉回顧展，但是無心跟諾德勒合作，即使醜聞還沒發生之前就是如此。溫伯格說：「我知道我們可以把他排進行事曆，凡事都沒問題。」果然如此：史特拉回顧展是惠特尼下城新大樓落成後的頭響炮，是二〇一五年十月到二〇一六年二月惠特尼美術館當代名家展的重頭戲之一。至於鮑斯奇，她擴大一倍的新畫廊終於完成了，她也戰勝了癌症。

卓納是高古軒流年失利的最大獲益人。二〇一三年初，卓納在雀兒喜開了第二家畫廊，位在西二十街五三七號的五層水泥大樓，由紐約名建築師塞爾多夫設計，她的作品線條簡單而前衛，替高古軒、卓納設計過之後，客戶還包括葛萊史東、華納、阿奎維拉和豪瑟沃斯。

卓納現在在紐約擁有七萬平方英尺的展覽空間，包括他租的西十九街五一九、五二五與五三三號，其中兩棟屋頂還有天地。他在十九街即將推出昆斯展。這個消息令高古軒不爽，因為他也預定了自己的昆斯展。卓納的二十街畫廊也推出塞拉展，塞拉也與高古軒合作甚久。他排好的名家展包括：弗萊文、賈德雙人展、佩蒂朋的素描和萊茵哈特的黑色畫。卓納畫廊的網站形容卓納畫廊是「以藝術家為中心」——顯然是對高古軒甩了一記耳光，因為這暗諷他是「以收藏家為中心」。結果藝術家都被吸引到卓納那裡。卓納在一次訪問中談到昆斯說：「這是我們跟昆斯結緣的始末；我們沒有去找他，是他自己上門的。」[35]

他的新大樓就是在這種宗旨下出現。卓納現在有足夠的空間來做有廣度的歷史展，也有更多的空間給新人露身手。卓納針對下一代說：「我們已經為他們準備好了。我們的信念就是隨時在準備好的狀態。」漸漸地，「準備好」的意思是隨時準備好超越對手，終而把競爭者甩在背後。

Chapter 16

A Market for Black Artists at Last

黑人藝術家出頭天

2013

高古軒掙扎之際，沃斯嗅到商機。沃斯在二〇一三年初於雀兒喜西十八街過去是迪斯可舞廳與溜冰場的一處場地開設了大型畫廊。他不像卓納買下建築物後予以改頭換面，而是租用且保持其原本的粗砂質外觀，內部則改成古典的白色立方體；豪瑟沃斯稱它是「六十九街富親密感家室規模畫廊的壯觀工業規模對應」。[1]隨著影響力與日俱增，畫廊採取了一項精明的策略，與多名有色人種藝術家簽約，從而在新世代黑人藝術家嶄露頭角之際，在其他三家超級畫廊之外，另闢蹊徑、別具一格。

豪瑟沃斯畫廊的長年夥伴暨副總馬克・佩約特（Marc Payot）二〇一二年承認，雖然他一位重症末期友人臨終時曾囑咐他：**去見見這個人的作品**。馬克・布拉德福特（Mark Bradford）這位藝術家是他聞所未聞。就某種意義來說，布拉德福特不容忽視；這位高六英尺七又二分之一英寸的黑人藝術家，自豪又帥氣，站在新時代的浪頭上，眼見就會是國際級明星。雀兒喜區的希克馬．詹金斯畫廊（Sikkema Jenkins）曾代理過他的作品九年，為他辦展三次，最近的一次是在二〇一二年十月、珊迪颶風（Hurricane Sandy）襲美之前幾天。這時他平步青雲，但後來的名聲更大過先前。

布拉德福特童年初期在洛城南區的西亞當斯黑人社區度過，他的單親母親在附近經營一家美容院。十一歲那年，他與母親搬遷到聖塔芭尼加，主要是為了上更好的公立學校。布拉德福特的母親繼續開美容院，高中畢業後，他也當起美容院的全職美髮師。[2]事實上，他並不是美國首位做髮型起家的當代藝術家，張伯倫也曾受惠《美國軍人權利法》學過髮藝，且藉此廣結女性。

布拉德福特二十多歲時開始勇敢尋夢。他受到黑人作家詹姆斯．鮑德溫（James Baldwin）著作啟發，前往阿姆斯特丹，人生於焉轉型。他日後指出：「我感覺從美國的種族囿限中解放出來，這是我第一次覺得人們看到的不僅只是我的膚色。」[3]當他回到美國後，進入了聖塔芭尼加社區大學（Santa Monica College）進修。[4]經由姬兒．基格瑞奇（Jill Giegerich）老師力促，他申請到加州藝術學院，先後於一九九五年、一九九七年取得藝術創作學士和碩士學位。

布拉德福特剛出道時籍籍無名，直到二〇〇〇年惠特尼畫廊的黑人女性策展人希爾馬．古登（Thelma Golden）來訪，他的人生才氣象一新。古登是一九九四年《黑人男性》（*Black*

Male）展覽的策展人，後來出任哈林區工作坊博物館（Studio Museum）館長暨首席策展人。布拉德福特當時仍在美容院兼差，他用燙髮紙創作出各式抽象畫讓古登驚豔不已，詢問布拉德福特是否願參與預定隔年推出的《自由風格》（*Freestyle*）展。那是一群黑人藝術家回應「後黑人藝術」（post black art）主題的聯展。[5]據發想的古登和她的藝術家朋友格倫．利根（Glenn Ligon）指出，參展藝術家的「作品雖沉浸於重新定義黑人特性這個複雜概念（說得更確切是對此深感興趣），但他們堅決不想被貼上『黑人』藝術家標籤」。[6]古登挑選了布拉德福特兩幅燙髮紙拼貼畫展出，引起了廣泛的關注。布拉德福特還在他二〇〇五年加入的詹金斯畫廊，以回收三夾板建造了大型的方舟，並於紐奧良一場紀念卡崔娜（Katrina）風災的展覽上展出。這時社會議題已成為他藝術創作的關鍵要素。

《自由風格》展二十七名參展藝術家之中，以拉希德．詹森（Rashid Johnson）獲益最豐。他出身芝加哥中產階級家庭，母親是西北大學歷史學教授。雙親在詹森十歲那年離異，母親改嫁一名奈及利亞裔男子。[7]據他日後回憶說：「我成長的過程充滿了階級或性別或種族相關的經驗。」[8]

詹森在芝加哥的哥倫比亞社區大學（Columbia College）獲得文學士學位後，二〇〇三年到二〇〇四年於芝加哥藝術學院深造，開始拍攝遊民眾生相，並加入了芝加哥的莫尼各．梅洛許畫廊（Monique Meloche）。二〇〇九年，他著手運用廣泛的媒材探索黑人歷史及他個人的經歷，曾在訪問中大談「敘事嵌入」（narrative embedding），意指運用日常素材訴說視覺的故事。素材之一是乳油木果油，這是從非洲乳油木堅果提取的脂肪，黑人會用它來滋潤肌膚；另一素材是以多種成分製成的黑皂，其中包含車前草、可可豆莢、棕櫚樹葉和乳油木的樹皮；兩樣都可在黑人社區找到現成物。詹森會以大量的乳油木果油與黑皂在他精選的媒材表面上盡情揮灑。

《自由風格》展是哈林工作室博物館一系列「F—展」的先聲，隨後還有《頻率展》（*Frequency*，二〇〇五年至二〇〇六年）、《流動展》（*Flow*，二〇〇八年）、《前瞻展》（*Fore*，二〇一二年至二〇一三年）和《虛構展》（*Fictions*，二〇一七年至二〇一八年）。黑人藝術家此時已成為中型畫廊與超級畫廊你爭我奪的對象。原因之一在於一流的黑人藝術家先前未曾獲得應有的重視，另一理由是白人收藏家開始在牆上掛起黑人藝術家的作品。黑人藝術家掛在主流畫廊於是蔚為風氣。

卡拉．沃克（Kara Walker）是其中一名要角。她擅長借用白色牆面凸顯黑人側影剪紙藝術，有時還會做成簷壁飾帶或壁畫，描繪的都是美國南北戰爭前的黑人生活場景。《紐約客》藝評家艾爾斯指出：「白人收藏家想用沃克的作品來妝點牆面，她的剪紙藝術溫暖優雅，與她談及的強烈訊息構成鮮明的對比。」沃克於二〇一四年跨出了觀念藝術的一大步，在布魯克林廢棄的杜米諾（Domino）糖廠以糖製作長七十五英尺、高三十五英尺的大型女性人面獅身像。該巨像無疑是「有十五個年輕男性塑像伴隨的黑人木乃伊」。[9]此作品題為〈精微或奧妙的甜心寶貝〉（*A Subtlety, or the Marvelous Sugar Baby*）；展覽結束時，雕塑作品與糖廠依據事先約定同歸於盡。

另一位開創性藝術家利根則運用語言作為媒介，作品充滿了被刻意消音或抹去的種族與歷史文本。艾爾斯覺得：「從藉由語言營造距離感來說，他的作品充滿趣味。觀賞利根的畫作時，你會思考誰是受害者？誰是加害者？當我們看著那些仇恨的文字時，我們多大程度上其實是一丘之貉？」

西岸年輕畫商大衛．康丹斯基於二〇〇八年十二月或二〇〇九年會見了詹森（他自承已記不清確切時間）。在洛杉磯中國城起步的柯丹斯基當時剛失去他的畫廊明珠托馬斯．豪斯戈（Thomas Houseago），而此時詹森是由紐約畫商克拉斯布倫代理，她曾是伍爾的早期贊助人，且幫他開展了藝術家事業。詹森最近也被盧貝爾夫婦納入稱為《三十名美國藝術家》（*30 Americans*）的大膽聯展。所有參展者都是黑人藝術家，展覽促進對當代黑人藝術家的談論而廣獲讚賞。盧貝爾為柯丹斯基引介了詹森；柯丹斯基對詹森拍案叫絕：「我覺得自己愛上了他的心靈與作品。」

詹森從紐約搭機往訪柯丹斯基，兩人在柯丹斯基的畫廊把酒言歡。詹森並未決定是否讓柯丹斯基擔任他在洛城的代理畫商——雖覺得柯丹斯基有時很激越尖銳，但也抱持開放態度。當晚，他們聊了黑人前衛藝術，對此兩人都有研究也均支持。他們提及一些各自鍾愛的隱晦藝術家，相互考驗彼此對藝術的真誠。山姆．吉列姆（Sam Gilliam）是他們共同喜愛的藝術家之一，那時他已年近八十歲。他現況如何？他們腦子裡都在想。

以華府為基地的吉列姆於一九六九年在科克倫藝廊（Corcoran Gallery of Art）首度展出他的垂綴畫（drape paintings）——多彩的畫布未加裱框、編結成獨特的形狀獨特垂掛。[10]他曾獲選代表美國參與一九七二年威尼斯雙年展，但健康問題妨礙了吉列姆的事業，曾有一段期間無法工作或參與社交活動。而在美國西岸這端，與吉列姆素未謀面的詹森、柯丹斯基，一位是藝術家，一名是畫商，都想聯繫他看看他在忙什麼。

吉列姆對他們的動機有戒心，兩度回絕了他們的關切。最終，這兩人搭機來到華府登門拜訪。他們發現吉列姆仍持續著傑出創作，為之大樂，詢以是否有意辦個展？聽到此話，吉列姆潸然淚下。柯丹斯基說：「其實我還以為他在笑我們，『你們兩個小子，跑來我的工作室來，以為我會讓你們染指我的作品』；沒想到他居然哭了。」[11]

吉列姆後來承認：「想到我能賺些錢、有未來的保障，我的確哭了，我完全沒想到。」[12]

吉列姆二〇一三年三月在柯丹斯基的洛城畫廊舉辦首展，聚焦於一些「硬邊繪畫」（hard-edge paintings），策展人是詹森。柯丹斯基也著手在現代藝術博物館與大都會藝術博物館展出吉列姆的垂綴畫作；吉列姆在八十歲時開展了全新的事業。他表示：「我覺得重新起步，就像是一切才剛開始。」[13]柯丹斯基也激動不已：「世上一切錢財都買不到這樣的經驗。」這時，詹森也終於同意讓柯丹斯基擔任他在洛城的代理畫商。

二〇一三年美國黑人當代藝術家的狀況既振奮人心也複雜棘手。布拉德福特的迅速崛起和其他幾位黑人藝術家獲得新的關注，在在鼓舞人心。至於複雜……因為一向如此。藝評家艾爾斯在紐約下城一場午宴上表示：「以往人說，沒有比週日正午浸信會教堂更為種族隔離的地方了。我認為，如今沒有比週四傍晚開幕的雀兒喜區畫廊更種族隔離之處了。」

只須四下環顧就能證明艾爾斯所言不虛。他指出：「舉例來說，在《紐約客》雜誌總編輯大衛・雷姆尼克（David Remnick）家一場讀書會上，我必須為勞娜・辛普遜介紹伊麗莎白・佩頓，雖然她們過去二、三十年間有著相同的經歷和成就，兩人卻從未曾見過面！這是因為藝術界大體是建立在社交生活的基礎上。」佩頓是位白人人像畫家，一九九〇年代中期起布朗就在雀兒喜飯店八二八號房的臨時畫廊為她辦過十多次畫展。一直居住於布魯克林的辛普遜則是黑人攝影師及多媒材藝術家，經常將文字與編導式攝影作品（staged images）結合，藉以凸顯性別、種族和歷史相關問題。艾爾斯指出：「市場決定誰能曝光，因此，假如葛萊史東現在要代理一位黑人藝術家——設若她旗下仍無任何黑人藝術家，這位藝術家在正式簽約前都不會受到正眼對待，因為這不符合當下的社會規範。有什麼理由要接納黑人社會呢？畢竟它還不是續優藍籌股。」因此當時的黑人藝術與黑人藝術家處境如出一轍。

艾爾斯承認近來社會階層已開始出現一點鬆動跡象：「我知道有一些白人畫商和藏家已著手涉獵黑人藝術領域，但我認為他們只是把這當成道德義務，而不是出於美學考量。這可從他們看待黑人藝術家的誠意看得出來，就像『其他東西很有趣，但我真的應該關注黑人藝術！雖然它是那麼無聊！』黑人藝術家就這樣被剝奪了被肯定是傑出藝術家的資格；充其量只是一位思想家或是一名代言人。」

到了二〇一三年，黑人藝術不只在價錢、獲利上也讓收藏家趨之若鶩，也使畫商們覺得義不容辭。艾爾斯暗示：「他們必須關注過去不屑一顧的、不同種類的藝術家；裡面必須容納女性以及黑人藝術家。風水輪流轉非常有趣，但這並不意味著黑人藝術會遍地開花。畢竟總是會有不少不入流的藝術家，但讓某些重要人物曝光，此其時矣。」艾爾斯認為，任何把黑人藝術家歸成一類都是錯誤的做法，他說：「這會讓人忽視他們的細微差異和個性。好在黑人藝術家夠多，人可以說『我喜愛這位』或『不喜歡這位』，不必把它當成一個運動一樣照單全收。它不只是一場運動——人類始終都在創造藝術。」

受到性命垂危友人的強烈推薦，豪瑟沃斯畫廊的佩約特特別在二〇一二年搭機赴洛杉磯會見布拉德福特並觀賞他的作品。佩約特像古登——其實可說幾乎所有人——那樣，對布拉德福特的高超畫技感到目眩神迷。布拉德福特多數畫作是空中俯瞰角度的都市景觀，視角非常高，因此建築與街道都成了抽象的網格。[14]他此時喜用顏料厚塗，然後再將部分刮除，創造出讓人聯想到德庫寧的厚塗繪畫效果。巨幅畫的視覺衝擊讓佩約特目瞪口呆，畫面總是交織著諸多跨文化的標誌，比如說都會地圖或是文化地景的蹤跡。

艾爾斯詮釋：「他的作品敘事並非直接與黑人特性有關，主要是關於城市，且大部分是關於我們如何締造城市……城市如何敘訴種族的分隔，以及黑人社區……畫的可能是康普敦（Compton）的地圖，也可能僅只是幅抽象畫。」

布拉德福特那時仍與詹金斯畫廊及倫敦的白立方畫廊維持合約關係，因此他與佩約特談的嚴格說來是假設性話題，但卻也引人入勝。布拉德福特在洛城開辦了非營利組織「藝術＋實踐」（Art + Practice）提供寄養兒童各式服務。[15]沃斯夫婦對這類社區互動也深感興趣。藝術＋實踐組織是貧困兒童的都會庇護所，離沃斯夫婦在英國打造鄉間藝術農莊的新計畫，差別十萬八千里，但兩者的願景出發點都在造福社會，而且都是運用藝術來達成目標。佩約特指出：「其核心信仰在於：人們是可以藉由藝術來改變社會。」

對於布拉德福特來說，這是個艱難的抉擇。一如《紐約》雜誌藝評家薩茲所言，詹金斯畫廊在布拉德福特起起落落的繪畫生涯中始終不離不棄，他強調：「尤其是低潮期。布拉德福特二〇一一年的畫展遇上珊迪颶風來襲，詹金斯冒著風雨趕赴畫廊，將展出畫作移到檔案櫃上，搶救作品使其免於水患，卻犧牲了自己畫廊的檔案文件。」[16]布拉德福特真的能拋下這家如此熱情地支持他的畫廊嗎？

布拉德福特並不是沃斯爭取的唯一黑人藝術家。熱情洋溢、語帶瑞士腔調的沃斯，正竭盡所能為新世代有色人種藝術家營造聲勢。他的使命感與一九九〇年代追蹤馬歇爾、畢生致力支持黑人藝術家的傑克．史恩曼不謀而合，只是沃斯的財力更加雄厚。

詹森在二〇一一年前來投靠，沃斯笑逐顏開。詹森在洛城的代理畫商仍是柯丹斯基，而豪瑟沃斯畫廊將是他在其餘的異地代理。一年後，布拉德福特也成為豪瑟沃斯旗下藝術家。布拉德福特在南洛城工業規模的工作室創作大型畫作，售價可達百萬美元。豪瑟沃斯畫廊不只為他尋找買家，還拿出可觀的捐款贊助他「藝術＋實踐」的社會參與。布拉德福特在倫敦的代理畫商白立方畫廊也共襄義舉，豪瑟沃斯畫廊於二〇一五年捐助了八十萬五百五十美元給非營利的「藝術＋實踐」，白立方畫廊則捐了一百四十七萬四千二百七十美元。隔一年，豪瑟沃斯又捐出三百六十四萬六千五百五十五美元，白立方畫廊則……分文未捐。二〇一六年那年，布拉德福特拋開了白立方，讓豪瑟沃斯成為他的全球代理。

布拉德福特也對藏家下功夫，讓他們掏錢。他使用的是「買二送一」策略，畫商暨藝術界編年紀實史家肯尼．夏赫特（Kenny Schachter）指出：「第二幅畫必須捐給美術館。」但某位藝術顧問向夏赫特透露，她的一位客戶買了兩幅布拉德福特的畫作，卻藉故「忘了」把第二幅畫捐給美術館。[17]

而作品曾滾雪球般大賣的大衛．哈蒙斯仍與畫商保持距離。哈蒙斯是以觀念藝術揚名國際，作品強烈訴說諸種族、社會與經濟議題，舉凡掛在白牆上的黑色連帽衫（一九九三年）、垂掛著枝形吊燈的籃球框與籃板（二〇〇〇年）、背部塗了顏料被燒過又汙損的老舊人體模型上披掛的毛皮外套（二〇〇七年），莫不凸顯哈蒙斯糅雜社會憤怒與辛辣幽默感的特徵。或者，如同某位藝評家所言：它觸及薩滿教、政治、消費主義、萬物有靈論以及各式玩笑。[18]每當哈蒙斯準備辦新作展時，他都會聯繫中意的畫廊，而紐約上東城區的孟努欽畫廊是他的新歡。謝達爾在《紐約客》雜誌的文章表示：「此人鮮少露臉，曾被瞥見戴著五色針織帽，看來就像個處處設防的紈褲子弟。哈蒙斯成功地避開藝術界，卻又讓藝術界著迷，他本人簡直就是個自成一格的藝術世界。」[19]

艾爾斯也有同感。他說：「我覺得他實際的貢獻在於玩弄藝術界。他的作品在視覺上比較引不起我的興趣，是他難以捉摸的藝術家行為更令人好奇。」

柯丹斯基竭盡所能促進他的洛城藝廊，而黑人藝術家僅是其願景的一環。在克服了失去豪斯戈的心碎狀態之後，如今得到洛城的抽象畫家瑪麗．韋瑟福德（Mary Weatherford）。韋瑟福德將霓虹融入作品，向早期的光藝術家與義大利的「貧窮藝術」運動致敬。柯丹斯基在加州考卡爾弗市的謝內加大道上新開了一家畫廊；地點照舊有些偏遠，他指出：「我總是在有點難找的郊區營運。我從不在好地點這個概念上糾結。重點在於你的藝術家能否讓畫廊成為人們造訪的目的地？」

柯丹斯基在洛城發跡的故事，就像他實現自我的畫廊一樣，持續擴展。另一位移師東岸的畫商德奇則眼看著自己的洛城故事——他的第一個洛城故事——轟轟烈烈地結束。

德奇的故事最後章節要從二〇一〇年初講起——他同意領導洛城當代藝術博物館，是首位畫商轉型的博物館館長，不過連他的老友都為此事扼腕，某位友人率直地告訴他：「我不會再踏進當代藝術博物館。」此事潛在的利益衝突顯然令藝術界震驚不已——德奇也確實可能推促他的策展人為其收藏、代理或有意代理的藝術家辦作品展。這樣他的判斷要如何取信於人？

德奇也遭遇一項錯不在他的財務危機，事態也就益發複雜。前館長因涉嫌館務資金運用不當正接受調查，而經濟大衰退更使該館的捐贈基金從四千萬美元驟減為六百萬美元，以致不少工作人員遭到解聘。[20]德奇自己說：「嚴重受創的博物館正處於超級艱難的時期；前程似錦的博物館幾乎自毀前途。」[21]但他願意放手一搏，讓它起死復生。

從二〇一〇年中期入主該館起，德奇始終與他自覺深陷的日常耳語攻勢奮戰不已。他任期初期計畫為才去世的《逍遙騎士》導演及演員丹尼斯．霍柏辦一場多媒體作品展，卻遭館方首席策展人保羅．席默（Paul Schimmel）推翻，揚言絕不參與。《洛杉磯時報》（*Los Angeles*

Times）藝評家克里斯多夫・奈特（Christopher Knight）寫道：「霍柏本來就不是一位有趣的藝術家……不論這位演而優則導的藝人演藝事業多有成就，他的藝術基本上毫無生氣。」[21]奈特一路與德奇唱反調。

布魯姆向《浮華世界》雜誌表示：「德奇一開始就舉步維艱，大可歸咎於席默惡毒，絕不錯失任何機會羞辱德奇。」[22]布魯姆認為館方這位策展人其實「頗有才氣，但造成內部分裂終究太超過。我認為，德奇未在上任之初開除席默是一大錯誤」。[23]但席默也有一票支持者，他的策展資歷讓這些人對他心服口服。

二〇一一年館方舉辦《街頭藝術展》（*Art in the Streets*），推出塗鴉與全球街頭藝術作品。展覽宣稱塗鴉是普普藝術以來最具影響力的藝術運動，被奈特痛批；他認為其中固然某些作品有意思，但把塗鴉捧得那麼高是過甚其詞。此外，為何這個展要由德奇親自出馬策劃？他的首要工作難道不是籌募資金嗎？

德奇後來的告白是：在募款方面已他早就超越分內應為，因為該館與洛城其他博物館不同，它來自政府的資金有限，僅占年度預算不到一%，以致募款工作沒完沒了。德奇語帶心酸地回憶說：「我一天工作十八小時，從早餐就開始募款，晚上在收藏家宅邸晚宴餐桌上也要募款，到午夜過後才能回家。我有晨跑習慣，清晨五點半或六點就起床；二〇一〇年我還沒有灰髮；到任後一年內就有了。」

德奇能做的就是向重要收藏家訴說自己在館裡的委屈，並期望他們出錢贊助。他事後會特別列舉所爭取到的捐助人名字：Guess品牌服飾的莫里斯．馬爾基亞諾（Maurice Marciano）、藏家尤金尼奧．洛佩斯（Eugenio López）、國際珠寶商勞倫斯．格拉夫（Laurence Graff）、積極型投資人丹尼爾．羅布（Daniel Loeb）、避險基金投資人科恩及藏家布蘭特等人。在德奇領導期間，該館獲得的捐贈基金在二〇一二年增加到一千二百萬美元，二〇一三年增至九千五百萬美元。

二〇一二年六月，董事會投票支持德奇，開除席默，結果導致支持席默的董事們集體辭職，其中包括圖像世代運動的藝術家克魯格、攝影家凱瑟琳．奥比（Catherine Opie）、畫家魯沙和觀念藝術家巴爾德薩里。德奇對火冒三丈：「巴爾德薩里連一場董事會議都未曾參與，也未曾看過任何我辦的展覽。」

到了二〇一三年中期，德奇不但將捐贈基金的盛況恢復，也使藝博館重新煥發活力，期待著使用蘋果智慧型手機的年輕人很快能讓當代藝博館人潮川流不息，把所拍的照片上傳到他們的IG頁面。德奇在蘇荷區十年間的企劃案為藝博館接下來辦展提供了絕佳的發想靈感，然而，無論他募到多少款、為藝博館注入多大的活力，董事會人事整肅的後續衝擊在其任內都揮之不去。

德奇最終在一個大勢已去的時刻求去。他回憶說：「一位重要的藝術家準備與我辦一場展覽，後來卻又打電話來取消了。他表示，『我所有的朋友都說我不能與你合辦展覽。否則會毀了我的名聲。』」因此，德奇在五年合約任期屆滿前兩年掛冠求去；他雖有一些支持者，但人數遠少於他的期待。

一位紐約客打造洛城新藝術場景的願望落空、失意而去，另一位則欣然來到。二〇一二年末，布朗與藝術家好友勞拉．歐文斯（Laura Owens）合夥贊助了洛城市中心東邊一間藝術家營運的非營利場所，地點坐落在少有藝術家落腳的大型西語裔社區博伊爾高地（Boyle Heights）的郊外。它的名稱與地址相同：米訓街三六五號（356 Mission）。歐文斯不打算將其轉變成畫廊，但她寄望未來可在此展出她與其他藝術家的作品。她二〇一三年初辦了新作首展，即將在惠特尼畫廊舉行獲得絕佳好評的生涯中期回顧展，但隨著聲譽鵲起，她在博伊爾高地的鄰居越來越反對她顯然代表的一切。

二〇一二年逐漸遠去，高古軒接二連三的噩運依舊沒完沒了，代理已故畫家的遺產隨時可能不保。就某種意義來說，凱理不能算在內，因為凱理基金會（Kelley Foundation）與擔任基金會共同董事長的席默關係密切，高古軒無法阻止遺產受信託代表授權凱理基金會。不過比較難以解釋的是抽象表現主義雕塑家史密斯也捨高古軒而去，還有曾影響早期抽象表現主義的亞美尼亞裔美國畫家戈爾基；他們兩人的遺產二〇一六年都轉到豪瑟沃斯畫廊手中。

對於高古軒，失去羅森伯格是更大的打擊。高古軒持續多年擔任羅森伯格基金會畫商，直到二〇一三年羅森伯格基金會重新考慮後決定徵求其他畫商競標。侯巴克提議與格里姆徹及聖保羅的畫商露易莎．史特莉娜（Luisa Strina）分享此殊榮。侯巴克認為，由不同的畫商經營互異的市場是最適合羅森伯格這樣的全球化藝術家的新模式。侯巴克直接針對高古軒較傳統的全球模式指出：「我認為全球代理人這種觀念對藝術家並非最有利；它或許符合畫廊的利益，但對於藝術家則不然。要公平對待藝術家，最好讓兩或三家畫商來為藝術家競價。」羅森伯格基金會最後點頭同意，高古軒只能打包走人。高古軒承認：「我感到失望。但我很快就克服了。」

儘管高古軒失利，但二〇一三年整體當代藝術市場風光走揚，在秋季拍賣盛會大放異彩，達到顛峰。拍賣市場一方面歡欣鼓舞，一方面擔心榮景瞬間消逝，在兩股力量拉扯中，最後多項紀錄刷新。《金融時報》的喬治娜．亞當（Georgina Adam）報導說：「紐約本週鈔票滿天飛，當代藝術拍賣市場打破多數現有紀錄；藏家、畫商與投資人狂撒逾十一億美元掃畫，囊括二十世紀藝術巨匠作品——培根、羅斯科、德庫寧和沃荷，更將仍在世的藝術家昆斯作品推上前所未見的新高價。」布蘭特將昆斯的橘色〈氣球狗〉拿出來拍賣，售得五千八百四十萬美元。培根的一件三聯畫拍得一億四千二百二十萬美元。沃荷的〈銀色車禍〉遠超出六千到八千萬美元的原始估價，賣到一億五百四十萬美元。亞當寫道：「光看金額似乎變得幾近毫無意義，在紀錄三番兩次地被刷新之後，在場觀眾逐漸停止了鼓掌喝采。」[24]

許多雀兒喜畫商像拍賣業者一樣財源滾滾，但藝術並非他們唯一的致富之道。雀兒喜區畫廊編織出的既有藝術也有房地產的故事。超級畫商們並非最大贏家：他們以市場價格購買了大筆房地產作為新的大型藝廊空間。走運的是像史蓓曼這樣的小畫商，彷彿是因他們支持所愛的冠軍藝術家而獲得上天的福佑。

史蓓曼得以從一九七九年當畫商到今天，是因在紐約市下城找到了租金管制的頂樓空間。二〇〇七年她聽說雀兒喜可能有更有利於她的房地產，那是西二十一街占地五千平方英尺的一層樓大型車庫，且享有上空權；確切說，它是坐落在哈德遜河畔西城高速公路一隅。能否成交取決於建築師尚．努維爾（Jean Nouvel），他新近設計了第十九街與第十一大道一棟高聳的新公寓大樓，需要一處展示空間讓買家們參觀大樓的模型。史蓓曼得知此事後提議，由她買下雀兒喜區的大型車庫，然後租給努維爾使用一年，或看他需要租多久。這是兩全其美的做法，史蓓曼於是得手。

史蓓曼大可將此處作為餘生的畫廊空間，但她又遇上了新的房地產良機。大型房地產開發商史考特．雷斯尼克（Scott Resnick）買下了車庫旁的大樓，計畫將大樓夷平，以建造更龐大的建築。史蓓曼唯一關心的是，雷斯尼克會不會買下她車庫的上空權，新建築會否對車庫懸桁罩頂等等。

雷斯尼克最終決定採行富有創意的做法。耶誕日史蓓曼在蒙托克（Montauk）衝浪，他的一名開發商夥伴找她商談。他們來到蒙托克著名的破舊酒吧Shagwong，雷斯尼克透過開發商夥伴表示想買下史蓓曼的車庫，然後將它拆毀再與鄰地一併建造連棟大樓。那麼，史蓓曼要落腳何處呢？雷斯尼克的創意想法的是：他可以給她新大樓角落的兩個樓層。開發商在Shagwong的雞尾酒餐巾紙上畫規劃圖給史蓓曼看。

史蓓曼深感興趣。她問說：「柱子要怎麼處理？」如果這兩個樓層的空間要用來開藝廊，她不想要有任何柱子。這辦得到嗎？開發商又在更多餐巾紙上畫了更多圖。

史蓓曼日後自得地說道：「我獲得一萬二千平方英尺、沒有柱子的兩個樓層空間。」雷斯尼克則取得她的車庫與上空權，足夠他多建造十八個新樓層。雙方皆大歡喜，然而不止一位畫商悶悶不樂地指出，這類交易正逐漸改變雀兒喜區與當代藝術市場。更多的錢流，更多的公寓大樓，造成畫商從蘇荷區帶過來的文化日趨式微。

對於《紐約》藝評重砲傑薩茲來說，雀兒喜景觀的改變遠不及雀兒喜藝廊的變化令人沮喪。太多藝術家從事著薩茲所稱的「對室內設計師友善的藝術」或是「過程繪畫」（process paining）創作，畫框四個角落都不留白的抽象畫看來如同壁紙一般。過程藝術運動的繪畫非常適合裝飾豪宅的牆面，充斥著對圈內藝術家與藝術潮流的討巧指涉，卻空洞無比。薩茲痛批這是只有技術而沒有內容的藝術，被社群媒體推向更廣大的市場而大發利市。藝術家暨評論家羅賓森稱過程藝術家為「形式主義的殭屍」；他其實並無意貶低過程藝術，但說出來是不好聽。[25]

薩茲鎖定的首要慣犯包括丹・科倫（Dan Colen）、麥可尤恩與帕克・伊藤（Parker Ito）。科倫運用街頭垃圾、草、瀝青、花卉、鳥糞與迪士尼影片來創作抽象裝置藝術；麥可尤恩的作品包括為在世者發訃聞，以及用人行道上烤焦了的口香糖照片仿造二戰被轟炸樣貌；伊藤則量產藝術品，且大量繪製靜物畫。但薩茲最猛烈的炮火集中在哥倫比亞裔的藝術家奧斯卡・穆里略（Oscar Murillo）身上，認為穆里略的作品似「衍生味沖天」。[26]

或許吧。這時穆里略剛被卓納挑中；可能會走出一條自己的路，也可能什麼都不是。其實在接下來兩年期間，穆里略的故事讓當代藝術市場為之神魂顛倒，而引領風騷的畫商卓納地位有動搖之虞。

Chapter 17

A Colombian Fairy Tale

哥倫比亞童話故事

2013-2014

從許多層面來看，穆里略的故事與金錢息息相關，但又不止如此。穆里略像十九世紀英、法小說裡的主人翁，從外地來到首都，迅速崛起；他則是從哥倫比亞的貧窮處境中脫困而出，成為當代藝術市場焦點人物。穆里略的抽象畫色彩熱情奔放，時而融合拼貼技法，時而結合新聞照片。他的畫作容納工作室塵垢，或包含富表現力又有些神祕的印記，而且「瑜伽」、「墨西哥捲餅」等手繪字彙常為畫面焦點。當卓納在二〇一四年初與他簽約時，穆里略年僅二十八歲，卻已在藝術界享有盛名。

穆里略的童年在拉派拉（La Paila）度過，是一個以種甘蔗著稱、約有五千人口的村莊。他父親是蔗糖工廠技師，母親任職於糖果工廠。他曾一語雙關地說：「那時的生活甜美。」[1]穆里略還是小男孩就淺嚐藝術，拿著木板、一些顏料和任何隨手可得的物品盡情玩耍。

十歲時，父親失業，舉家遷往倫敦尋求更好的生活。穆里略說，父親是出於天真而選擇落腳倫敦。[2]對於穆里略，倫敦的生活並沒有更好：他不會說英語，長年覺得孤獨寂寞。十六歲那年，他結識了未來的妻子安琪拉（Angelica），從此英語日進有功，生活也漸入佳境。他於二〇〇七年二十一歲時取得西敏大學藝術創作學士學位後出任中學教師，隨後遷到妻子委內瑞拉的家鄉。在安琪拉懷孕後，穆里略驚覺藝術是他唯一的希望，他最好嚴肅以對。

穆里略於是帶著大家庭回到了倫敦。他進入皇家藝術學院研究所深造，晚間則到一處大樓擔任清潔人員。穆里略還精明地將夜間的工作轉化成表演藝術。他說服蛇形畫廊美術館超級策展人奧布里斯特，准許他在該館籌畫清潔員與「男孩本色」（Comme des Garçons）品牌夏末派對，並精心安排清潔員同事與藝術界人士同台共舞。[3]

這使得穆里略變得炙手可熱。在倫敦，畫商喬納森．維納（Jonathan Viner）與卡洛斯／石川（Carlos/Ishikawa）畫廊相互競逐穆里略，而穆里略過去曾在維納那裡當過安裝人員。在洛杉磯，畫商弗朗索瓦．蓋巴利（François Ghebaly）看了穆里略的作品後，隨即將穆里略安排進他策畫的二〇一一年中團體展。蓋巴利回憶說：「穆里略出席了洛杉磯的畫展，當時他仍是學生。而大家都搶著要跟他合作。」蓋巴利設法親近穆里略，期望最終能與他簽約。那年十月間，蓋巴利參加倫敦斐列茲藝博會（Frieze Art Fair），應穆里略的邀請到他家中作客，「那時他仍然凌晨三點起床，去辦公大樓做清潔工作，然後到皇家藝術學院研習」。

蓋巴利建議穆里略加入二〇一一年十二月新畫商聯盟（New Art Dealers Alliance）為其他兩位藝術家辦的團展，該聯盟的邁阿密展與邁阿密灘巴塞爾藝博會同時登場。蓋巴利追憶道：「我安排三位藝術家聯展，而穆里略想展出一件大型畫作，我認為這樣會排擠其他藝術家的空間，結果穆里略對此不開心，把那件作品給了同一展會另一名畫商。」蓋巴利說他因此對這位現已家喻戶曉的藝術家「失去控制」。蓋巴利當時已注意到穆里略不同凡響之處，他表示：「假如把穆里略帶到有數百人的房間，我保證不出幾分鐘，他就會開始與房間裡最重要的人交談。」

倫敦畫商史都華．謝夫（Stuart Shave）率先於二〇一二年三月在紐約獨立藝術博覽會（Independent Art Fair）展出穆里略的作品。那年冬季，穆里略曾以外國交換學生身分在紐約杭特學院進修。三月八日藝博會一開幕，穆里略隨即成為眾人的話題。從邁阿密上來參加紐約市軍械庫展覽會的重量級藏家盧貝爾夫婦風聞此事，隨即展開行動，可惜未能捷足先登：當他們前去買穆里略的作品時，謝夫的展位早已搶購一空。他們吃驚不已，盧貝爾太太後來回憶說：「我告訴謝夫，我們想見見穆里略，即使我們已無畫可買。」

穆里略同意兩天後在杭特學院他狹小的工作室會見盧貝爾夫婦，會面之前拚命地工作。盧貝爾太太追憶道，在他們到訪之前，穆里略完成了七、八件畫作。她說：「那些畫讓人非常驚豔。」夫婦倆隨即在畫作未乾之前將它們全數買下，還邀請穆里略於那年夏天擔任麾下藝術基金會首位常駐藝術家。[4]

與此同時，穆里略首度在紐約參加團體展。主辦者克拉斯布倫是伍爾的早期擁護者，曾在洛杉磯的蓋巴利畫廊見過穆里略的作品。穆里略成為獨立藝博會的紅人讓克拉斯布倫非常興奮，她表示：「我的職業在於發掘人才、幫他們賺錢，但之前未曾見過人如此一炮而紅。」穆里略也扮演好他的角色。克拉斯布倫指出：「他很在行——從他應對我與其他畫商的方式看來……他要弄明白哪些是紐約最搶手的畫商。他也深具魅力，而且讓自己看來有如巴斯奎特再世。」

團體展其他藝術家之一是陶藝家布里．魯伊斯（Brie Ruais）。開展當晚，有一個騷莎舞樂團來到會場，大聲演奏起歡樂的拉丁音樂，令她與克拉斯布倫印象深刻。音樂持續演奏足足四十五分鐘，這是穆里略請來的樂團，且未事先告知克拉斯布倫與其他藝術家。穆里略認為這會帶給大家樂趣，這個安排也讓穆里略成為話題的焦點，克拉斯布倫心想這也許正是穆里略的用意。

穆里略二〇一二年在盧貝爾夫婦的邁阿密藝術基金會常駐五週，期間一直勤於創作，最終完成了四十多幅畫。他當時與盧貝爾夫婦約定，常駐期間的作品全歸盧貝爾夫婦。根據後來的夏季常駐藝術家艾莉森．祖克曼（Allison Zuckerman）形容，盧貝爾夫婦會給他們一筆定期生活津貼。她說：「他們給我津貼，告訴我『妳在此一切創作都歸我們所有』。我實際上把畫作賣給了他們，而價錢就是這筆津貼。」祖克曼對此感到不悅，如她所言：「我大可在衛生紙上劃一些火柴人，而他們照樣得付給我生活津貼。」

但對穆里略來說，這是一項合理的交易。盧貝爾夫婦的私人藏品因新獲的穆里略作品而增色，其中部分會在他們由穀倉改建的藝術館公開展出。假如這些畫作的價值揚升，盧貝爾當代藝術基金會（Rubells' Contemporary Art Foundation）的價值將隨著水漲船高，這帶給穆里略的宣傳效益將遠高過他所獲的津貼——至少盧貝爾夫婦與穆里略彼此都這麼認為。

穆里略後來開始出售新作給引人爭議的洛杉磯藏家兼畫商史蒂芬·斯姆肖維茨（Stefan Simchowitz），此人與穆里略一樣，是熱衷炒作及拉抬現時藝術市場價格的代表性人物。[5]斯姆肖維茨是於二〇一一年偶然地在洛城的尼科丁畫廊（Nicodim Gallery）見到穆里略的作品，他說：「我見到他的作品後，立刻出手，狠狠地出手，無比俐落。」他將所有能找到的穆里略畫作盡納囊中。「因為我迅雷不及掩耳，無疑我可說是他的早期推廣者。你知道嗎？這就像是把雪橇推出賽道鬧門一樣。」

這時斯姆肖維茨尚未如《紐約時報雜誌》（*The New York Times Magazine*）二〇一五年所指出的那樣，變成惡名昭彰的藝術界「守護魔」（patron satan），但他那時已被視為投機者。[6]而且，所有見過他的人都會形容他狂妄自大，愛用哲學語彙談論即將被他改頭換面的藝術市場。他自己則感嘆道：「我想要真正的架構文化資源分配，以人們收藏不同價格藝術品作為基礎！」他還常以第三人稱提及自己，彷彿自己是從索爾．貝婁（Saul Bellow）的小說中抽離出來的人物，他揚言：「世上沒人比史蒂芬．斯姆肖維茨幫過更多年輕藝術家，但人們都沒看到這點。」

斯姆肖維茨的父親是南非的企業購併業者暨藝術收藏家，他自己早年以新創科技公司MediaVast起家，據說後來轉手時賺進四百萬美元利潤，隨後他以七年時間收藏了一些沒沒無聞但具有商業潛力的藝術家作品。[7] 他自稱能以五百美元的低價成交，且只要能力許可，總是大量買進藝術品。[8]

他最早發現的藝術家之一是年輕的抽象畫家布萊德利。布萊德利年少輕狂時，在紐約下東城常與一些夥伴在無窗的加拿大畫廊開派對，斯姆肖維茨從二〇一一年開始以很低的價格買進布萊德利畫作，有報導說每件得手價為六千美元，另有一說是每件四千美元。[9] 五年後，布萊德利成為高古軒代理的藝術家，開始在全球辦畫展，主要作品售價達數十萬美元。

斯姆肖維茨多年後宣稱：「我是布萊德利作品最大收藏家。」他曾認為自己會成為布萊德利的代理畫商，但布萊德利選擇了布朗。根據斯姆肖維茨的說法，布朗給布萊德利六週時間，要他為布朗的畫廊創作一系列全新作品；當布萊德利完成重任，畫展請帖發出之後，斯姆肖維茨並未獲得邀請。他說：「我氣炸了，因為我曾經挺他！我終於了解，這個體系永遠不會感激我的付出，因此，我必須漠視它，找出自己的立足基礎、自己的聯盟、自己的客戶群、自己的藝術家和銷售體系。」

社群媒體成為斯姆肖維茨實現願景的根本之道，他毫不猶豫地上網貼文，在線上宣傳他新發現的藝術品，並試圖直接對需要以藝術妝點牆面的好萊塢第三和第四線行政主管行銷，他也因此常遭其他畫商鄙夷和排斥。

然非所有老派畫商都排斥斯姆肖維茨。布魯姆就與斯姆肖維茨的父親曼尼很親近，兩人五十年前聯手在洛城費魯斯畫廊為沃荷辦過影響深遠的畫展，如今也經常聚餐，而斯姆肖維茨也會加入。德奇對斯姆肖維茨也感興趣，而斯姆肖維茨曾把德奇奉為英雄楷模之一：當年在蘇荷，幾乎每逢德奇推出稱為「專案」街頭藝術表演，斯姆肖維茨都會捧場。

斯姆肖維茨從布萊德利和布朗身上得到了經驗，此後對新發現的穆里略便不那麼大張旗鼓。他日後宣稱，曾以每件一千五百美元的低價向當年沒沒無聞的穆里略購得三十四幅畫作，並自己留藏這些作品。[10]一名孰悉穆里略作品市場的畫商認為，斯姆肖維茨擁有的穆里略畫作不可能超過十六或十七件。即使是這樣，斯姆肖維茨的斬獲仍很可觀。他覺得穆里略「可能是過去四十年來崛起藝壇的最重要藝術家」，藝術市場對此嗤之以鼻，但斯姆肖維茨還是搶到了媒體版面。

穆里略畫作開始陸續在次級市場拍賣、掀起飆風，惹得其他畫商怨聲載道。他們宣稱，是斯姆肖維茨連番搶進搶出，《紐約》雜誌封斯姆肖維茨為「最高明的藝術品短線炒作家」。[11]斯姆肖維茨則矢口否認說：「我從不搞短線炒作。」不管是誰，可以確定的是，任何人只要拿得出穆里略早期畫作來拍賣都能大撈一筆。在二〇一二年十二月到二〇一四年一月之間，共有四十六幅穆里略畫作在次級市場賣出，最高成交價達四十萬一千美元。

斯姆肖維茨的手法是：放餌引誘媒體與主流市場，他甚至取笑說：轉手有何不對？他用他愛用的詞彙說：「轉手越頻繁越『爆紅』。」初級市場與次級市場會相互拉抬行情，當他聽到各畫廊高談闊論作品應「落腳」於適當的收藏時，他翻了白眼說：「作品總是被富裕老人得手！這些人都住在比佛利山設計品味很差的豪宅。我寧願線上交易或直接交易藝術，也不要賣給自命不凡的買家。」他自豪地表示手上沒有等待名單，任何人有意願買畫就會成交。

到了二〇一四年中，斯姆肖維茨已是當代藝術市場的「討厭鬼」，但他的生意手法似乎是可行的。在他那不大的比佛利山畫廊裡，至少會維持六名工作人員。他曾說典範已然轉移，自己不僅只是一名畫商。他得意地笑稱：「我是藏家、畫商、顧問——我就像是瑞士軍刀，如果你付得錢夠多，我也可以馬上幫你擦鞋。」

很難說得準斯姆肖維茨做了多少生意。他自稱：「依我的看法，我是藝術生意的新核心。」斯姆肖維茨還謹慎地說：「我可能在全球五大知名畫商之列：高古軒、卓納、沃斯，或許還有另一位，以及我本人。你同意我的說法嗎？」他說這番話也很小心，並未自稱是全球最成功畫商之一，只說自己在最知名畫商之列。確實，他從二〇一四年開始獲得不少媒體報導，然而，二〇一八年時在谷歌搜尋他的名字，只有約三萬筆搜尋結果，而查找高古軒則有二十七萬四千項結果。或許大家衡量名氣的方式有所不同吧。

穆里略一幅畫作於二〇一三年九月十九日以四十萬一千美元拍出，他本人並未因而獲利，但這終究為他的作品建立了新市場。據說那幅畫的買家是演員暨藏家李奧納多．狄卡皮歐，至於他是否會從投資獲利仍有待觀察。更重要的問題是，穆里略成為市場最搶手的新進藝術家後，今後由誰來引導他？斯姆肖維茨？倫敦規模不大的卡洛斯／石川畫廊？曾代理穆里略畫作的柏林伊莎貝拉．波特羅茲（Isabella Bortolozzi）畫廊？或者是某個超級畫廊？

在二〇一二年十二月邁阿密灘巴塞爾藝博會盧貝爾家族收藏展的登場秀之後，穆里略花了近一年才做出選擇。他一開始審慎行動，在多家小型畫廊推出數場個展，但刻意低調的做法並未躲過行家的法眼。《洛杉磯時報》的大衛．佩吉爾（David Pagel）在洛城錯誤空間（Mistake Room）畫廊看了穆里略最近期的個展後形容它是：「亂七八糟的矯飾主義。可以把它想成是湯伯利在糟透的一天，麻利的筆觸被粗手笨腳所取代。」[12] 錯誤空間是小型的非營利畫廊，穆里略為其創始董事會成員。

不久後，穆里略決定與卓納簽約。卓納回憶說：「我明白地告訴穆里略，他的畫廊對其作品的處置全然不當；他的職涯被投機者環伺。作品售價節節高升，雖營造出市場也賺了錢，卻沒有獲得敬重。」

德奇對穆里略的選擇抱持疑問。他尋思道：「穆里略投向卓納，而不留在倫敦的卡洛斯／石川畫廊與同世代藝術家們往來，這樣他的事業會變得更有趣、更具活力、更有意義嗎？我一向較熱衷於畫商與藝術家屬同一年齡層的模式，樂見他們一同成長並有一番作為。」[13]事實上，穆里略作品將同時由倫敦與紐約兩地畫商代理，但德奇顯然覺得，卓納對穆里略的影響將會勝過卡洛斯／石川畫廊，而結果不必然會更好。

穆里略在紐約卓納畫廊首場個展二〇一四年四月登場前，各方多所期待；它可能造就穆里略的藝術家生涯，也可能掃盡大家的興致。穆里略將個展視為《一部重商小說》（*A Mercantile Novel*），他的構想是從哥倫比亞引進十三名工人，並創造出一間酷似其家族四代曾為之效力的糖果工廠。卓納按照要求訂購了所需的生產線機器設備，並協助工人們辦好簽證。展中，工人以在崗位上生產銀箔包裝的巧克力棉花糖拉開序幕，似乎是有意要喚醒世人對全球化、外包與移工議題的關注。但如一位評論家指出，它看來就像生產線及工人的白色塑膠連體衣一樣了無生趣。另有評論稱它「了無新意」、「斧鑿斑斑」、「粗氣十足」、「自吹自擂」，對於一位未滿三十歲的藝術家來說，頗為嚴苛。穆里略此展出售工廠零組件而不賣畫作，也讓人不解。每件高達五萬美元的零組件看來只是滑稽可笑的現成品，稱不上深思熟慮的構想。《紐約時報》的施密絲想知道整個展是否沒有商業動機在背後支撐。她表示：「一小包一小包的糖果在畫廊前面堆疊起來時，似乎很可能同樣過量的穆里略新畫作正在後面轉手交易。」[14]

不論這場個展多麼讓卓納感到尷尬，穆里略往後還會再辦展，而卓納也會繼續給予支持。卓納後來指出：「大家都可以提出自己的見解，但我代理的這位精力無窮的年輕藝術家，許多藏家賞識他。過去的投機泡沫已成過眼雲煙，實在的藝術家生涯在此展開。」

六月中旬，穆里略個展剛結束，昆斯回顧展就在上城的惠特尼畫廊登場。這兩位藝術家迥然有別，昆斯的雕塑作品閃閃發光、完美無瑕，穆里略的抽象畫則凌亂無比，然而兩人都擅長挑起爭議與種種矛盾的反應。或許，這正是二〇一四年當代藝術的真髓：話題會拉抬售價，從而促成更多的交易。銷售越是火熱，越有藝術價值；昆斯似乎這麼認為。

昆斯談論自己的藝術創作時，聽起來很膚淺且像個機器人，雖然聽了他興高采烈的解說會覺得他確實知道人對他的看法，而且他努力想達成的正是那種效果；他的評語就像是他藝術的言語版本，然而對評家來說，昆斯作品登上惠特尼畫廊當之無愧。

昆斯對當代藝術影響的深淺，是可以論辯的。或許這麼說是公道的：他影響了那些工廠生產線的藝術家夥伴，其中包括麥卡錫、李希特、費雪、村上隆，以及在洛城迅速冒出頭的明星斯特林．魯比（Sterling Ruby）。不論是好是壞，他創造了一個識別度極高、無人能模仿的品牌。或許他最大的影響在於，他向其他藝術家示範了如何運用權力——借助藝術市場的力量——在紐約周旋於眾多畫商之間。

昆斯在二〇一三年短暫向高古軒告假，轉在卓納畫廊開展，啟動了一個新走向：即使是高古軒的頂尖藝術家——尤其是高古軒的頂尖藝術家——也可如此隨心所欲。隨後，他很快就陸續與孟努欽和法國畫商阿爾敏．萊希（Almine Rech）合作辦展，且又在某種意義上維持高古軒藝術家的身分。

高古軒的數十年親密友人塞拉也嘗試追隨昆斯，在卓納畫廊辦了一場展。這只是卓納與塞拉之間多次合作的開端。但塞拉表示：「我無意離開高古軒。」普林斯是另一位追隨者。[15]高古軒注意到，普林斯在十八個月期間先後與紐約五家不同的畫廊合辦過藝展，分別是葛萊史東畫廊、卜洛姆波畫廊、盧森堡戴揚畫廊（Luxembourg & Dayan）、納麥德當代畫廊（Nahmad Contemporary）以及斯卡斯特德（Skarstedt）畫廊，而且全都是以高古軒藝術家身分與他們合作！高古軒後來指出：「我認為這是荒唐之舉，然後他又想自己當畫商，因此基本上他在自己的工作室賣畫。感謝上帝，就我所知，他已不再這麼做了。」

不久後，高古軒的其他藝術家，包括葛羅傑，紛紛開始與紐約和其他地方多位畫商合作，據《紐約時報》指出，格羅傑也在自己的工作室直接賣畫。[16]

高古軒不明所以。他日後指出：「藏家會想知道作品出處，他們期望有某種程度的控管。不能從工作室直接把畫賣出去。」這說法失真：從居斯塔夫．庫爾貝（Gustave Courbet）、愛德華．馬內（Edouard Manet）到畢卡索等畫家，都曾在工作室賣畫。這麼做並不會使作品出處令人迷惑，只是在交易行當上吹皺一池春水，有時不利於畫商。

高古軒絕非不偏不倚的觀察家，他似乎是衷心反對藝術家廣結畫商。他堅稱：「我認為多數這類案例是錯誤的。他們吃到甜頭後會感到興奮，他們會獲得一些額外的行銷，但是……這會使藝術家看來狗急跳牆。為何他需要辦那麼多展？他們需要時時刻刻賣出作品嗎？我的意思是，除了我之外，沒有人與湯伯利合作過，他曾說過『我只想與一位畫商打交道』。」

然而，沒有任何畫商能控制這強大的趨勢，即使是高古軒也無力回天。像赫斯特這樣的藝術家，估計大約擁有三百到四百萬美元資產，因而能無拘無束地我行我素。一位紐約市畫商表示：「這些藝術家遠比藝術史上任何時期的同行富裕，他們不再像過去那樣講求忠誠。」有這樣的自由，頂尖藝術家可以選擇何時何地辦展，決定哪位畫商適宜哪個展，以及相關的財務條件。瓊斯在這方面是開路先鋒，長達數十年都是他說了算。難以捉摸的哈蒙斯也不仰賴畫商，成功接二連三。

隨著這些發展，藝術家與主要畫商之間的利潤分配開始對藝術家有利，從平分調整為六四拆帳。據稱一位下城著名畫商更與最傑出藝術家九一分帳，代理這樣的藝術家所獲聲望顯然非常值得畫商犧牲利潤，幾乎免費提供服務。一位藝術圈內人指出：「高古軒的問題在於：在普林斯持續在其他畫廊開展，那些畫廊想必也要分一杯羹的情形下，他能向他這位大牌要到多少初級市場的銷售利潤？。」

在所有這些不算大的帶槍投靠他人的事件中，最讓高古軒受傷的是昆斯和塞拉。他說：「這兩人我非常失望。」但他也跟大家一樣心知肚明：時代正在變遷，頂尖藝術家趾高氣揚，發號施令前所未見。高古軒無奈地聳肩道：「這些藝術家……有點為所欲為。他們想嘗試另一家畫廊，他們想要別樣的情境。昆斯想賣掉更多作品……這有點是他的作風，他需要更多媒體關注、更多的交易。」高古軒促銷昆斯再加把勁，昆斯賣出的九成作品仍是透過高古軒，但在其藝術生涯中，他首度意識到未來走向要自我守護。

Chapter 18

The Art Farmers

藝術農人

2014

二〇一三年初豪瑟沃斯在西十八街開了面積達二萬四千七百平方英尺的畫廊後，確立了四大畫商中出手最闊綽、行事最奇特的聲譽。眾人的共識是：沃斯會一直耐心地等待藝術家熬出頭，而沃斯也樂得大家有此觀感；沃斯旗下的藝術家容或有遠大的未來，但是他們需要他無怨無悔的支持。沃斯說：「我也喜歡這樣。我是推動的人、解決事情的人，我早上就是為這種事起來；藝術家會過來對我說『我一直想做這個』，我聽了就想去推動、去做。這位藝術家需要什麼？我能做什麼？我相信只要憑著這股勁，好生意自然上門。」

高古軒感覺豪瑟沃斯只會砸錢，很不以為然。他說：「錢當然有益，但藝術這門行業不單是錢就能解決；你不能像瓊斯那樣只靠錢。這也是藝術有品的地方……想收藏藝術品的生意人說：『開張支票不就好了嗎？』不是這麼簡單。」他說得也許沒錯，但是沃斯夫婦比其他畫商做得可能更津津有味——他們的趣味也有嚴肅的目的。

二〇一四年七月，沃斯夫婦開了最新的薩姆賽特（Somerset）豪瑟沃斯畫廊——位於英格蘭西部郊區布魯頓（Bruton）一百英畝的德斯拉農場（Durslade Farm）。舉家遷到鄉間是曼紐拉的意思，她有一個願景，從她的行動與理想中不難看出她是怎樣的一個人。

曼紐拉在瑞士東部的山間小鎮度過愉快的童年，經常跟弟妹滑雪、登山。十歲那年，她父親意外喪生，母親擔起經營農場的擔子，囑咐女兒要幫忙照顧弟妹。這當然不假，但是別忘了瑞士家電零售連鎖店Fust AG是他們的家庭事業，一九八七年公開上市，二〇〇七年以大約八億美元賣給了科浦集團（Coop Group）。

曼紐拉學的是教育，教了幾年七到十六歲的瑞士學生家政、藝術、工藝和運動等課程。[1]還是青少年的沃斯斗膽帶著兩張畫到她家兜售時，她正是二十出頭花樣年華。命運讓他們認識、結婚，一起經營藝術銷售，先在蘇黎世，後在紐約。

沃斯夫婦意會到倫敦是下一個前線，希望二〇〇三年在皮卡迪里（Piccadilly）開設他們的倫敦第一家畫廊。兩年後，他們從紐約搬到倫敦的荷蘭公園（Holland Park），打算在這裡養育子女，她又在二〇〇五年那年毅然決然去過鄉間生活，藝術必須在其中找到一條路。

他們在倫敦的這棟房子最後被足球明星貝克漢（David Beckham）和他太太維多利亞（Victoria）用三千一百五十萬英鎊的現金買下來，過戶時曼紐早已開著露營車，帶著先生、孩子前往薩姆賽特。他們在那裡買了一塊占地五百英畝的十五世紀農莊。未來一年多他們都住在露營車裡，每天有工人來修理中世紀的老屋——這裡是他們未來的家。[2]孩子與羊豬為伍，也學會擠牛奶；他們在鎮上的小學上課，也跟其他學童和家長建立了友誼。

沃斯夫婦一直在想如何讓薩姆賽特的鄰居也能接觸藝術。二〇〇九年，他們買下附近一百英畝的土地——德斯拉農場和土地上破敗的建築。這裡已經荒廢了二十年，沃斯說：「我們感覺不把它整理起來是不對的。」他們取得重建許可，修復工程年底展開。德斯拉農場再度活起來了，甚至饒富優雅氣息：馬房成了藝術圖書館，其他的外圍建築成了五棟畫廊。希望過夜的客人，原來的德斯拉農場主屋有六間客房可以住宿。雅緻舒適，但可不便宜；非週末訂房一個晚上六百英鎊，三夜連續週末三千五百英鎊。

二〇一四年七月德斯拉農場開幕時，農場裡的露絲酒吧牛排館也開張營業，內部陳設布置非常有地方特色。藝術品也運到了：蘇博德．古普塔（Subodh Gupta）十六英尺高的不鏽鋼擠奶桶雕塑放進了院子；在打穀倉，菲莉達．巴洛（Phyllida Barlow）的五彩塑膠彩球掛上天花板；在農場後面，布爾喬亞的兩隻大型花崗岩眼睛像巨貓一樣豎立，注視著參觀者。在農場對外開放之前，為製作影片作品而曾打破沃斯汽車擋風玻璃的瑞斯特，就是農場藝術村首位駐村藝術家，他用內衣做了一盞藝術吊燈，捐給農場。

對曼紐拉來說，德斯拉農場綜括了她對人生的所有熱情：食物、家庭、社群與藝術。沃斯夫婦視女性藝術為一項優先，沃斯直白地說：「我是個女性主義者。[3]我經常感覺二十世紀的女性藝術家被嚴重低估、藝術價格嚴重抑低、出頭機會嚴重不足。」曼紐拉的母親也有同感；她長期以來就收集女性藝術家的作品，現在曼紐拉將之發揚光大。她總是在幕後默默地發揮影響力，很少公開顯揚自己的角色，在接受一家英國報紙採訪時她說：「我不喜歡藝術博覽會；我是最拙劣的銷售員，從來沒賣出過一件藝術作品。」[4]

讓藝術世界吃驚的是，德斯拉農場一夕爆紅；第一年原本預期有四萬訪客，結果來了十七萬五千人。除了藝術喜好者在週末源源不斷外，豪瑟沃斯也歡迎藝術家住在附近的布魯頓一棟古蹟改建的工作室，讓藝術家在這樣的愉快環境中有更多的作品。這一切都是曼紐拉的願景。沃斯說：「我們是藝術農夫。這一切改變了我們業務。我想到藝術、藝術家與藝術產業的角色在日益挑戰的世界中必須加強，光是給孩子上美術課、讓他們親炙藝術、卻忽略了他們的需要，這樣是不夠的。」

當然德斯拉農場的成功看在倫敦與紐約畫商眼裡，頗不是滋味。沃斯擁抱的是藝術慈善？還是高級的觀光體驗？德斯拉農場是藝術下鄉？還是透過建立藝術家的忠誠去充實沃斯夫婦的荷包？一名畫商說：「一方面，藝術農場立意甚佳；另一方面，他們怎麼能從服務業裡抽身去協助藝術家建立事業？我才不會去經營葡萄酒莊、餐廳或是旅館——這全都是文化美容店鬼扯蛋。下一個他們要搞什麼？豪瑟沃斯品牌的鞋子嗎？」

其實他們的下一個做的是限量版香水「曼紐拉」，價格需先詢問。

不滿的畫商說對了一件事：鞋子與雕塑的共同之處在品牌，而二〇一四年，四大畫商都在拚命行銷品牌。只有豪瑟沃斯擁有紳士農莊，但其他三大咖都在多個市場建立華麗的新畫廊，都有公關部門，藝術史學者、藝評家都在拚命寫書和相關文章，新聞記者也樂得借牌具名撰寫一篇可拿一萬美元稿費的文章；品牌行銷得越好，藏家越會上門來買藝術品。

在洛杉磯，一名中階畫商全力抵禦這種趨勢，而且頗為成功。二〇一四年九月，柯丹斯基再度搬家，在高地大道（Highland Avenue）與考爾弗市兩個畫廊區之間，離南拉布里亞（South La Brea）大道不遠的地方重新開張。這次開張也是緊鑼密鼓，因為擁有一萬二千七百平方英尺的空間，許多畫家都有興趣前來。這種規模也讓他能與對手畫廊卜洛姆、波、雷根計畫（Regen Projects）等畫廊平起平坐。後者的創辦人一九八九年在洛杉磯荒郊插旗，為巴尼舉行了首次個展。收藏家有興趣光顧這種荒郊野外的地方嗎？有衛星導航與優步，至少他們不必擔心迷路。

但是收藏家會不會移樽就教不得而知。畫商蜜雪兒．麥可隆（Michele Maccarone）說：「洛杉磯不是一座能夠讓畫廊發揮功能的城市；過去不是，可能未來永遠都不會是。它太大、太分散。馬里布（Malibu）的富人不會到市中心來。」市中心與西區（West Side）、聖塔芒尼加咫尺天涯，自有自的畫廊天地。不過麥可隆還是自己計畫在南米訓街三百號開設自己的市中心畫廊。開張日是二〇一五年九月，也就是房地產開發商伊萊・布洛德（Eli Broad）的新美術館布洛德（Broad）落成啟用的日子。她自己說，洛杉磯是許多藝術家聚集、生活的地方，如今也在此工作，她說：「我想成立一個美麗的空間，辦可能賣得掉、也可能賣不掉的展覽。」賣得掉與否，她與藝術家的情誼因此益發增厚。

二〇一四年秋天，紐約現代藝博館策展人勞拉・霍普特曼（Laura Hoptman）整合東西岸當代繪畫，舉辦一場劃時代的展覽。霍普特曼為這項《永遠當下：非暫時世界的當代繪畫》（*The Forever Now: Contemporary Painting in an Atemporal World*），邀集十七位畫家展覽；或是用她的話說，展出「習畫大家的繪畫作品」。[5]她的遴選讓藝術家透過掛在畫廊牆上的作品現身說法，也對當代藝術市場做了最佳詮釋。

霍普特曼在畫展題目中使用了「非暫時」（atemporality）。這個新詞是科幻小說家威廉・吉布森（William Gibson）在二〇〇三年所創，用以形容「新而奇特的世界狀況，拜網際網路之賜，所有時代得以同時存在」。認為這就是「永遠當下」，就是藝術家當下所生活的世界，因此無論藝術家想創作的是什麼，他會情不自禁地模仿、複製過去而賦予其新的意義。《紐約時報》的施密絲認為這場展覽「不夠大膽」，看起來「太放不開、太循規蹈矩……證明已經被證明過的，而且隨時準備讓大眾消費」。[6]藝術家薩利認為「兩個詞我們可能應該避免使用——『永遠』與『當下』」。霍普特曼卻兩個詞都用了。[7]

參展的藝術家大多數都已然是藝術市場的明星。葛羅傑最新的「馬戲團」繪畫，四射陽光遮住了可能是馬戲團小丑的面孔，在現在的拍賣會中要價是五、六百萬美元；如今由柯丹斯基在洛杉磯代理、由豪瑟沃斯在紐約代理的詹森，展出黑蠟抽象作品，至少蠟那部分讓人想起瓊斯；米若圖因高盛壁畫打響名氣；與布朗在米訓街三五六號合開畫廊的歐文斯，用戲筆將具象畫與「之」字彩色條紋融合在一起，色彩奔放，被喻為西海岸最有前途的畫家之一。一名畫評說：「參展畫家大多數作品都已經可以賣到高價。展覽開幕式中，畫商、藝術顧問站在藝術家作品前接受下單的畫面處處可見，彷彿是藝術博覽會。」即使是最知名的畫家看起來都像在自我推銷。

不管是無的放矢還是師出有名，受到畫評挖苦最深的是二十八歲的穆里略。薩利在評論中說：「太早從加農砲口中被射出，無論是不是他的錯，我感覺都必須說一些公道話……他對基本元素的掌握，例如尺寸比例、顏色、表層、影像和線條，最好也不過是像個熟練的工匠。」穆里略太年輕，不知藏鋒，在卓納畫廊個展展現出的狂妄有如玩火自焚。他需要跟也在《永遠當下》展出的布萊德利多學學：有歲月的洗禮、有那種管他去的酷感。

三十九歲的布萊德利仍像舊金山嬉皮詩人，首如飛蓬、留著鬍子，老是一身寬鬆的外套和牛仔褲。同儕藝術家羨慕他勇於冒險，畫商則在他身上看到奇才，他多變的怪風不妨礙他的市場前景，反而更加青睞。藏家看見他三種不同風格的作品，也在三種作品上都投資。若有藝術高人指點，他們也能在他的作品中看見了冷面幽默。

布萊德利被納入現代藝術博物館團展，顯示他與日俱增的名氣得到認可，他在次級市場的價格升到七位數字前段，漸漸有當代藝術家偶像的氣勢；時代趨勢選擇了他，佳評與金錢也都黃袍加身；他還不是當代藝術的中心，但他可能是紐約現代藝術博物館團展中僅次於葛羅傑之後竄紅最快的藝術家，馬上就有另一番大事業。

布萊德利在緬因州南端的濱海城市吉特利（Kittery）長大，父親是急診室醫師，母親在家養育九個小孩。他上有兄姐、下有弟妹，安靜，喜歡卡通漫畫，也常畫來自娛——從漫威（Marvel）漫畫的超級英雄到漫畫家羅伯特．克拉姆（Robert Crumb）的人物，什麼都畫。高中之後開始留意繪畫藝術，開竅後叫他最先著迷的人之一是卡茲。

布萊德利在九〇年代中期在羅德島設計學院註冊，那時實驗音樂大為流行，布萊德利加入了一個叫「巴克利穀倉動物」（Barkley's Barnyard Critters）的樂團，舞台服裝是不同的動物，布萊德利打鼓和彈吉他技藝都過得去，他的戲服是綿羊，名字是夏洛特（Charlotte），合唱團曲終人散的招牌戲往往是一團混亂。

一九九九年，布萊德利來到紐約市，在一家古董店找到工作；晚上若是不在「乳酪漢堡」

（Cheeseburger）演出，他就畫畫。一天晚上，那時還不是當代藝術市場「史官」的夏赫特看到他的演出，他說：「我記得他身上只穿了緊身白色牛仔褲、彩虹吊褲帶，在地板上呻吟。」他買了一幅布萊德利的畫作，雖然「畫作」一詞用得可能托大了些。夏赫特形容它是「古怪的粉紅色風景畫，天空中有一艘小船，拙劣的技法中透著特殊」。

夏赫特二〇〇三年在西村小小的展間為布萊德利辦了一場展，一張都沒賣出去，因此夏赫特自己全部買下，而且有先見之明地都保留下來。未來兩年的時間裡，布萊德利在合唱團演出與小型團展中擺盪，也就是這個時候，加拿大畫廊的四名創始人簽下他。

如今布萊德利畫的是他所謂的「機器人繪畫」（robot paintings）——利用簡單的彩色紙碎塊，創作出基本人物形狀，加之以似乎是擁抱幽默與渴想的色塊，二〇〇六年他在加拿大畫廊就此個展，沒有什麼特殊迴響。

對布萊德利來說，轉捩點是二〇〇八年的惠特尼雙年展。他把展間裝滿了他的機器人繪畫；買者上門了。布萊德利決定，日後創作就是它了。

布萊德利開始從事更原始基本的具象線條創作——在原始畫布上用油脂鉛筆畫出簡單的線條；有的是一條線人物——五歲孩童的專長；有的是超人徽幟——S字被雞冠狀的線條包在裡頭。布萊德利管它們叫「是嘛咕」（Schmagoo）繪畫——也就是嬉皮口中的海洛因。這些畫帶有「沙粒」的感覺。這也難怪，加拿大畫廊古爾說：「他基本上是四肢跪地，單色畫畫；他會拖著畫布在地板上拉來拉去，未處理過的畫布上會沾染灰塵。」古爾會半開玩笑地對他說：「天哪，對毀掉你這麼點小事業你有一套！」畫評把「是嘛咕」批評得一文不值，但是奇怪的事發生了，人開始議論紛紛，然後有了買氣。

布朗也聽說這些人了。他旗下的藝術家羅伯．普魯伊特（Rob Pruitt）帶他去布萊德利的畫室。布朗看了後感覺複雜，他說：「他對繪畫的想法有種不敬的東西，這對他創作反而可以加分。」布朗並不怎麼特別喜歡他看到的作品，但他承認：「但是它抓住我不放。我坐立不是，只有再回去看。」

加拿大畫廊的莎拉．布萊曼（Sarah Braman）說：「布萊德利並未直接捨我們就布朗而去。是我們委託布朗辦展。」不過古爾指出：「你跟布朗先是相處甚歡，然後就走樣了。」

要不了多久，就合久必分。布萊德利二〇一一年布朗畫廊辦理第一場展覽，開始了另一類作品風格：藍、黃、黑、綠，帶著一絲髒感到彩色抽象畫，與一九五〇年代的米契兒抽象畫極為神似。古爾說：「當你把家當全部投注在一個人身上，而對街一個完全不懂藝術的人卻把他引走了……」而令布朗生氣的是，布萊德利堅持偶爾把畫交給他加拿大畫廊的四個朋友。這些畫的銷售足以支付他們整年開銷的很大一部分。

跟加拿大畫廊相比，布朗畫廊如今算是個有規模的地方，在《衛報》二〇一四年五月發布的藝術世界名人錄中，布朗榜上有名。它在評估布朗對市場的影響時，標準超越了金錢，該報形容他是：「英國從前留鬍鬚的壞男孩、以憎惡人類自況、九〇年代紐約藝術家愛聚集地『路人』酒吧的前店東，他證明不妥協也可以在藝術世界大鳴大放。」

布朗心裡有數自己必須放棄西村格林威治街的大空間；房租已經跟他所有租過的畫廊一樣，高得令人吃不消。二〇一五年他轉移陣地，搬到中國城的格蘭街；只是為了好玩，也在羅馬開了一家畫廊。高古軒也立足羅馬，使用一座曾是銀行的輝煌建築。布朗的據點是一間八世紀的小教堂，其實這裡更像家族的祠堂，他說：「我不是要看能不能在歐洲開畫廊，我是看能不能在這座建築裡開畫廊。」[8]

格蘭街道格局對紐約來說，夠嗎？還是只是續篇？二〇一五年春，布朗有答案了：保留中國城的畫廊，在哈林區開一家新的大畫廊。

布朗在關閉他的西村空間前，先在格林威治街辦了四天告別展。他的靈感來自貧窮藝術家雅尼斯．庫奈里斯（Jannis Kounellis）一九六九年一項藝展動用了十二匹活馬。時年八十歲的庫奈里斯非常興奮有機會在紐約重建這項藝術項目；馬匹拴在龐大的畫廊的四牆，室內堆滿乾草。這項展覽也可視作庫奈里斯的告別展，他在二〇一七年去世。

布朗四年前已舉家遷到西哈林區，地址是一百二十七街四三九號的一間啤酒廠。他一直盤算這可不可以拿來做畫廊，終於他孤注一擲放膽做了，他說：「這裡空了五十年——就是在等我來。我從此就沒回頭過。」

布朗粗獷的魅力中，有一項是信心；相信自己會遇到一心向上的藝術家，可以形塑他們的事業；相信自己身為中型畫商生存得下去；是信心，只是信心，而沒有其他支撐托住他往前，因為超級畫商上竄的勢頭凶猛，大錢源源不斷匯入。好像沒有一個地方的金錢與藝術容得下中型畫商存在，更別說是哈林區的畫廊了。

還是有這樣的地方？不久就可見分曉。

PART 5

VYING FOR SUPREMACY

群雄爭霸

2015-2019

Chapter 19

A Question of Succession

誰來接班？

2015

二〇一五年四月高古軒年屆七十，在周英華餐廳擺設的生日宴上，歌手、詩人、藝術家兼於一身的佩蒂．史密斯（Patti Smith）獻唱慶生。他這時已在全球開了十六家畫廊，大半時間都在做空中飛人。他的朋友金．皮格濟（Jean Pigozzi）說：「他喜歡車、喜歡船、喜歡飛機、喜歡繪畫。我認為他在全世界建那麼多畫廊，是因為如此一來他一天二十四小時都可以行動。」[1]在他麥迪森街九八〇號六萬平方英尺的旗艦畫廊，高古軒有一張超大的辦公桌，上面擺著從外地出差旅行帶回來的小玩意、紀念品：有小布希總統彈跳玩偶，也有俄羅斯獨裁者套疊娃娃；牆上則是培根、畢卡索與湯伯利等人的作品。雖然有這些藝術品，辦公室仍給人一種不透氣的感覺——可能為了保護畫，窗簾全都拉上了；既然是藝術世界大紅人的辦公室，你會預期它坐落通常是大老闆特享的邊間，散發著輝煌，但是不然；辦公室的藝術沒有營造出這種氣氛，反倒讓人感覺主人一心忙於工作，沒有時間打理身邊的陳設。

這時高古軒倒霉的一年已經過去了，金融界的藏家馬龍感覺他的老朋友又達到一個新水準，他說：「第一，他手上有大咖買家，他們採購的第一站是高古軒畫廊；跟其他超級畫商一樣，他的客戶不止一、兩人，範圍很廣。第二，他在次級市場大賺其錢，在初級市場有五成利潤。」從早期在初級藝術市場交易跌跌撞撞到今天的畫商場上的格局，他自己比誰都清楚這些成功裡所藏的反諷。

高古軒生日之際接受《華爾街日報》訪問，針對他的事業侃侃而談：「其實沒有人真需要一幅畫。畫商跟經營一家公司不同的是，他是一種為它創造價值的事，是一種對物品價值的共同信任行為，維持那個價值系統，是畫商職責的一環；他不只是在促成轉手而已，而是確保藝術得到應得的重要感覺。」[2]

高古軒過了幾十年光棍生活，如今與一位金髮離婚婦定下來，生活比較安定諧和。避險基金大亨科恩也許是他的最大客戶，他與之分享紐約尼克隊（Knicks）比賽的季票。他也常與另外兩名大客戶——外交官兼慈善家藏家羅納德和喬-卡羅·勞德夫婦（Ronald and Jo Carole Lauder）一同過感恩節。他在加勒比海的聖巴特（Saint Barts）上有別墅，經常在此招待客人，也在紐約、邁阿密灘和比佛利山豪宅中宴客。

英國女畫家薩維爾認為：「我想他現在自在多了。[3]」她說：「他還是有脾氣，但不像以前動不動就爆發——在餐廳為帳單遲遲不來、為計程車司機走錯路等等。他不像以前那樣容易動怒——不過我也從未見他對客戶發脾氣過。」

據說高古軒搭乘他的海灣噴射座機時會埋首於書冊中。現在畫廊一年出版大約四十種書籍，很多是知名策展人或藝評家的文字，出版書籍也多達五百本。高古軒也創辦了一本新雜誌——不是那種捲起來可以打蒼蠅那種，而是精美的《高古軒季刊》（*Gagosian Quarterly*）。雜誌裡頭有畫廊代理的藝術家介紹和比高級雜誌更多的奢華品牌廣告。

據傳高古軒此時個人收藏可觀，價值達十億美元，藏品包括昆斯、李奇登斯坦、塞拉，湯伯利的作品更是不在話下。他幾乎一幅也不賣，指出：「賣了，你就沒有收藏可言；只是掛在牆上的庫存。這些藏品我希望日後可在某個地方完整保留……我可能不會建私人美術館，但我希望這個美麗的收藏可以活下去。」[4]

高古軒也沒有接班人計畫，起碼沒對外透露過。他對《華爾街日報》說：「我建立的是這樣的龐然巨物，我就像薛西弗斯（Sisyphus），沒有選擇。」最近高古軒畫廊若干部門負責人開始定期開會，討論接班計畫事宜，但畢竟他沒有子女足以繼承衣缽。

還是這不是問題？紐約大學史登商學院（Stern School of Business）史考特・蓋洛威（Scott Galloway）曾說，奢華牌如聖羅蘭（Yves Saint Laurent，現為開雲集團〔Kering〕和收藏家法蘭索瓦－亨利・皮諾〔François Pinault〕所有）或路易威登（Louis Vuitton，現為LVMH集團和收藏家貝爾納・阿爾諾〔Bernard Arnault〕所有）在創始人過世後仍然存活，因為它們具備了五項特點。高古軒畫廊具備幾點？《藝術網新聞》曾經估算過。[5]

蓋洛威認為，第一項特點是奢侈品牌需要企業的不朽性，也就是說創始人的故事要有英雄的傳奇色彩，而高古軒出身貧寒，從在人行道上賣海報開始，一路打拚到藝術交易行業的拔尖地位，配稱偶像型人物。第二特點是垂直整合——高古軒畫廊完全做到。第三：布局全球；十六家畫廊分布三大洲，這一點也可打勾。第四，黃金價格；高古軒的貨是藝術，賣價極高。

有人可能認為，五大特點中最後一項條件——工藝，高古軒可能搆不上。但這麼說可能有點不公平。他畫廊牆上的藝術品可能會激起辯論，但皆屬高品；其他事物亦然，從裱框到目錄。「高古軒」三字一如「聖羅蘭」，聽到就會聯想到高檔和品味。有了這五項特點內建於創辦人的企業當中，企業創辦人死後，前景反而有可能強化；創辦人一生不完美的地方一筆勾銷，他也走向不受時間限制的傳奇歷史當中。

藝術交易行業的接班問題，也有其他看法：藝術是獨一無二的，畫廊創辦人的眼光亦復如此；創辦人與藝術家、買家之間的交情也不例外。將這一切交給下一代，涉及非常微妙的人際關係變化，少有畫廊力及於此。歐洲畫商中創辦人死後還欣欣向榮的有科爾納吉（Colnaghi）、馬爾伯勒（Marlborough）、斐斯（Gimpel Fils）等畫廊；在美國則有紐約的阿奎維拉，以及波士頓一八四一年創立的伏斯畫廊（Vose Galleries），其他就沒了。

卓納有一名絕佳繼承人選——他二十七歲的兒子盧卡斯，後者也加入了家族的出版事業。盧卡斯高大英俊、聰明絕頂、公開談話口才便給，但是他父親才五十三歲。卓納的女兒當中有一位在畫廊做事，但她也是一樣的問題：父親還在春秋鼎盛之年。

沃斯夫婦有四個孩子，但子嗣可能永遠不會參與。沃斯說：「我不相信第二代畫廊這回事，因為每一家畫廊都需要一種身分、一種靈魂。」他對格里姆徹父子經營的佩斯畫廊沒有好話，他說：「馬克必須證明自己能在佩斯留下腳印。每次走入必須感覺得到。」[6] 沃斯這時還不覺得有那個足印感。

也許這樣說格里姆徹父子有失公允。馬克五十出頭，此刻是佩斯畫廊的總裁兼執行長，他售出許多昂貴的現代藝術，也有以新科技打造未來的第二代願景，可以衝撞出當代藝術的新火花。在他打出新天下前無人知道他是否能夠扛下一片天來，但是一路走來他學會很多東西。

馬克不但是跟藝術一起長大，也與藝術家一同成長。他回憶：「藝術家經常出沒，像杜布菲這樣的長輩，必須以先生稱呼。也有像（加州藝術家）爾文或盧卡斯．薩瑪拉斯（Lucas Samaras）那樣狂放不羈的叔伯。」他們的談話內容不會顧忌馬克或他的長兄保羅，是這對兄弟得裝大人。不過藝術家不是問題，馬克說：「一室之內最難搞的人其實是我父親。他對我們期許太高。」薩瑪拉斯為了創作拍立得裸照系列〈坐姿〉（*Sittings*），要求格里姆徹全家充當模特兒，那年十五歲的馬克滿心不願意，他父親放話了：「你太讓家人難堪了。你一定要去薩瑪拉斯的工作室，一定要讓他拍，不然你的麻煩就大了，先生。」馬克只好不情不願地乖乖去了。

馬克在哈佛大學修習的是生物人類學，根本就是打算遠離藝術生意。但畢業時他感覺有點「失落；失落時你就會就近熟悉的事務」。在佩斯畫廊，馬克與年輕的馬可斯合用一張辦公桌，兩人也聯手辦了畢卡索筆記本展；因為佩斯的大家長把功勞都歸給了自己的兒子，馬可斯也一氣之下跑到英國謀發展。九〇年代，這對父子之間關係緊張，馬克到約翰斯霍普金斯大學（Johns Hopkins）去念免疫學。一九九九年父子正式絕裂，馬克帶著現已分手的小兒科醫生太太去聖塔菲（Santa Fe）為當地孩童接種疫苗，切斷與畫廊的所有關係。兒子快兩年不來往，傷透了老父的心。馬克很多時間都在新墨西哥，跟藝術家馬丁在一起，摸索未來。終於有一天他打電話給父親說要回家。

馬克在佩斯畫廊簡單如書房的辦公室，啜飲著熱茶說：「家庭事業不容易。你若有壯志，你會希望這份事業是自己你胼手胝足地開創、從無到有地打拚出天下。你花了二十年的時間才知道你永遠不是事業的創始人；幸運的話，你不會受此攪擾，會往前看而不是頻頻回顧。」

向前看的結果是年輕的格里姆徹到了加州的波洛阿圖（Palo Alto），這裡的科技工程師與藝術家交談的是一種新的藝術：體驗藝術。到畫廊欣賞藝術是一種體驗；四百人的日本藝術團體實驗室（teamLab）同時做了十八件裝置藝術，賣票支付開銷，也是一種。還有一個兩人小組漂浮工作室（Studio Drift），二〇一七年在佩斯畫廊支持、BMW贊助下，出動三百架英特爾無人機，在邁阿密灘巴塞爾藝博會的夜空編隊飛行，像八哥一樣展現特有的飛行韻律。

在馬克催促下，二〇一六年四月佩斯畫廊在波洛阿圖成立新畫廊，佩斯畫廊回到加州，重點放在藝術的都市影響上，他說：「我們相信整體經驗的藝術形式會把城市銜接起來，它意味著城市被重新設計、藝術家投入這項過程，一切都有如藝術家爾文在一九六〇年代所預測。藝術家與建築師一起打造空間，因為大家要接觸藝術，要藝術成為他們生活中的一環。」

佩斯畫廊的銷售包括現代大師的作品，如考爾德、德庫寧與羅斯科，但小格里姆徹滿腦子想的都是未來。他說：「我得去收藏家那裡、去博覽會，他們希望跟我買一億美元的藝術作品來收藏；但如解決方案只是如此，就無法建立靠一組人馬才能傳遞、啟發世人的信息；到頭來會通通都稀釋了，成不了氣候。」畫廊可以既不是父親、又不是兒子的精神表徵嗎？馬克賭的是可以，而且一定會。

維托．許納貝（Vito Schanbel）面對的是另一種挑戰——第一代畫商與第二代藝術家家庭。三十歲的維托從小被父親朱利安．許納貝的大幅作品和揮灑性格包圍，他青少年時就有條件和資源舉行免費的臨時畫展——房地產開發商史考特．雷斯尼克是籃球球友，讓他利用閒置的空間；開發商兼收藏家羅森也慷慨解囊。維托早期曾顯得對年長迷人女性有偏好，可能是因為從小他就父母離異，而在名人父親身影下長大也不是件容易的事。他在小格里姆徹身上找到榜樣。格里姆徹是朱利安當時的代理畫商，他說：「我記得最常跟在格里姆徹身邊，我真的欽佩他。」畢紹夫伯格是他父親的歐洲代理，也是他的啟蒙師；維托二十出頭，就跟這位世界級的交易商幾乎每天都有講話的機會，他感覺從中所學比大學更為有益。在他早期所辦的下城展覽中，包括詩人畫家也是藝評家的芮妮．李卡德（Rene Ricard）作品，而李卡德也是協助朱利安事業起飛的功臣之一。二〇一三年，他在西村的克拉森街開了自己的畫廊，最後意會到紐約之外要有發揮的空間，因此當已經年邁的畢紹夫伯格二〇一五年表示要對他的聖莫里茨畫廊（Saint Moritz）放手時，維托立即抓住機會。

維托很清楚他在聖莫里茨畫廊第一位要展誰：費雪——瑞士最受敬仰的、在世藝術家之一。但他也要向畢紹夫伯格致敬，他解釋說：「費雪以前也做過燭雕，照畢紹夫伯格的樣子做，則是我的點子。」

起初費雪很猶疑；他不接受人像委託，他做的對象是基於愛；不過他也對維托說：「我非常尊敬畢紹夫伯格，我想一想。」後來他同意了，條件是：「我希望他太太也在其中。」她非常重要；有極佳的藝術頭腦，也是寫手。」接下來費雪就做了第一根彩色的蠟燭女人，與她的先生一同坐在他們最喜歡的椅子上。聖莫里茨的首展在二〇一五年十二月揭幕，畢紹夫伯格夫婦的人像燭雕二〇一七年六月也在巴塞爾藝博會展出。以後要展什麼，維托也很清楚——父親的新作，以喚起世人對他出名的〈玫瑰〉（*Rose*）碎瓷畫的記憶，也就是一九七九年許納貝在布恩畫廊的成名作。

朱利安．許納貝生前最後幾十年毀譽參半。他拍了三部頗受好評的電影，但他的藝術是否高竿看法見仁見智，而他的狂妄疏離了大半個藝術世界。他在佩斯畫廊待了二十年之後，在高古軒十四年，挫折不斷。格里姆徹對維托說：「他需要回家。」許納貝從善如流。格里姆徹說：「我認為他是偉大的藝術家之一。」許納貝歸來後，他承諾在全球的美術館「重新檢驗」他的作品。對此，高古軒發言人只以簡短聲明反應：「高古軒畫廊從來未正式代理過許納貝，他也不是本畫廊藝術家之一。我們祝福他。」其實高古軒畫廊網站上的藝術家名單的確有許納貝的名字，一直到二〇一四年四月高古軒的一家畫廊都有他的個展。

維托針對他在聖莫里茨畫廊他的第二次以碎瓷繪畫為主題的展覽說：「我甩掉了人言的包袱。」這是他為父親盡一份心意，一如老的曾經為小的所做。就某種程度看，聖莫里茨的展覽是成功的，維托成了城裡的新紅人。然而在二〇一八年底，風聲說大腳印的勁敵要來了：豪斯沃斯要在聖莫里茨的巴德魯特宮酒店（Badrutt's Palace Hotel）開一家新的大畫廊，推展體驗藝術的新嘗試。[7]小許納貝也只有視它為好消息。

高古軒年過七十之時，未能成就的少數願望中，有一個是赫斯特仍未回高古軒畫廊的懷抱。二〇一二年赫斯特的全球圓點繪畫展像一記啞炮，失利後始終未恢復元氣，畫商不是個個都認為他能再次叱吒藝壇。一名英商說：「他的時代已經過去。他早期的作品——鯊魚、蒼蠅都非常稀奇，但是他一再把作品搞得語不驚人死不休；藝術必須有意義，而他的卻無甚意義在內。」高古軒認為懷疑論者都錯了，穆格拉比亦持此見。後者說：「赫斯特跟一九九〇年代的沃荷處境相同。赫斯特作品一萬美元時我喜歡，一千萬美元時我也喜歡。價格是其次的，因為我知道人喜歡他的作品，最後還是會不吝付出。」[8]

赫斯特的市場緩步回升。他也有很多可堪告慰的地方：是全球在世最富有的藝術家，資產超過三億五千萬美元。[9]他鈔票多到可以花三千八百萬美元在倫敦成立了一間新港街畫廊（Newport Street Gallery），二〇一五年對外公開，展出他的個人收藏。同時，他花了五千七百萬美元買了倫敦一棟壯觀的豪宅，而這棟豪宅還不是他主要的居家所在；他住的地方在北德文郡（North Devon）的濱海村莊庫姆馬丁（Combe Martin）一處二十四英畝的土地上，是一座十九世紀的托丁頓莊園（Toddington Manor），有三百個房間。至於工作場所，他使用的是格洛斯特郡（Gloucestershire）斯特勞德（Stroud）附近的一處大鑄造廠，另在杜德橋（Dudbridge）郊區也有一家藝術工廠，他的科學有限公司（Science Ltd）就有一組技師在這裡執行業務。

赫斯特需要的是新點子，這個點子要跟他泡在甲醛裡的鯊魚一樣是商業高招又引人側目。事實上他有，只是祕而不宣；高古軒是少數看過的人之一，看過之後非常滿意。

高古軒畫廊在二〇一五年十一月簽下了最新進的藝術家。那一年，有大半年布萊德利都與高古軒若即若離，在布朗和其他畫廊辦展。他年已四十、有妻小要養，老是漠視高古軒的招手也不是辦法。

布朗事後指出：「我不認為高古軒初次看到布萊德利的作品時就喜歡；等他發現有利可圖時，他才有興趣。」當然這時其他畫商也注意到布萊德利的拍賣價格上揚——二〇一五年的平均拍賣價是一幅八十四萬一千美元，有一幅高達三百一十萬美元。布萊德利散發出一種糅雜著勇氣與不確定度味道，受到藏家的喜愛，突然之間他也成了每位畫商都想代理的藝術家。

十一月一份新聞稿證實了藝術世界所預期的：布萊德利由高古軒畫廊代理。[10]他與布朗的企業畫廊（Enterprise）再無瓜葛，但仍然繼續偶爾委託加拿大畫廊賣畫，即使是高古軒也沒轍。他也與蘇黎世的培森胡柏合作辦展。

布萊德利的老友，曾經在二〇〇三年替布萊德利在西村辦過小規模展覽的夏赫特，針對布萊德利成為高古軒畫廊的藝術家，寫了一篇情溢乎詞的專欄說：「不必擔心布萊德利會向市場的梅菲斯特（Mephistopheles，譯注：浮士德裡的魔鬼）投降，他不會把機會留給他的；他的性情、體質不會，也不允許這樣的事發生。」[11]長期收藏布萊德利作品的布蘭特對換代理則不那麼樂觀，他說：「爆紅太快不健康。我希望布萊德利經得起這種考驗；他是一位嚴肅的畫家，我希望他在高古軒畫廊大展宏圖。高古軒是那種你紅他待你不錯的人；當你失寵時，就不是那回事了。」

芬德雷如今已是阿奎維拉畫廊藝術總監，也寫了兩本有關當代與現代藝術的書，他對布萊德利西瓜偎大邊有疑慮，他說：「布萊德利是剛剛出頭的名人，這是可怕的陷阱；唯一能應付的人是沃荷，因為他一向玩世不恭。」高古軒畫廊另一位藝術家伊斯瑞爾也許奉此為箴言，這位洛杉磯出生的畫家處理得當，出名後並沒有被自己的成功沖昏了頭。

那年秋天，費斯克也離開合作三十五年的布恩畫廊，新表現主義八〇年代的藝術世界的核心關係也瓦解了。費斯克說：「我們已經盡力走到最遠。」他認為他們兩人都是八〇年代的囚犯，嘗試新事物，此其時矣。

布恩的態度則是：「藝術家常認為換畫廊就會使他們的作品給人不同的觀感。」暗示換畫廊不見得有用。費斯克改投的是普爾．斯卡斯特德（Per Skarstedt），後者主要在次級市場交易，曾經展過康多的作品及其他八〇年代出道的具象藝術家。費斯克承認他（和其他人）面臨事業中期、甚或中晚期的挑戰，他說：「中期像煉獄，你不知道它會持續，還是一旦到期你就下台鞠躬。」[12]

也許費斯克和他的新表現主義同伴們時來運轉。二〇一五年秋天，藝術市場大內高手德奇與高古軒在邁阿密灘巴塞爾藝博會合辦了一場團體展，宿敵成了同夥。其實兩人尋找機會一起辦一場兩人都有興趣的展覽，已經計畫了一段時間；德奇喜歡上具象新秀的作品，當中許多是女性，於是兩巨頭聯手。他們也招攬了名藝術家：柯林、費雪、佩頓、薩利與許納貝等等。這場名為《非現實》（*Unrealism*）的團展也凸顯出具象藝術銷售的起飛，卡茲、多伊格、柯林、馬歇爾與杜瑪斯都是受惠者。

一如往常，看二〇一五年十二月邁阿密灘巴塞爾藝博會的標準，是看有多少名人出現及瘋狂派對的多寡，而不是對藝術的認真態度。電影明星李奧納多・狄卡皮歐在他的藝術顧問希芙陪同下前來；奧斯卡最佳男主角安德林・布洛迪（Adrien Brody）與《X戰警》（*X-men*）導演布萊特・瑞納（Brett Ratner）一起出現。歌手演員麥莉・希拉（Miley Cyrus）此時也是藝術家，在博覽會中有展覽；演員詹姆斯・法蘭科（James Franco）亦然；樂手藍尼・克羅維茲（Lenny Kravitz）推出攝影展，席維斯・史特龍（Sly Stallone）在嘗試繪畫，畫的是……《洛基》（*Rocky*）片中主角會愛的那一種。

跟瑞士的巴塞爾藝博會一樣，最高額的銷售新聞，不管是具象或抽象，都會在會上流傳，但在邁阿密灘藝博會參展攤位之間的小祕密是：來的人看得多、買得少；就算買，也很少超過五萬美元。

在世藝術家要創下最高銷售紀錄的地方還是在拍賣公司，從二〇一三到二〇一六年這四年的時間裡，李希特為榜上第一，四年總成績十億美元，平均一年兩億美元；昆斯四年總成績四億美元，伍爾三億七千七百萬美元，草間彌生二億零三百萬美元，多伊格一億九千二百美元，普林斯一億六千六百萬美元，魯沙一億二千九百萬美元，赫斯特一億一千四百萬美元，以及基弗六千九百萬美元。[13]

二〇一五年秋天藝術市場顯然活絡，洛杉磯最新的布洛德當代美術館參訪盛況空前。保險與不動產大亨布洛德與其妻子伊荻絲（Edythe）出資一億四千萬美元蓋了這座美術館，它有超過兩億美元的贊助基金，館藏價值超過四億兩千一百九十萬美元。

布洛德美術館（the Broad）顧名思義是創始人的，但在某種意義上有部分也是高古軒的，兩千件館藏中有四成是跟高古軒買的。[14]十九、二十世紀之交的英國畫商杜文曾自傲地指出，大都會藝術博物館館藏中一百二十四件歐洲繪畫，是透過他的畫廊，殊途同歸地來到大都會；高古軒可以宣稱布洛德館藏的八百件藝術品是經過他的手；可能是他直接賣給布洛德，或是其他人把跟他買的畫捐給了美術館。

大咖交易商中不止有高古軒一人在重要的當代藝術機構留下足跡，其他也有留名青史的

——令人欽佩，也有些令人不安。

Chapter 20

Turbulence at Two Citadels of Art

藝術堡壘遇亂流

2016

在抽象表現藝術興起前，愛好藝術的紐約大富豪家中掛的是十八世紀前古典繪畫大師、印象派、後印象派大師的繪畫，偶爾也穿插寫實主義畫家如約翰・斯隆（John Sloan）、湯姆斯・艾金斯（Thomas Eakins）或喬治・貝羅斯（George Bellows）等人的作品，而如今，現代與當代藝術則是市場最炙手可熱的領域。在拍賣公司，現代、當代藝術稱霸，畢卡索、李希特與多伊格的銷售紀錄以百萬美元計，轉手售價更高。畫商是拍賣公司活動中重要的一環，他們誘導藏家或買或賣。畫商也是重要美術館中的要人，策展人經常需要向畫商和收藏家借藝術品充實他們的展出內容，吸引觀眾。二〇一六年起，有一位女性在拍賣公司與美術館這兩個領域呼風喚雨，推動當代藝術。

在蘇富比，因為二〇一四年一場辛辣的代理戰，這家兩百七十年的老字號一度必須任由投資家羅布擺布；老人下台後，上來的是總裁兼執行長泰德・史密斯（Tad Smith），直接由麥迪森廣場花園（Madison Square Garden）體育館空降。他雖然是能幹的經理人，卻沒有藝術世界的經驗。史密斯帶著自己的藝術顧問公司藝術經紀夥伴公司（Art Agency, Partners，簡稱AAP）進駐蘇富比時，藝術世界還像驚弓之鳥；他同意付給AAP五千萬美元酬庸它所提供的諮詢服務；績效若是良好達標，可能另外加碼三千五百萬美元。

在拍賣公司專家專屬的世界中，這些數字是匪夷所思的事，不過新管理階層的行動也許是高招也未可知。蘇富比這時的股價從二〇一四年的高點下降了六成，它的當代藝術銷售成績也遠遜佳士得；二〇一五年，佳士得在紐約與倫敦兩地的當代藝術銷售了十一億美元，另外兩個跨界主題銷售獲得十二億美元，而蘇富比的總成績是十一億美元。[1]蘇富比需要從上到下徹底整頓。如有人能夠勝任此職，非AAP與其曝光率最高、魅力無窮的卡佩拉佐莫屬。

卡佩拉佐三十幾歲就當上佳士得戰後與當代藝術部門的副主管，專擅私人銷售。她手上的收藏家名單人人豔羨，強度無人能及。她的業務夥伴是施瓦茨曼，像達拉斯的大藏家拉喬夫斯基之輩，都接受施瓦茨曼的諮詢服務。後者在藝術市場中也是無人不識。卡佩拉佐與施瓦茨曼在二〇一四年合組AAP，次年律師亞當・欽（Adam Chinn）加入，勢如破竹。然而在講關係的藝術世界中，他們跟手上也有長期合作買賣黃金名單的超級畫商有何不同？

卡佩拉佐與施瓦茨曼想過這一點：全盤財務諮詢。傳統上，一旦成交，拍賣公司就將買賣雙方拋到九霄雲外，去忙下一筆交易去了。AAP的三位老闆感覺他們可以取法畫商，與藝術家及收藏家維持長期關係，為客戶仲介私人藝術交易；若做到這一點，在過程中排擠了畫商，他們就可以在藝術市場登上權力的巔峰。

新蘇富比開始貸款給買家與賣家。根據蘇富比年度財報中是這樣形容的：貸款透過「能夠解開收藏價值」的藝術品而取得。這話說得不假，別處或可取得利率較低的貸款，但蘇富比指出：「沒有幾家銀行願意接受藝術品做抵押。」這也是拍賣公司在二〇〇〇年代初期玩的把戲；不怎麼成功，但蘇富比求「財」若渴，因此它願意再次嘗試完全以藝術品為抵押的貸款。蘇富比也向藝術家與收藏家提供財務諮詢；對年紀大的人，遺產規劃也在其內。

卡佩拉佐殺伐決斷過人。在蘇富比用玻璃牆為她格出的辦公室裡，她身後的書架上擺了一個牌子，上面寫著：你放聰明些，我就和善些。她邊在玻璃桌後方套上毛裡古馳名牌無後跟皮鞋，邊俐落地回答問題。顯然她也不畏到任後的裁人動作。但是她又有什麼選擇？她解釋她剛到蘇富比時發現：「專家對藝術市場的財務知識不夠。顯然藝術市場處在大阻斷的局面，必須明快地處理一些事，確保臨頭的大難不至在蘇富比得逞。」

二〇一六年四月她到職後四個月還在裁汰老人，但因她為拿到歌手大衛．鮑伊（David Bowie）的收藏代理權，卡佩拉佐所作所為好像一切都名正言順。佳士得幾乎是願意免費拍賣鮑伊的身後收藏，卡佩拉佐堅持收費，她說：「我們告訴對方有刺激才有好的表現；在這一點上若吝於付出，我們還是有做生意的動機，但是不會太成功。」鮑伊的遺產管理人尊重這點，後來還是選了蘇富比。蘇富比並沒有因為這點時來運轉，但它是一個起點。

在另一間有扇方窗、面對中央公園的小長方形辦公室裡，大都會藝術博物館的現代與當代藝術部門負責人希娜·瓦格斯塔夫（Sheena Wagstaff）正在思考如何引進當代藝術。大都會荒疏當代藝術數十年，只有在六〇與七〇年代在館長湯馬斯·霍文（Thomas Hoving）與年輕氣盛的策展人蓋爾扎勒時期例外。嬌小的瓦格斯塔夫滿腦子的主意。她出身倫敦泰特美術館，曾是首席策展人，直接跟鼎鼎有名的館長賽若塔共事，嫻熟當代藝術事務，而引導大都會藝術博物館走向新方向、擴大館藏，是一種新挑戰。

紐約的現代與當代藝術早就是惠特尼、古根漢與現代藝術博物館的三大要務，有人在這個三大加上了小而美的新美館，成立後三十三年的過程中也累積了可觀的館藏。在這四座美術館裡，紐約現代藝博館擁有最多二十、二十一世紀的作品，大約二十萬件；而大都會相形見絀，只有一萬三千四百件。

大都會對收藏的一貫看法是：等藝術家的地位明確後再說，而這往往要等到他們快走完或已走完人生，而他們作品的價格此時早已翻漲。在普普藝術時期，大都會要大量買入當代藝術品已經太遲，即使身懷二十八億美元的捐贈資金；這些款項大部分要從事其他用途。大都會二〇一六年藝術品購買經費總數是五千四百萬美元，要買知名度高的當代藝術作品根本不夠。大都會藝術博物館現代與當代藝術策展人伊安．艾特維（Ian Alteveer）、艾倫．傅萊許曼（Aaron I. Fleischman）說：「戰後歐洲領域項目我們一樣都沒有。」不是幾乎形同掛零，就是屈指可數——歐洲巨匠克萊因（共五幅、兩幅重要）、李希特（七幅、兩幅重要）、波爾克（六幅作品）。大都會藝術博物館二十一世紀中壯年藝術家的作品更少。

大都會藝術博物館歐洲雕塑與裝飾藝術部門策展人湯姆．康博（Tom Campbell）二〇〇九年膺任博物館館長兼執行長之際，曾說當代藝術是他的優先要務之一。不過他得先張羅到美容大亨倫納德．勞德（Leonard Lauder）的七十八幅立體派繪畫與雕塑展，包括三十三幅畢卡索與十七幅布拉克。立體主義藝術也是大都會藝術博物館收藏另一個有落差的地方，而勞德是大都會的長期支持者。勞德曾說他的收藏歸屬去向從來都不是問題；但就算沒問題，仍有一些困難要先克服。當時也有其他博物館覬覦；勞德除了在大都會有角色要扮演外，也是惠特尼的名譽董事長。他必須考慮所有的選項。另外還有惠特尼建築本身的問題要考慮。

勞德知道惠特尼位於麥迪森大道與七十五街的粗野主義（Brutalist）博物館——一個五層樓硬體，已經不敷使用，惠特尼必須搬到市區俯瞰哈德森河的新建築。可是他對惠特尼舊大樓舊情難忘，心裡有一個要保留它為博物館的想法——至少留下一會兒：由大都會承租八年，作為它當代藝術展的場址，同時，大都會可以剷除它主體建築中不討喜的西南側翼，另建新樓；

八年租約到期時，雙方再討論要不要續約。最有可能的是，當大都會藝術博物館在西南新樓整合當代藝術品收藏之際，惠特尼為大都會現代與當代藝術館布勞耶分館（Met Breuer）找到其他用途——當然前提是籌到了六億美元打造新大樓。

勞德算盤打得精。大都會藝術博物館要營運現代與當代藝術分館，一年需編列一千七百萬美元的預算。但大都會藝術博物館若想接收到勞德的無價藝術收藏，又有什麼其他選擇？渾身散發英國紳士魅力的康博四處奔波之後繳了一張漂亮的成績單，二〇一三年勞德的立體派收藏如勞德前諾，落腳大都會藝術博物館。如今康博需要的是世界級當代藝術策展人，對大都會有著跟他相同的願景，而且可以將之實現。他在華斯格芙身上看到他所要的。

華斯格芙是一位專致於當代與全球藝術的學人。她在賽若塔之下，曾在泰特美術館策劃過六十次左右的展覽。康博佩服她的精力充沛，對她對中東與北非藝術的愛好更有好感。這些被人忽略的地區藝術不僅迷人、讓人有新鮮感，而且購買相對便宜。康博與華斯格芙深知他們提振大都會藝術博物館在現代與當代藝術收藏所面臨的挑戰，但他們有一項極大的優勢，大都會不像他們的對手，是一所百科全書型的全方位博物館，館藏跨越時空數千年、遍及各地，最早可追溯到西元三千七、八百年前的伊朗藝術。華斯格芙的願景是將新藝術與其先輩藝術結合並陳。她說：「因此大都會提供的不僅是一面歷史稜鏡，而是一個倒過來的望遠鏡。」

當二〇一六年三月，大都會現代與當代藝術布勞耶分館重新對外開放時，展出的兩項展覽當中，有一項是獻給西方極為陌生的印度已故極簡藝術家娜絲琳．默罕莫蒂（Nasreen Mohamedi）。開幕式的領銜主角是《未完成：看得見的思潮》（*Unfinished: Thoughts Left Visible*），叫好又叫座，美麗地闡釋出華斯格芙「倒轉的望遠鏡」觀點。牆上掛的是從文藝復興時期到當下的藝術品，就某方面來說全都未完成。這裡有一幅提香（Titian，編按：又名「Tiziano Vecelli或Tiziano Vecellio）的人物像，畫中主人翁的手部未完成；那裡有波拉克與羅森伯格的作品，都有未完成的感覺。展覽作品超過一百九十件，幾乎四十%是從大都會永久館藏中拿出。

對當代藝術展來說，大都會無法依賴數量普普的藏品；當然它可以借，但更好的做法是情商博物館的施主購買新作品，在生前或死後捐贈給博物館。康博的說法是，這就是建西南新大樓的意義所在。他說：「六億美元買不了幾幅當代藝術傑作，蓋一棟一次造價六億美元的大樓對我們來說容易一點；希望有些大富之人會開風氣之先，用他們的藝術品裝點博物館的牆面。」

博物館董事會在這過程中所擔當的角色引起物議。一名董事可能會強力推銷他所喜歡的藝術家或收藏作品，堅持就此辦展——藝術世界並不反對這樣做，也沒有法律不許如此；而且，即使沒有人遊說，董事們可能對要來、籌辦了一兩年的展覽有早有所聞，早就不動聲色地在市場上購進了一、兩幅這位藝術家的作品。古根漢館長阿姆斯壯駁斥這種非議：「畫廊與收藏家會提建議嗎？當然！我們當然也聽。但是一個案子能夠正確與有深度地執行，是因為一、二位或兩、三位策展人為它付出三、四年的心血。」

話是沒錯，但一間美術館或博物館能辦的個展也只有那麼多，而要辦成功，一如阿姆斯壯不諱言的，需要畫廊協助。而且不是阿貓阿狗都夠格，他說：「我們需要組織健全的畫廊，他們有資料、妥善的檔案、良好的形象；他們的紀錄要好，也要有好員工能與我們合作。」而符合這種條件的畫廊往往是超級大咖畫廊，一如《藝術報》（*Art Newspaper*）的調查採訪報導所發現與證實的，過去六年的時間惠特尼、古根漢、現代藝術博物館、大都會與新美館等「紐約五大」都是如此。

這類展覽將近三分之一都是四大咖畫廊加號稱第五大的古德曼畫廊的畫家包辦，而阿姆斯壯則理直氣壯地說：「一流的畫廊當然吸引一流的藝術家；美術館經常也受不凡的藝術家吸引。」不過《藝術報》在二〇一五年的這則報導的出處是訴訟的證詞。七十七歲的藝術家羅伯特‧塞內德拉（Robert Cenedella）提告的五大美術館是「美術館合作聯盟」，跟超級畫廊狼狽為奸，拉抬畫廊所代理畫家的聲勢與行情。官司打到二〇一八年五月還沒打完。曾經是德國畫家喬治‧格羅茲（George Grosz）的學生的塞內德拉索賠一億美元。超級畫廊說他是不得志的潦倒畫家，對自己的畫作未得畫廊青睞而告上法院。

收藏家與畫商都樂意出借收藏給美術館：這是他們投資的藝術家揚眉吐氣的最高明證。至於要出錢支持美術館的展覽，他們就不是那麼心甘情願。畫商也許被要求掏腰包承擔目錄印刷費，或是為城市各角落張貼看板廣告、掛旗幟出資，甚或為畫展揭幕式晚宴買單也可能。斯珀龍韋斯特沃特畫廊的韋斯特沃特說：「只差要我出郵資了。」她經常被要求為旗下的藝術家在美術館的個展出資一萬美元。她對《紐約時報》說：「當然這可能會讓我們感到吃力，牽扯也很複雜，包括潛在的利益衝突。」[2]

古根漢館長阿姆斯壯再度四兩撥千斤地說：「畫廊負擔目錄費用的角色有其傳統，一直可以追溯到七〇年代。」如今畫廊更形闊綽，負擔得起更多——但美術館又何嘗不是。他說：「以往一年大概四萬人付幾塊美元來看展，如今我們一年訪客超過一百萬人，許多是第一次來，高高興興地付二十五塊美元買門票看展。門票收入可以支付館方很多開銷。」事實上，展覽大部分的預算來自美術館或博物館基金、私人捐獻和基金會補助撥款，然而美術館需要超級畫廊，超級畫廊需要美術館，有錢才能推出展覽。

大都會現代與當代藝術分館啟用一個月，《未完成》佳評如潮之際，《紐約時報》卻在頭版刊出一篇報導指大都會超支、麻煩大了；這時要避免一千萬美元的赤字已經來不及；若不砍，赤字不久會膨脹到四千萬美元。[3]

其實博物館三億美元的預算中出現一千萬美元的赤字落差不算大災難，而大都會近年赤字營運也沒有鬧大新聞，但《紐約時報》的赤字新聞透露出更大的問題：大都會對當代藝術的承諾似乎不是受到所有部門的歡迎；康博風評也是如此。《紐約時報》後來還有一篇殺傷力強大的報導，引述內線撻伐康博，說他好大喜功、急功近利，包括興建大都會現代與當代分館過度花費，「過於注重現代與當代藝術，犧牲了核心部門」。[4]當代美術的新家、造價預訂六億美元的新西南大樓也是被攻擊的箭靶。結果康博「下罪詔己」，也表示接下來就裁員、新樓興建時程放緩、三十六名員工自動提早退休。赤字大洞開始彌補，而西南大樓似乎遙不可及。

華斯格芙不久之後在她的辦公室說：「新樓會落成；即使是在上次的董監事會議中……興建新樓的欲望也還在。他們是在設法穩住這艘船，這是他們的船，是董事會的職責。」

次日來的卻是更大的噩耗。影藝大亨葛芬原本承諾捐贈一億美元給紐約現代藝術博物館，資助擴館，一處新樓也要以他命名。葛芬與大都會素無淵源，然而大都會既然如今承諾拓展當代藝術，他是不是也可以被說動，對大都會藝術博物館贈一杯羹？尤其是他才賣掉收藏中的兩項寶物——德庫寧的〈交換〉（*Interchanged*）與波拉克的〈第十七A號〉，有五億美元的進帳；買的人是避險基金億萬富翁格里芬，主人換手也寫下套裝交易的新紀錄。然而儘管大都會熱切地整裝待發，要把自己重新塑造為當代藝術的堡壘，希望藏家會在它的牆面上留下芳名，但是舉世最大的收藏家之一卻未加垂顧。

做葛芬朋友和代理超過三十年的高古軒二〇一六年時如日中天，展示、銷售藝術世界裡許多響噹噹人物的作品：培根、普林斯、湯伯利等等。拍賣會上經常可以看到他的蹤影，在拉抬沃荷市場，為客戶競標。然而他人生最大交易之一發生時，他竟然不在場。

晚近的創紀錄交易多在拍賣會上締造。賣家被勸、被哄地拿出他們的家中寶來拍賣；買家知道要旗開得勝就必須不斷舉牌競標。二〇一五年五月畢卡索的〈阿爾及爾的女人〉（*Women of Algiers(Version O)*，一九九五年。）就是這樣以一億七千九百四十萬美元賣出，是家喻戶曉的事。

珍稀作品拍賣價格沖天，然而若干買方與賣方對新聞風頭避之不及，寧可私下交易，而且時過境遷之後才透露。塞尚一八九〇年代名畫〈玩紙牌的人〉（*The Card Players*）五幅當中的一幅二〇一一年不動聲色地從喬治．艾米比利克斯（George Embiricos）的遺產收藏中轉到卡達王室手中，代價是二億五千萬美元；波拉克與德庫寧的畫二〇一五年九月在葛芬基金會（David Geffen Foundation）和格里芬中間以五億美元易主，但是一直保密到二〇一六年外界才知。

就在那時——二〇一六年初——又有一樁銷售事後曝光。物件是畢卡索一情人的胸像，經由高古軒之手，以一億零六百萬美元的價格賣給阿波羅管理公司（Apollo Management）的負責人萊恩．布萊克（Leon Black）。〈一個女子的胸像〉（*Bust of a Woman (Marie-Thérèse)*，一九三一年）成為國際藝術圈的出名事件，還不是因為價格的關係，而是因為一名出標者出面指陳他已代表卡達客戶買下這件作品，控告高古軒從中作梗。

惹出官司的胸像屬於八十歲的瑪雅．韋德邁－畢卡索（Maya Widmaier-Picasso），她是畢卡索情婦瑪麗－泰瑞莎．華特（Marie-Thérèse Walter）的女兒。高古軒指出，二〇一一年時他在雀兒喜的畢卡索展覽中展示過這尊像，展示期間有人願意出超過一億美元買下。但是韋德邁－畢卡索回絕了。韋德邁－畢卡索的女兒戴安娜（Diana）在高古軒畫廊做事，四年後她告訴老闆母親終於點頭；高古軒打電話給布萊克，說好經四次付款完成交易。二〇一五年五月，胸像到了高古軒畫廊，高古軒認為它不久就會花落布萊克家。

同時，瑪雅．韋德邁－畢卡索也做了讓人費解的事。她二〇一四年十一月與卡達代表簽了協議，願以四千七百四十萬美元的價格將胸像售予卡達王室，對方分三次付款完成。當初既然聽見有人願出一億美元，她為何願意「低就」？一名接近高古軒的消息認為這位八旬老婦可能失智了，但她的律師認為部分要歸咎於家庭失和。

瑪雅．韋德邁－畢卡索同意賣給卡達王室，是做律師兼畫商的兒子奧利弗（Olivier）的主意，而且沒告訴戴安娜。母子兩人都不願意戴安娜介入——他們感覺她與高古軒走得太近了。可能他們也感覺高古軒早先提議的一億美元有點不紮實，還是四千七百四十萬美元牢靠些，當時這個價錢也是畢卡索雕塑的天價。

二〇一五年四月當戴安娜得知一物二賣時，卡達一方聲稱他們已在第三次，也就是最後一次付款邊緣，卡達的代表律師說：「當戴安娜得知代表卡達的派勒姆控股公司（Pelham Holdings）買了胸像時，就像任性的孩子，大發脾氣，要求派勒姆收回銷售協議；另外重新安排，賣給高古軒與高古軒畫廊；而就像寵小孩的母親，瑪雅讓女兒予取予求。」高古軒則表示這是他頭一次聽說還有卡達交易的事。

卡達一方是犯了嚴重的戰術性錯誤：他們沒選擇一次付清；一次付清對大多數收藏家都有點為難，但卡達王室還有問題嗎？如果二〇一四年十一月付清了，胸像就易手了，不會有追討問題。後來前兩次的付款還了，契約也撕了，代表卡達的律師團指出，胸像落在高古軒手裡。戴安娜旋乾轉坤有功，也從高古軒手中得到一筆「肥厚」的佣金。

二〇一六年冬天官司與反告官司在藝術世界流傳得沸沸揚揚，高古軒認為自己是不知情的受害人，他的畫廊形象被不公平地抹黑。接近高古軒的消息人士說，高古軒後來從被告名單上撤下，胸像購買權受到認可。卡達王室則由代表他們的派勒姆公司和解，至於賠償內容從未對外宣布。

高古軒鬥狠，眾所周知。相對的，沃斯幾乎就像個天使。不過和氣的沃斯不同的做生意方式是挑戰高古軒。德斯拉農場是豪斯沃斯第一個嘗試「體驗藝術」畫廊的模式；二〇一六年三月，它又在洛杉磯開了新畫廊，面積綿延一條街。豪斯沃斯的哲學引導它的三大行動：第一，藝術可以帶動社會改變，這也是他們德斯拉農場成立的一個誘因。跟藝術家布拉福德在洛城合作的非營利組織「藝術＋實踐」是另一條路。洛城的廣大腹地本身就像一個都會藝術中心。同時豪斯沃斯也採行一項長期商業策略，主旨固然跟畫廊創造利潤、市場占有率有關，也跟協助社會有關，終極目標則是稱霸這個領域。

這是豪斯沃斯二〇〇九年在紐約六十九街開立第一家畫廊以來的願景，在接下來的十年裡，他們看到畫廊產業如何改變，大部分的要角退休了；古德曼在二〇一八年慶祝九十大壽，她的畫廊經營時間可以超過這一里程碑嗎？葛萊史東與庫博比她年輕了十年，但也有一天要退休。高古軒明年不會退休，未來十年可能也不會，但是不管他哪天退休，退休後他代理的藝術家就是眾矢之的，誰都可以逐鹿。他們也會各擇「明主」，沃斯感覺高古軒要攔也攔不住。八十靠邊的老格里姆徹也無法攔阻，無論他對佩斯畫廊的藝術家保證兒子馬克是如何敏銳有才，豪瑟沃斯不信佩斯的藝術家會留戀不去。長期看來，最後會是豪斯沃斯與卓納對決的局面；至少沃斯這麼認為。卓納是所有對手中最強的——無論是以年紀或是生意規模來說。全球水準上只有這樣一位競爭者，為什麼不去搦戰？

幾乎是一夜之間，如所預期，往豪斯沃斯洛城新畫廊的路上，訪客絡繹於途。附近咖啡屋如雨後春筍，週末人潮洶湧，畫廊所在地成了藝術世界仕紳化（gentrification）最新案例子，鄰近的房租開始上漲。豪斯沃斯畫廊有四棟大樓那麼大的空間，也有露天展覽區。它的前身環球碾穀公司（Globe Grain and Milling Company）曾經是美國西岸最大的私人麵粉工廠，過去四十五年都在閒置中。

建築師塞爾多夫的設計是四棟樓中間原來的碾穀場中庭、建築原有的磚牆與十八英尺高的木頭天花板全都保留。廣場加建築總共十萬英尺的面積，它不全都是展覽空間，但足與惠特尼美術館新館爭輝。它有一間餐廳，供應的餐飲原料一如德斯拉農場，直接從菜園上餐桌，凸顯出藝術與生活息息相關的理念。沃斯在太太的溫柔抗議下，為餐廳取名曼紐拉。這裡的中庭是花圃與香草花園，甚至有幾隻雞徜徉其間。

畫廊的第一場展是《發酵中的革命：女性的抽象雕塑》（*Revolution in the Making: Abstract Sculpture by Women, 1947-2016*）。展出純是女性的作品，豪斯沃斯畫廊清楚地放送出它的價值觀。同樣重要的，它也是歷史展，作品只展不賣。若干展品屬於沃斯的岳母烏蘇拉．豪瑟，展覽註明她是六十六位借展贊助人之一。對豪斯沃斯畫廊來說，在全球碾穀廠開畫廊不是為賣藝術品，而是建立品牌，延伸它的市場曝光率，以及留住藝術家，尤其是洛城藝術家。在洛城建立據點前，豪斯沃斯畫廊就加強它與布萊福德、麥卡錫與侯希格等人的關係。

一位有名的畫商對這種娛樂角度瞠目結舌，他說：「我對畫廊是否應該有餐廳質疑。我對藝術有興趣，而不是對藝術的馬戲團有興趣。」高古軒對豪斯沃斯所選的藝術家，以及畫廊如何與他們共事，同樣看不上眼。他說：「我不好說傷同行的話，但是麥卡錫加入豪瑟沃斯畫廊前的作品有意思多了。因為後來他就開始重複製版。以前他的作品有一種奇特的樸拙紋理——喜不喜歡是另外一回事。我認為沃斯他們有點過度消耗他。其他畫廊也是同樣的不應該。」

其實這番話也正是藝術市場若干人對高古軒的形容。原來在高古軒畫廊做事的顧德說：「我擔心他在大展宏圖之時無法保持品質；有十六家畫廊，每一家辦五場展，一年就是七十五場展。」顧德感覺太多了，多到無法保證這些展會是一等一。他說：「我的確看到今不如昔的地方，而我也感覺有讓豪斯沃斯畫廊有機可乘的地方。人或會將就高古軒的瘋狂，但是不會容忍品牌褪色。」

洛杉磯不是紐約，甚至不是倫敦，但豪瑟沃斯畫廊的來到再次讓人燃起希望，也許洛城時代曙光已現。其時斯普魯斯與德國夥伴馬格斯也決定捨紐約，直接進駐洛杉磯。她們兩人的畫廊在二〇一六年二月開張，比豪瑟沃斯還早了一個月。斯普魯斯解釋：「五、六年前我們幾乎要在紐約開，但我們一直跟洛杉磯的藝術家有合作，例如克魯格、巴爾德薩里，還有魯比與卡里．厄普森（Kaari Upson）。他們都建議我們在洛杉磯開，因為大多數都沒有洛城的代理畫商。我們十分肯定這個建議，因為洛杉磯是一座向著藝術家的城市。」

必須指出的是，在洛杉磯若干區域，以藝術家為導向的事業並不一定受到熱烈歡迎。畫家歐文斯在市中心邊緣的博伊爾高地米訓街三五六號有一個空間，二〇一二年開幕，開幕後一切如她和事業夥伴布朗及姚文迪（Wendy Yao）所希望的，歐文斯能夠展示自己的作品，其他藝術家也展他們的。這家曾經是鋼琴工廠的畫廊成為洛城人津津樂道的藝術空間。然而到了二〇一六年，這個西班牙語區的居民開始抗議歐文斯和其他藝術家，因為對他們來說一切都貴了，他們也知道仕紳化後跟著來的是：住宅區與商業區大開發，時髦服裝店林立與房租飛漲。後來的兩年裡抗爭不斷，逼得歐文斯必須遷地為良。洛城市區作為畫廊集結地樞紐的前景似又疑雲重重。

同時，太平洋另一端有一個躍躍欲試的新市場，遠比洛杉磯有希望。中國的藝術史長達五千年之久，但藝術新市場只有十年的歷史。第一位前去試身手的是美國中部人寇恩。高瘦的苦行僧寇恩在五十七街自己開畫廊前，曾為庫博與鐸非做過事。他二〇〇八年就去了中國，想要把西方藝術引介給亞洲人。他在上海有個地方，在這裡把西方藝術品出售給中國收藏家。然而全球金融海嘯發生了，對中國藝術市場是一記重擊。

中國藝術家一九七〇年代與世隔離，八〇年代形成了地下活動，有了成長茁壯的機會，而令大家意外的是，中國政府一九八九年二月破天荒批准了一項團展《無迴轉》（*No U-Turn*）。在為期兩週的展出期，展覽兩度被關閉，但是它也凝聚了希望。這一希望因一九八九年六月四日天安門事件又被粉碎，許多藝術家逃往海外，其餘則躲回到陰影裡。

中國政府的箝制其實反而挑起了大膽與令人興奮的藝術，雖然這時候大多數還沒見天日的機會。它甚至出現了兩種新類型：玩世現實主義（Cynical Realism）與政治波普（Political Pop）；前者激發了岳敏君（Yue Minjun）、方力鈞（Fang Lijun）與劉煒（Liue Wei）等，後者則包括王廣義（Wang Guangyi）、余友涵（Yu Youhan）及李山（Li Shan）。一九九五年，奧布里斯特與侯翰如（Hou Hanru）聯手策劃了中國當代藝術展《移動中的城市》（*Cities on the Move*）；這場展的地點雖在維也納，但它是移動的。奧布里斯特說：「對一九九〇年代許多（中國）藝術家而言，這是他們首次接觸西方，中國前衛藝術的美妙呈現得一清二楚。」

同時新一代的中國億萬富翁風起雲湧，將近兩千之夥，寇恩認為，當中只要有二十人購買西方嚴肅的藝術品對他而言就夠了。二〇〇八年雷曼公司垮台，若干買家卻步，但單是次年，中國的股市就幾乎翻倍，那時節，中國政府也政策大轉彎，宣布視覺藝術是中國文化的堡壘，誓言在二〇一五年時要在全國建立三千五百座美術館，結果這項計畫提前三年完成。[5]大部分的美術館裡沒有藝術，很多看起來像空曠的麥當勞連鎖餐廳，但他們不打算回頭。新來的自由有它的限度，藝術家心知肚明：藝術不能汙衊黨領導人或是中國歷史，也不能涉及性愛、性慾。然而在設限範圍內，有很多可為的地方，甚至是在藝術作品裡對天安門廣場有所指涉。

寇恩對中國建設美術館滿心歡喜，但二〇一三年他看到蘇富比與佳士得在中國的拍賣情形，心裡涼了一半。中國的買家喜歡在拍賣公司購物，超過造訪寇恩的上海畫廊。他們感覺大拍賣公司的交易透明，也希望購買中國藝術家的作品，尤其是古代與傳統畫家，對寇恩想賣的西方明星級畫家的作品不那麼熱情。寇恩的確也展示了一些中國藝術家，但不是那麼火熱。中國藝術家都想到紐約開畫展，但寇恩卻不想做一名在五十七街賣中國畫家作品的畫商。到了二〇一五年，他感嘆不如歸去。

格里姆徹與佩斯畫廊尾隨寇恩之後到中國，但他們的使命不是向中國收藏家銷售西方藝術，格里姆徹宣稱：「我們是來向中國藝術家表達支持之意，絕非別有用心。」他感覺市場會更加海闊天空，即使從來都不是因為中國藝術。畢竟，瑞士駐中國前大使烏里．希克（Uli Sigg）在一九七〇年代末期來到北京就開始收藏中國藝術，他也是最重要的「中國」收藏家。二〇一二年他捐贈了一千四百五十三件藝術品給香港的M＋博物館，也賣出很多。這難道不是市場？格里姆徹說：「中國太奇妙，西方太短視。有那種歷史才有那種力量；那樣的歷史背景非常適合藝術的誕生，那樣的力量不會沒有偉大的藝術。」

深耕十年後，格里姆徹可以誇口他畫廊近百位藝術家中有十八位是亞裔，包括劉建華（Liu Jianhua）、名和晃平（Kohei Nawa）、仇曉飛（Qiu Xiaofei）、岳敏君與張洹（Zhang Huan）。他在香港開了一家、在亞洲另外也有兩處畫廊，現在也對準香港中環皇后大道上的H Queen's大廈。這棟樓是為高端畫廊而特別設計，銳意要做亞洲當代藝術的新中心。二〇一七年，格里姆徹的大咖對手也承認他有先見之明；沒錯，中國市場過去幾年是有高有低，但二〇一一年它攻下藝術市場的高市占率，首次領先美國。雖然市占率次年又是美國奪魁，但此後它就更加穩健上升。二〇一七年，新秩序似乎底定；美國市占率為四十二%，中國已以二十一%排上第二名，把占二十%的英國擠到第三。富藝斯拍賣公司主席埃德．杜爾曼（Ed Dolman）形容中國「是藝術行業潛在的最大市場」。[6]只有這個新市場匯聚了如此多的財富。

高古軒也只落後佩斯畫廊一步，二〇〇八年在香港先部署了辦公室，又於二〇一一年開了五千平方英尺的畫廊。他在這裡銷售西方藝術也舉步維艱，他也簽下亞洲藝術家，只是在數目不及佩斯。二〇一八年，他旗下約百名藝術家中只有八人是亞裔，包括郝量（Hao Liang）、賈藹力（Jia Aili）與草鹿鹽（Shio Kusaka）。他感覺他終究可在中國賺大錢，同時也不懷疑尚待推出的赫斯特最大手筆展，將會讓他飽賺一番。

Chapter 21

Art Fairs Forever

永遠的藝博會

2016

三年未讓高古軒擺布，赫斯特揉合反諷與真誠的藝術觀給了他一個新點子，這個點子大膽、無限延展，幾乎花費了他十年的時間才成型。幾組學過幾乎失傳技藝的工匠在赫斯特監督下，根據他豐富想像的沉船情況，創作了近兩百件深海沉船模擬寶藏。

只有少數幾人能到赫斯特的工作室去看創作的進度，布魯姆是其中之一。他搭直升機到赫斯特的鄉間工作室，一看大為讚嘆。赫斯特不但創造了一個人造寶藏的海底世界，還拍攝了一部模擬類似鐵達尼號海底沉船的探險紀錄片。整個計畫花了赫斯特六千五百萬美元——至少他是這麼說的。赫斯特天生就是個賭徒，他賭這樁祕密計畫二〇一七年初在大藏家皮諾威尼斯的「宮殿」亮相時，會再次轟動全球。赫斯特希望自己再振雄風，再次是舉足輕重的藝術家；就算藝評家眼裡不算回事，至少可在市場上如意。不少人也這麼想，布魯姆認為贏定了，高古軒亦然，因此他再次向赫斯特招手。

赫斯特離倫敦一百英里的兩棟樓工作室，空間足夠容納海底寶物生產線，因為有些寶物就足足兩層樓那麼高。二〇一六年的當代藝術市場裡，像赫斯特這樣有這種大得令人乍舌的工作室的還不乏其人；碩大即是好，對藝術家來說如此，因為可以做出他們想要的藝術品尺寸；對畫商來說也是如此，因為大物件表示賣大錢，一直到藝術家感覺畫商需索無度，不斷需為畫廊創作更多、更大的作品感到吃不消為止。

這種大規模的工作室還有一間是位於巴黎郊外的巴黎—勒布爾熱小型機場附近的誇西—勃波（Croissy-Beaubourg）。侯佩克在它附近成立了一家畫廊，高古軒不甘示弱也在此建立據點。這裡以前也是機場，總面積大於三萬五千平方英尺，它也是七十一歲、身體依舊健朗的世界級藝術家基弗的王國——他從工作室一邊的架上隨機取用創作原料，在畫布上揮灑出暗沉的風景；工作空間大到客人來訪時，基弗往往是從另一角落騎著腳踏車出來迎接。

另一個大空間在紐約雀兒喜西二十九街六〇一號。多年來昆斯在這個一萬平方英尺的空間監督生產團隊的助手忙「訂單」。二〇一五年尖峰時期，據說昆斯工作室聘用了一百多名畫師來完成〈凝視球〉（*Gazing Ball*）系列——包括三十五幅知名繪畫，其中很多是一模一樣的印象派複製品，外加藍色玻璃「凝視球」影像，以示有昆斯筆觸。據昆斯自己說，「凝視球」是昆斯成長所處環境、市郊草坪上的裝飾物的投射。

昆斯的工作室還不是藝術家工作室的大中最大。最大的要屬魯比位於洛杉磯郊外的十二萬平方英尺園區。魯比是一位才華橫溢、幹勁十足的藝術家。他跟畫商柯丹斯基一樣，來到洛杉磯，沉浸在當代藝術當中，結果也成了當中非常重要的一部分，也有畫商敵人的名聲。

魯比在賓州東部的新自由市（New Freedom）長大，他後來形容這裡是「鳥不生蛋的猛男社區」。他母親曾經給他一台縫紉機，於是他做起有龐克風度衣服來。[1]他在當地的藝術學校讀書時，無意間看到保羅．席默爾（Paul Schimmel）一九九二年為洛杉磯加州當代藝術美術館的劃時代展覽《忙亂：一九九〇年代洛杉磯藝術》（*Helter Skelter: L.A. Art in the 1990s*）所編的目錄，在這之前他從未看過這樣的藝術。[2]他拿到芝加哥藝術研究院的學位後，前往加州的帕沙迪納藝術中心設計學院深造，念藝術碩士。他沒交論文，後來學校還是決定把學位頒給他。[3]即使沒有學位加身，他的世界也打開了。

魯比後來接受採訪時表示：「我遇見了很多藝術家：凱理、泰特、克魯格等等。[4]那是非常好的一段時期，每個人都還在教書。」有段時間魯比當了凱理的助教，他回憶說：「那才叫教育。沒有那件事提出來他不知道或是沒看法。」

二〇〇八年，魯比受邀在加州當代藝術館的太平洋設計中心展出個展。《超級重度監獄二〇〇八年》（*Supermax 2008*）的主題指涉的是美國最嚴酷的監獄，展覽也是他關照美國監獄系統的嘔心瀝血之作，歷時三年完成。它也可能是要凸顯魯比推動數種藝術形式的極致。裝置藝術包括以聚氯乙烯、麗光板、聚氨酯與木材做成的十六英尺高的石筍、填充織布雕塑，還有以噴漆、拼貼與陶瓷畫布上繪展現的抽象畫。[5]魯比也了做銅、鐵雕塑。這場展覽打響了他的名氣，代理商不斷上門。外界說他在乎金錢勝於藝術——不管這樣說是否公允。

魯比的第一家紐約代理商是都會影像，圖像世代的藝術家——從一九八〇年代早期的勞勒、雪曼、羅伯特・隆戈（Robert Longo）以降，全都快快樂樂地在此安身立命。都會影像的雷瑩為魯比鞠躬盡瘁，替他在二〇〇七、二〇〇八年辦展，但是她後來感覺這位藝術家把自己的事業發展擺第一，忠誠其次。她回憶說：「他遠比我們所以為的有野心。對我們提供的建言，例如應該在哪裡辦展，他一律敬謝不敏。」

這種態度可能是受電影經紀人轉行為收藏家的歐維茲所養成的。魯比二〇一〇年在歐維茲的比佛利新居布置了一座非常大的雕塑，從此歐維茲也就以魯比的半個顧問自居。雷瑩回憶說：「我們跟魯比、歐維茲會面。」他們倆形容這次會議是「評估他的事業」，會完之後，魯比就在二〇〇九年投效佩斯／威登斯坦（後來恢復為佩斯）畫廊。佩斯的老格里姆徹樂歪了，簡直就把他當成佩斯當代藝術計畫的台柱。

二〇一二年初，魯比又蠢蠢欲動。格里姆徹自責說：「我們配合未盡善盡美，也許是我們還沒準備好；我們不像今天這樣有人手、有策展人脈。他若晚來三年，我認為如今他還會在我們這裡。」魯比的下一步棋是豪斯沃斯畫廊，後者二〇一三年在倫敦、二〇一四年在紐約都為他辦了個展。一開始豪斯沃斯也表示他們對魯比來歸和他如日中天的事業振奮，但沃斯後來聽說魯比希望香港和巴黎都由高古軒代理，這就不是豪瑟沃斯的初衷——它預期的是全球代理。豪斯沃斯的佩約特常強調他們的畫廊裡沒有任何畫家求去，如今依舊如此，即使魯比缺席了，他欲蓋彌彰地說：「是我們離開了他，不是他拂袖而去。」

魯比曾在一次訪問中暗示自己為何換畫廊像換內衣。他說：「很早我就思考藝術家與代理商五五拆帳的道理何在。」他舉凱理，以及曾經把自己釘在一輛金龜車頂部的觀念藝術家克里斯·波頓（Chris Burden）說明，勞動階級出身的藝術家教會他對金錢務實。他說：「當然沒有代理不行，但我認為未來總有一天代理商對市場的影響力會減弱，藝術家會有不同的做法。」[6]

二〇〇八年一個下雨天，魯比曾在他洛城飛架街（Fishburn Avenue）第一間相對謙虛的工作室裡接待高古軒。高古軒那天穿著羊絨外套，沒想到有一隻滿身是泥的流浪犬向他衝過來，撲在他身上。魯比回憶那次見面簡直糟透了，他說：「那事之後好多年我沒跟畫廊的人講過話。」[7]二〇一四年，他終於成為高古軒畫廊的藝術家。他也跟好些別的代理畫商一起辦展，馬格斯、布魯塞爾的澤維爾·霍夫肯（Xavier Hufkens）、東京的石井孝畫廊（Taka Ishii Gallery）與聖莫里茨的維托·許納貝都是合作對象。

魯比最新的十二萬平方英尺工作室，位於離洛城市中心五英里的維農（Vernon），魯比每天在此朝九晚五地工作，嘗試各種媒材，創作緙絲、紡織品、繪畫、拼貼、大型雕塑與神似大型菸灰缸的陶瓷器皿，都是不變中的萬變。魯比的新嘗試是製衣，二〇〇五年，比利時服裝設計師瑞夫・席蒙斯（Raf Simons）前往魯比工作室拜訪，兩人惺惺相惜，好到哥倆二〇〇九年合作生產淡色棉布外套與服裝系列。希蒙斯如今是卡文・克萊（Calvin Klein）的創意總監，在二〇一五年加入。應他要求，魯比為卡文克萊紐約西三十九街總部、麥迪森大道旗艦店各設計了新的樣貌；以往簡約的多層空間如今沐浴在明亮——尤其是黃色的色彩中。空間裡鷹架穿梭，手縫棉被懸掛在架上，類似魯比十三歲在賓州鄉間的首次嘗試。[8]

「空間」，已然成了當代藝術衡量聲望的一種方式，看藝術家不僅要看他們的作品，還要看他們的工作空間。代理畫商的超大畫廊也是一個看點，而在由富人贊助的新一代私人美術館、博物館中，空間也是他們引以為傲的一個賣點。

當代的梅迪奇家族（Medicis）利用他們的廣大優雅空間展出所藏藝術，同時也針對藝術市場中的各造舞動他們的槓桿：一，對藝術家，因為可能向他們購買作品、可以談；二，對收藏家，他們可能感覺受到排擠，因為畫商傾向把好作品留給私人美術館；三，對美術館策展人，他們可能會有壓力，需推出私人美術館大量買入的藝術家作品，尤其是私人美術館願意承擔展覽費用時。

從一方面來看，這不是什麼新鮮事。有私人提供經費的非營利美術館一向是美國的傳統，例如惠特尼、古根漢與各城市的現代美術館，如今的差別在於規模、數量，以及最終的權力。截至二〇一八年，根據一項統計，全球共有二百六十六家私人美術館、博物館，對外界開放，德國第一，美國緊追在後。[9]六年之前的全球數目是有二百一十六家。[10]

格蘭斯東美術館（Ghenstone）的主人米契・雷爾斯、魏小苗夫婦（Mitch and Emily Rales）就是這個私人美術館世界中的一例，也許是最佳一例。他們在馬里蘭州的波多馬克（Potomac）一處兩百三十英畝的土地上，建了大約二十萬零四千平方英尺的格蘭斯東美術館，二〇一八年完工，是全球最大的私人美術館。雷爾斯兄弟在一九八〇年代利用垃圾債券金融操作，買下生產鑽夾頭、聚乙烯壁板、車輪平衡器與建設、自動化必需品的工廠，經營有成而致富，據說雷爾斯本人有三十五億美元的資產，他的兄弟史蒂夫（Steve）的身價為六十億美元。[11]在他槓桿買入的大部分歲月中，他買了幾件藝術品，例如一幅瑪麗・卡薩特（Mary Cassatt）的畫、一幅馬蒂斯的素描，但不比一般億萬富翁多到哪裡。[12]

一九九八年一趟俄羅斯魚釣之旅改變了雷爾斯的一生。他的直升機停在一個小村莊加油；當雷爾斯和友人走出直升機之際，跑道上一架飛機突然爆炸，他說：「當時我們距離爆炸飛機只有十英尺，火焰衝到兩層樓那麼高。自己死裡逃生實在是幸運，我離開俄羅斯時是打著光腳，身上只有一件破了的T恤和運動褲。那時起我就不再只在意賺錢。」[13]雷爾斯次年離婚，開始跟格蘭斯東畫廊聰明美麗的藝術行銷總監魏小苗（Emily Wei）約會。雷爾斯夫婦與紐約畫商馬可斯密切合作，準備推出涵蓋戰後各個時期的世界級收藏。

馬可斯後來說：「我從來不認識那一對夫妻這樣徹底。通常人會等到拍賣目錄出來，或是向畫展訂購，但是雷爾斯夫婦一旦決定要買什麼，馬上就去查相關資料。」[14]德奇也針對他們說：「他們不是買喜歡的，而是極有系統的計畫，包括紐約畫派、其後的整個藝術過程。他們立意如此做，實在了不起。」

格瓦斯梅－西格爾建築事務所（Gwathmey Siegel）設計的格蘭斯東私人美術館二〇〇六年對外開放，沒有大肆宣揚。雷爾斯鮮少與媒體打交道、接受採訪，幾乎沒有什麼行銷美術館的動作，二〇〇六到二〇一三年之間，只有一萬人造訪格蘭斯東。[15]到二〇一六年時，雷爾斯夫婦對媒體放手後，來參觀的人多了。藝術世界的鑑賞家則是來瞻仰格蘭斯東新添的輝煌：湯馬斯·斐佛（Thomas Phifer）又設計了一棟新樓，格蘭斯東的總面積超過了紐約的惠特尼和洛杉磯的布洛德。知名畫評兼策展人奧布里斯特說：「雷爾斯美術館為美國美術機構錦上添花，所交織出的複音莊嚴無比。」

雖然大空間當道，二〇一五年下半年藝術市場全盤進入緊縮期，現象反映在拍賣價格與畫廊銷售遲緩上。外表看，大咖畫商都還過得去，但是中小型畫商在生意走下坡與開銷上升的夾攻下就吃緊了。藝博會使問題雪上加霜，而藏家的疲勞、價格過熱、供應過多、太多的銷售實體投入競爭行列，以及可以想見的網路衝擊，在在都對緊縮推波助瀾。

傳統上，畫商不論大小，有幾個博覽會是必去之地：巴黎當代藝術博覽會（FIAC）、紐約軍械庫大展和最老字號的瑞士巴塞爾藝博會。當邁阿密灘巴塞爾藝博會二〇〇二年、紐約斐列茲藝博會二〇〇三年加入這陣營時，步伐還不至凌亂，然而年年都有新的藝博會在各國冒出頭來：二〇一二年的斐列茲大師（Frieze Masters）與斐列茲紐約藝術週、二〇一三年的香港巴塞爾藝博會（Art Basel Hong Kong），名單便不斷加長。藝術市場經濟學家麥坎安德魯曾統計全球有兩百六十個重要藝術博覽會，過去十年增加無數，包括最新、二〇一九年二月開始的斐列茲洛杉磯藝術週；要看、要賣掉藝術品越來越多，畫商感覺在多而又多的藝術市集當中，他們至少也得在少數幾個裡頭露面。[16]

做這個決定要付出的代價很大。二〇一七年畫商平均參加的藝博會是五次，一次要花五到十萬美元之間，包括租攤位的錢。幾個大的藝博會——巴塞爾、倫敦、巴黎、紐約、邁阿密灘和馬上就跟上的香港，也是有超強耐力水準的國際客戶的社交中樞，沒有畫商願意錯過。然而對中小型畫廊來

對來自休士頓的年輕畫商麗莎．庫利（Lisa Cooley）來說，二〇一六年的藝博會是一個拐點。庫利在二〇〇八年股市崩盤前幾週，在紐約下東區開了她第一家紐約畫廊。她一年又一年

地到藝博會歷練她的「全球化」。有年她大著肚子前往柏林博覽會，到時已筋疲力盡，還發現一位她不欣賞的藝術家從維也納送來一件奇大無比的垃圾雕塑——運費是花她的錢。庫利後來連租自己攤位的錢都拿不出，只能跟人分攤，坐的椅子連椅背都沒有。雕塑賣不出去，藝術家大為不滿，庫利還要再花兩萬美元把它運回去。

經過了無生氣的八月、連一個人都沒走進她的畫廊，庫利開始打包，準備把要展的作品送到下一個博覽會，結果運費要七千美元，在她所列預算之外。她打電話給與她合夥的畫廊情商，結果合作畫廊不願意分攤費用。庫利說：「我跟自己說到此為止，收山吧。我看不見往前的路；藝術交易是無情生意；每個月都還得搭機出差；或是兩個月一次，或是一個月兩次。」

雀兒喜區的要角羅森不久之後也宣布關閉經營了二十七年的畫廊。肖像畫家柯林二〇〇三年轉投高古軒之前，羅森是他的代理，另外她代理的知名畫家是岡薩雷斯－托雷斯。岡薩雷斯－托雷斯是使用混合媒材的裝置藝術家，他的〈糖果堆〉作品記念染患愛滋病的同性戀人走向衰亡。他去世後，羅森與與卓納一同管理他的藝術遺產；對卓納來說，這件差事榮譽多於利益，但只要能在高古軒面前炫耀，卓納都樂得從命。《紐約》雜誌藝評薩茲撰文說：「羅森熄燈是她自己的壞消息，但在若干畫廊因市場環境艱苦而歇業或是搬離之際，這個消息也強調出懸浮在紐約藝術世界地平線上已經一陣子的更大趨勢。」[17]

當年帶著博伊斯的介紹信到蘇荷求見沃荷的奧地利畫商侯佩克，也馬不停蹄地奔波在藝博會之間。侯佩克是歐洲最後敬重的畫商之一，二〇一七年五月他在倫敦的梅費爾區（Mayfair）開畫廊，是他在薩爾斯堡與巴黎的四家畫廊之外的最新前哨站。他也感覺必須經常旅行的折騰，不知自己還能撐多久。

侯佩克有天晚上難得能在他的第五大道華廈裡忙裡偷閒，他說：「這種不停的成長我能免就免了吧。但我又不是閒得下來的人；我不來做，別人會搶來做。」例如高古軒。他說：「我比較喜歡比較保守的模式：在巴黎做畫商、在倫敦做畫商、在紐約做畫商——但今天不是這樣，今天必須全球布局；藝術家期待的服務你都要提供，市場期待更是如此。」

紐約是侯佩克的避風港。他感覺在紐約自己比較不受業務干擾；歐洲畫廊休息期間沒有事情需要處理時，他在紐約更是感到閒適。但是這次到來，他得從斯德哥爾摩飛到多哈、阿布達比再轉到紐約，經過十五小時的飛行，到家已是午夜，他一進門就垮在床上。

次日侯佩克前往佳士得檢查要拍賣的三十幅左右的作品；已經有不同的藏家表示有興趣，他像個藝術偵探，前後上下仔細端詳，為客戶記筆記。當天晚上他也去了佩斯畫廊，去看各方看好的羅馬尼亞新秀藝術家格尼的開幕展，他和格里姆徹分別在紐約和巴黎代理此人。拍賣夜塞車，他差一點沒趕上佳士得的拍賣會。拍賣一完他就收拾行李搭深夜班機回歐洲，在巴黎和倫敦為下一回合的藝博會、開幕、會議與交易忙碌。畫商可以長此以往多久？即使侯佩克這樣的大畫商？

然而對任何成功的畫商來說，未來飛向亞洲，尤其飛向是中國的長途飛行，滿載著希望。

Chapter 22

Dirty Laundry

圈內家醜

2016

二〇一一年七月的一天，高古軒與紐約州檢察長達成一項四百二十八萬美元的和解案。二〇〇五到二〇一五年之間，他為客戶將在加州購買的作品運到他們紐約的地址，而未替他們向紐約當局申報與繳稅。一位知名的會計師說，其實這種做法絕不止限於一兩位畫商，收藏家也參了一腳。他說：「比方說你在佛羅里達和紐約都有房子；你在紐約買藝術品運到佛羅里達，就不需向佛羅里達繳藝術品的稅；下週你再把它運回紐約；其實你送回紐約就欠紐約的營業稅，但是誰知道呢？」和解案未提誰有錯。

對一個縱橫藝術市場超過四十年、在沒有什麼法規可言、複雜度不亞於藝術市場的交易中進進出出的七十歲老手來說，高古軒涉及的官司其實算輕，只有數得出來的幾件，大多數跟交易詮釋不同或對藝術品的狀況有誤會有關，考爾斯案、帕爾曼購置的昆斯作品爭執，以及畢卡索胸像作品的歸屬等官司——高古軒都沒被判罪。

高古軒一九八〇年代的最大勁敵女畫商布恩，運氣就沒那麼好了。二〇一六年秋，男星亞歷·鮑德溫（Alec Baldwin）控告她狸貓換太子，將他同意以十九萬美元購買的一幅布萊克納繪畫換掉，以另一幅布萊克納作品取代。這兩幅畫其實非常類似，不細看還真分不出來，但亞歷·鮑德溫看出一處差異來，一氣之下提出告訴；二〇一七年布恩同意付給他七位數的金額和解這件官司。[1]

不久之後布恩被國稅局盯上；她聲稱自己在二〇一二年做生意損失了五萬二千美元，但事實上她賺進三百七十萬美元，而且把大部分的利潤拿來裝潢自己的公寓，卻以營業支出為由，報稅時加以扣除。二〇〇九、二〇一〇年她還在其他列舉扣除項目上不實申報，後來布恩認罪，曾公開表示那是「她一生最糟的一天」。[2]

畫商公然詐欺的事例寥寥無幾。今年最聳人的聽聞是二〇一二年諾德勒畫廊醜聞。二十世紀中葉的現代藝術大師，從波拉克到羅斯科，幾十幅作品「不翼而飛」，後來這些畫一張張從長島一名女士手中流出，掛在諾德勒畫廊。畫商格拉菲拉·羅薩萊斯（Glafira Rosales）對名畫重現江湖有一奇特的解釋：菲律賓一名闊藏家「X先生」一九五〇年代透過同志朋黨買了這批畫，他的身世必須保密。一名買家試圖把他在諾德勒買的波拉克作品送到一家拍賣公司拍賣時，因為提不出繪畫的真偽、出處證明而無人問津，紙牌屋也從此就垮了。羅薩萊斯後來對詐欺罪名俯首認罪，服刑期滿後獲准出獄。諾德勒畫廊負責人弗里曼堅持她一直以為這些畫是真跡，一直到無人信服才住口。前蘇富比集團董事主席、藏家德索爾夫婦（Domenico and Eleanore De Sole）因向諾德勒買到的羅斯科為贗品，對畫廊和羅薩萊斯提出告訴。[3]原、被告雙方後來達成私下和解，從事仿作的錢培琛（Pei-Shen Qian）事發後潛逃回中國，未再踏上美國一步。[4]

當代藝術比二十世紀中期的現代藝術更不太可能偽造：時間越近，出處就越清楚，越難以下手。沃荷基金會是個例外：沃荷的簽名與未簽名作一籮筐——始作俑者是他自己的工廠，加上外人。官司層出不窮出現時，沃荷認證委員會也關門了。其他的已故藝術家也面臨同樣的進退兩難：巴斯奎特是之一，哈林是另外一位。後來他們兩人的認證也無疾而終，買家只好各憑運氣，希望買到的是真品；一如拉丁格言所說：買家當心。

在藝術世界中公然洗錢問題是比較多見的罪行。紐約南區檢察官辦公室的防範洗錢與資產沒收部門主任人莎倫．李雯（Sharon Cohen Levin）任上十九年來嚴厲查緝，如今她是威默海爾（WilmerHale）律師事務所訴訟律師，對藝術世界錯綜複雜的洗錢兩方都看得一清二楚。基於安全，收藏家有權將他們持有的藝術保密，但是罪犯卻無權利用藝術來漂白他們不法得來的財產。

李雯當檢察官時，因藝術市場的法規鬆散感到施展不開。賣家無需對買家透露姓名、買家也無需告知國稅局；這是方便洗錢的一個大漏洞。另一個是藝術不是金融資產，因此不受金融法規的約束。

拍賣公司本身沒有檢查客戶是否運用髒錢買賣藝術的工具與能力，這一點李雯也承認。他們不接受現金，也與客戶的來往銀行打交道，好確定客戶的錢合法。她指出：「但是一般畫商不這麼做。」弦外之音是他們可能與拍賣公司的做法有所不同。她也說：「畫商也沒有法律義務。」如果畫商對買賣藝術品的金錢來源——販毒所得、盜用的公款等等——選擇睜一隻眼閉一隻眼，法律拿它一點辦法都沒有。李雯宣稱：「經手的若是私人畫商，藝術便是所有管道中最容易的洗錢工具。」

李雯喜歡引述巴斯奎特的畫作〈人魔〉（*Hannibal*）的故事。巴西銀行家艾迪馬・費瑞拉（Edemar Cid Ferreira）將它運到美國時，標明內容物值一百美元。海關人員對巴斯奎特一無所知，他們搖搖手就放行了，物主不需對這個其實是以一千萬美元買到的藝術品繳交任何州稅和地方營業稅。是不是還有其他成千上萬這類例子？方便原主人以藝術市場的價格賣出藏品之後「乾淨錢」落袋？《藝術市場監督者》（*Art Market Monitor*）的瑪莉安・馬內克（Marion Maneker）認為不然。她指出，追緝洗錢、買賣藝術多年，李雯起碼也應該知道另外一宗案例，但是李雯在接受《華爾街日報》訪問時，對這個話題，只以〈人魔〉舊事重提交代。[5]

真相是：沒有人真的知道到底有多少人假藝術之名行洗錢之實。極少數藝術洗錢案上了法院，這可能表示這種事例不多，要不然就是事例逃過了法網。李雯的確也指出，一旦洗錢走私的人賣出繪畫作品、現金落袋後，他的洗錢動作就完成了。李雯說：「沒有金融機構會去調查。幾十億美元就是這樣洗的。」

當新花招出現時，當局更是不太可能立即風聞進而行動。一名畫商說：「倫敦土地開發商常用這一招。你買一幅普普通通的畫——比方說以二十萬美元買下，然後偽造文件說它值一百二十萬美元，再以這個摻水價去保險。接下來你用這幅一百二十萬美元去銀行貸款。也許你只是偶一為之，也許你用了十幅、八幅畫去抵押，貸款八百萬到一億美元。有這些錢，你就可以蓋大樓了！」

任何誠實的畫商或藏家都認為洗錢不僅是犯罪行為，而且失之愚蠢。畢竟，要藝術投資績效最大、稅負最小化，有完全合法的管道：把藝術品寄存在自由港埠。在這些大部分設在飛機場，四圍設有籬圍的場地裡，有很多倉庫可以存放藝術品。最大的在日內瓦、蘇黎世、北京和香港。[6]寄放在日內瓦的藝術品值一千億美元；小一點的據說也寄有百億美元。這些自由港的目的是讓收藏家不用擔心稅的問題——只要它們留在那裡就不需繳稅。

這是個聰明的做法；沒有營業稅，也沒有資本利得的問題。若是存放在自由港的藝術品買賣行為發生在自由港內，收藏家也不需付營業稅、買家也不需繳稅，只要藝術品仍然留在自由港。藏家甲可以把妥善包好的畢卡索或李希特交給自由港的鄰居藏家乙，雙方都不用擔憂稅的問題，除非新主人要把它帶出自由港；出港，所有人就要為藝術品付出原先暫緩的稅金。

藝術品只要還在自由港，就無法向人展示或享受它的美。不過可堪告慰的是，曾經毫無特色的倉庫，如今已經改頭換面成鑑賞室，主人可以在此端詳自己的珍藏。現在，新的免費自由港也在美國冒出，包括哈林區的一處。精打細算的藏家不必飛到日內瓦或北京從事買賣。交易近距離就可完成。

儘管如此，為什麼不把藝術品從遙遠的他鄉帶回美國付稅一了了之？什麼時候想欣賞不就都行嗎？因為紐約州的營業稅率是八．八七五％，一千萬美元的繪畫稅額就要八十八萬七千五百美元，對於一些收藏家看看電腦圖檔卻免了稅金，值了。

真要從蘇黎世自由港運出藝術品，會動腦筋的會計師可能有辦法不讓稅金落在物主頭上。一位名會計師說：「當藝術品回到紐約家中的那一刻原該向紐約州提出『舊物』申報、匯出營業稅，但是州當局其實無法追蹤它的來龍去脈。」

不僅是畫商與藏家時不時就被控觸法，藝術家若是在作品中使用他人素材，也會吃官司。普林斯被法國攝影家卡里歐告上法院、告他挪用，法律當時站在卡里歐那一邊。初審判普林斯三十幅〈運河區〉作品侵犯他人著作權，必須全數摧毀；二〇一三年的上訴更審則認為三十幅作品中有二十五幅含有普林斯的創意，可以視為他的作品，但是其他五幅下級法庭必須再審議。

普林斯此後並未稍形收斂。二〇一四年他在紐約高古軒畫廊展出〈新肖像：三十七張IG照〉（*New Portraits: 37 Instagram pictures*）。這些作品是IG裡的真人照片，直接取自網站放大，每個人的名字都還在上面，普林斯的創意只是加上他的評語和在現有的文字上加一些表情符號圖。展覽作品中有攝影家唐納．葛蘭漢（Donald Graham）的照片，他對自己的心血出現在普林斯展上非常吃驚。等他知道普林斯的每一張IG放大照可以賣九萬美元，而他本人卻連版稅都拿不到時，二〇一六年葛蘭漢告上普林斯、高古軒和高古軒畫廊。在庭上，普林斯與高古軒的律師團隊辯解：一如卡里歐案件，普林斯對葛蘭漢照片做了蛻變性的加工。是否挪借的問題，最後也解決了，但被告要求撤告的動議被駁回，故事至今都還在大家的嘴邊。

也許是普林斯喜歡四處司法游擊戰；也許這是他藝術表現的一環。但是另一次挪借IG系列的官司公文二〇一六年三月送到高古軒的桌上時，他似乎炸了，氣到一個地步，傳說兩人幾天之後斷絕了來往關係。[7]不過後來高古軒否認。他說：「我付出非常多訴訟費在法庭為普林斯辯護；爭訟過程中我總是站在他旁邊。」三年後，普林斯還由高古軒畫廊代理，舊戲碼重演，普林斯頓挪借問題又上了法院，高古軒對承擔訴訟費感覺應更為強烈。他說：「我無法區分抄襲與挪借的分野，但是普林斯在分際之間走鋼索自得其樂，這也是他藝術原創性的一環。」

Chapter 23

The Dealer Is Present

求新求變

2016-2017

二〇一六年夏天，超級畫商的日子比從前打官司時還不好過。儘管拍賣屢創佳績，市場卻冷清下滑，而且程度不輕，嚴重到人又開始議論市場低迷或是否陷入停滯。

由藝術經濟學諮詢公司（Art Economics）專家麥坎安德魯負責撰寫的歐洲藝術博覽會年度報告，是評估市場的最佳指南——連續三年的穩定上升好景只維持到二〇一四年；二〇一四年，全球藝術市場銷售，包括所有類別與各型銷售，總額約為六百八十二億美元，比二〇一三年的六百三十三億美元上揚，更比二〇一二年的五百六十七億美元出色很多。但二〇一五年銷售跌回六百三十八億美元，這一年英國宣布次年舉行脫歐公投；脫歐過程變數很多，真的水到渠成時，頭等藝術資產可能好過股票，但誰也說不準，許多畫商都很擔心。

卓納一切都看在眼裡。秋季在雀兒喜區畫廊主打的穆里略新展出師不利。主題為《撕裂的玉米、小麥與泥土大地》（*Through Patches of Corn, Wheat and Mud*）的展覽，展現出針對社會各種議題的全球關懷，但是媒體關心的重點仍在穆里略的市場。《藝術網新聞》表示：「開疆闢土的首展之後，穆里略的市場在哪裡？」這話說得有失公允。自二〇一三年以四十萬一千美元高水位畫價賣掉一幅畫之後，穆里略行情大幅下降，但很快就又有起色，二〇一六年的拍賣紀錄是四十二萬八千美元，二〇一七年衝到一百一十萬美元，其中幾幅單價三十五萬美元以上。說穆里略玩完了是言之過早。[1]

雖然失之東隅，卓納從旗下最新簽訂畫家馬歇爾那裡收之桑榆。大都會藝術博物館的瓦格斯塔夫辦的《馬歇爾：登峰造極》（*Kerry James Marshall: Mastry*）是她在大都會當代藝術館第二次奏凱。馬歇爾是一九九〇年早期史恩曼從一張明信片裡發掘的藝術家。在芝加哥當代藝術館協辦下，大都會的策展人集合了他大約八十項作品，其中七十二幅為繪畫。這些畫是人以前在美術館所未見：黑人的都市生活。卓納是芝加哥團隊和史恩曼的後援，在那張明信片被人發掘之後，代理了馬歇爾二十五年。

《登峰造極》是博物館展覽，七十二幅畫都是非賣品，但馬歇爾的市場迅速上揚。大都會展覽推出前，一幅馬歇爾的大幅畫賣一百萬美元，展後，開始上衝到兩百萬美元。

行情的拐點是馬歇爾的〈婚禮人物〉（*Still Life with Wedding Portrait*）——根據主張廢奴的哈瑞．塔布曼（Harriet Tubman）一八四四年結婚日的夫妻合影所畫。馬歇爾在芝加哥的一場拍賣中捐出這幅作品，當時是由一名私募基金投資人以七十萬美元標到，《登峰造極》謝幕五個月之後，〈婚禮人物〉在佳士得的拍賣會上現身，事前估計可拍到一百五十萬美元，結果那天晚上落鎚價是五百萬美元。[2]

大都會藝術博物館館長康博宏才大略，本應搭馬歇爾展覽轟動的順風車，扶搖直上。這場展覽完全如他與瓦格斯塔夫設想的那樣一炮打響，把當代藝術帶到全美最大的博物館。然而他在二〇一七年二月被迫辭職，原因是：花了太多錢整頓博物館數位化，編列大都會當代美術館年度經費至少一千七百萬美元，西南大樓預算預定六億美元似也是痴人說夢。諷刺的是，康博的偉大計畫董事會已經通過——當時出席率超過四十%，假以時日博物館預算窟窿應可解決。但是康博心灰意冷、黯然離開，留下瓦格斯塔夫獨撐大局，她亡羊補牢，希望有朝一日西南大樓還是蓋得起來。只是一切現在有如幻影，大都會的董監事會不久就決定斷尾求生，將大都會布勞耶分館的收藏遷到富里克收藏館（Frick Museum），作為臨時棲身之所（富里克自己在尋求擴張），省下分館原來每年一千七百萬美元。大都會藝術博物館總裁兼執行長丹尼爾·韋斯（Daniel Weiss）四兩撥千斤地說：「我們的未來在總館。」大都會藝術博物館如何坐鎮舊館思考新館無從得知，至少目前大都會要開闢當代藝術的金字招牌，這番美夢是破碎了。[3]

馬歇爾不是卓納發現的，卓納也沒像培育他早期代理的畫家一樣去對待馬歇爾。卓納簽的藝術家越來越多是年紀大一點、市場肯定的藝術家。長話短說，他的作風越來越像他的競爭對手，尤其是高古軒。代理已故藝術家遺產是眼前火紅的項目，卓納最近的一項斬獲是亞伯斯基金會（The Josef and Anni Albers Foundation）。約瑟夫・亞伯斯是二十世紀抽象畫家，畫作以充滿動感的彩色方塊著稱。另一位是日裔露絲・阿薩瓦（Ruth Asawa），她以鋼絲為材料編織出可以懸掛的網狀雕塑，也是卓納新添的女性藝術家。

豪斯沃斯在代理藝術遺產上不甘示弱。三十四歲那年死於腦瘤的雕塑家海瑟，使用的材料是乳膠和光纖玻璃——可能也是促使她早逝的一個因素。雖然她不是一位在銷售上睥睨藝壇的人，留下的可賣作品也不多，但海瑟是藝術史上一位重要的人物，豪斯沃斯能夠代理她，在藝術圈子裡臉上很有光彩。若要論利益，葛斯登的遺作可以讓他們圓夢。葛斯登後來從抽象表現主義轉到具象，幾乎變得有點卡通味，卻也變出了新市場。在二〇一七年的巴塞爾藝博會上，豪斯沃斯宣稱他們以一千五百萬美元賣出一幅葛斯登的畫作。

在蘇黎世與沃斯合夥多年的瑞士畫商培森胡柏洞察到代理畫家藝術遺產的風勢揚起，但是她領會的角度不同。豪斯沃斯畫廊相繼簽下出色畫家，但剛冒出頭的畫家和在世藝術家市場沒有畫廊希望得那麼強，培森胡柏明知故問地說：「初級市場如果那麼好，為什麼他們接那麼多畫家遺產？因為真正的錢在已故藝術家的身上。若掌握名藝術家的遺產，就賺得到大錢，而且名聲也乾淨，因為它屬於次級市場。我認為豪斯沃斯畫廊就是這麼賺到錢。」

至於高古軒，手上也有一個可能會讓他口袋更充實的藝術遺產。已故普普藝術家湯姆・韋塞爾曼（Tom Wesselmann）是一位受敬重的畫家，他六〇、七〇年代的畫像裡充斥曲線畢露的腰臀和豐唇美胸，色彩明豔，充滿性意味。他的名字經常與他的普普藝術同儕相提並論——李奇登斯坦、羅森奎斯特、歐登伯格與沃荷，但是從來不能與他們平起平坐。部分原因可能要怪那時是女性主義抬頭的時代，若干藝評把韋塞爾曼的作品標為性別歧視。他不斷創作大幅、大膽的繪畫，一直到他二〇〇四年去世。他留下一堆的作品，對飢渴的畫商來說這是天大的好消息。高古軒與巴黎畫商阿爾敏・萊希（Almine Rech）共同代理韋塞爾曼遺產，有可能藉此讓沉寂已久的普普藝術再度抬頭。

對這股趨勢薩茲十分不屑。韋塞爾曼是超級畫商抬出二十世紀中期二、三流藝術家加以力捧的最佳例子。原因？薩茲說：「因為一流的作品日漸稀少。」[4]

對布朗而言，代理遺產是搞錯重點，二〇一六年的秋天，他的要項是向藝術世界和自己證明在哈林區搞新畫廊會成功。到了十月間，畫廊已經有聲有色。一個冷峭的上午，他說：「如果我們驗證了任何理論，那就是人仍然上畫廊。有人曾說，大家不再上畫廊，因此實地觀畫的模式被質疑；如果這是真的，為何要在繁榮熱鬧的地點成立畫廊？」

布朗自問也自答：因為那裡有超級大咖代理商，有錢的買家對跟他們做生意感到安心。布朗當然了解這一點，他說：「高古軒畫廊的畫價高到一個地步，人認為那裡可以買到安全。」但布朗也認為投機炒作與交易已成為桌上最大的聲音，布朗希望有慧眼的買家到哈林區來，因為他的畫廊藝術第一，而不是賣品牌。

布朗在哈林的向上畫廊周遭並無車馬喧嘩。畫廊裡面，大而暗的空間裡稀稀疏疏的訪客坐在地上，觀看亞瑟．賈法（Arthur Jafa）有名的《愛是信息，信息是死亡》（*Love Is the Message, the Message Is Death*）；七分鐘的錄影帶中對美國的黑人生活有著尖銳的描述，鏡頭包括警察暴力、籃球明星灌籃、水喉鎮壓民運；配樂則是肯伊．威斯特（Kanye West）的嘻哈福音詩歌〈聖光萬丈〉（Ultralight Beam）。

畫廊後面，六或八個年輕的工作人員圍著長桌默默地工作。布朗對採訪人提出的幾個問題顯出慣有的不太願意面對。畫廊何去何從？這樣的經營哲學管用嗎？他說：「我都已經跳進來了，所以我想的不是這些。我旗下畫廊——這裡、中國城的格蘭街畫廊、羅馬畫廊和藝博會使用的都是同一個銀行帳戶。若兜得轉，各種項目都能創造紅利。」

布朗近日有一種理論：新時代的畫廊已經開始；不是最大化利潤的超級畫廊，而是致力於文化孕育的中小型畫廊。從一個角度來看，他的口氣有點像四〇年代中期的畫商——帕森斯或詹尼斯——為了藝術而販賣藝術。他希望他在哈林區的畫廊就能這樣。但是萬一不靈光怎麼辦？布朗也同意：「失敗的可能性很高。」但是他堅守到底，他說：「我沒有其他選項，只有一直走到走不下去為止。」

辦過第一次相當成功的當代藝術拍賣展之後，卡佩拉佐和她蘇富比的夥伴開始想到局面可能復歸平靜。孰料二〇一六年六月英國公投決定退出歐盟，藝術市場再起波瀾。最高層的買家與賣家會視同無睹繼續買賣嗎？還是市場從此寸步難行？蘇富比在脫歐消息確定後的倫敦銷售成績亮麗，卡佩拉佐主持泰然自若。市場觀察家馬內克指出：「蘇富比從市場懷疑的源頭變成市場信心的源頭。」[5]

但蘇富比此時體質並不算完全健康。二〇一六年銷售下降，佳士得卻成績上揚。一如卡佩拉佐所坦承，蘇富比需要的是銷售更多偉大的作品。在秋拍前，她拿到斯蒂文與安·艾姆士夫婦（Steven and Ann Ames）的私人藏品，裡頭有七張李希特和一幅德庫寧的作品。這些藏品也所費不貲：蘇富比必須擔保委託人一億美元以上。那年十月，三大拍賣公司——蘇富比、佳士得與富藝斯都表現得很好，而算是年輕的羅馬尼亞新銳藝術家艾德里安·格尼（Adrian Ghenie）轟動市場。格尼暗色調的具象景物非常像古典大師的畫風。格尼的被發現，老格里姆徹認為是兒子的功勞；小格里姆徹這時已在佩斯當家做主。老格里姆徹說：「兒子幾年前發掘了艾德里安·格尼的作品，一直拿給我看。他的早期作品就無比的靈巧，我擔心他後來無法突破；每位畫家都需經過這一關，我不敢說他能還是不能。後來他另外一批畫出現了，神奇極了，我完全被說服了，我認為他是戰後歐洲最好的具象畫家。」

格尼用筆刀厚塗油彩，抹出多半是跟羅馬尼亞痛苦歷史有關的人物肖像畫：史達林、希特勒、奧許維茲集中營的約瑟夫．門格勒（Josef Mengele）醫師。他慢工出細活，一年只畫十到十五幅畫，市場因此興奮；佩斯對他的新作定價是六十萬美元，但市場競標的價格遠不止此數。事實上要買到格尼的畫幾乎是不可能。佩斯的少東得意洋洋地說：「一百三十四個人認為他們在等待名單上排第一。」侯佩克是格尼的巴黎代理，他擔心初級與次級市場銷售的價格差距失衡，嘆道：「市場反應過度。如果只是強勁而不是這麼瘋狂，我就高興了。」但市場就是那麼瘋狂，十月，格尼的雙聯屏 *Nickelodeon* 在佳士得拍得為九百萬美元，是估價的四倍。

格尼本人對自己的作品拍賣到這樣的價錢震驚異常。老格里姆徹說：「他住在一般公寓裡，還不是自己的。我們到他柏林的畫室去看他時，他告訴我們『我沒辦法走進畫室時心裡想著這塊畫布值一百萬美元』，我非常難下筆。他在柏林像隱士一樣活著，但是已經惡名在外，柏林美術機構的策展人都不上門來看他的作品。」

格尼對《紐約時報》說：「我感覺自己被投機炒作了。這不是我；這是新的藝術世界。」[6]

格尼說得沒錯：二〇一七年一項報導指出，五十％接受民調的收藏家遊走藝術市場為賺錢，三十五％希望分散投資組合。[7]

這時已經八十五高齡的李希特對這種名氣比較能夠應付裕如。這也是好事，因為這位全球最知名的在世藝術家、古德曼代理的最有名的畫家，可以左右紐約的秋拍。蘇富比對他一幅作品的估價是五百萬美元，實拍價則到達一千兩百二十萬美元。在佳士得，歌手艾瑞克・克萊普頓（Eric Clapton）把他所藏的三幅七英尺高的李希特三聯畫的最後一張賣掉了；他是在二〇〇一年以三百四十萬美元買下的，他的獲利是：七千四百萬美元。故事不止於此；另外六幅李希特的畫共賣了六千三百三十萬美元。艾姆士家族的收藏這時更水漲船高，蘇富比接手時估價超過一億美元。

藝術世界挺英國脫歐，至少此刻如此。同年十一月，又有一項歷史性的投票結果震撼全球——川普當選美國總統。這會影響市場嗎？若有影響，會如何影響？至少有一段時間不明朗。可能考慮世界的前途都有點措手不及，還要想到藝術市場的命運失之莽撞，但對蘇富比與它旗下的AAP諮詢公司來說，圖畫非常清楚。僅僅一年之後後者重新定義了蘇富比，將它從一家老字號的公司擴大成全面性顧問公司，藝術則是公司運作的通貨。卡佩拉佐愉快地說：「現在我們是一個有諮詢部門的大組織，有點像高盛或瑞銀（UBS）這類的大機構。」[8]卡佩拉佐興奮是有理由的：年底時，她與APP的夥伴達到了他們期望的水準——蘇富比對紐約證管會提交的報告中有一項提到「當代藝術收藏類別的市占率提升」，APP有三千五百萬美元的紅利可分。[9]

蘇富比的華爾街手法是不是能夠長久有效，仍有待觀察。阿奎維拉畫廊的芬德雷不覺得受到蘇富比威脅，他明知故問地說：「畫廊能夠做的，他們為何永遠無法企及？因為他們不準備把足夠的資源放在私人銷售上，讓私人銷售完全獨立。畫廊的客戶可以看一整個下午的畫，甚至可能帶回家感覺個一、兩天。我們沒有壓力；拍賣公司和藝博會都做不到這一點。」

也許答案不是非甲則乙——代理商與拍賣行，而是綜合兩者。二〇一六年十二月的大消息是佳士得的頭兒布雷特．戈維（Brett Gorvy）離開佳士得，與瑞士裔畫商李維合作。這時李維也結束了與金融家轉行為畫商的孟努欽合作關係，在麥迪森大道與七十三街道上典雅漂亮的前金融大樓裡獨當一面。四十八歲的李維與戈維搭檔是出於個人理由——兩人曾在佳士得愉快共事，但都體認到市場已經重大轉變。

李維希望站在代理商的角度，複製蘇富比站在拍賣商角度所做的：發展成量身訂做的諮詢顧問公司，買進與賣出藝術只是一部分。李維與卡佩拉佐在佳士得共事過，也有志一同——希望跟著錢潮走到聚財最多的地方。延聘到佳士得主席兼戰後與當代藝術部門的負責人，他還帶著一時之選的財主名單來，李維是夢寐以求已久、得償夙願。

對戈維而言，孤注一擲與李維合夥，吸引力何在，外人不清楚。他站在全球最成功的拍賣公司的山巔，有二十三年的輝煌紀錄，後來還創下三項世界級紀錄：二〇一三年以一億四千四百萬美元賣出培根三聯畫，二〇一五年以一億七千九百四十萬美元賣出畢卡索的〈阿爾及爾的女人〉，同年以一億七千零四十萬美元賣出莫迪里亞尼（Amedeo Modigliani）的〈休息的裸女〉（*Reclining Nude*）。為何他要放下這些去追逐不確定的事業？

戈維對此問回答成竹在胸。三大拍賣公司的競爭越來越激烈，而且付給賣家的保證金也越來越高，風險自然也跟著走高。戈維對《紐約時報》表示：「這是一個瘋狂世界，市場非常醜陋，一切都是為交易。為了最大化市場，必須接受高風險；一切都推到最高點，壓力大到難以想像。」[10]

戈維合乎邏輯的行動可能是對蘇富比有感而發，但壓力與委託同步走高若是他的動機，蘇富比對不變多於變，唯一嚮往的工作又被卡佩拉佐捷足先登了，那麼與李維攜手合作是一個跟著藝術走多於被金錢牽著鼻子走的機會。他和李維心儀同樣的人，卡斯特里與鐸非都在其列。他們希望像兩位前輩一樣文明地經營，栽培還未受到重視的藝術家，因此這是一個戈維圓夢的機會。同時他們也希望與拍賣公司、美術館、博物館密切合作，賣出更多他們喜歡的作品。[11]

他的行動當然在圈內裡激起談論，說藝術市場最成功的兩個女人在較勁。李維駁斥她與卡佩拉佐互別苗頭的說法，指出：「我們兩人從事的是非常不同的事。她是要炒熱蘇富比的股票，然後也許拋出走人；她為公司賺錢，我很高興她做得成功出色，但是我的目標不是盡我所能地賣掉所有的畫，我的目標是盡我所能地將藝術做最好的展現。」

李維指出：「我並不把她看成我直接的對手，沃斯比較是。」她的意思是沃斯也在所簽下的藝術家身上和他所創造的展示空間上試運氣，她說：「我認為豪斯沃斯在農場、出版和餐廳事業上都做得有聲有色，就像世界中還有世界，我認為這是千真萬確的使命宣言。」

李維無意走全球網絡的路子。她在倫敦有一家畫廊，沒錯，但這就夠了。她針對超級畫廊說：「我對規模有恐懼感。這些有規模的畫廊都是男性經營先且不說，我也不認同不斷追大的想法。我比較像古德曼看齊。我有一家畫廊，不是全球事業；若要這家畫廊保護戈維與我的信念，畫廊不可能分散在十二個不同的地方。」也許李維是對的，對若干畫商來說，中小型空間可能更好。但未來是否一個空間也太多？

戈維離開佳士得前，曾經在他ＩＧ個人帳號貼了一張巴斯奎特一九八二年畫的拳手舒格·雷·羅賓遜（Sugar Ray Robinson）人像，他那時有五萬七千九百個追蹤者——不錯的數字，但也不是什麼大不了的紀錄。他在登上前往香港的飛機之前丟上網的，然後就關機了。等他下飛機時，他看見手機裡有三名藏家的留言——美國、倫敦與亞洲各有一位，詢問這幅畫。兩天內，美國收藏家買下這幅畫，據報導售價是二千四百萬美元。[12]戈維事後說：「這完全是ＩＧ銷售。」[13]從交易商的角度來看，這是一個全新市場的開端，還是戈維所熟悉的市場結束的開始？

Chapter 24

Of Sharks and Suckerfish

鯊鯽共生

2017-2018

赫斯特最新大作沉船寶藏展二〇一七年四月在威尼斯登場前數週，高古軒與白立方畫廊的銷售人員四處拜訪頂級收藏家，讓他們透過蘋果智慧型手機先睹為快，一覽青金石、黃金、大理石和花崗岩製成的沉海寶藏，外層都鑲嵌了寶石和珊瑚。《不可思議的沉船寶藏》（*Treasures from the Wreck of the Unbelievable*）一百八十九件展品中多數是雕塑像，某些為真人大小，更有一尊高達六十英尺。銷售人員都受到嚴格指示，影像不得外流。這些寶藏將一起在皮諾的海關大樓博物館（Punta della Dogana）與格拉西宮美術館（Palazzo Grassi）這兩處威尼斯展場亮相。

這些藝術品展出後，藝術媒體對赫斯特的看法依舊壁壘分明。堪稱當今拍賣會與藝展界塞繆爾．皮普斯（Samuel Pepys，譯注：英國政治家）的畫商夏赫特，將其視為一記「商業險招」，或許代理赫斯特的交易商也這麼認為。夏特赫指出，每件展品都有三種版本，每一版本各自呈現經由虛構尋寶者復原的不同階段：首先是海床上的遺物，繼之是修復的較乾淨的版本，最後則是據稱源自古老原物的嶄新「複製版」。「因此，假若一百八十九件展品以平均每件五十萬美元賣出，潛在收益近十億美元。真是天才！」或許這數目誇大了；有可能成本不到六千五百萬美元，但無論如何，赫斯特是重返市場了，與高古軒攜手登場。

二〇一七年藝術市場頂端的活動生氣蓬勃，從多種標準衡量，足以成為鼓舞人心的一年。藝術市場經濟學專家麥坎安德魯在二〇一七年末總結說，全球市場經過了無生氣的兩年之後市場上升十二%，達到六百三十七億美元。與相關全球媒體和娛樂業的兩兆美元市場規模相較，這數目並不大，但仍比美國圖書出版業的二百六十三億美元出色。只是畫商並非人人都大發利市。

年銷售額低於五十萬美元的畫商平均衰退四%，接連兩年虧損，而年銷售額少於二十五萬美元的最底層畫商更慘。而在光譜的另一端，年銷售額逾五千萬美元的畫商，二〇一七年業績增加十%。最大咖畫商再次拿出更佳成績，其他畫商僅能苟延殘喘。

藝術品買家反映了市場。二〇一八年初，全球億萬富豪增至二千二百零八人，坐擁九兆一千萬美元財富，是十九世紀晚期美國鍍金時代以來最大程度的財富集中。他們與相對來說淨資產超過五億的人，構成高端品牌藝術最大宗買家，購置的絕大多數是戰後與當代藝術（四十六%）與現代藝術（三十一%）。他們買下的最暢銷二十五名藝術家作品，約達所有拍出藝術品半數。[1]無論好壞，超級畫廊在中舉足輕重。AAP創辦人施瓦茨曼指出：「超級畫廊的崛起將權勢、品味與價值攬在一起，被犧牲的祭品經常是過去逾一世紀形塑藝術收藏的先驅藏家與贊助人。」施瓦茨曼也說，藝術市場的頂端「正演變成一種自給自足的野獸，消化、排出藝術，同時也持續覓食，透過新視角，重新評價某些老舊事物」。[2]

無論如何，逾百萬美元的頂端交易在市場的占比低於一%。根據麥坎安德魯的年度調查，六十九%藏家指說他們的買價少於五千美元，另有二十%買家所花不超過五萬美元。[3]

藝術市場是雙元的，兩個分支各自擴展，彼此漸行漸遠，一如全球另外兩個更大的不均等市場：富人與其他人。二〇一七年期間，中小規模畫商為求在業界存活而苦苦掙扎，根據一項估計，二〇一五年到二〇一七年中，逾四十%中小型畫商關門大吉。[4]

紐約、倫敦、巴黎與香港等全球藝術中心租金昂貴是一大發展障礙，市場飽和則是另一阻礙：藝術創作新科碩士多如過江之鯽，招搖過市，渴望一舉成名。藝術生產過剩造成了自身的飽和狀態；當市場快速成長，當代藝術家生產速度也相應加快。

藝博會也飽和為患：過多的博覽會、無數的展覽。然而，畫商仍覺得每年應參與至少五或六次藝博會，此外別無選擇。因為，誠如大盜威利．薩頓（Willie Sutton）對銀行的感言：此處是錢財所在，至少是他們預期能找到錢的地方。畫商壓箱寶盡出，展場藝術品琳瑯滿目，而走馬看花的買家對內容早已瞭如指掌。據麥坎安德魯調查，畫商最在意的是發現新客戶，但太多人敗興而歸。

二〇一七年，藝博會對於中小型畫廊依然既是命脈也是禍根。麥坎安德魯那年發現，畫商成交生意較前一年增多，從四十一%成長到四十六%。然而，也有不少畫商生意江河日下，訪客漸減，買家趨少，而參加博覽會的壓力與花費讓許多畫商不堪虧損，夏赫特指出：「被迫進軍藝展成了令人麻木的機械性重複。藝博會也似黔驢技窮、千篇一律。」[5]五大畫商絞盡腦汁想找出新的替代方案。

一九八八年開辦團隊畫廊（Team Gallery）的何塞・弗萊雷（José Freire）是蘇荷備受推崇的畫商，壯士斷腕。屢屢征戰藝博會的結果是荷包失血，弗萊雷說：「損失不算慘重，但失去了一年中十天的時光，還損失了我的藝術品；藝博會之後很長一段間我都無法將其售出，最後一燒了之。」弗萊雷二〇一七年在邁阿密灘巴塞爾藝博會租展位等花費達二十萬美元，生意卻只做到三萬五千美元，令他格外沮喪，事後公開表示，今後不再涉足藝博會。

弗萊雷期望展期延長到一整季以上，好使畫廊重振生機。更長的展期意味著弗萊雷帶動更多策展人、收藏家、藝評家觀展；展期結束後弗萊雷便仁至義盡，對藝術家有交代。假使延長展期的解方無效，弗萊雷還有退場策略，他正色地說：「吸收一或五個最有利可圖的藝術家到你的畫廊，帶著他們一同造訪其他畫廊，跟對方說『我帶客戶上門了，這些都是目前財源廣進的藝術家，由我擔任貴畫廊的總監如何。』」他表示一旦逼不得已會這麼辦。

弗萊雷的策略是回歸基本面。艾曼紐・佩羅汀（Emmanuel Perrotin）則訴求把生意做大。出生於法國的佩羅汀起步時無家族資金奧援，也無深造文憑。然而，在白立方延攬他之前，他就在自己的巴黎公寓開起小畫廊，出售赫斯特的小型作品。他是最早懂得欣賞村上隆的人之一，設法討好。莫瑞吉奧・卡特蘭（Maurizio Cattelan）一九九五年試探他作為代理畫商的忠誠度，曾要求他做一件著實令人尷尬的事，佩羅汀從命照辦了。

點子多的卡特蘭愛惡作劇，他向期望代理他的佩羅汀提議，在即將登場的藝展期間全程穿著一套有對鬆軟長耳的兔子裝。當時二十七歲、單身的佩羅汀眾所周知是個風流胚，讓他穿上兔子裝，不是成了笑柄？卡特蘭也確實是這麼盤算。佩羅汀回憶說：「在兔子裝內我幾乎一絲不掛。」之後調笑藝術家卡特蘭與兔子佩羅汀的文章不少，但當佩羅汀在六週後脫下兔子裝時，沒想到讚賞之聲不絕於耳。他說：「我甘冒此險，是要展現忠誠。」卡特蘭後來成為他代理的藝術家，村上隆也是。佩羅汀事業展翅上騰。

佩羅汀提到他的藝廊空間時說：「從一開始，我就覺得必須玩大的。」他在巴黎有家頗具規模的畫廊，原為獨特的十七世紀旅館。他漸漸被視為法國版高古軒，總是想打造更大的市場，不抱殘守缺。佩羅汀說：「就像在賭場玩紅黑輪盤一樣，我總是把錢押在紅色上面，總是冒著失去一切的風險，包括我個人的生命，因為一切息息相關。」佩羅汀的第一家紐約畫廊於二〇一三年開幕，坐落在麥迪森大道與七十三街一棟巨大喬治亞式前銀行紅磚大樓。李維利用上方樓層，佩羅汀使用一樓。他說：「但空間很快就不敷使用。我們需要更多的工作人員。」

佩羅汀二〇一七年大張旗鼓——真的玩很大——搬進了下東城歐查街的前紡品工廠。這處他獨有的新空間占地二萬五千平方英尺。李維留在上城的舊銀行大樓，一樓與樓上都歸他使用。對於佩羅汀，歐查街是他向大咖畫商搦戰的基地。

二〇一八年底，佩羅汀在六個城市已有九處據點——巴黎三處、紐約兩處，及香港、首爾、東京與上海各一處。佩羅汀宣稱：「就我跨足多個城市的意義來說，我堪稱超級畫商。」然而，他在選擇藝術家方面與高古軒大異其趣，他說：「我畫廊的成就端賴非常年輕的藝術家。我從初級市場起家，迄今仍堅守初衷。」村上隆和卡特蘭依舊與他合作。佩羅汀不再需要證明自己的實力：他已跨越中檔畫商的巔峰；旗下八十名工作人員，每年參與至少二十場藝博會。

如果弗萊雷的策略是求小、佩羅汀求大，波托拉密的策略就是求慢。曾任高古軒總監的她則稱其為「慢藝術運動」（slow art movement）。其理念在於將藝術與藝術家置於遠離紐約藝術現場的有趣、難以預期的環境中，讓其逐步演變。藝術家艾瑞克．韋斯利（Eric Wesley）以伊利諾州卡霍基亞（Cahokia）的前塔可鐘（Taco Bell）速食店為據點；湯姆．伯爾在家鄉康乃狄克州新港（New Haven）接管一棟馬塞爾・布勞耶（Marcel Breuer）的設計，在此一無人居住的粗獷主義建築中，於主樓層創作「場域特定」藝術作品。

針對因應與革新藝博會的兩難，卓納公開給出建議。他在柏林舉行、《紐約時報》贊助的畫商業會議中表示：「我確實覺得現行體系有問題，少數畫廊市占率與日俱增，新起之秀競爭困難，這不是好事。」[6]畢竟，逐漸嶄露頭角、可望成為未來藝術市場明星的藝術家，是由小型藝廊培育起來的，但這些藝術家成了氣候之後，還沒來得及回饋原初拉拔他們的畫廊，就被超級畫商挖走了。

卓納指出，他願意支付更多錢租用藝博會的展覽攤位，前題是那些額外的錢要能幫贊小畫廊參展。佩斯畫廊的格里姆徹與獨立藝術博覽會共同創辦人迪也在會議發言，衷心支持這個想法。

問題在於如何分派。所有獲利畫商會幫補所有虧損畫商嗎？會做到什麼程度呢？巴塞爾藝博會總監馬克・斯皮格勒（Marc Spiegler）也出席了會議，他就卓納的提議表示：「原則上，構想很棒，問題是：有多少層峰畫廊願意資助其他畫商？」

邁阿密灘巴塞爾藝博會二〇一七年十二月剛開幕時，達文西畫作〈救世主〉（*Salvator Mundi*）祕密買家身分曝光，消息傳遍會場。這幅有五百年歷史的爭議畫作在紐約佳士得拍賣，身分不明的賣方保證它能以一億美元拍出。在經過十九分鐘高潮迭起的競價後，畫以四億五千萬美元成交，藝術市場飆出沖天的新高，買家艾沙烏親王（Prince Bader bin Abdullah bin Mohammed bin Farhan al-Saud）是沙烏地阿拉伯新王儲的好兄弟。〈救世主〉將藏於阿布達比的新羅浮宮，與巴黎羅浮宮的〈蒙娜麗莎〉相互爭輝。

落槌那一霎那，佳士得三十七歲的戰後與當代藝術部門主席盧瓦克・古澤（Loïc Gouzer）也在場。〈救世主〉未列在佳士得「古典大師」拍賣會之列，反倒是佳士得當代藝術拍賣會最重要作品，正是古澤出的點子。為何五百年的畫作會被安排到當代藝術拍賣會？答案是：它是億萬富豪級買家的群聚所在，對這些人來說，〈救世主〉是徹底的當代藝術。原來的藏家可能是俄羅斯寡頭大富豪，他的藝術代理商擁有自由港，這些傳聞都成了新聞，也因此佳士得宣稱最後一幅達文西畫作是握在私人手裡，意味著只有世上最大富戶才能問津。

當晚在場者還有慈善家布洛德、歐維茲、來自邁阿密的收藏家暨房地產開發商馬丁・馬古列斯（Martin Margulies），以及來自芝加哥的收藏家暨慈善家史蒂芬・艾德立思（Stefan Edlis）。頂尖的畫商則有卓納、佩納特和高古軒，成交落槌那一刻，可清晰地聽到高古軒驚呼「天啊！」

古澤此舉實為品牌行銷的高招，而且這不是他第一次出手。這位瑞士出生的專家在高中時曾冒充畫商伊蓮娜・索納本的兒子。[7]他也先後在蘇富比與佳士得推動所謂的「失敬的並置」（irreverent juxtaposition）。他在佳士得首項重大成果是二〇一五年他稱為「前瞻過往」（Looking Forward to the Past）的主題拍賣會，他將莫內一幅畫作擺在多伊格作品旁邊，還把杜象多幅性愛主題的畫作與普林斯的當代作品比肩展示。畢卡索名作〈阿爾及爾的女人〉在這場拍賣會拍出一億七千九百四十萬美元的世界紀錄。由於後來市場下滑，古澤原預期拍賣會好不了，因此他稱之為「必敗」，結果卻大為成功。[8]

〈救世主〉是古澤「失敬的並置」的最佳機會，且有全球行銷大敲邊鼓，成千上萬的人聞風前來一睹風采，疑者的喃喃自語徒然平添更多的戲劇色彩。[9]這幅作品真是出自達文西之手嗎？修復是否過頭，造成畫作過亮而毀了原有的色調？《紐約》雜誌評論家薩茲說了這樣一個老笑話：十六世紀的畫作被安排在當代藝術拍賣會，理由是：這幅畫有九成是在過去五十年間繪製的。[10]話雖如此，最後可以開懷大笑的還是古澤。

或許所有人都應把「失敬的並置」這個心法銘記在心。它，再加上樂觀，便是不二法門。以古澤為例，他全然相信〈救世主〉直指十億美元藝術大關的道路。怎麼說呢？古澤宣稱：「我有一些想法，但我不要記錄下來，因為我不想讓別人偷走我的點子。」他也確信十億美元的行情指日可待。[11]幾乎可以確定的是：第一件價值十億美元的畫作，即使是達文西的另一件作品，也會被稱為「當代」藝術。

二〇一八年一月，卓納歡慶職涯里程碑：他在紐約擔任畫商屆滿二十五週年，他最新的紐約畫廊——西二十一街倫佐・皮亞諾（Renzo Piano）設計的五千萬美元五層樓雀兒喜旗艦店——也預定二〇二〇年秋季開幕。此前他在雀兒喜就有兩處畫廊，不久前也在東六十九街租賃了一處連棟藝廊，與豪斯沃斯畫廊屬同一街區。新藝廊開張後他就關閉西十九街的畫廊，但預計會保留其他幾處。[12]

卓納問：「如何讓畫廊維持親密氛圍，同時又在你爭我奪的藝術市場保有競爭力呢？」其實他心中自有答案：「如果你不遷移，某些藝術家覺得你對他們的事業未全力以赴。他們既想要親密關係，也想走得更遠更廣。」[13] 儘管喬遷新址，對高古軒在更多城市設立更多畫廊的策略，卓納未亦步亦趨；二〇一八年初，在倫敦他只有一家藝廊，香港畫廊當年春季開幕。他依然倚重藝博會：據說卓納每年參加次數多於其他任何超級畫商，二〇一七年共參與了二十場。

卓納在畫廊的人群中熠熠生輝，喜不自勝，他宣布了一件可能自己比在場者都更興奮的事情：畫廊將再次代理已故的維也納藝術家魏斯特。儘管魏斯特的官司纏訟至今，或者更恰當地說，也有可能正是因為這樣，魏斯特的家族接納了卓納。魏斯特的人生路程回到原初的起始點，回到最景仰他的畫商卓納那裡，只不過卓納後來還是為他而心力交瘁。

不論與魏斯特訴訟案有何瓜葛，高古軒都調整好心情毅然往前。他代理約莫百位藝術家，幾乎個個都比魏斯特更讓他感到振奮。其中之一是四十歲出頭的抽象藝術家布萊德利，正蓄勢待發要在市場再次轟動。

憑藉高古軒的奧援，二〇一七年中於紐約州水牛城著名的奧爾布萊特——諾克斯藝廊舉辦了首場事業中期作品回顧展。這家畫廊樂於為他辦展，也樂得高古軒承擔部分開銷。

儘管有高古軒力推，布萊德利作品售價萎靡不振。自二〇一四年拍出三百萬美元的巔峰價格後行情就每況愈下，到了二〇一四年平均售價僅四十八萬五千美元。布萊德利需要更強力道的助推。二〇一八年秋季他如願以償：高古軒在倫敦為他辦個展，藏家紛紛出手，展品銷售一空，售價從八十五萬美元到一百二十萬美元不等。[14]作品終究還是必須依靠自身的動能才能揚眉吐氣，不過必要時高古軒展現的實力究竟也不容小覷。

高古軒接受的每位藝術家都是他對未來的一項賭注，但他不是只期望賭贏的畫商。從一開始，他就獨家率先按商業直覺行事：開風氣之先在雀兒喜開業；是首位在倫敦開藝廊的美國超級畫商；是在世界各關鍵地點打造畫廊的先鋒；也是繼卡斯特里之後領先群倫建立全球品牌；率先以品牌取信於買家，讓買家信任高古軒品牌更甚於藝術本身，而且為買家創下最大化的成交價紀錄。

線上商機浮現時，高古軒也成為投資最有前途線上藝廊的先驅之一。全球性的風雅（Artsy）線上藝廊由卡特．克里夫蘭（Carter Cleveland）創立。二〇〇九年他在普林斯頓大學高年級學生宿舍寢室裡有了這個創業想法，支持者包括梅鐸當時的妻子鄧文迪（Wendi Deng

Murdoch）、俄羅斯寡頭大富豪阿布拉莫維奇的前妻朱可娃、佩斯畫廊的格里姆徹少主、阿奎維拉家族數名成員、洛克菲勒家族、賈瑞．庫許納（Jared Kushner，譯注：川普女婿）的兄弟約書亞（Joshua）、矽谷投資家彼得．提爾（Peter Thiel），以及新近加入的卓納。

二〇一二年上線的風雅對各畫廊展開宣傳攻勢。克里夫蘭說，很快就會有人打造出有潛力的線上平台，展示數百萬件藝術品，促成交易。這正是網際網路的發展趨向，有什麼理由不把握未來趨勢從中獲利呢？各畫廊只要支付不多的價錢就能將其藝術品的影像放上風雅。當藏家在風雅平台上瀏覽到喜愛的畫作，風雅就會轉給代理該作品的畫廊；交易價由畫廊決定，而不是風雅。風雅電商僅在藝術品售出時收取佣金。營運五年後，風雅線上的藝術品影像數量已達八十萬，分別來自全球四千家畫廊。與此同時，風雅也與所有重要的拍賣會合作，在拍賣會現場扮演重要角色。二〇一七年舉辦一百六十場拍賣會：不是花哨的夜間銷售會，而是絕對可與蘇富比和佳士得等量齊觀的日間拍賣會。

風雅還有第三項業務與前兩項相輔相成：同樣稱為《風雅》的線上藝術雜誌。一群年輕記者在紐約市翠貝卡一棟建築裡兩個高樓層，向全球閱聽大眾提供每日新聞與專題報導。雜誌是對外宣傳的絕佳方式，在谷歌網頁排行上獨占鰲頭。此網站也為多家美術館代言，是記者、策展人與收藏家的線上搜尋工具。

無可否認，投資者必須對風雅抱持強烈的信任，因為風雅在創立六年後仍未公布過營收數據來證明它各項樂觀的報告。此外，它與各畫廊的關係也全都不是獨家。以卓納為例，他有自己的線上交易平台，對一切可利用的社群媒體都善盡其用。事實上，社群媒體對風雅是一大威脅，因為它可讓人免費在線查看藝術。《藝術網》（*Artnet*）是風雅主要對手之一，它累積了約二十五年的拍賣會交易資料，供收費查詢取用。它也辦拍賣會，有自己的《藝術網新聞》（*Artnet News*）網站二十四小時出版新聞。

高古軒也很早就看到IG的潛能，認為既可用它建立品牌，也能藉其吸引買家上門。二〇一八年六月間，高古軒的IG已有八十六萬六千個追蹤者，而佩斯畫廊有六十五萬六千個，卓納有三十九萬六千個，豪斯沃斯有三十一萬四千個。主要的社群媒體與聯網應用程式——臉書、IG、推特與Tumblr——都較其他程式更能觸及廣泛受眾，包括年輕族群。透過社群媒體買藝術品的人雖不多，但其傳播的影像更會激起世人的興趣，買家可能因而詢問更多資訊，甚或引人走進畫廊近距離觀看作品——這就可能促成交易。

自拍是這場社群媒體革命的一環。當人魚貫穿梭於美術館與藝廊時，會在藝術品前為自己留影，然後將照片上傳到IG。紐約現代藝博館繪畫與雕塑首席策展人安．泰姆金（Ann Temkin），見到自拍首選梵谷（Van Gogh）的〈星夜〉（*The Starry Night*）前徘徊的人群時曾嘆道：「參觀者在博物館裡對作品拍張照，彷彿就意味著『看』了它，我擔心這會取代我心目中的慢慢看、仔細想的觀賞方式。所有自拍者都有一個問題：他們使得想要慢觀細賞的人無法得償所願。」[15]在美術館與藝廊的自拍照可能無法銷售藝術品，但能激起廣泛興趣。誰說得準在卓納的雀兒喜畫廊排隊兩小時、等著進草間彌生「無限鏡屋」的千禧世代，離去時不會買她的披肩、襪子、球帽、恤衫和領帶？在某種程度上，千禧世代似乎認為自拍照和衍生商品可以取代藝術。

高古軒雖在IG追蹤人數上領先其他超級畫商，但豪瑟沃斯畫廊以新手法強調藝術與生活風格，顯得更能掌握變動中的市場。在薩姆賽特郡鄉間據點及洛杉磯的龐大藝術園區，豪斯沃斯先後採取了讓人耳目一新的大膽步驟。接著，它又翻新了位於蘇格蘭布雷馬（Braemar）的法伊夫阿姆斯飯店（Fife Arms Hotel），這裡雖無正式畫廊，但展示國際知名藝術家的傑出作品，藉以彰顯豪斯沃斯畫廊這個品牌。隨後，它在距西班牙一小時飛行時程的米諾卡（Minorca）的巴利阿里（Balearic）小島打造藝術中心，以及在聖莫里茲（St. Moritz）設立新畫廊，最終，豪斯沃斯畫廊是條條大路通藝術。

豪瑟沃斯畫廊的夥伴暨副總裁佩約特在雀兒喜寬敞的辦公室指出：「訴求生活風格不必然能讓藝術更有銷路；一切與認知有關。你的身分與信仰都要靠自己建立。」布拉德福特每售出一幅畫，豪斯沃斯仍然相對貢獻可以抵稅的一定百分比；藝術家與畫商都將這些錢轉予以「藝術＋實踐」——布拉德福特贊助洛杉磯寄養兒童的非營利機構。佩約特表示：「我們喜愛教育與藝術、社會延伸服務，以及藝術、食物與溝通之間的種種連結。」

在格里姆徹少主領軍下，佩斯畫廊採取了自己的步驟，以「體驗藝術」來吸引新世代藏家。佩斯產製了一些傑出的視覺藝術作品，比如倫敦泰晤士河上橋梁的照明，且創造了若干沉浸式混合實境體驗。對於任何畫商來說，銷售體驗都是一項挑戰。少有藏家會為體驗轉瞬即逝的藝術作品而付出鉅款。然而，如果是讓兩百萬觀眾一人支付一美元透過電腦體驗藝術呢？這可為藝術家與畫商帶來多於單一畫作的收入，且終究可能誘使千禧世代為藝術掏腰包。

體驗的藝術很可能是藝術的未來。但佩斯最強的力量——及潛在的利潤——在於其十分了解中國的藝術市場；中國已在二〇一八年春季正式成為全球當代藝術的新前沿。在此之前，卓納、豪瑟沃斯都未涉足亞洲，他們讓佩斯與高古軒去冒這個險——佩斯於二〇〇八年在亞洲開設畫廊，高古軒則在二〇一一年。但到了二〇一八年三月底，前兩者斷然行動，與佩斯同時在香港中環皇后大道上的H Queen's摩天大樓裡開設新畫廊。它們進軍亞洲時，巴塞爾三大藝博會中最晚起步的香港巴塞爾藝博會正好在舉行第六屆展會。

戈維帶著德庫寧一九七五年一幅稱為〈無題十二〉（*Untitled XII*）的經典作品來到香港巴塞爾，求價三千五百萬美元，委託人是微軟的共同創始人保羅．艾倫——事後看來，這或許是他即將英年早逝的一個暗示。博覽會才開門，畫就售出。豪斯沃斯的布拉德福特個展也同樣讓人印象深刻，所有十二幅畫可說是秒殺售罄。香港巴塞爾那週有許多中國藝術展出，但西方藝術時來運轉在這裡抬頭，相較中國藝術終於不遑多讓。

在二〇一八年六月的一個週日傍晚，瑞士巴塞爾三王飯店的陽台再次聚滿畫商與藏家，人潮不斷增多，最後還滿到酒吧間。藝術市場市場強勁，至少比前一年強大，會場充滿歡欣鼓舞的氣氛。

德奇有比其他人更多值得慶祝的事：他再度於洛杉磯放手一搏，在好萊塢老舊的攝影棚區開設一處一萬五千平方英尺的畫廊，柯丹斯基是鄰居之一。他想要推廣具有社會意義的藝術，以中國行動藝術家艾未未的個展打頭陣。

德奇承認超級畫商改變了藝術產業，然而萬變不離其宗。他沉思道：「與過去相較，並無太大的不同。我親身體驗過。瑪勃洛畫廊（The Marlborough）曾經像高古軒畫廊那樣強大；有自己的座機、有戰後全球最頂尖的藝術家：培根、羅斯科……」更早之前，杜朗－魯耶在巴黎、紐約、倫敦與慕尼黑稱雄；「說他是現代畫廊結構以及個展的發明者實至名歸——百多年前的事。業界迄今仍圍繞著傑出人物與宏大遠見轉動——個性勝過了結構。」

德奇本人正是這樣一位人物：他如同他所熱愛的沃荷一樣私密、不多展露情感，但對於當代藝術的下一步走向總是很敏銳。

巴塞爾藝博會開幕當天早上十一時，展覽廣場的展場大門一開啟，貴賓蜂擁而入。重大交易再次於一小時內搞定。高古軒後來宣稱這是他歷來參加過最佳的巴塞爾展會，其他多名顯赫的畫商也很快有了可以炫耀的談資。巴塞爾藝博會展品熱銷看來是榮景復臨的跡象。然而，也有一跡象似在暗示未來暗濤洶湧。抽象表現主義藝術家米契兒的大型畫作〈紅樹〉（*Red Tree*，一九七六年）約六百萬美元賣給了一名歐洲藏家，交易是由雀兒喜的齊姆里德（Cheim & Read）這家高度受人敬重的小型畫廊完成，它代理米契兒基金會（Joan Mitchell Foundation）多年。

然而這也是它最後一次賣米契兒的作品。巴塞爾藝博會揭幕前不久，卓納宣布接手代理米契兒基金會。對於齊姆里德畫廊，失去基金會代理權是一記重擊；二〇一八年六月底，齊姆里德畫廊宣布關閉已營運二十一年的畫廊，遷移到上城，專注於次級市場的私人交易。這或許是明智之舉——齊姆里德畫廊藉此得以養精蓄銳伺機再戰。只是這個消息仍讓整個當代藝術市場背脊發涼：齊姆里德畫廊的收場，在某種意義上，猶如一個時代的終結。

約翰．齊姆（John Cheim）與霍華．里德（Howard Read）曾在高雅的羅伯特米勒畫廊（Robert Miller Gallery）共事多年，後者代理過米契兒等畫家。兩人一九九七年在雀兒喜開設的畫廊坐落在西二十三街一處陰暗的計程車車庫。他們把米契兒基金會帶走——米契兒已於一九九二年辭世，畫廊成功在某種程度上來說是建立在米契兒的遺產上。

米契兒被視為重要的抽象表現主義畫家，是最近的事了。女性身分可能阻礙了她當年的發展，如今地位改觀固然是受惠於女性藝術家漸獲重視，作品遠較先前所知的為多，也是功臣。在二〇一八年的拍賣會上，她的一幅畫作以一千六百六十萬美元售出。[16]這位藝術家早年在名家輩出、定義明確的團體中被埋沒，後來卻出人意外地有數量甚夥的傑出藝術創作出籠，由基金會掌有，現今還不時以驚人的價格刷新拍賣紀錄，在在使她成為眾人爭逐的目標，最後花落卓納家。

庫博對米契兒基金會轉投卓納感到沮喪，她說：「我知道米契兒會因此而不高興。[17] 齊姆里德和這位藝術家合作多年，而他們現在要向必須查書找資料的畫廊取經？藝術界已變得非常沒文化。」

庫博是紐約營運最久的當代藝術畫商——許多人也會說她是最頂尖的，從事此行五十年來閱人無數，她知道自己在說什麼。但對於阻止金錢洪流及其帶來的一切，她也愛莫能助。這是一個與她多年前入行時截然不同的市場；市場已經質變豹變，無力回天。唯一還能期望的是優秀的藝術，不論其代價有多高。或許畫廊無論大小都不會再像先前那樣繁榮；或許藝術必須要找尋自身的出路。

布朗指出：「無論如何，我不確定『在地』畫廊的模式在紐約會有前途。整個生態可能縮減成鯨鯊與鯽魚共生的系統，兩者之外別無其他。然而，這樣的巨齒鯊有未來嗎？當中小規模的經濟模式似乎令人懷疑時，我對於這些龐然大物的社會、哲學乃至於倫理基礎，同樣抱持疑問。各家畫廊需要系統化才能發揮作用，而系統化產生了一個副作用——或者說是一項核心目標——馴化藝術與藝術家。感覺上這是不可避免的事，一如自然會趨於平衡。而藝術一旦被馴服，就會傾向於瓦解，然後在社會別處重新出現。這也不必然是任何人的錯。假如金錢是流水，那麼它能做到也是順其自然、盡其所能地沖刷；沖刷時，空氣（藝術）就被擠壓掉了。我們只能透不過氣地納悶，空氣都到哪裡去了？」[18]

至少目前空氣還在，藝術也同樣還在。

致謝

當我動念想做一本以畫商為焦點的當代藝術敘述史時，首先打電話諮詢的人是藝術家費思科與艾波．格尼克（April Gornik）。他們是我紐約薩格港的鄰友，不僅是當代藝術史上的要人，也是薩格港遭到火焚的電影院修復計畫與興建公園的推動者，不過這是另一個故事的話題了。共進晚餐時，他們鼓勵我放手一搏，並介紹我認識倫敦極有人望的當代藝術交易商米若，而米若又為我引薦布朗。之後其他畫商也陸續同意接受訪談，故事就開始成型了。

我一開始就知道這部當代藝術史跟百萬畫商——也就是藝術市場的四大要角——不可分割；沒有他們的合作，我固然也可以進行，但我衷心期望他們對我分享他們的經歷。與格里姆徹一次無意中的相遇，我們暢談了數小時；沃斯和卓納比較難搞定，但也終於能夠坐下長談、懇談。高古軒是四大之大，也是最猶豫的，但他一旦決定可以談，也非常開誠布公而且最願意留下紀錄。我對他們四人都銘感五腑。

四大在市場引領風騷，但若是未包括其他數十名對當代藝術史甚有貢獻的畫商，這本書就談不上周延。我對每一位跟我談過話的畫商都深為感激。我也感謝所有接受我訪談過的人、許許多多的消息來源。從藝評家到收藏家，按照姓氏英文字母排列，他們依序是：

阿奎維拉、艾列・艾德勒（Alex Adler）、艾爾斯、艾特維、麥可斯・安德森（Max Anderson）、阿姆斯壯、安迪・歐根布里克（Andy Augenblick）、法蘭西絲・貝提（Frances Beatty）、伯格倫、唐諾及維拉・布林根（Donald & Vera Blinken）、卜拉姆、布魯姆、鮑斯奇、布恩、波托拉密、布萊曼、布蘭特、布朗、布倫代琪姐妹、康博、卡佩拉佐、寇恩、庫利、庫博、克雷格–馬丁、克拉瑪、鐸非、達若、德帕瑪、迪、德奇、莫莉・鄧特–布洛克赫斯特（Mollie Dent-Brocklehurst）、凱瑟琳・鄧恩（Cathrine Dunn）、艾德曼、米爾頓・艾斯特羅（Milton Esterow）、理查・費恩（Richard Feigen）、芬德雷、傑克・傅藍（Jack Flam）、弗萊雷、蓋巴利、吉布森、葛萊史東、格里姆徹、格魯伯、顧德、古德曼、葛尼、古爾、格林菲爾德–桑德斯、派蒂・韓布克特（Patty Hambrecht）、海勒、亨利、霍門、雅博斯、卡洛・詹尼斯（Carroll Janis）、朱莉婭・裘恩（Julia Joern）、卡斯敏父子、比爾・克利（Bill Kelly）、寇斯、基弗、克拉斯布倫、詹姆斯・柯奇（James Koch）、柯丹斯基、李雯、諾西、奧布瑞斯特、李維、羅格斯戴爾、麥可隆、麥可里爾、馬蘭加、馬龍、麥卡佛雷、傑米·尼文（Jamie Niven）、諾西、奧布里斯特、佩約特、佩羅汀、殷尼戈·費爾布里克（Inigo Philbrick）、平克斯–維敦、安妮·普拉姆（Annie Plumb）、傑夫·波、波特、培森胡柏、拉達、威廉·雷納（William Rayner）、雷瑩、理查森、羅賓森、蓁·羅哈亭（Jeanne Greenberg Rohatyn）、侯巴克、魯伊斯、盧貝爾夫婦、薩利、山德勒、夏赫特、希芙、許納貝、施瓦茨曼、沙法拉茲、史恩曼、斯姆肖維茨、索羅門、史班格、史蓓曼、朗·史斌塞（Ron Spencer）、斯普魯斯、史特拉、史托爾、安德魯·特納（Andrew Terner）、瓦格斯塔夫、韋斯翠奇、韋斯特沃特、楊格曼、金瑟、祖克曼，以及卓納家族少主盧卡斯。

此外，若干記者也慷慨提供建議，其中包括比例布萊恩·鮑徹（Brian Boucher）、艾琳·金斯拉（Eileen Kinsella）、麥可·米勒（Mike Miller）、史卡特·雷朋（Scott Reyburn）與詹姆斯·塔米（James Tarmy）。

在極多的諮詢請益上，我感謝專擅當代藝術的克萊頓出版社（Clayton Press）與格里格·林恩出版社（Greg Linn of Linn Press），也感謝不斷進行為本書內容查證、全方位的大好人華特·歐文（Walter Owen）。

這本書的付梓，也要感謝公共事務出版公司（PublicAffairs）的彼得·歐司諾斯（Peter Osnos）與克萊文·普利多（Clive Priddle）。我傑出的經紀人艾絲德·紐伯（Esther Newberg）

總是全力以赴，她，以及公共事務出版公司的團隊：雅典娜．布萊恩（Athena Bryan）、梅麗莎．弗若曦（Melissa Veronesi）、伊麗莎白．丹娜（Elizabeth Dana），我一併在此致謝。

最後，要感謝內人蓋菲（Gayfryd）。從一開始她就對我鼓勵無間，對我完成此書從未失去信心，即使有時我自己都曾動搖。

IX藝術獎項與榮譽

X藝術組織

VIII藝術刊物

VI藝術基金會

VII藝術流派、畫風

（編按：人物多具收藏家身分；如具數種頭銜，歸類則依其第一身分或職業為據。作古名人亦編列於索引內。）

IV 拍賣公司

V 藝術活動

III其他（學者、律師、政要、作家、金融家、企業家、開發商、建築師、名流、記者）

II 收藏家、畫商、畫廊、經紀人、藝術顧問、策展人、美術館、博物館

索引

（依首字筆劃排列）

藝術家

Temkin, Ann. *Barnett Newman.* Philadelphia: Philadelphia Museum of Art, 2002.
Temkin, Ann, and Claire Lehmann. *Ileana Sonnabend: Ambassador for the New.* New York: Museum of Modern Art, 2013.
Thompson, Don. *The Supermodel and the Brillo Box: Back Stories and Peculiar Economics from the World of Contemporary Art.* New York: Palgrave Macmillan, 2014.
Thompson, Don. *The Orange Balloon Dog: Bubbles, Turmoil and Avarice in the Contemporary Art Market.* Vancouver: Douglas & McIntyre, 2017.
Thompson, Don. *The $12 Million Stuffed Shark: The Curious Economics of Contemporary Art.* New York: Palgrave Macmillan, 2008.
Thornton, Sarah. *Seven Days in the Art World.* New York: W. W. Norton, 2008.
Tomkins, Calvin. *Lives of the Artists: Portraits of Ten Artists Whose Work and Lifestyles Embody the Future of Contemporary Art.* New York: Henry Holt, 2008.
Tomkins, Calvin. *Off the Wall: A Portrait of Robert Rauschenberg.* New York: Picador, 2005.
Velthuis, Olav. *Talking Prices: Symbolic Meanings of Prices on the Market for Contemporary Art.* Princeton, NJ: Princeton University Press, 2007.
Velthuis, Olav, and Stefano Baia Curioni. *Cosmopolitan Canvases: The Globalization of Markets for Contemporary Art.* Oxford: Oxford University Press, 2015.
Wagner, Ethan, and Thea Westreich Wagner. *Collecting Art for Love, Money and More.* London: Phaidon Press, 2013.
Wool, Christopher, and Marga Paz. *Christopher Wool.* Valencia: IVAM, 2006.
Wurtenberger, Loretta, and Karl von Trott. *The Artist's Estate: A Handbook for Artists, Executors, and Heirs.* Ostfildern, Germany: Hatje Cantz, 2016.
Zinsser, William K. *Pop Goes America.* New York: Harper & Row, 1966.

to 2010. Cambridge, MA: MIT Press, 2012.
Rosenberg, Harold. *Barnett Newman.* New York: Abrams, 1978.
Rublowsky, John, and Ken Heyman. *Pop Art.* New York: Basic Books, 1965.
Saatchi, Charles Nathan. *My Name Is Charles Saatchi and I Am an Artoholic: Answers to Questions from Journalists and Readers.* London: Booth-Clibborn Editions, 2012.
Sanders, Joel. *Stud: Architectures of Masculinity.* New York: Princeton Architectural Press, 1996.
Sandler, Irving. *Abstract Expressionism and the American Experience: A Reevaluation.* Lenox, MA: Hard Press Editions, 2009.
Sandler, Irving. *Abstract Expressionism: The Triumph of American Painting.* London: Pall Mall, 1970.
Sandler, Irving. *American Art of the 1960s.* New York: Harper & Row, 1988.
Schimmel, Paul, Catherine Gudis, Norman M. Klein, and Lane Relyea. *Helter Skelter: L.A. Art in the 1990s.* Los Angeles: Museum of Contemporary Art, 1992.
Schneider, Tim. *The Great Reframing: How Technology Will-and Won't-Change the Gallery System Forever.* Self-published, Amazon Digital Services, 2017. Kindle.
Schwartz, Eugene M. *Confessions of a Poor Collector: How to Build a Worthwhile Collection with the Least Possible Money.* New York: New York Cultural Center in association with Fairleigh Dickinson University, 1970.
Sidney Janis Gallery. *Sidney Janis Presents an Exhibition of Factual Paintings & Sculpture from France, England, Italy, Sweden and the United States: By the Artists Agostini, Arman, Baj...Under the Title of the New Realists.* New York: Sidney Janis Gallery, 1962.
Sidney Janis Gallery. *25 Years of Janis.* New York: Sidney Janis Gallery, 1973.
Smee, Sebastian. *The Art of Rivalry: Four Friendships, Betrayals, and Breakthroughs in Modern Art.* New York: Random House, 2016.
Solomon, Deborah. *Jackson Pollock: A Biography.* New York: Simon & Schuster, 1987.
Sotheby Parke Bernet. *A Selection of Fifty Works from the Collection of Robert C. Scull.* Published in conjunction with the exhibition and auction of the same title, held at the New York Galleries of Sotheby Parke Bernet, October 18, 1973.
Stein, Judith E. Eye of the Sixties: Richard Bellamy and the Transformation of Modern Art. New York: Farrar, Straus and Giroux, 2016.
Steinberg, Leo. *The New York School: Second Generation.* Published in conjunction with the exhibition of the same title, organized by and presented at the Jewish Museum, New York, March 10–April 28, 1957.
Stevens, Mark, and Annalyn Swan. *De Kooning: An American Master.* New York: Knopf, 2004.
Storr, Robert. "A Man About Town." *In Get There First, Decide Promptly: The Richard Brown Baker Collection of Postwar Art,* edited by Jennifer Farrell. New Haven, CT: Yale University Art Gallery, 2011.
Stupples, Peter, ed. *Art and Money.* Newcastle upon Tyne, UK: Cambridge Scholars Publishing, 2015.

Kostelanetz, Richard. *Artists' SoHo: 49 Episodes of Intimate History.* New York: Empire State Editions, 2015.

Lind, Maria, and Olav Velthuis. *Contemporary Art and Its Commercial Markets: A Report on Current Conditions and Future Scenarios.* Berlin: Sternberg Press, 2012.

Lindemann, Adam. *Collecting Contemporary.* Cologne: Taschen, 2006.

Mamoli Zorzi, Rosella. *Before Peggy Guggenheim: American Women Art Collectors.* Venice: Marsilio, 2001.

Mason, Christopher. *The Art of the Steal: Inside the Sotheby's-Christie's Auction House Scandal.* New York: G. P. Putnam's Sons, 2004.

McAndrew, Clare. *The Art Economy: An Investor's Guide to the Art Market.* Dublin: Liffey Press, 2007.

McAndrew, Clare. *The Art Market 2018.* Basel, Switzerland: Art Basel and UBS, 2018.

McAndrew, Clare. *Fine Art and High Finance: Expert Advice on the Economics of Ownership.* New York: Bloomberg Press, 2010.

McAndrew, Clare. *The Global Art Market in 2010: Crisis and Recovery.* Helvoirt, Netherlands: European Fine Art Foundation, 2011.

McAndrew, Clare. *The Global Art Market, with a Focus on China and Brazil.* Helvoirt, Netherlands: European Fine Art Foundation, 2013.

McAndrew, Clare. *Globalisation and the Art Market: Emerging Economies and the Art Trade in 2008.* Helvoirt, Netherlands: European Fine Art Foundation, 2009.

McAndrew, Clare. *The International Art Market 2007–2009: Trends in the Art Trade During Global Recession.* Helvoirt, Netherlands: European Fine Art Foundation, 2010.

McAndrew, Clare. *The International Art Market in 2011: Observations on the Art Trade over 25 Years.* Helvoirt, Netherlands: European Fine Art Foundation, 2012.

McAndrew, Clare. *TEFAF Art Market Report 2014: The Global Art Market, with a Focus on the US and China.* Helvoirt, Netherlands: European Fine Art Foundation, 2014.

Mesch, Claudia, and Viola Maria Michely. *Joseph Beuys: The Reader.* Cambridge, MA: MIT Press, 2007.

Meyer, James. *Los Angeles to New York: Dwan Gallery, 1959–1971.* Washington, DC: National Gallery of Art, 2016.

Naifeh, Steven, and Gregory White Smith. *Jackson Pollock: An American Saga.* New York: C. N. Potter, 1989.

Pagel, David. *Unfinished Business: Paintings from the 1970s and 1980s by Ross Bleckner, Eric Fischl and David Salle.* Munich: Prestel, 2016.

Perl, Jed. *New Art City.* New York: Knopf, 2005.

Pooke, Grant. *Contemporary British Art: An Introduction.* London: Routledge, 2011.

Rachleff, Melissa, Lynn Gumpert, Billy Klüver, and Julie Martin. *Inventing Downtown: Artist-Run Galleries in New York City, 1952–1965.* New York: Grey Art Gallery, 2017.

Rosati, Lauren, and Mary Anne Staniszewski. *Alternative Histories: New York Art Spaces, 1960*

Graw, Isabelle. *High Price: Art Between the Market and Celebrity Culture.* Berlin: Sternberg Press, 2009.
Greenfield-Sanders, Timothy. *Art World.* New York: Fotofolio, 1999.
Gudis, Catherine, Mary Jane Jacob, and Ann Goldstein. *A Forest of Signs: Art in the Crisis of Representation.* Cambridge, MA: MIT Press, 1989.
Hackforth-Jones, Jos, and Iain Robertson, eds. *Art Business Today: 20 Key Topics.* London: Lund Humphries, 2016.
Haden-Guest, Anthony. *True Colors: The Real Life of the Art World.* New York: Atlantic Monthly Press, 1996.
Hall, Lee. Betty *Parsons: Artist, Dealer, Collector.* New York: H. N. Abrams, 1991.
Hatton, Rita, and John A. Walker. *Supercollector: A Critique of Charles Saatchi.* London: Ellipsis, 2000.
Herskovic, Marika. *New York School Abstract Expressionists: Artists Choice by Artists, a Complete Documentation of the New York Painting and Sculpture Annuals, 1951– 1957.* Franklin Lakes, NJ: New York School Press, 2000.
Herstatt, Claudia. *Women Gallerists in the 20th and 21st Centuries.* Ostfildern, Germany: Hatje Cantz, 2008.
Hess, Barbara, and Willem de Kooning. *Willem de Kooning, 1904–1997: Content as a Glimpse.* Cologne: Taschen, 2004.
Hoban, Phoebe. *Basquiat: A Quick Killing in Art.* New York: Viking, 1998.
Hoban, Phoebe. *Lucian Freud: Eyes Wide Open.* Boston: New Harvest, 2014.
Hook, Philip. *Rogues' Gallery: The Rise (and Occasional Fall) of Art Dealers, the Hidden Players in the History of Art.* New York: Experiment, 2017.
Hoptman, Laura J. *The Forever Now: Contemporary Painting in an Atemporal World.* New York: Museum of Modern Art, 2014.
Horowitz, Noah. *Art of the Deal: Contemporary Art in a Global Financial Market.* Princeton, NJ: Princeton University Press, 2014.
Housley, Kathleen. L. *Emily Hall Tremaine: Collector on the Cusp.* Meriden, CT: Emily Hall Tremaine Foundation, 2001.
Hulst, Titia. *A History of the Western Art Market: A Sourcebook of Writings on Artists, Dealers, and Markets.* Oakland: University of California Press, 2017.
Hulst, Titia. "The Right Man at the Right Time: Leo Castelli and the American Market for Avant-Garde Art." PhD diss., New York University, 2014.
Ikegami, Hiroko. *The Great Migrator: Robert Rauschenberg and the Global Rise of American Art.* Cambridge, MA: MIT Press, 2010.
Jetzer, Gianni, Robert Nickas, and Leah Pires. *Brand New: Art & Commodity in the 1980s.* Washington, DC: Hirshhorn Museum and Sculpture Garden, 2018.
Judd, Donald. "Specific Objects." In *Donald Judd: Early Work, 1955–1968,* edited by Thomas Kellein. New York: D.A.P., 2002.

Cohen-Solal, Annie. *Leo and His Circle: The Life of Leo Castelli.* New York: Knopf, 2010.
Collischan, Judy. *Women Shaping Art: Profiles of Power.* New York: Praeger, 1984.
Cottington, David. *Modern Art: A Very Short Introduction.* Oxford: Oxford University Press, 2005.
Davidson, Susan, and Philip Rylands, eds. *Peggy Guggenheim & Frederick Kiesler: The Story of Art of This Century.* New York: Guggenheim Museum, 2004.
Dearborn, Mary V. *Ernest Hemingway: A Biography.* New York: Knopf, 2017.
De Coppet, Laura, and Alan Jones. *The Art Dealers.* New York: Cooper Square Press, 2002.
De Domizio Durini, Lucrezia. *The Felt Hat: Joseph Beuys, a Life Told.* Milan: Charta, 1997.
Doss, Erika. *American Art of the 20th–21st Centuries.* New York: Oxford University Press, 2017.
Elderfield, John. *De Kooning: A Retrospective.* New York: Museum of Modern Art, 2012.
Fairbrother, Trevor J., and Bagley Wright. *The Virginia and Bagley Wright Collection.* Seattle: Seattle Art Museum, 1999.
Farrell, Jennifer, Diana Bush, Serge Guilbaut, Agnes Berecz, Rebecca Schoenthal, and Barbara L. Michaels. *The History and Legacy of Samuel M. Kootz and the Kootz Gallery.* Charlottesville: Fralin Museum of Art at the University of Virginia, 2017.
Farrell, Jennifer, ed. *Get There First, Decide Promptly: The Richard Brown Baker Collection of Postwar Art.* New Haven, CT: Yale University Art Gallery, 2011.
Fendley, Alison. *Saatchi and Saatchi: The Inside Story.* New York: Arcade, 1996.
Fensterstock, Ann. *Art on the Block: Tracking the New York Art World from Soho to the Bowery, Bushwick and Beyond.* New York: Palgrave Macmillan, 2013.
Findlay, Michael. *The Value of Art: Money, Power, Beauty.* Munich: Prestel, 2012.
Fraser-Cavassoni, *Natasha. After Andy: Adventures in Warhol Land.* New York: Blue Rider Press, 2017.
Fretz, Eric. *Jean-Michel Basquiat: A Biography. Santa Barbara,* CA: Greenwood, 2010.
Friedman, B. H. *Jackson Pollock: Energy Made Visible.* New York: McGraw-Hill, 1972.
Glimcher, Arne. *Agnes Martin: Paintings, Writings, Remembrances.* London: Phaidon Press, 2012.
Glimcher, Mildred, and Arnold B. Glimcher. *Adventures in Art: 40 Years At Pace.* Milan: Leonardo International, 2001.
Gnyp, Marta. *The Shift: Art and the Rise to Power of Contemporary Collectors.* Stockholm: Art and Theory Publishing, 2015.
Goldman, Kevin. *Conflicting Accounts: The Creation and Crash of the Saatchi & Saatchi Advertising Empire.* New York: Simon & Schuster, 1997.
Goldstein, Ann, and Diedrich Diederichsen. *A Minimal Future?: Art as Object 1958– 1968.* Los Angeles: Museum of Contemporary Art, 2004.
Goldstein, Malcolm. *Landscape with Figures: A History of Art Dealing in the United States.* Oxford: Oxford University Press, 2000.

BIBLIOGRAPHY

參考書目

The bibliography does not include any conversation, interviews, letters, periodicals, journals, online sources or other nonbook sources. That material is specifically referenced in individual chapter endnotes.

Adam, Georgina. *Big Bucks: The Explosion of the Art Market in the 21st Century.* London: Lund Humphries, 2014.

Adam, Georgina. *Dark Side of the Boom: The Excesses of the Art Market in the 21st Century.* London: Lund Humphries, 2017.

Albers, Patricia. *Joan Mitchell: Lady Painter.* New York: Knopf, 2011.

Ashton, Dore. "Artists and Dealers." In *A History of the Western Art Market: A Source-book of Writings on Artists, Dealers, and Markets.* Edited by Titia Hulst, 317–319. Oakland: University of California Press, 2017.

Bianco, Christine. "Selling American Art: Celebrity and Success in the Postwar New York Art Market." MA thesis, University of Florida, 2000.

Bockris, Victor. *The Life and Death of Andy Warhol.* New York: Bantam, 1989.

Breslin, James E. B. *Mark Rothko: A Biography.* Chicago: University of Chicago Press, 1993.

Burnham, Sophy. *The Art Crowd.* New York: D. McKay Co., 1973.

Cage, John. *Silence.* Middletown, CT: Wesleyan University Press, 1967.

Cameron, Dan. *East Village USA.* New York: New Museum of Contemporary Art, 2004.

Chave, Anna C. "Revaluing Minimalism." In *A History of the Western Art Market: A Sourcebook of Writings on Artists, Dealers, and Markets.* Edited by Titia Hulst, 338. Oakland: University of California Press, 2017.

Disclosures Made the Rest of the World Disappear," *Artnet News,* June 19, 2018,https://news.artnet.com/opinion/kenny-schachter-on-art-basel-2018-1305194.

17. Eileen Kinsella, "Cheim and Read, Storied New York Gallery, Will Close Its Chelsea Space after 21 Years and Transition to 'Private Practice,'" *Artnet News,* June 28, 2018, https://news.artnet.com/market/cheim-read-quits-chelsea-private-upper-east-side-space-21-years-1311122.
18. Gavin Brown, interview by Tom Eccles.

1. Julia Halperin and Eileen Kinsella, "The 'Winner Takes All' Art Market: 25 Artists Account for Nearly 50% of All Contemporary Auction Sales," *Artnet News,* September 20, 2017, https://news.artnet.com/market/25-artists-account-nearly-50-percent-postwar-contemporary-auction-sales-1077026.
2. Valentino Carlotti, Allan Schwartzman, and Julia Halperin, "The natural disposition is to not want to believe the numbers because it just can't be this bad," September 20, 2018, in *In Other Words,* podcast, www.artagencypartners.com/podcast/podcast -20-september-2018/.
3. Clare McAndrew, *The Art Market 2018* (Basel, Switzerland: Art Basel and UBS, 2018), 20.
4. Sarah Douglas, "A Recent History of Small and Mid-Size Galleries Closing [Updated]," *ARTnews,* June 27, 2017, www.artnews.com/2017/06/27/a-recent-history-of-small-and-mid-size-gallery-closures/.
5. Kenny Schachter, "Who Bought That Record-Breaking Jenny Saville? Kenny Schachter Eavesdropped at the Auctions–and Braved Frieze–to Bring You the Scoop," *Artnet News,* October 10, 2018, https://news.artnet.com/art-world/jenny-saville-kenny-schachter-at-the-london-auctions-and-frieze-1367542.
6. Farah Nayeri, "David Zwirner Proposes 'Tax' on Large Galleries at Art Fairs," *New York Times,* April 26, 2018, www.nytimes.com/2018/04/26/arts/design/david-zwirner-large-galleries-art-fairs.html.
7. Ted Loos, "Christie's Loic Gouzer Has the Gift of the Gavel," *Cultured,* June 2018, www.culturedmag.com/christies-loic-gouzer/.
8. Rebecca Mead, "The Daredevil of the Auction World," *New Yorker,* July 4, 2016,www.newyorker.com/magazine/2016/07/04/loic-gouzer-the-daredevil-at-christies.
9. Scott Reyburn, "Get in Line: The $100 Million Da Vinci Is in Town," *New York Times,* November 13, 2017, www.nytimes.com/2017/11/13/arts/design/davinci-leonardo-dicaprio-christies.html.
10. Jerry Saltz, "Christie's Is Selling This Painting for $100 Million. They Say It's by Leonardo. I Have Doubts. Big Doubts," *New York,* November 14, 2017, www.vulture.com/2017/11/christies-says-this-painting-is-by-leonardo-i-doubt-it.html.
11. Loos, "Christie's Loic Gouzer."
12. Robin Pogrebin, "A Mega-Dealer Expands: David Zwirner Plans a New Art Gallery," *New York Times,* January 8, 2018, www.nytimes.com/2018/01/08/arts/design/david-zwirner-expands-in-chelsea.html.
13. Ibid.
14. Schachter, "Who Bought That Record-Breaking Jenny Saville?"
15. Francis X. Clines, "A Starry Night Crowded with Selfies," *New York Times,* September 23, 2017, www.nytimes.com/2017/09/23/opinion/sunday/starry-night-van-gogh-selfies.html.
16. Kenny Schacter, "Kim Jong-Who? At Art Basel, $165 Million Sales and Other Dizzying

Debut?" *Artnet News,* September 12, 2016, http://news.artnet.com/market/oscar-murillo-market-david-zwirner-639365; see also *Contemporary Art Market Confidence Analysis–June 2017* (London: ArtTactic, 2017).

2. "Post-War & Contemporary Art Evening Sale," Lot 3B, Christie's, November 15, 2017, www.christies.com/lotfinder/paintings/kerry-james-marshall-still-life-with-wedding-6110557-details.aspx.
3. Robin Pogrebin, "The Frick Likely to Take Over the Met Breuer," *New York Times,* September 21, 2018, www.nytimes.com/2018/09/21/arts/design/met-breuer-frick-collection.html.
4. Jerry Saltz, "Watch Jerry Saltz Hold an Impromptu Art Class at Banksy's Latest," *New York,* October 21, 2013, www.vulture.com/2013/10/jerry-saltz-banksy-seminar.html.
5. Marion Maneker, "With Strong Sotheby's Contemporary Sale, Amy Cappellazzo Makes Her Point," *Art Market Monitor,* June 28, 2016, www.artmarketmonitor.com/2016/06/28/with-strong-sothebys-contemporary-sale-amy-cappallazzo-makes-her-point/.
6. Robin Pogrebin, "How the Artist Adrian Ghenie Became an Auction Star," *New York Times,* November 7, 2016, www.nytimes.com/2016/11/08/arts/design/how-the-artist-adrian-ghenie-became-an-auction-star.html.
7. *Art & Finance Report* (New York: Deloitte, 2017).
8. Nate Freeman, "House Arrest: How One Topsy-Turvy Season at Sotheby's Could Change the Auction World Forever," *ARTnews,* August 10, 2016, www.artnews.com/2016/08/10/house-arrest-how-one-topsy-turvy-season-at-sothebys-could-change-the-auction-world-forever/.
9. Marion Maneker, "Art Agency Partners Earns Its $35m Bonus," *Art Market Monitor,* November8,2017,www.artmarketmonitor.com/2017/11/08/art-agency-partners-earns-its-35m-bonus/.
10. Robin Pogrebin, "Christie's Contemporary Art Chief Departs to Become Dealer," *New York* Times, December 7, 2016, www.nytimes.com/2016/12/07/arts/design/christies-contemporary-art-chief-departs-to-become-dealer.html.
11. Nate Freeman, "Why the Auction World's Top Brass Are Leaving for Galleries," *Artsy,* February 15, 2018, www.artsy.net/article/artsy-editorial-auction-worlds-top-brass-leaving-galleries.
12. Katya Kazakina, "Want to Sell a $24 Million Painting Fast? Instagram for the Win," Bloomberg, December 21, 2016, www.bloomberg.com/news/articles/2016-12-21/want-to-sell-a-24-million-painting-fast-instagram-for-the-win.
13. Scott Reyburn, "Art Market Mines Gold on Instagram," *New York Times,* January 24, 2017, www.nytimes.com/2017/01/20/arts/art-auction-instagram.html.

Chapter 24: Of Sharks and Suckerfish

Interviews: Stefania Bortolami, José Freire, Jamie Niven, Marc Payot, Emmanuel Perrotin

18, 2013, www.nytimes.com/2013/04/21/arts/design/mitchell-and-emily-rales-are-expanding-glenstone-museum.html.

13. Ibid.
14. Ibid.
15. Michael Shnayerson, "Inside the Private Museums of Billionaire Art Collectors," *Town & Country,* January 16, 2017, www.townandcountrymag.com/leisure/arts-and-culture/a9124/private-museums-of-billionaires/.
16. Carolina A. Marinda, "Frieze to Launch a Los Angeles Art Fair at Paramount Studios in 2019," *Los Angeles Times,* February 22, 2018, www.latimes.com/entertainment/arts/miranda/la-et-cam-frieze-fair-los-angeles-20180222-story.html.
17. Jerry Saltz, "The Great Gallerist Andrea Rosen Has Decided to Close Up Shop. This Is a Major Loss," *New York,* February 23, 2017, http://www.vulture.com/2017/02/andrea-rosen-is-closing-up-shop-this-is-a-major-loss.html.

Chapter 22: Dirty Laundry

Interviews: Larry Gagosian, Sharon Cohen Levin

1. Henri Neuendorf, "Mary Boone Will Write Alec Baldwin a Seven-Figure Check to Settle Dispute Over Bleckner Bait-and-Switch," *Artnet News,* November 13, 2017, https://news.artnet.com/art-world/alec-baldwin-mary-boone-settlement-1147589.
2. Eileen Kinsella, "Veteran Art Dealer Mary Boone Pleads Guilty to Tax Evasion," *Artnet News,* September 5, 2018, https://news.artnet.com/art-world/mary-boone-pleads-guilty-to- tax-evasion-1343447.
3. Eileen Kinsella, "Domenico De Sole Speaks about the Knoedler Fraud Trial," *Artnet News,* February 17, 2016, https://news.artnet.com/market/domenico-de-sole-speaks-knoedler-forgery-427817.
4. Michael Shnayerson, "A Question of Provenance," *Vanity Fair,* April 23, 2012, www.vanityfair.com/culture/2012/05/knoedler-gallery-forgery-scandal-investigation.
5. Marion Maneker, "Does a Former US Atty Have a Better Example of Art & Money Laundering than Basquiat's Hannibal?" *Art Market Monitor,* March 1, 2017, www.artmarketmonitor.com/2017/03/01/does-a-former-us-atty-have-a-better-example-of-art-money-laundering-than-basquiats-hannibal/.
6. Artsy Editors, "The Role of Freeports in the Global Art Market," *Artsy,* July 14, 2017, www.artsy.net/article/artsy-editorial-freeports-operate-margins-global-art-market.
7. Kinsella, "Prince Has Cut Ties."

Chapter 23: The Dealer Is Present

Interviews: Gavin Brown, Amy Cappellazzo, Michael Findlay, Arne Glimcher, Marc Glimcher, Dominique Lévy, Eva Presenhuber

1. Brian Boucher, "Where Is the Market for Oscar Murillo Three Years after His Blazing

fund-museum-shows.html.
3. Robin Pogrebin, "Metropolitan Museum of Art Plans Job Cuts and Restructuring," *New York Times,* April 21, 2016, www.nytimes.com/2016/04/22/arts/design/metropolitan-museum-of-art-plans-job-cuts-andrestructuring.html.
4. Robin Pogrebin, "Is the Met Museum 'a Great Institution in Decline'?" *New York Times,* February 4, 2017, www.nytimes.com/2017/02/04/arts/design/met-museum-financial-troubles.html.
5. "Mad about Museums," *Economist,* January 6, 2014, www.economist.com/special-report/2014/01/06/mad-about-museums.
6. Andrew Goldstein, "Phillips CEO Edward Dolman on His Formula for Outfoxing Christie's and Sotheby's (Hint: It Involves Guarantees)," *Artnet News,* September 19, 2017, https://news.artnet.com/market/dolman-part-two-guarantees-phillips-sothebys-christies-1085600.

Chapter 21: Art Fairs Forever

Interviews: Irving Blum, James Cohan, Lisa Cooley, Arne Glimcher, Marc Payot, Janelle Reiring, Thaddaeus Ropac, Hans Ulrich Obrist
1. Sean O'Hagan, "Sterling Ruby: Making It Big," *Guardian,* March 11, 2016, www.theguardian.com/artanddesign/2016/mar/11/sterling-ruby-artist-interview-work-wear-fashion-sculpture.
2. Piero Golla, "Interview: Sterling Ruby," *Kaleidoscope* 27 (Summer 2016).
3. Kevin West, "Sterling Ruby: Balancing Act," *W,* May 9, 2014, www.wmagazine.com/story/sterling-ruby-california.
4. Golla, "Interview: Sterling Ruby."
5. West, "Sterling Ruby: Balancing Act."
6. Ibid.
7. Jonathan Griffin, "Interview: On the Road with the US Artist Sterling Ruby," *Financial Times,* August 26, 2016, www.ft.com/content/99091fde-6855-11e6-a0b1-d87a9fea034f.
8. Megan Johnson, "Raf Simons and Sterling Ruby on Art Versus Fashion," *New York,* April 24, 2018, www.thecut.com/2018/04/raf-simons-and-sterling-ruby-on-art-versus-fashion.html.
9. Hans Ulrich Obrist, "I Don't Think Anybody Has Been to All These Places," About the Guide page, BMW Art Guide, www.bmw-art-guide.com/about-the-guide.
10. Marta Gnyp, "The Big Mystery of Contemporary Art," *Weltam Sonntag,* trans. Marta Gnyp, June 27, 2014, www.martagnyp.com/articles/the-big-mystery-of-contemporary-art.php.
11. "#652 Mitchell Rales: Real-Time Net Worth," *Forbes,* accessed August 27, 2018, www.forbes.com/profile/mitchell-rales/#6671eb6441f7.
12. Carol Vogel, "Like Half the National Gallery in Your Backyard," *New York Times,* April

Chapter 19: A Question of Succession

Interviews: Peter Brant, Gavin Brown, Michael Findlay, Larry Gagosian, Marc Glimcher

1. Lipsky-Karasz, "Larry Gagosian's Empire."
2. Ibid.
3. Ibid.
4. Fuhrman in discussion with Larry Gagosian.
5. Tim Schneider, "The Gray Market: Why Gagosian Might Be Death-Proof (and Other Insights)," *Artnet News,* February 12, 2018, https://news.artnet.com/opinion/gagosian-iconic-founder-1220936.
6. Crow, "Keeping Pace."
7. Andrew Russeth, "To the Mountains! Hauser & Wirth Will Open Gallery in St. Moritz, Switzerland," *ArtNews,* September 17, 2017, http://www.artnews.com/2018/09/17/mountains-hauser-wirth-will-open-gallery-st-mortiz-switzerland/.
8. Kelly Crow, "Betting on a Damien Hirst Comeback," *Wall Street Journal,* September 17, 2015, www.wsj.com/articles/betting-on-a- hirst-comeback-1442513594.
9. "These Are the World's Five Richest Artists," *Firstpost,* December 20, 2014, www.firstpost.com/world/these-are-the-worlds-five-richest-artists-1175545.html.
10. Ryan Steadman, "Updated: Gagosian Snags Art Star Joe Bradley from Gavin Brown," *Observer,* November 5, 2015, http://observer.com/2015/11/joe-bradley-joins-gagosian-gallery/.
11. Kenny Schachter, "Kenny Schachter on Joe Bradley's Unlikely Rise to Art World Eminence," *Artnet News,* January 11, 2016, https://news.artnet.com/opinion/kenny-schachter-joe-bradley-404936.
12. Robin Pogrebin, "'Four Marilyns' Is Back on the Auction Block," *New York Times,* November 5, 2015, www.nytimes.com/2015/11/06/arts/design/four-marilyns-is-back-on-the-auction-block.html.
13. Eileen Kinsella, "Artnet News Names the 100 Most Collectible Living Artists," *Artnet News,* October 24, 2016, https://news.artnet.com/market/artnet-news-100-most-collectible-artists-717251.
14. Lipsky-Karasz, "Larry Gagosian's Empire."

Chapter 20: Turbulence at Two Citadels of Art

Interviews: Ian Alteveer, Richard Armstrong, Amy Cappellazzo, Larry Gagosian, Arne Glimcher, John Good, Marc Payot, Monika Sprüth, Hans Ulrich Obrist, Angela Westwater

1. Scott Reyburn, "With Acquisition, Sotheby's Shifts Strategy," *New York Times,* January 22, 2016, www.nytimes.com/2016/01/25/arts/international/with-acquisition-sothebys-shifts-strategy.html.
2. Robin Pogrebin, "Art Galleries Face Pressure to Fund Museum Shows," *New York Times,* March 7, 2016, www.nytimes.com/2016/03/07/arts/design/art-galleries-face-pressure-to-

html.

9. Duray, "Stefan Simchowitz vs. the Art World"; Michael Kaplan, "How Stefan Simchowitz 'Makes' an Artist," *Los Angeles Magazine,* February 24, 2015, www.lamag.com/culturefiles/stefan-simchowitz-makes-artist/.
10. Kazakina, "Art Flippers Chase Fresh Stars."
11. Jerry Saltz, "Saltz on Stefan Simchowitz, the Greatest Art-Flipper of Them All," *New York,* March 31, 2014, www.vulture.com/2014/03/saltz-on-the-great-and-powerful-simchowitz.html.
12. David Pagel, "Art review: 'Oscar Murillo: Distribution Center' at the Mistake Room," *Los Angeles Times,* February 20, 2014, http://articles.latimes.com/2014/feb/20/entertainment/la-et-cm-art-review-oscar-murillo-distribution-center-at-the-mistake-room-20140217.
13. Ulrich de Balbian, "Figurative art is back, post-internet art, Zombie Formalism," LinkedIn, November 29, 2015, www.linkedin.com/pulse/figurative-art-back-post-internet-zombie-formalism-ulrich-de-balbian.
14. Roberta Smith, "Oscar Murillo: 'A Mercantile Novel,'" *New York Times,* May 8, 2014, www.nytimes.com/2014/05/09/arts/design/oscar-murillo-a-mercantile-novel.html.
15. Shane Ferro, "Parsing Gagosian: The Six Best Quotes from NYMag's Epic Profile of the Art World's Richest Dealer," *Blouin Artinfo* (blog), *Huffington Post,* January 22, 2013, www.huffingtonpost.com/artinfo/parsing-gagosian-the-six-_b_2528838.html.
16. Robin Pogrebin, "When an Artist Calls the Shots: Mark Grotjahn's Soaring Prices," *New York Times,* July 30, 2017, www.nytimes.com/2017/07/30/arts/design/mark-grotjahn-auction-gallery.html.

Chapter 18: The Art Farmers

Interviews: Sarah Braman, Gavin Brown, Phil Grauer, David Kordansky, Iwan Wirth

1. Ruiz, "Manuela Wirth."
2. Kazanjian, "House of Wirth."
3. Ibid.
4. Ruiz, "Manuela Wirth."
5. Laura J. Hoptman, *The Forever Now: Contemporary Painting in an Atemporal World* (New York: Museum of Modern Art, 2014), preface.
6. Roberta Smith, "The Paintbrush in the Digital Era," *New York Times,* December 11, 2014, www.nytimes.com/2014/12/12/arts/design/the-forever-now-a-survey-of-contemporary-painting-at-moma.html.
7. David Salle, "Structure Rising: David Salle on 'The Forever Now' at MoMA," *ART-news,* February 23, 2015, www.artnews.com/2015/02/23/structure-rising-forever-now-at-moma/.
8. "Gavin Brown," *Alain Elkann Interviews,* a blog by Alain Elkann, June 21, 2015, www.alainelkanninterviews.com/gavin-brown/.

22. Colacello, "How Do You Solve a Problem Like MOCA?"
23. Ibid.
24. Georgina Adam, "The Art Market: Records Tumble in $1.1bn New York Auction Spree," *Financial Times,* November 15, 2013, www.ft.com/content/c745a510-488d-11e3-8237-00144feabdc0.
25. Walter Robinson, "Flipping and the Rise of Zombie Formalism," *Artspace,* April 3, 2014, www.artspace.com/magazine/contributors/see_here/the_rise_of_zombie_formalism-52184.
26. Jerry Saltz, "Seeing Out Loud: Why Oscar Murillo's Candy-Factory Installation Left a Bad Taste in My Mouth," *New York,* May 7, 2014, www.vulture.com/2014/05/saltz-on-oscar-murillos-candy-art.html.

Chapter 17: A Colombian Fairy Tale

Interviews: Larry Gagosian, Francois Ghebaly, Nicole Klagsbrun, Brie Ruais, Mera Rubell, Stefan Simchowitz, David Zwirner

1. Karen Wright, "In the Studio with Oscar Murillo, Artist," *Independent,* September 7, 2013, www.independent.co.uk/arts-entertainment/art/features/in-the-studio-with-oscar-murillo-artist-8803147.html.
2. Carl Swanson, "Oscar Murillo Perfectly Encapsulates the Current State of the Contemporary Art World," *New York,* July 3, 2014, www.vulture.com/2014/06/oscar-murillo-perfectly-represents-contemporary-art-world.html.
3. Nina Rodrigues-Ely, "The Market Rise of Oscar Murillo," *Observatoire de l'art contemporaine,* November 12, 2013. www.observatoire-art-contemporain.com/revue_decryptage/analyse_a_decoder.php?langue=en&id=20120532.
4. Katya Kazakina, "From Office Cleaner to Art Frenzy: The Rise and Rise of Artist Oscar Murillo," *Sydney Morning Herald,* September 18, 2013, www.smh.com.au/world/from-office-cleaner-to-art-frenzy-the-rise-and-rise-of-artist-oscar-murillo-20130918-2tzxf.html.
5. Swanson, "Oscar Murillo."
6. Christopher Glazek, "The Art World's Patron Satan," *New York Times Magazine,* December 30, 2014, www.nytimes.com/2015/01/04/magazine/the-art-worlds-patron-satan.html.
7. Dan Duray, "Stefan Simchowitz vs. the Art World," *Observer,* May 7, 2014, http://observer.com/2014/05/stefan-simchowitz-vs-the-art-world/; Andrew M. Goldstein, "Cultural Entrepreneur Stefan Simchowitz on the Merits of Flipping, and Being a 'Great Collector,'" *Artspace,* March 29, 2014, ww.artspace.com/magazine/interviews_features/how_i_collect/stefan_simchowitz_interview-52164.
8. Goldstein, "Cultural Entrepreneur Stefan Simchowitz"; Katya Kazakina, "Art Flippers Chase Fresh Stars as Murillo's Doodles Soar," Bloomberg, February 7, 2014, www.bloomberg.com/news/2014-02-06/art-flippers-chase-fresh-stars-as-murillo-s-doodles-soar.

4. Calvin Tomkins, "What Else Can Art Do?" *New Yorker,* June 22, 2015. www.newyorker.com/magazine/2015/06/22/what-else-can-art-do.
5. Ibid.
6. Holland Cotter, "Art Review; A Full Studio Museum Show Starts with 28 Young Artists and a Shoehorn," *New York Times,* May 11, 2001, www.nytimes.com/2001/05/11/arts/art-review-a-full-studio-museum-show-starts-with-28-young-artists-and-a-shoehorn.html.
7. *Rashid Johnson: Message to Our Folks,* Educator's Guide (Kansas City, MO: Mildred Lane Kemper Art Museum, 2013), http://kemperartmuseum.wustl.edu/files/Rashid%20Johnson%20Ed%20Guide%20-%20FINAL_0.pdf.
8. Ibid.
9. Kara Walker, "Interview: Kara Walker Decodes Her New World Sphinx at Domino Sugar Factory," interview by Antwaun Sargent, *Complex,* May 13, 2014, www.complex .com/style/2014/05/kara-walker-interview.
10. Geoff Edgers, "The Not-So-Simple Comeback Story of Pioneering Artist Sam Gilliam," *Washington Post,* July 9, 2016, www.washingtonpost.com/entertainment/museums/the-not-so-simple-comeback-story-of-pioneering-artist-sam-gilliam/2016/07/08/78db60e0-42ae-11e6-bc99-7d269f8719b1_story.html.
11. William Fowler, "Searching for Sam Gilliam: The 81-Year-Old Art Genius Saved from Oblivion," *Guardian,* October 15, 2015, www.theguardian.com/artanddesign/2015/oct/15/frieze-sam-gilliam-artist-comeback-interview.
12. Ibid.
13. Ibid.
14. Tomkins, "What Else Can Art Do?"
15. "About and Location," Art + Practice, www.artandpractice.org/about/.
16. Jerry Saltz, "Saltz on the Trouble with Mega-Galleries," *New York,* October 13, 2013, www.vulture.com/2013/10/trouble-with-mega-art-galleries.html.
17. Kenny Schachter, "Kenny Schachter Tries (and Fails) to Keep His Mouth Shut at Gallery Weekend Beijing," *Artnet News,* April 3, 2018, https://news.artnet.com/opinion/kenny-schachter-on-gallery-weekend-beijing-2018-1258175.
18. Jerry Saltz, "Fur What It's Worth," *Village Voice,* February 27, 2007, www.village voice.com/2007/02/27/fur-what-its-worth/.
19. Peter Schjeldahl, "Laughter and Anger," *New Yorker,* March 21, 2016, www.newyorker.com/magazine/2016/03/21/david-hammons-at- the-mnuchin-gallery.
20. Bob Colacello, "How Do You Solve a Problem Like MOCA?" *Vanity Fair,* February 5, 2013, www.vanityfair.com/culture/2013/03/problem-moca-la- jeffrey-deitch.
21. Christopher Knight, "Art Review: 'Dennis Hopper Double Standard' @ MOCA's Geffen Contemporary," *Culture Monster* (blog), *Los Angeles Times,* July 11, 2010, http://latimesblogs.latimes.com/culturemonster/2010/07/art-review-dennis-hopper-double-standard-moca.html.

25. Claire Peter-Budge, "Yayoi Kusama: The Chaste Sexual Revolutionary," LinkedIn, July 27, 2017, www.linkedin.com/pulse/yayoi-kusama-chaste-sexual-revolutionary-claire-peter-budge.
26. Ellen Pearlman, "The Long, Strange Art and Life of Yayoi Kusama," *Hyperallergic,* July 20, 2012, https://hyperallergic.com/54328/the-long-strange-art-and-life-of-yayoi-kusama/.
27. Ibid.
28. "Hirshhorn's 'Yayoi Kusama: Infinity Mirrors' Breaks Records," news release, Smithsonian Institution, May 15, 2017, https://newsdesk.si.edu/releases/hirshhorn-s-yayoi-kusama-infinity-mirrors-breaks-records.
29. Artnet, http://www.artnet.com.
30. Konigsberg, "Art Superdealer Larry Gagosian."
31. Carol Vogel, "Damien Hirst Leaves Gagosian," *ArtsBeat* (blog), *New York Times,* December 13, 2012, https://artsbeat.blogs.nytimes.com/2012/12/13/damien-hirst-leaves-gagosian/.
32. Ian Gallagher, Caroline Graham, and Amanda Perthen, "Damien Hirst 'Devastated' after Mother of His Children Leaves Him for 59-Year-Old Dog of War," *Daily Mail,* June 9, 2012, www.dailymail.co.uk/news/article-2157028/Damien-Hirst-devastated-mother-children-leaves-59-year-old-Dog-War.html.
33. Konigsberg, "Art Superdealer Larry Gagosian."
34. Ibid.
35. "Gagosian Commotion: Zwirner Poised for Artists Seeking New Gallery (with Video and Q&A)," *CultureGrrl,* a blog by Lee Rosenbaum, February 4, 2013, www.artsjournal.com/culturegrrl/2013/02/gagosian-commotion-zwirner-poised-for-artists-seeking-new-gallery-with-video-and-qa.html.

Chapter 16: A Market for Black Artists at Last

Interviews: Hilton Als, Jeffrey Deitch, Larry Gagosian, David Kordansky, Marc Payot, Lisa Spellman

1. Hauser & Wirth, press release; see also Dan Duray, "The Constant Gardener: Iwan Wirth's Hauser & Wirth Gallery Will Open a 15,000-Plus-Square-Foot Space Downtown This Year," *Observer,* January 17, 2012, https://observer.com/2012/01/the-constant-gardener-iwan-wirths-hauser-wirth-gallery-will-open-a-15000-plus-square-foot-space-downtown-this-year/.
2. Brian Keith Jackson, "How I Made It: Mark Bradford," *New York,* September 24, 2007, http://nymag.com/arts/art/features/37954/.
3. Carolina A. Miranda, "After Traveling the World, L.A. Artist Mark Bradford Gets a Solo Show in His Hometown," *Los Angeles Times,* June 19, 2015, www.latimes.com/entertainment/arts/miranda/la-ca-cam-mark-bradford-scorched-earth-hammer-20150621-column.html.

6. Olga Kronsteiner, "Franz Wests Erbe: Kampf durch die Instanzen," *Der Standard,* August 19, 2017, https://derstandard.at/2000062822321/Franz-Wests-Erbe-Kampf-durch-die-Instanzen.
7. "2018 Worldwide Estate and Inheritance Tax Guide," Ernst & Young, www.ey.com/gl/en/services/tax/worldwide-estate-and-inheritance-tax-guide---country-list.
8. Emma Brockes, "Ron Perelman v Larry Gagosian: When Rich Men Hurt Each Other's Feelings," *Guardian,* September 13, 2012, www.theguardian.com/commentisfree/emma-brockes-blog/2012/sep/13/perelman-gagosian-rich-men-feelings.
9. Luisa Kroll, "Forbes World's Billionaires 2012," *Forbes,* March 7, 2012, www.forbes.com/sites/luisakroll/2012/03/07/forbes-worlds-billionaires-2012/#139873812c9d.
10. Brockes, "Ron Perelman v Larry Gagosian."
11. Patricia Cohen, "New Blow in Art Clash of Titans," *New York Times,* January 18, 2013, www.nytimes.com/2013/01/19/arts/design/larry-gagosian-and-ronald-perelman-in-a-new-legal-clash.html.
12. Brockes, "Ron Perelman v Larry Gagosian."
13. Cohen, "New Blow in Art Clash of Titans."
14. Specifically, Gagosian's contract with Koons entitled Koons to 70 percent of any amount over the original sale price of $4 million if Gagosian resold the work. Furthermore, if Gagosian bought back the work before it was finished, delivered, and fully paid for, Koons would be entitled to 80 percent of the profit on any subsequent sale. See Mostafa Heddaya, "Gagosian to Face Fraud Charge over Sale of Koons Popeye," *Hyperallergic,* February 5, 2014, https://hyperallergic.com/107357/gagosian-to-face-fraud-charge-over-sale-of-koons-popeye/.
15. Stephen J. Goldberg, "Art Brief: Clash of the Titans," *Artillery,* May 5, 2015, https://artillerymag.com/art-brief-3/.
16. Ibid.
17. Cohen, "New Blow in Art Clash of Titans."
18. Ibid.
19. Muñoz-Alonso, "Ronald Perelman's Lawsuit."
20. Georgina Adam, "The Art Market: And So to Basel...," *Financial Times,* June 15, 2012, www.ft.com/content/413d087e-a3f1-11e1-84b1-00144feabdc0.
21. Adam, *Big Bucks,* 16.
22. Lynne Lamberg, "Artist Describes How Art Saved Her Life," *Psychiatric News,* September 14, 2017, https://psychnews.psychiatryonline.org/doi/full/10.1176/appi.pn.2017.9a21.
23. "Yayoi Kusama," About the Artist page, Victoria Miro, www.victoria-miro.com/artists/31-yayoi-kusama/.
24. Elizabeth Blair, "'Priestess of Polka Dots' Yayoi Kusama Gives Gallerygoers a Taste of Infinity," National Public Radio, March 1, 2017, www.npr.org/2017/03/01/516659735/priestess-of-polka-dots-yayoi-kusama-gives-gallerygoers-a-taste-of-infinity.

27. Calvin Tomkins, "Big Art, Big Money," *New Yorker,* March 29, 2010, www.newyorker.com/magazine/2010/03/29/big-art-big-money.
28. Julia Halperin, "How Julie Mehretu Created Two of Contemporary Art's Largest Paintings for SFMOMA," *Artnet News,* September 5, 2017, https://news.artnet.com/exhibitions/julie-mehretu-sfmoma-commission-debut-1069271.
29. Ben Davis, "Is Getting an MFA Worth the Price?" *Artnet News,* August 30, 2016, https://news.artnet.com/art-world/mfa-degree-successful-artists-620891.
30. M. H. Miller, "The Quotable Alex Katz," *ARTnews,* May 22, 2015, www.artnews.com/2015/05/22/the-quotable-alex-katz/.
31. Ibid.
32. Sarah Douglas, "When Gavin Brown Met Alex Katz: An Artist's New Show Is at an Unexpected Venue," *Observer,* September 13, 2011, http://observer.com/2011/09/when-gavin-brown-met-alex-kat-an-artists-new-show-is-at-an-unexpected-venue/.
33. Miller, "The Quotable Alex Katz."
34. Douglas, "When Gavin Brown Met Alex Katz."
35. Ibid.
36. Kennedy, "Demented Imagineer."
37. Marion Maneker, "What Is the Gagosian Effect?" *Art Market Monitor,* April 1, 2011, www.artmarketmonitor.com/2011/04/01/what-is- the-gagosian-effect/.
38. Kelly Crow, "An Art Mogul Talks Shop," *Wall Street Journal,* October 11, 2012, www.wsj.com/articles/SB10000872396390443294904578050380114780310.

Chapter 15: Larry's Annus Horribilis

Interviews: Marianne Boesky, Larry Gagosian, Jim Jacobs, Christoph Kerres, Victoria Miro, Thaddaeus Ropac, Robert Storr

1. Michael Kaplan, "This Artist Is Making Mega-Millions 'Stealing People's Work,'" *New York Post,* September 17, 2017, https://nypost.com/2017/09/17/this-artist-is-making-mega-millions-stealing-peoples-work/.
2. Ben Mauk, "Who Owns This Image?" *New Yorker,* February 12, 2014, www.newyorker.com/business/currency/who-owns-this-image.
3. "Spot Paintings, 2012," Damien Hirst, www.damienhirst.com/texts1/series/spots; Graham Bowley, "Hirst Counts the Dots, or at Least the Paintings," *New York Times,* June 11, 2013, www.nytimes.com/2013/06/12/arts/design/damien-hirsts-spot-paintings-the-field-guide.html?pagewanted=all&_r=0.
4. Holland Cotter, "Mike Kelley, an Artist with Attitude, Dies at 57," *New York Times,* February 1, 2012, www.nytimes.com/2012/02/02/arts/design/mike-kelley-influential-american-artist-dies-at-57.html.
5. Kim Levin, "Mike Kelley," *Art Agenda,* October 30, 2015, www.art-agenda.com/reviews/mike-kelley/.

3. Randy Kennedy, "Gagosian Sued for Selling Lichtenstein Painting without Owner's Consent," ArtsBeat (blog), *New York Times,* January 19, 2012, https://artsbeat.blogs.nytimes.com/2012/01/19/gagosian-sued-for-selling-lichtenstein-painting-without-owners-consent/.
4. Jan Cowles v. Larry Gagosian, Exhibit A.
5. Ibid.
6. Marion Maneker, "How Gagosian Sells, a Case Study," *Art Market Monitor,* March 28, 2012, www.artmarketmonitor.com/2012/03/28/the-selling-of-girl-with-a-mirror-what-really-happened/.
7. Konigsberg, "Art Superdealer Larry Gagosian."
8. Ibid.
9. "Auction Results: Contemporary Art Evening Sale," Lot 20, Roy Lichtenstein, *Girl in Mirror,* Sotheby's New York, Tuesday, May 15, 2007, www.sothebys.com/en/auctions/ecatalogue/2007/contemporary-art-evening-sale-n08317/lot.20.html.
10. Konigsberg, "Art Superdealer Larry Gagosian."
11. Ibid.
12. Daniel Grant, "Collector Sues Gagosian Gallery over Two Contemporary Sales," *ARTnews,* March 22, 2011, www.artnews.com/2011/03/22/collector-sues-gagosian-gallery-over-two-contemporary-sales/.
13. Ibid.
14. Jan Cowles v. Larry Gagosian, Exhibit A.
15. Gell, "Deconstructing Larry."
16. Grant, "Collector Sues Gagosian."
17. Jan Cowles v. Larry Gagosian, Exhibit A.
18. Ibid.
19. Randy Kennedy, "Gagosian Suit Offers Rare Look at Art Dealing," *ArtsBeat* (blog), *New York Times,* November 7, 2012, https://artsbeat.blogs.nytimes.com/2012/11/07/gagosian-suit-offers-rare-look-at-art-dealing/.
20. Ibid.
21. Ibid.
22. Ibid.
23. Ibid.
24. Clare McAndrew, *TEFAF Art Market Report 2014: The Global Art Market, with a Focus on the US and China* (Helvoirt, Netherlands: European Fine Art Foundation, 2014), 79.
25. "About Firenze," Gerhard Richter, www.gerhard-richter.com/en/art/microsites / firenze?sp=20&p=6&l=100#.
26. Mike Collett-White, "Prized Painter Richter Calls Art Market 'Daft,'" Reuters, October 4, 2011, www.reuters.com/article/us-gehardrichter-market/prized-painter-richter-calls-art-market-daft-idUSTRE7932RF20111004.

17. Tamara Lush, "Late Artist's Trustees Seeking $60 Million in Fees," *San Diego Union-Tribune,* January 6, 2014, www.sandiegouniontribune.com/sdut-late-artists-trustees-seeking-60-million-in-fees-2014jan06-story.html.
18. Ibid.
19. Carol Vogel, "Now Starring in Chicago, a Prime Rauschenberg," *New York Times,* June 9, 2011, www.nytimes.com/2011/06/10/arts/design/prime-rauschenberg-at-chicago-art-institute.html; Department of Public Affairs, "Art Institute Announces Acquisition of Seminal Rauschenberg Combine," press release, Art Institute of Chicago, June 10, 2011, www.artic.edu/sites/default/files/press_pdf/Rauschenberg.pdf.
20. Johanna Liesbeth de Kooning was the daughter of Willem de Kooning and Joan Ward, a commercial artist. She was born while De Kooning was separated from his wife, Elaine. Lisa was the only beneficiary of De Kooning's will. See Douglas Martin, "Lisa de Kooning, Painter's Daughter, Dies at 56," *New York Times,* November 30, 2012, www.nytimes.com/2012/12/01/arts/lisa-de-kooning-56-dies-sought-to-preserve-fathers -legacy.html.
21. Stan Sesser, "The Art Assembly Line," *Wall Street Journal,* June 3, 2011, www.wsj.com/articles/SB10001424052702303745304576357681741418282.
22. Crow, "Gagosian Effect."
23. Greg Allen, "The Dark Side of Success," *New York Times,* January 2, 2005, www.nytimes.com/2005/01/02/arts/design/the-dark-side-of-success.html.
24. Paumgarten, "Dealer's Hand."
25. Daniel Grant, "Collector Claims Gallery Landed Him on Marlene Dumas 'Blacklist,'" *ARTnews,* April 20, 2010, www.artnews.com/2010/04/20/collector-claims-gallery-landed-him-on-marlene-dumas-blacklist/.
26. Ibid.
27. Ibid.
28. Ibid.
29. Ibid.
30. Randy Kennedy, "Collector's Motion for Court Order against Gallery Is Denied," ArtsBeat (blog), *New York Times,* May 21, 2010, https://artsbeat.blogs.nytimes.com/2010/05/21/art-collector-fails-to-get-court-order-against-gallery/.

Chapter 14: Lawsuits and London

Interviews: Gavin Brown, John Good, Marian Goodman, Allan Schwartzman, Iwan Wirth

1. Coincidentally, Charles Cowles was the publisher of *Artforum* from the mid-1960s to 1980.
2. Jan Cowles v. Larry Gagosian, Gagosian, Inc., and Thompson Dean, Exhibit A, New York County Clerk, index no. 650152/2012, March 26, 2012, http://blogs.reuters.com/felix-salmon/files/2012/03/document-4.pdf.

48. David Batty, "Damien Hirst's Split from Larry Gagosian Turns Heads in Art World," *Guardian,* January 6, 2013, www.theguardian.com/artanddesign/2013/jan/06/damien-hirst-larry-gagosian-art.
49. Ibid.

Chapter 13: A Most Astonishing Revival

Interviews: Elizabeth Dee, Anthony d'Offay, Larry Gagosian, Arne Glimcher, Christy MacLear, Morgan Spangle, James Tarmy, David Zwirner

1. Konigsberg, "Art Superdealer Larry Gagosian."
2. Charlie Powell, "Larry Gagosian on Emerging Markets," *Art Reserve,* December 12,2009, www.theartreserve.com/blog/larry-gagosian-on-emerging-markets.
3. Ibid.
4. Konigsberg, "Art Superdealer Larry Gagosian."
5. Ibid.
6. Ibid.
7. Carol Vogel, "Buyers for Warhol and Calder," *New York Times,* June 25, 2009, www.nytimes.com/2009/06/26/arts/design/26vogel.html.
8. "Zwirner and Wirth," http://www.zwirnerandwirth.com/.
9. Paumgarten, "Dealer's Hand."
10. "X Initiative Is Closing," press release, e-flux, January 5, 2010, www.e-flux.com/announcements/37339/x-initiative-is-closing/.
11. "New £125 Million National Collection Will Bring Contemporary Art to Audiences across Britain," press release, Tate, February 27, 2007, www.tate.org.uk/press/press-releases/new-ps125-million-national-collection-will-bring-contemporary-art-audiences.
12. "Artist Rooms," Tate, www.tate.org.uk/artist-rooms; Jackie Wullschlager, "An Art Dealer's Gift to the British," *Financial Times,* February 17, 2009, www.ft.com/content/10e08418-045c-11de-845b-000077b07658.
13. Anthony d'Offay, "Conversation with Anthony d'Offay," interview by Angela M.H. Schuster, BlouinArtinfo, June 15, 2016, www.blouinartinfo.com/news/story/2531568/conversation-with-anthony-doffay.
14. Alastair Sooke, "Artist Rooms–Interview with Anthony d'Offay," *Telegraph,* April 16, 2009, www.telegraph.co.uk/culture/art/5163760/Artist-Rooms-interview-with-Anthony-dOffay.html.
15. Arifa Akbar, "A Collector's Item: Art Dealer's £125m Gift to the Nation Is Celebrated," *Independent,* February 28, 2008, www.independent.co.uk/arts-entertainment/art/news/a-collectors-item-art-dealers-163125m-gift-to-the-nation-is-celebrated-788578.html.
16. Philip Boroff, "Judge Awards Three Pals of Robert Rauschenberg $25 Million," *Artnet News,* August 3, 2014, https://news.artnet.com/art-world/judge-awards-three-pals-of-robert-rauschenberg-25-million-71989.

29. Donald Judd, "Specific Objects," in *Donald Judd: Early Work, 1955–1968,* ed. Thomas Kellein (New York: D.A.P., 2002).
30. "Architecture and Design," Judd, Donald Judd Foundation, https://juddfoundation .org/artist/architecture-design/.
31. "Auction Results: Post-War and Contemporary Evening Sale," Lot 29, Donald Judd, *Untitled (DSS 42),* Christie's, November 12, 2013.
32. Arne Glimcher, *Agnes Martin: Paintings, Writings, Remembrances* (London: Phaidon Press, 2012).
33. Ibid., 203.
34. Laura van Straaten, "Art Adviser Allan Schwartzman–Cupidity's Cupid," *ArtReview,* November 2014, https://artreview.com/features/november_2014_feature_art_adviser_allan_schwartzman/.
35. Adam, Big Bucks, 96.
36. Solway, "Family Affair."
37. Jerry Saltz, "Can You Dig It?" *New York,* November 25, 2007, http://nymag.com/arts/art/reviews/41266/.
38. Liz Markus, "Art and Death in Connecticut: Urs Fischer at the Brant Foundation Art Study Center," *Huffington Post,* July 19, 2010, www.huffingtonpost.com/liz-markus/art-and-death-in-connecti_b_640650.html.
39. "Auction Results: Post-War and Contemporary Art Evening Sale," Lot 15, Andy Warhol, *Green Car Crash (Green Burning Car I),* Christie's, May 16, 2007, www.christies.com/lotfinder/Lot/andy-warhol-1928-1987-green-car-crash-4913707-details.aspx.
40. Konigsberg, "Art Superdealer Larry Gagosian."
41. Paul Vitello, "Saud bin Mohammed al-Thani, Big-Spending Art Collector, Is Dead," *New York Times,* November 17, 2014, www.nytimes.com/2014/11/17/arts/design/saud-bin-mohammed-al-thani-art-collector-for-qatar-is-dead.html.
42. "Auction Results: Contemporary Art Evening," Lot 14, Jeff Koons, *Hanging Heart (Magenta/Gold),* Sotheby's, November 14, 2007.
43. Stephen Adams, "Roman Abramovich 'Revealed as Freud and Bacon Buyer,'" *Telegraph,* May 18, 2008, www.telegraph.co.uk/news/uknews/1981367/Roman-Abramovich-revealed-as-Freud-and-Bacon-buyer.html.
44. Walter Robinson, "Art Market Watch," *Artnet News,* January 27, 2009, www.artnet.com/magazineus/news/artmarketwatch/artmarketwatch1-27-09.asp.
45. Faisal Al Yafai, "Gagosian's Art of the Art Deal," *National,* September 4, 2010, www.thenational.ae/arts-culture/gagosian-s-art-of-the-art-deal-1.524250.
46. Carol Vogel, "Damien Hirst's Next Sensation: Thinking Outside the Dealer," *New York Times,* September 14, 2008, www.nytimes.com/2008/09/15/arts/design/15auct.html.
47. Walter Robinson, "Art Market Watch," *Artnet News,* September 16, 2008, www.artnet.com/magazineus/news/artmarketwatch/artmarketwatch9-16-08.asp.

si.edu/collections/interviews/oral-history-interview-rosamund-felsen-11719#transcript.
13. Grace Glueck, "Galleries: Westward Ho to Santa Monica," *New York Times,* January 23, 1990, www.nytimes.com/1990/01/23/arts/galleries-westward-ho-to-santa-monica.html.
14. Jori Finkel, "Childlike, but Hardly Child's Play," *New York Times,* May 11, 2014, www.nytimes.com/2014/05/11/arts/design/mark-grotjahns-new-work-stars-withcastoff-cardboard.html.
15. M. H. Miller, "Behind the Mask: Mark Grotjahn Lifts the Veil on His Secret Sculptures," *Observer,* September 17, 2012, http://observer.com/2012/09/behind-the-mask-mark-grotjahn-lifts-the-veil-on-his-secret-sculptures/.
16. Finkel, "Childlike."
17. Jerry Saltz, "How Art Star Mark Grotjahn Became Art Star Mark Grotjahn: By Repainting Signs for Local Mom-and-Pop Stores in L.A.," *New York,* January 20, 2016, www.vulture.com/2016/01/mark-grotjahns-sign-painting-breakthrough.html.
18. Finkel, "Childlike."
19. "LA Artist Mark Grotjahn: Interviews and Commentary," *Fireplace Chats,* a blog by Vincent Johnson and Jill Poyourow, May 20, 2013, https://fireplacechats.wordpress.com/2014/05/11/la-artist-mark-grotjahn-interviews-and-commentary/.
20. Carol Vogel, "Contemporary-Art Bidding Tops $102 Million in Sales," *New York Times,* May 12, 2004, www.nytimes.com/2004/05/12/nyregion/contemporary-art-bidding-tops-102-million-in-sales.html.
21. Piera Anna Franini, "Art World Women at the Top," *Swiss Style,* www.swissstyle.com/art-world-women-at- the-top/.
22. Sarah Douglas, "Flying Solo," *Observer,* April 8, 2014, http://observer.com/2014/04/flying-solo/.
23. "Dominique Lévy Gallery," International Federation of Dealer Associations (CINOA), www.cinoa.org/cinoa/dealer?dealer=Dominique%20L%C3%A9vy%20%20Gallery.
24. Alexandra Peers, "A Collector of Koons Waves Goodbye at the Whitney," *Observer,* October 23, 2014, http://observer.com/2014/10/the-collector/.
25. Kelly Crow, "The Gagosian Effect," *Wall Street Journal,* April 1, 2011, www.wsj.com/articles/SB10001424052748703712504576232791179823226.
26. Andrew Russeth, "Patrick Cariou Fires Back in Richard Prince Copyright Fight," *Observer,* January 26, 2012, http://observer.com/2012/01/patrick-cariou-fires-back-in-richard-prince-copyright-fight/.
27. "Lot 22: Richard Prince, *Overseas Nurse,*" Contemporary Art Evening Auction, Sotheby's London, July 1, 2008, www.sothebys.com/en/auctions/ecatalogue/2008/contemporary-art-evening-auction-108022/lot.22.html.
28. Eileen Kinsella, "Artist Richard Prince Has Cut Ties with Gagosian Gallery," *Artnet News,* June 9, 2016, https://news.artnet.com/exhibitions/richard-prince-split-from-gagosian-515597.

michaelwerner.com/artist/peter-doig/news-item/1798.

13. Ibid.
14. Smith, "Pat Hearn."
15. Yablonsky, "Oh Pat. Oh Colin."
16. Smith, "Pat Hearn."

Chapter 12: LA Rising

Interviews: Marianne Boesky, Peter Brant, Gavin Brown, Meredith Darrow, Larry Gagosian, Arne Glimcher, David Kordansky, Don Marron, Jeff Poe, Lisa Schiff, Allan Schwartzman

1. Clayton Press and Gregory Linn, "Art Market Overview 2000–2018," unpublished analysis by Linn Press (last modified August 14, 2018), Microsoft Excel file.
2. Roberta Smith, "Art World Startled as Painter Switches Dealers," *New York Times,* December 23, 2003.
3. Dorothy Spears, "The First Gallerists' Club," *New York Times,* June 18, 2006.
4. Jeff Poe, "How to Nurture an Artist's Career: Jeff Poe on Following His Intuition, Building Audiences Slowly and Taking Chances from L.A., to Tokyo, to New York," interview with the Art Dealers Association of America, http://the-adaa.tumblr.com/post/103577156486/how-to-nurture-an-artists-career-gallery-chat-jeff-poe.
5. Ibid.
6. Sarah Thornton, *Seven Days in the Art World* (New York: W.W. Norton, 2008), 207.
7. "About Kaikai Kiki," Company Information page, Kaikai Kiki Co., Ltd., http://english.kaikaikiki.co.jp/company/summary/; Murakami had previously opened a factory in 1996, the Hiropon Factory, titled after the drug hiropon, which was developed by the Japanese army during World War II with the aim of forcing personnel to work without sleeping; See Dong-Yeon Koh, "Murakami's 'Little Boy' Syndrome: Victim or Aggressor in Contemporary Japanese and American Arts?," *Inter-Asia Cultural Studies* 11, no. 3 (2010): 393–412.
8. Hannah Ghorashi, "Louis Vuitton Ends Its 13-Year Relationship with Takashi Murakami," *ARTnews,* July 21, 2015, www.artnews.com/2015/07/21/louis-vuitton-ends-its-13-year-relationship-with-takashi-murakami/
9. Takashi Murakami, "Takashi Murakami's Colorful Journey From a Tokyo Duplex to a Warehouse Loft," interview by Marc Myers, *Wall Street Journal,* January 9, 2018.
10. Jori Finkel, "Museums Solicit Dealers' Largess," *New York Times,* November 18, 2007, www.nytimes.com/2007/11/18/arts/design/18fink.html.
11. Michael Brenson, "New Coast Museum Buys $11 Million Collection," *New York Times,* February 29, 1984, www.nytimes.com/1984/02/29/arts/new-coast-museum-buys-11-million-collection.html.
12. Rosamund Felsen, "Oral History Interview with Rosamund Felsen, 2004 Oct. 10–11," interview by Anne Ayres, Archives of American Art, Smithsonian Institution, www.aaa.

12. Jeffrey Hogrefe, "Gagosian Pays $5.75 Million for Largest Gallery in Chelsea," *Observer,* August 23, 1999, https://observer.com/1999/08/gagosian-pays-575-million-for-largest-gallery-in-chelsea/.
13. Glenn Fuhrman in discussion with Larry Gagosian, 92nd Street Y, New York, February 6, 2018. 14. Brant, "Larry Gagosian."

Chapter 11: The Mega Dealers

Interviews: Stefania Bortolami, Peter Brant, Susanne Butler, Mollie Dent-Brocklehurst, Asher Edelman, Larry Gagosian, Marc Glimcher, John Good, Phil Grauer, Timothy Greenfield-Sanders, Michele Maccarone, Fergus McCaffrey, Victoria Miro, Monika
Sprüth, David Zwirner

1. Timothy Greenfield-Sanders, *Art World* (New York: Fotofolio, 1999).
2. Sean Kilachand, "Forbes History: The Original 1987 List of International Billionaires," *Forbes,* March 21, 2012, www.forbes.com/sites/seankilachand/2012/03/21/forbes-history-the-original-1987-list-of-international-billionaires/#7fec4df0447e.
3. "The Complete List of World's Billionaires 1999," Areppim, http://stats.areppim .com/listes/list_billionairesx99xwor.htm.
4. Ibid.; Luisa Kroll and Kerry A. Dolan, "Forbes 2017 Billionaires List: Meet the Richest People on the Planet," *Forbes,* March 20, 2017, www.forbes.com/sites/kerryadolan/2017/03/20/forbes-2017-billionaires-list-meet-the-richest-people-on-the-planet/.
5. Arthur Lubow, "The Business of Being David Zwirner," *WSJ. Magazine,* January 7, 2018, www.wsj.com/articles/the-business-of-being-david-zwirner-1515343734.
6. Mollie Dent-Brocklehurst, "Keeping Up with London's PACE: Mollie Dent-Brocklehurst on Richard Tuttle and the Future of the Gallery," interview by Kitty Harris, *LUX,* April 17, 2017, www.lux-mag.com/pace-london-mollie-dent-brocklehurst/.
7. Aaron Gell, "Deconstructing Larry: Defections and Lawsuits Chip Gagosian's Enamel," *Observer,* December 18, 2012, http://observer.com/2012/12/deconstructing-larry-defections-and-lawsuits-chip-gagosians-enamel/.
8. Sean O'Hagan, "Victoria Miro, Queen of Arts," *Guardian,* July 10, 2010, www.theguardian.com/artanddesign/2010/jul/11/victoria-miro-interview-grayson-art.
9. Calvin Tomkins, "Into the Unknown," *New Yorker,* October 6, 2014, www.newyorker.com/magazine/2014/10/06/unknown-6.
10. Dodie Kazanjian, "Lisa Brice, Peter Doig, and Chris Ofili Bring Trinidad to New York," *Vogue,* September 20, 2017, www.vogue.com/article/chris-ofili-peter-doig-lisa-brice-embah-trinidad-exhibitions-new-york.
11. Calvin Tomkins, "The Mythical Stories in Peter Doig's Paintings," *New Yorker,* December 11, 2017, www.newyorker.com/magazine/2017/12/11/the-mythical-stories-in-peter-doigs-paintings.
12. Peter Doig, interview by Joshua Jelly-Schapiro, *Believer,* March 2012, http://

www.nytimes.com/2013/05/12/magazine/paul-mccarthy-the-demented-imagineer.html.

19. Miller, "Clock Stopper."
20. Thomas, "The Selling of Jeff Koons"; Lorena Muñoz-Alonso, "Ronald Perelman's Lawsuit against Larry Gagosian Is Dismissed," *Artnet News,* December 5, 2014, https://news.artnet.com/art-world/ronald-perelmans-lawsuit-against-larry-gagosian-is-dismissed-189948\.
21. Thomas, "The Selling of Jeff Koons."
22. "The Turnaround Artist," *New Yorker,* April 23, 2007, www.newyorker.com/magazine/2007/04/23/the-turnaround-artist.
23. "The Turnaround Artist."

Chapter 10: The Curious Charm of Chelsea

Interviews: Marianne Boesky, Patty Brundage, Susan Brundage, Michael Craig-Martin, Larry Gagosian, Ralph Gibson, Victoria Miro, Lisa Spellman, Frank Stella

1. Damien Hirst, *This Little Piggy Went to Market, This Little Piggy Stayed at Home,* 1996, glass, pig, painted steel, silicone, acrylic, plastic cable ties, stainless steel, formaldehyde solution, and motorized painted steel base, two parts, each 1200 x 2100 x 600 mm, www.damienhirst.com/this-little-piggy-went-to-mark.
2. Michael Craig-Martin, *An Oak Tree,* 1973, glass, water, shelf, and printed text, Tate, www.tate.org.uk/art/artworks/craig-martin-an-oak-tree-102262.
3. Damien Hirst, "On the Way to Work," interview by Gordon Burn, *Guardian,* October 5, 2001, www.theguardian.com/books/2001/oct/06/extract.
4. Michael Craig-Martin, "My Pupil Damien Hirst: Michael Craig-Martin on the Making of Art's Wunderkind," *Independent,* March 30, 2012, www.independent.co.uk/arts-entertainment/art/features/my-pupil-damien-hirst-michael-craig-martin-on-the-making-of-arts-wunderkind-7600564.html.
5. "Biography: Damien Hirst," Damien Hirst, http://damienhirst.com/biography/damien-hirst.
6. Damien Hirst, *Spot Painting,* 1986, household gloss on board, 2438 x 3658 mm, http://damienhirst.com/spot-painting.
7. White Cube, http://whitecube.com/.
8. Jackie Wullschlager, "Lunch with the FT: Jay Jopling," *Financial Times,* March 2, 2012, www.ft.com/content/1d9a1d56-6145-11e1-a738-00144feabdc0.
9. Sarah Lyall, "Is It Art, or Just Dead Meat?" *New York Times Magazine,* November 12, 1995, www.nytimes.com/1995/11/12/magazine/is-it-art-or-just-dead-meat.html?pagewanted=all.
10. Wullschlager, "Jay Jopling." 11. Jason Nichols and Richard Phillips, "National Gallery of Australia Cancels Sensation Exhibition," *World Socialist Web Site,* December 29, 1999, www.wsws.org/en /articles/1999/12/sens-d29.html.

newyorker.com/magazine/2008/10/06/the-artist-of-the-portrait.
31. Katie Razzall, "Peter Doig: Famous Artists 'Are Quickly Forgotten,'" Channel 4 News, August 1, 2013, www.channel4.com/news/peter-doig-famous-artists-are-quickly-forgotten.
32. Artspace Editors, "Q&A: Peter Doig on the Haunting Influence of Place," *Artspace,* February 2, 2018, www.artspace.com/magazine/interviews_features/book_report/qa-peter-doig-on-the-haunting-influence-of-place-55208.
33. Jerry Saltz, "Chris Ofili's Thumping Art-History Lesson," *New York,* November 3, 2014, www.vulture.com/2014/10/chris-ofilis-thumping-art-history-lesson.html.

Chapter 9: The Europeans Swoop In

Interviews: Hilton Als, Jeffrey Deitch, Anthony d'Offay, Steve Henry, Gregory Linn, Jack Shainman, Hans Ulrich Obrist, Iwan Wirth, John Zinsser, David Zwirner
1. Lynell George, "The 'Black Male' Debate: Controversy over the Whitney Show Has Arrived ahead of Its L.A. Outing–Alternative Exhibitions Are Planned," *Los Angeles Times,* February 22, 1995.
2. Carol Vogel, "The Art Market."
3. Ibid.
4. Ibid.
5. Phoebe Hoban, "Peter Halley's New Gallery in Germany," *Observer,* August 24, 2011.
6. Cohen-Solal, *Leo and His Circle,* 328.
7. Nick Paumgarten, "Dealer's Hand," *New Yorker,* December 2, 2013, www.newyorker.com/magazine/2013/12/02/dealers-hand.
8. Ibid.
9. Ibid.
10. Nick Clark, "Iwan Wirth: The More Public Half of the Art World's Most Powerful Couple Is a Creative Pirate Who Shares His Treasures," *Independent,* October 23, 2015, www.independent.co.uk/news/people/iwan-wirth-the-more-public-half-of-the-art-world-s-most-powerful-couple-is-a-creative-pirate-who-a6706771.html.
11. Jackie Wullschlager, "Lunch with the FT: Wirth's Fortune," *Financial Times,* September 30, 2005, www.ft.com/content/335357bc-2fc8-11da-8b51-00000e2511c8.
12. Ibid.
13. Cristine Ruiz, "Manuela Wirth," *Gentlewoman,* no. 13 (Spring and Summer 2016), http://thegentlewoman.co.uk/library/manuela-wirth.
14. Ibid.
15. Kazanjian, "House of Wirth."
16. Ibid.
17. "Net Wirth," *W,* December 1, 2009, www.wmagazine.com/story/iwan-wirth.
18. Randy Kennedy, "The Demented Imagineer," *New York Times Magazine,* May 10, 2013,

6. Ibid.
7. Tully, "Big Art and Big Money."
8. Rey Mashayekhi, "Gagosian Sells UES Carriage House for $18M," *Real Deal,* October 15,2015,https://therealdeal.com/2015/10/15/gagosian-selles-ues-carriage-house-for-18m/.
9. Decker, "Art À GoGo," 42.
10. Alex De Havenon, "Blaze at Art Dealer's Amagansett House," *East Hampton Star,* June 29, 2011, http://easthamptonstar.com/News/2011629/Blaze-Art-Dealer%E2%80%99s-Amagansett-House.
11. Glueck, "One Art Dealer."
12. Ibid.
13. Ibid.
14. Grace Glueck, "Self-Effacing William Acquavella, Who Struck Art's Biggest Deal," *New York Times,* May 10, 1990.
15. See Tom Vanderbilt, "The Master and the Gallerist," *Wall Street Journal,* March 24, 2011, www.wsj.com/articles/SB10001424052748704893604576200641567330346.
16. Phoebe Hoban, *Lucian Freud: Eyes Wide Open* (Boston: New Harvest, 2014), 98.
17. Glueck, "Self-Effacing William Acquavella."
18. Peter Aspden, "Lunch with the FT: William Acquavella," *Financial Times,* September 30, 2011, www.ft.com/content/24f76a90-e8f5-11e0-ac9c-00144feab49a.
19. Glueck, "Self-Effacing William Acquavella."
20. Ibid.
21. Ibid.
22. Hoban, *Lucian Freud,* 134.
23. Ibid.
24. Adam Luck and Dominic Prince, "The Bookie Who Bet on Freud ——and Won ￡100m Collection," *Daily Mail,* July 14, 2012, www.dailymail.co.uk/news/article-2173584/The-bookie-bet-Freud–won-100m-collection-Bizarre-40-year-friendship-led-artist-paying-colossal-gambling-debts-treasure-trove-paintings.html.
25. Lisa Gubernick, "De Kooning's Uptown Upstart Art Dealer Slouches Toward Success Despite Slump," *Observer,* April 25, 1994.
26. Eric Konigsberg, "Marks Nabs Johns," *New York,* May 9, 2005, http://nymag.com/nymetro/arts/art/11892/.
27. Gavin Brown, interview by Tom Eccles, *Art Review,* January and February 2014, https://artreview.com/features/jan_14_great_minds_gavin_brown/.
28. Diane Solway, "The Enterprising Mr. Brown," *W,* July 16, 2013, www.wmagazine.com/story/gavin-brown-artist-and-curator-profile.
29. Ibid.
30. Calvin Tomkins, "The Artist of the Portrait," *New Yorker,* October 6, 2008, www.

1988, www.nytimes.com/1988/11/11/arts/jasper-johns-painting-is-sold-for-17-million.html.
14. Ibid.
15. Haden-Guest, *True Colors,* 177.
16. Ibid., 178.
17. Ibid., 197.
18. See, for example, Grace Glueck, "In the Art World, as in Baseball, Free Agents Abound," *New York Times,* January 14, 1991, www.nytimes.com/1991/01/14/arts/in-the-art-world-as-in-baseball-free-agents-abound.html?pagewanted=all.
19. Decker, "Art À GoGo."
20. Brant, "Larry Gagosian."
21. Ibid.
22. Lipsky-Karasz, "Larry Gagosian's Empire."
23. Ibid.
24. Suzanne Muchnic, "Art in the Eighties: An International Bull Market," *Los Angeles Times,* December 25, 1989, http://articles.latimes.com/1989-12-25/entertainment/ca-782_1_bull-market.
25. Alison Fendley, *Saatchi and Saatchi: The Inside Story* (New York: Arcade, 1996).
26. Grant Pooke, *Contemporary British Art: An Introduction* (London: Routledge, 2011), 27; John Russell, "Art View; In London, a Fine Home for a Major Collection," *New York Times,* February 10, 1985, www.nytimes.com/1985/02/10/arts/art-view-in-london-a-fine-home-for-a-major-collection.html?pagewanted=all.
27. David Cottington, *Modern Art: A Very Short Introduction* (Oxford: Oxford University Press, 2005), 35.
28. Thomas S. Mulligan, "Noted Art Dealer Cited in Tax Fraud," *Los Angeles Times,* March 30, 2003, http://articles.latimes.com/2003/mar/20/local/me-gallery20.
29. Carol Vogel, "The Art Market," *New York Times,* May 15, 1992, www.nytimes.com/1992/05/15/arts/the-art-market.html?pagewanted=all.

Chapter 8: Up from the Ashes

Interviews: Bill Acquavella, Irving Blum, Gavin Brown, Jeffrey Deitch, Michael Findlay, Larry Gagosian, Arne Glimcher, Antonio Homem, Victoria Miro, Allan Schwartzman, Lisa Spellman, Thea Westreich

1. Boone, "30th Anniversary Issue."
2. Sarah Douglas, "Emerging Markets," *National,* November 19, 2009, www.thenational.ae/arts-culture/art/emerging-markets-1.497901.
3. Glueck, "One Art Dealer."
4. Ibid.
5. Ibid.

interviews/anthony-doffay.php
46. Joseph Beuys, *Unschlitt/Tallow,* 1977, stearin, tallow, chromel-alumel thermocouples with compensating cables, digital millivoltmeter, and alternating current transformer, 955 cm x 195 cm x 306 cm, Skulptur Projekte Archiv, www.skulptur-projekte-archiv.de/en-us/1977/projects/82/.
47. Andreja Velimirović, "Joseph Beuys," *Widewalls,* November 3, 2016, www.wide walls.ch/artist/joseph-beuys/.
48. *Capitalist Realism,* Tate, www.tate.org.uk/art/art-terms/c/capitalist-realism.
49. Elizabeth Day, "Marian Goodman: Gallerist with the Golden Touch," *Guardian,* October 11, 2014, www.theguardian.com/artanddesign/2014/oct/12/marian-goodman-gallerist-golden-touch.
50. "About," Sperone Westwater, www.speronewestwater.com/gallery.
51. Schjeldahl, "Dealership."

Chapter 7: Boom, Then Gloom

Interviews: Irving Blum, Peter Brant, Anthony d'Offay, Larry Gagosian, Arne Glimcher, Aaron Richard Golub, John Good, Jim Jacobs, Nicole Klagsbrun, Allan Schwartzman, Lisa Spellman, Robert Storr

1. Carol Vogel, "Value Put on Estate of Warhol Declines," *New York Times,* July 21, 1993, www.nytimes.com/1993/07/21/arts/value-put-on-estate-of-warhol-declines.html.
2. Paul Alexander, "Putting a Price on Andy," *New York,* May 2, 1994, 26.
3. Michael Shnayerson, "Judging Andy," *Vanity Fair,* April 4, 2012, www.vanityfair.com/culture/2003/11/authentic-andy-warhol-michael-shnayerson.
4. Don Thompson, "The Supermodel and the Brillo Box," *Artnet News,* May 27, 2014, https://news.artnet.com/art-world/the-supermodel-and-the-brillo-box-22897.
5. Peter Schjeldahl, "Writing on the Wall," *New Yorker,* November 24, 2013, www.newyorker.com/magazine/2013/11/04/writing-on-the-wall-3.
6. Roberta Smith, "Painting's Endgame, Render Graphically," *New York Times,* October 24, 2013, www.nytimes.com/2013/10/25/arts/design/a-christopher-wool-show-at-the-guggenheim.html. Boom_HCtext3P.indd 413
7. "Robert Gober and Christopher Wool," installation view, 303 Gallery, www.303gallery.com/gallery-exhibitions/robert-gober-christopher-wool.
8. Schjeldahl, "Writing on the Wall."
9. Ibid.
10. "Galleries," *New York,* May 10, 1988.
11. Schjeldahl, "Writing on the Wall."
12. Daniel Grant, "Is the Art World in for a Spring Sales Slump?" *Observer,* May 6, 2016, http://observer.com/2016/05/is-the-art-world-in-for-a-spring-sales-slump/.
13. Rita Reif, "Jasper Johns Painting Is Sold for $17 Million," *New York Times,* November 11,

21. Ibid.
22. Ibid.
23. Housley, *Emily Hall Tremaine,* 213–214.
24. Lipsky-Karasz, "Larry Gagosian's Empire."
25. Michael Brenson, "Art: Rothenberg Horses at the Gagosian Gallery," *New York Times,* January23,1987,www.nytimes.com/1987/01/23/arts/art-rothenberg-horses-at-the-gagosian-gallery.html?pagewanted=all.
26. Konigsberg, "Art Superdealer Larry Gagosian."
27. Ibid.
28. Haden-Guest, *True Colors,* 153.
29. Hoban, *Basquiat,* 236.
30. Ibid.
31. Ibid., 250.
32. Ibid., 249.
33. Eric Fretz, *Jean-Michel Basquiat: A Biography* (Santa Barbara, CA: Greenwood, 2010), 144.
34. Michael Shnayerson, "One by One," *Vanity Fair,* April 1987, 91–97, 152–153.
35. Jeff Koons, interview by Claire Dienes and Lilian Tone, Museum of Modern Art Oral History Program, May 26, 1999, www.moma.org/momaorg/shared/pdfs/docs/learn/archives/transcript_koons.pdf.
36. Ann Landi, "Top Ten *ARTnews* Stories: How Jeff Koons Became a Superstar," *ART-news,* November 1, 2007, www.artnews.com/2007/11/01/top-ten-artnews-stories-how-jeff-koons-became-a-superstar/.
37. Kelly Devine Thomas, "The Selling of Jeff Koons," *ARTnews,* May 1, 2005, www.artnews.com/2005/05/01/the-selling-of- jeff-koons/.
38. Anthony d'Offay, "My 15 Minutes," interview by Leo Hickman, *Guardian,* February 4, 2002, www.theguardian.com/culture/2002/feb/04/artsfeatures.warhol.
39. Ibid.
40. Charlotte Cripps, "Arts: Andy Warhol's World of Fears," *Independent,* February 3, 2005, www.independent.co.uk/arts-entertainment/arts-andy-warhols-world-of-fears-1528459.html.
41. Jennifer Higgie, "Andy Warhol," *Frieze,* September 5, 1996, https://frieze.com/article/andy-warhol-1?language=de.
42. Andy Warhol, *Self-Portrait,* 1986, acrylic and silk screen on canvas, 203.2 x 203.2 cm, Metropolitan Museum of Art, https://metmuseum.org/art/collection/search/484952.
43. "Lot 9: Andy Warhol, *Self Portrait,*" Contemporary Art Evening Auction, Sotheby's New York, May 12, 2010.
44. "Art & Craft," *ES Magazine,* June 27, 2008.
45. Anthony d'Offay, interview by Marta Gnyp, *Monopol,* March 2016, www.martagnyp.com/

Tomkins, "Portraits of Imaginary People," *New Yorker,* January 17, 2011, www.newyorker.com/magazine/2011/01/17/portraits-of-imaginary-people.

45. "George Condo: Biography," Simon Lee, www.simonleegallery.com/usr/documents / artists/cv_download_url/28/george-condo_bio-biblio.pdf; Brendan Smith, "The Artificial Realism of George Condo," *BmoreArt,* May 15, 2017, www.bmoreart.com/2017/05/the-artificial-realism-of-george-condo.html.
46. Yablonsky, "Oh Pat. Oh Colin."
47. Fensterstock, *Art on the Block,* 122.

Chapter 6: SoHo and Beyond

Interviews: Frances Beatty, Olivier Berggruen, Mary Boone, Susan Brundage, John Good, Marian Goodman, Jay Gorney, Anselm Kiefer, Dotson Rader, Robert Storr, Angela Westwater

1. Anson, "The Lion in Winter."
2. Cohen-Solal, *Leo and His Circle,* 416.
3. Anson, "The Lion in Winter."
4. Cohen-Solal, *Leo and His Circle,* 416.
5. Malcolm Goldstein, *Landscape with Figures: A History of Art Dealing in the United States* (Oxford: Oxford University Press, 2000), 297.
6. Jeffrey Hogrefe, "Schnabel Makes the Switch," *Washington Post,* April 21, 1984.
7. Cohen-Solal, *Leo and His Circle,* 418.
8. Anson, "The Lion in Winter."
9. Paul Taylor, "Art; Leo Castelli in His 85th Year: A Lion in Winter," *New York Times,* February 16, 1992, www.nytimes.com/1992/02/16/arts/art-leo-castelli-in-his-85th-year-a-lion-in-winter.html?pagewanted=all.
10. Requoted in Cohen-Solal, *Leo and His Circle,* 417.
11. Georgina Adam, *Big Bucks: The Explosion of the Art Market in the 21st Century* (London: Lund Humphries, 2014), 5.
12. Segal, "Pulling Art Sales out of Thinning Air."
13. Judd Tully, "A Master of the Mix of Big Art and Big Money," *Washington Post,* June 6, 1993, www.washingtonpost.com/archive/business/1993/06/06/a-master-of-the-mix-of-big-art-and-big-money/7a20079d-cdb4-476c-8486-323f921fe08b.
14. Ibid.; Kathleen L. Housley, *Emily Hall Tremaine: Collector on the Cusp* (Meriden, CT: Emily Hall Tremaine Foundation, 2001), 213–214.
15. Housley, *Emily Hall Tremaine,* 209.
16. Lipsky-Karasz, "Larry Gagosian's Empire."
17. Decker, "Art À GoGo," 41.
18. Ibid.
19. *Art & Auction* 27, nos. 1–4 (2006).
20. Gagosian, "My Marden."

exhibitions/past/all/1984-1982.

24. "Lot 40: Martin Kippenberger (1953–1997), *Untitled,*" Christie's, www.christies.com/LotFinder/lot_details.aspx?intObjectID=5846095.
25. Dan Cameron, *East Village* USA (New York: New Museum of Contemporary Art, 2004), 42.
26. Fensterstock, *Art on the Block,* 104.
27. Ibid.
28. Craig Unger, "The Lower East Side: There Goes the Neighborhood," *New York,* May 28, 1984, 32–44.
29. Peter Schjeldahl, "The Walker: Rediscovering New York with David Hammons," *New Yorker,* December 23, 2002, www.newyorker.com/magazine/2002/12/23/the-walker.
30. "David Hammons," Biography, Mnuchin Gallery, www.mnuchingallery.com/artists/david-hammons.
31. Andrew Russeth, "Looking at Seeing: David Hammons and the Politics of Visibility," *ARTnews,* February 17, 2017, www.artnews.com/2015/02/17/david-hammons-and-the-politics-of-visibility/.
32. Cameron, *East Village USA,* 42.
33. Diane Solway, "Family Affair," *W,* December 1, 2014, www.wmagazine.com/story/rubell-family-art-collection.
34. Ibid.
35. "The Advisory," Thea Westreich Art Advisory Services, http://momentsound.com/twaas/advisory/.
36. Carol Vogel, "New York Couple's Gift to Enrich Two Museums," *New York Times,* March 15, 2012, www.nytimes.com/2012/03/16/arts/design/hundreds-of-works-to-go-to-whitney-museum-and-pompidou-center.html.
37. Gary Indiana, "One Brief, Scuzzy Moment," *New York,* http://nymag.com/ny metro/arts/features/10557/index3.html.
38. Linda Yablonsky, "Oh Pat. Oh Colin. How We Knew Them," in *Pat Hearn, Colin de Land: A Tribute* (New York: Pat Hearn and Colin de Land Cancer Foundation, undated), www.phcdl.org/articles/patcolin_article1.pdf.
39. Ibid.
40. Ibid.
41. Ibid.
42. Ibid.
43. Roberta Smith, "Pat Hearn, Art Dealer in New York, Dies at 45," *New York Times,* August 20, 2000, www.nytimes.com/2000/08/20/nyregion/pat-hearn-art-dealer-in-new-york-dies-at-45.html.
44. Gillian Sagansky, "George Condo Recalls His First (and Last) Real Job," *W,* February 27, 2016, www.wmagazine.com/story/george-condo-recalls-first-last-real-job; Calvin

by Phoebe Hoban, *New York,* April 6, 1998, http://nymag.com/nymetro/news /people/features/2419/.

4. Christie's, "'It's Culture or It's Not Culture': An Interview with Annina Nosei," *Artsy,* March 4, 2014, www.artsy.net/article/christies-its-culture-or-its-not-culture-an.
5. "Auction Results: Contemporary Evening Auction," Lot 24, Sotheby's, May 18, 2017, www.sothebys.com/en/auctions/2017/contemporary-art-evening-auction-n09761.html.
6. Collischan, *Women Shaping Art,* 224–225.
7. Linda Yablonsky, "Barbara Gladstone," *Wall Street Journal,* December 1, 2011, www.wsj.com/articles/SB10001424052970204449804577068852011763014.
8. Lipsky-Karasz, "Larry Gagosian's Empire."
9. "Larry Gagosian: The Fine Art of the Deal."
10. ASX Team, "Jean-Michel Basquiat and 'The Art of (Dis)Empowerment' (2000)," *ASX,* October 30, 2013, www.americansuburbx.com/2013/10/jean-michel-basquiat-art -disempowerment-2000.html.
11. Phoebe Hoban, *Basquiat: A Quick Killing in Art* (New York: Viking, 1998), 90ff.
12. Haden-Guest, *True Colors,* 136.
13. Estate of Jean-Michel Basquiat, "The Artist," Jean-Michel Basquiat, www.basquiat.com/artist-timeline.htm.
14. Hoban, *Basquiat,* 125ff.
15. Lipsky-Karasz, "Larry Gagosian's Empire."
16. Hoban, *Basquiat,* 164.
17. Joseph Beuys, *Basisraum Nasse Wäsche,* 1979, galvanized iron gutters, tables, chair, soap, aluminum bucket, light bulb, laundry, 29.53 in. x 295.28 in. x 90.55 in., Museum Moderner Kunst Stiftung Ludwig Wien, www.mumok.at/de/basisraum-nasse-waesche.
18. "Zuhause bei Familie Beuys," *Zeit Online,* July 20, 2016, www.zeit.de/news/2016 -07/20/kunst-zuhause-bei-familie-beuys-20092004.
19. "Past: 1981–1980," Exhibitions page, Metro Pictures, www.metropictures.com/exhibitions/past/all/1981-1980; Gary Indiana, "These '80s Artists Are More Important Than Ever," *T,* February 13, 2017, www.nytimes.com/2017/02/13/t-magazine/pictures -generation-new-york-artists-cindy-sherman-robert-longo.html.
20. Roberta Smith, "Film Starlet Cliches, Genuine and Artificial at the Same Time," *New York Times,* June 27, 1997, www.nytimes.com/1997/06/27/arts/film-starlet-cliches -genuine-and-artificial-at-the-same-time.html.
21. Charlotte Burns, "Walter Robinson: 'I'm Just a Stupid Painter. We're Like Dumb Horses,'" *Guardian,* September 17, 2016, www.theguardian.com/artanddesign/2016/sep /17/walter-robinson-artist-paintings-interview.
22. Kelly Crow, "The Escape Artist," *Wall Street Journal,* March 14, 2013, www.wsj.com/articles/SB10001424127887324678604578340322829104276.
23. "Past: 1984–1982," Exhibitions page, Metro Pictures, www.metropictures.com/

ARTnews, October 9, 2016, www.artnews.com/2016/10/09/klaus-kertess-foresighted-art-dealer-and-curator-dies-at-76/.

59. Fischl, "Mary Boone."
60. Haden-Guest, "New Queen of the Art Scene," 24–30.
61. Ibid.
62. "Mary Boone Gallery, New York, 1979," Exhibitions page, Julian Schnabel, www.julianschnabel.com/exhibitions/mary-boone-gallery-new-york-1979.
63. "Julian Schnabel Biography," Gagosian Gallery, https://gagosian.com/media/artists/julian-schnabel/Gagosian_Julian_Schnabel_Listed_Exhibitions_Selected.pdf.
64. Gagosian, "My Marden."
65. Segal, "Pulling Art Sales out of Thinning Air."
66. Ibid.
67. "Gagosian the Great," *Economist,* August 18, 2007, www.economist.com/node /9673257.
68. Ibid.
69. Cohen-Solal, *Leo and His Circle,* 406.
70. Eileen Kinsella, "From Schnabel to Sashimi? Gagosian Opens Sushi Joint," *Art-net News,* September 8, 2014, https://news.artnet.com/market/from-schnabel-to-sashimi-gagosian-opens-sushi-joint-95984.
71. Kelly Crow, "Keeping Pace," *WSJ. Magazine,* August 26, 2011, www.wsj.com/articles/SB10001424053111903596904576517164002381464; Peter Schjeldahl, "Leo the Lion," *New Yorker,* June 7, 2010, www.newyorker.com/magazine/2010/06/07/leo-the-lion.
72. "A Connecticut Couple Has Sold a Painting, 'Three Flags,' ..." UPI, September 27, 1980, www.upi.com/Archives/1980/09/27/A-Connecticut-couple-has-sold-a-painting-Three-Flags/1780338875200.
73. Ibid.
74. Isabelle de Wavrin, "Arne Glimcher: For the Love of Art," Sotheby's, May 17, 2017, www.sothebys.com/en/news-video/blogs/all-blogs/76-faubourg-saint-honore/2017/05/arne-glimcher-for-the-love-of-art.html; Rachel Wolff, "Fifty Years of Being Modern," *New York,* September 12, 2010, http://nymag.com/news/intelligencer/68096/.

Chapter 5: The Start of a Dissolute Decade

Interviews: Richard Armstrong, Howard Blum, Mary Boone, Doug Cramer, Brett De Palma, Larry Gagosian, Marian Goodman, Timothy Greenfield-Sanders, Annina Nosei, Janelle Reiring, Walter Robinson, Thaddaeus Ropac, Lisa Spellman

1. De Coppet and Jones, *Art Dealers,* 107.
2. Jeffrey Hogrefe, "Julian's Crock of Gold," *Washington Post,* May 20, 1983, www.washingtonpost.com/archive/lifestyle/1983/05/20/julian-schnabels-crock-of-gold/116e6138-1405-48a8-a518-b04af209b4dd/.
3. Mary Boone, "30th Anniversary Issue / Mary Boone: The Art of the Dealer," interview

35. Ibid.; Segal, "Pulling Art Sales out of Thinning Air."
36. Lipsky-Karasz, "Larry Gagosian's Empire."
37. Ghazanchyan, "WSJ: The Art of American Armenian Dealer Larry Gagosian's Empire."
38. Eric Konigsberg, "The Trials of Art Superdealer Larry Gagosian," *New York,* January 20, 2013.
39. Grace Glueck, "One Art Dealer Who's Still a High Roller," *New York Times,* June 24, 1991.
40. Lipsky-Karasz, "Larry Gagosian's Empire."
41. "Editorial and Creative Team," Bidoun, http://archive.bidoun.org/about/team/.
42. Negar Azimi, "Larry Gagosian," *Bidoun* 28 (Spring 2013), http://bidoun.org/articles / larry-gagosian.
43. Don Thompson, *The $12 Million Stuffed Shark: The Curious Economics of Contemporary Art* (New York: Palgrave Macmillan, 2008), 29.
44. Jackie Wullschlager, "Lunch with the FT: Larry Gagosian," *Financial Times,* October 22, 2010, www.ft.com/content/c5e9cf78-dd62-11df-beb7-00144feabdc0.
45. Brant, "Larry Gagosian."
46. Andrew Russeth, "Larry Gagosian on Jazz, Selling Posters, One of His First Art Buys," *Observer,* April 9, 2013, http://observer.com/2013/04/larry-gagosian-on-jazz-selling-posters-one-of-his-first-art-buys/.
47. Brant, "Larry Gagosian."
48. Azimi, "Larry Gagosian."
49. M. H. Miller, "How to Kill Your Idols: Kim Gordon Takes No Prisoners in New Memoir," *ARTnews,* February 10, 2015, www.artnews.com/2015/02/10/girl-in-a-band-by -kim-gordon-reviewed/.
50. Bob Colacello, "The Art of the Deal," *Vanity Fair,* April 1, 1995, www.vanityfair.com/ culture/1995/04/art-of- the-deal-199504.
51. Ibid.
52. Ibid.
53. "U.S. Inflation Rate, $2,000 in 1979 to 2017," CPI Inflation Calculator, www .in2013dollars.com/1979-dollars-in-2017?amount=2000.
54. Julie L. Belcove, "A New Boone," *W,* November 1, 2008, www.wmagazine.com/story/ mary-boone.
55. Taylor, "David Salle."
56. Gini Alhadeff, "Mary Boone Is Egyptian," *Bidoun,* http://bidoun.org/articles/mary-boone-egyptian; Eric Fischl, "Mary Boone," *Interview,* October 22, 2014, www. interviewmagazine.com/art/mary-boone.
57. Anthony Haden-Guest, "The New Queen of the Art Scene," *New York,* April 19, 1982, 24–30.
58. Andrew Russeth, "Klaus Kertess, Foresighted Art Dealer and Curator, Dies at 76,"

Anniversary Issue," *New York,* October 22, 2017, http://nymag.com/daily/intelligencer/article/my-new-york-50th-anniversary-issue.html.
8. Christopher Masters, "Cy Twombly Obituary," *Guardian,* July 6, 2011, www.theguardian.com/artanddesign/2011/jul/06/cy-twombly-obituary.
9. David Pagel, *Unfinished Business: Paintings from the 1970s and 1980s by Ross Bleckner, Eric Fischl and David Salle* (Munich: Prestel, 2016), 30–37.
10. Paul Taylor, "How David Salle Mixes High Art and Trash," *New York Times,* January 11, 1987.
11. Ibid.
12. Pagel, *Unfinished Business,* 30–37.
13. Brant, "Larry Gagosian."
14. Thomas Lawson, "David Salle," *Flash Art* 3, no. 3 (1980), www.davidsallestudio.net/'80%20Lawson_Flash%20Art%20'80v3.pdf.
15. Gagosian, "My Marden."
16. Ibid.
17. Anthony Haden-Guest, *True Colors: The Real Life of the Art World* (New York: Atlantic Monthly Press, 1996), 168.
18. Gagosian, "My Marden."
19. Brant, "Larry Gagosian."
20. Gagosian, "My Marden."
21. Haden-Guest, *True Colors,* 97.
22. David Segal, "Pulling Art Sales out of Thinning Air," *New York Times,* March 7, 2009.
23. "Larry Gagosian: The Fine Art of the Deal," *Independent,* November 2, 2007, www.independent.co.uk/news/people/profiles/larry-gagosian-the-fine-art-of-the-deal-398567.html.
24. Ibid.
25. Pagel, *Unfinished Business,* 30–37.
26. Brant, "Larry Gagosian."
27. Lipsky-Karasz, "Larry Gagosian's Empire."
28. Siranush Ghazanchyan, "WSJ: The Art of American Armenian Dealer Larry Gagosian's Empire," Public Radio of Armenia, May 2, 2016, www.armradio.am/en/2016/05/02/wsj-the-art-of-american-armenian-dealer-larry-gagosians-empire/.
29. Segal, "Pulling Art Sales out of Thinning Air."
30. Lipsky-Karasz, "Larry Gagosian's Empire."
31. Brant, "Larry Gagosian."
32. Ibid.
33. Ibid.; Gagosian's father died in 1969 and his mother in 2005. They are buried in Forest Lawn Memorial Park near Los Angeles.
34. Andrew Decker, "Art A GoGo," *New York,* September 2, 1991, 42.

Champion, Is Dead," *New York Times,* August 17, 1994, www.nytimes.com/1994/08/17/obituaries/henry-geldzahler-59-critic-public-official-contemporary-art-s-champion-dead.html.

22. Aaron Shkuda, "The Art Market, Arts Funding, and Sweat Equity: The Origins of Gentrified Retail," *Journal of Urban History* 39, no. 4 (June 2012): 606.
23. Richard Kostelanetz, *Artists' SoHo: 49 Episodes of Intimate History* (New York: Empire State Editions, 2015), 75.
24. Shkuda, "Art Market," 606.
25. "About," Sperone Westwater, www.speronewestwater.com/gallery.
26. Calvin Tomkins, "The Materialist," *New Yorker,* December 5, 2011, www.new yorker.com/magazine/2011/12/05/the-materialist.
27. Baruch D. Kirschenbaum, "The Scull Auction and the Scull Film," *Art Journal* 39, no. 1 (Autumn 1979), 50–54.
28. James Coddington, "MoMA's Jackson Pollock Conservation Project: One: Number 31, 1950–Characterizing the Paint Surface Part 1," *Inside/Out,* a blog from MoMA, February 22, 2013, www.moma.org/explore/inside_out/2013/02/22/momas-jackson-pollock-conservation-project-one-number-31-1950-characterizing-the-paint-surface-part-1-the-archival-record/.
29. Kirschenbaum, "Scull Auction," 50–54.
30. Sotheby Parke Bernet, *A Selection of Fifty Works from the Collection of Robert C. Scull* (published in conjunction with the exhibition and auction of the same title, held at the New York Galleries of Sotheby Parke Bernet, October 18, 1973).
31. Kirschenbaum, "Scull Auction," 50–54.
32. "142 Greene Street–1980–1988," Castelli Gallery, http://castelligallery.com/his tory/142greene.html.

Chapter 4: Young Man in a Hurry

Interviews: Mary Boone, Doug Cramer, Jeffrey Deitch, Asher Edelman, Larry Gagosian, Ralph Gibson, Annina Nosei, Robert Pincus-Witten, David Salle, Morgan Spangle, Robert Storr

1. Peter M. Brant, "Larry Gagosian," *Interview,* November 27, 2012, www.interview magazine.com/art/larry-gagosian.
2. Elisa Lipsky-Karasz, "The Art of Larry Gagosian's Empire," *WSJ. Magazine,* April 26, 2016, www.wsj.com/articles/the-art-of-larry-gagosians-empire-1461677075.
3. Brant, "Larry Gagosian."
4. Ibid.
5. Ibid.
6. "Exhibitions," Ralph Gibson, www.ralphgibson.com/exhibitions.html; Brant, "Larry Gagosian."
7. Larry Gagosian, "My Marden," interview by Amy Larocca, in "My New York: 50th

(New York: Farrar, Straus and Giroux, 2016), 218–219.
2. Ibid.
3. Judy Collischan, *Women Shaping Art: Profiles of Power* (New York: Praeger, 1984), 140, 184.
4. M. H. Miller, "Clock Stopper: Paula Cooper Opened the First Art Gallery in SoHo and Hasn't Slowed Down Since," *Observer,* September 13, 2011, https://observer.com/2011/09/clock-stopper-paula-cooper-opened-the-first-art-gallery-in-soho-and -hasnt-slowed-down-since/.
5. Roberta Smith, "Walter De Maria, Artist on Grand Scale, Dies at 77," *New York Times,* July 26, 2013, www.nytimes.com/2013/07/27/arts/design/walter-de-maria-artist-on-grand-scale-dies-at-77.html.
6. Matthew Higgs, "Paula Cooper," *Interview,* August 2, 2012, www.interviewmagazine.com/art/paula-cooper.
7. Collischan, *Women Shaping Art,* 146.
8. Ibid., 140.
9. Miller, "Clock Stopper."
10. Ibid.
11. Arne Glimcher, "Oral History Interview with Arne (Arnold) Glimcher, 2010 Jan. 6–25," interview by James McElhinney for the Archives of American Art, Smithsonian Institution, www.aaa.si.edu/collections/interviews/oral-history-interview-arne-arnold-glimcher-15912.
12. Ibid.
13. Ibid.
14. Ibid.
15. Ibid.
16. Josh Spero, "Nicholas Logsdail on 50 Years of Pioneering Artistic Talent," *Financial Times,* June 9, 2017, www.ft.com/content/5a4572f8-4625-11e7-8519-9f94ee97d996.
17. Nicolas Niarchos, "Dahl's Bacon," *New Yorker,* June 27, 2014, www.newyorker .com/culture/culture-desk/dahls-bacon.
18. Mark Brown, "Francis Bacon Triptych Sells for £23m–Three Times Its Estimate," *Guardian,* 2011, www.theguardian.com/artanddesign/2011/feb/11/francis-bacon-lucian-freud-triptych.
19. David Segal, "For Richer or for...Not Quite as Rich," *New York Times,* January 24, 2010, www.nytimes.com/2010/01/24/business/media/24brant.html.
20. Joyce Chen, "Valerie Solanas: 5 Things to Know about Lena Dunham's 'American Horror Story' Character," *Rolling Stone,* September 19, 2017, www.rollingstone.com/culture/culture-news/valerie-solanas-5-things-to-know-about-lena-dunhams-american-horror-story-character-253318/.
21. Paul Goldberger, "Henry Geldzahler, 59, Critic, Public Official and Contemporary Art's

dies-at-73.html.
54. "Roy Lichtenstein," Teaching Page, Madison Museum of Contemporary Art, www.mmoca.org/learn/teachers/teaching-pages/roy-lichtenstein.
55. Cohen-Solal, *Leo and His Circle,* 263.
56. Ibid., 264.
57. Drohojowska-Philp, "Art Dealer Irving Blum."
58. Cohen-Solal, *Leo and His Circle,* 264.
59. Walter Hopps, Deborah Treisman, and Anne Doran, "When Walter Hopps Met Andy Warhol and Frank Stella," *New Yorker,* June 5, 2017, www.newyorker.com/culture/culture-desk/when-walter-hopps-met-andy-warhol-and-frank-stella.
60. Drohojowska-Philp, "Art Dealer Irving Blum."
61. "Andy Warhol," About page, Gagosian, www.gagosian.com/artists/andy-warhol.
62. Abigail Cain, "An L.A. Gallerist Bought Out Warhol's First Painting Show for $1,000–and Ended Up with $15 Million," *Artsy,* June 27, 2017, www.artsy.net /article/artsy-editorial-la-gallerist-bought-warhols-first-painting-1-000-ended-15-million.
63. "Warhol's 32 Soup Flavors," *Unbound,* a blog by the Smithsonian Libraries, July 9, 2010, https://blog.library.si.edu/blog/tag/ferus-gallery/#.WkvkjrYrJBw.
64. Hillary Reder, "Serial & Singular: Andy Warhol's Campbell's Soup Cans," *Inside/Out,* a blog from MoMA, April 29, 2015, www.moma.org/explore/inside_out/2015/04/29/serial-singular-andy-warhols-campbells-soup-cans/.
65. "Warhol's 32 Soup Flavors."
66. "Andy Warhol and the Business of Art," *Andy Today,* a blog by Christie's, http://warhol.christies.com/andy-warhol-and-the-business-of-art/.
67. De Coppet and Jones, *Art Dealers,* 96.
68. Peter Schjeldahl, "Dealership," *New Yorker,* February 2, 2004, www.newyorker.com/magazine/2004/02/02/dealership.
69. Cohen-Solal, *Leo and His Circle,* 368–370.
70. De Coppet and Jones, *Art Dealers,* 96.
71. "Robert C. Scull; Businessman Who Aided Young Artists," *Los Angeles Times,* January 4, 1986, http://articles.latimes.com/1986-01-04/news/mn-24198_1_young-artists.
72. Sidney Janis Gallery, *Sidney Janis Presents.* Janis further wrote "the new Factual artist [was] (referred to as the Pop Artist in England, the Polymaterialist in Italy, and here [the United States] as in France, as the New Realist)."

Chapter 3: Pop, Minimalism, and the Move to SoHo

Interviews: Peter Brant, Patty Brundage, James Cohan, Paula Cooper, Ralph Gibson, Arne Glimcher, Jim Jacobs, John Kasmin, Nicholas Logsdail, Janelle Reiring, Dick Solomon, Thea Westreich, Angela Westwater

1. Judith E. Stein, *Eye of the Sixties: Richard Bellamy and the Transformation of Modern Art*

35. This 1960 work, titled *Painted Bronze,* was on loan from Jasper Johns's private collection to the Philadelphia Museum of Art before being sold to New York collectors Marie-Josee and Henry R. Kravis in 2015. See Museum of Modern Art, "MoMA Announces Recent Acquisitions, Including 'Painted Bronze' by Jasper Johns," press release, March 16, 2015, http://press.moma.org/2015/03/new-acquisitions-johns/.
36. Sidney Janis Gallery, *Sidney Janis Presents an Exhibition of Factual Paintings & Sculpture From France, England, Italy, Sweden and the United States: By the Artists Agostini, Arman, Baj...Under the Title of the New Realists* (New York: Sidney Janis Gallery, 1962).
37. "4 East 77th Street–1957–1976," Castelli Gallery, http://castelligallery.com/history/4e77.html.
38. Solomon, "Jasper Johns."
39. Christine Bianco, "Selling American Art: Celebrity and Success in the Postwar New York Art Market" (MA diss., University of Florida, 2000), 32.
40. Tomkins, *Off the Wall,* 133.
41. "Collecting Jackson Pollock," in *Greg.org,* a blog by Greg Allen, September 4, 2007, http://greg.org/archive/2007/09/04/collecting_jackson_pollock.html.
42. Sebastian Smee, *The Art of Rivalry: Four Friendships, Betrayals, and Breakthroughs in Modern Art* (New York: Random House, 2016), 351.
43. Ibid.
44. Charles Darwent, "Andre Emmerich," *Independent,* October 10, 2017, www.independent.co.uk/news/obituaries/andre-emmerich-396448.html.
45. Patricia Zohn, "CultureZohn: Peggy Guggenheim, Art Addict," *Huffington Post,* November 4, 2015, www.huffingtonpost.com/patricia-zohn/culturezohn-peggy -guggenheim-art-addict_b_8461548.html.
46. Ibid.
47. Ann Temkin and Claire Lehmann, *Ileana Sonnabend: Ambassador for the New* (New York: Museum of Modern Art, 2013).
48. Cohen-Solal, *Leo and His Circle,* 255–256.
49. Ibid., 257.
50. Ibid., 261.
51. Jenna C. Moss, "The Color of Industry: Frank Stella, Donald Judd, and Andy Warhol," *CUREJ: College Undergraduate Research Electronic Journal,* April 17, 2007, https://repository.upenn.edu/cgi/viewcontent.cgi?referer=https://search.yahoo.com/&httpsredir=1&article=1062&context=curej.
52. Randy Kennedy, "American Artist Who Scribbled a Unique Path," *New York Times,* July 5, 2011, www.nytimes.com/2011/07/06/arts/cy-twombly-american-artist-is-dead-at-83.html.
53. Michael Kimmelman, "Roy Lichtenstein, Pop Master, Dies at 73," *New York Times,* September 30, 1997, www.nytimes.com/1997/09/30/arts/roy-lichtenstein-pop-master-

(Franklin Lakes, NJ: New York School Press, 2000), 13–14.

15. De Coppet and Jones, *Art Dealers,* 87.
16. Ibid., 88.
17. John Cage, *Silence* (Middletown, CT: Wesleyan University Press, 1967), 102.
18. Olivia Laing, "Robert Rauschenberg and the Subversive Language of Junk," *Guardian,* November 25, 2016, www.theguardian.com/artanddesign/2016/nov/25/robert-rauschenberg-and-the-subversive-language-of-junk-tate.
19. Leo Steinberg, *The New York School: Second Generation* (published in conjunction with the exhibition of the same title, organized by and presented at the Jewish Museum, New York, March 10–April 28, 1957), cover.
20. Ann Fensterstock, *Art on the Block: Tracking the New York Art World from Soho to the Bowery, Bushwick and Beyond* (New York: Palgrave Macmillan, 2013), 49.
21. Deborah Solomon, "The Unflagging Artistry of Jasper Johns," *New York Times,* June 19, 1988, www.nytimes.com/1988/06/19/magazine/the-unflagging-artistry-of-jasper-johns.html?pagewanted=all.
22. Ibid.
23. Editors of ARTnews, "From the Archives: Betty Parsons, Gallerist Turned Artist, Takes the Spotlight, in 1979," *ARTnews,* June 16, 2017, www.artnews.com/2017/06/16/ from-the-archives-betty-parsons-gallerist-turned-artist-takes-the-spotlight-in-1979/.
24. Ibid.
25. Solomon, "Jasper Johns."
26. Calvin Tomkins, *Off the Wall: A Portrait of Robert Rauschenberg* (New York: Picador, 2005), 131.
27. There are questions about how large this fortune really was. See Carol Vogel, "A Colossal Private Sale by the Heirs of a Dealer," *New York Times,* April 4, 2008, www .nytimes.com/2008/04/04/arts/04iht-04vogel.11673988.html.
28. Hulst, "The Right Man at the Right Time," 154.
29. Ibid., 79.
30. Robert Sam Anson, "The Lion in Winter," *Manhattan, Inc.,* December 1984.
31. Hunter Drohojowska-Philp, "Art Dealer Irving Blum on Andy Warhol and the 1960s L.A. Art Scene (Q&A)," *Hollywood Reporter,* November 4, 2013, www.hollywoodreporter.com/news/art-dealer-irving-blum-andy-653195. In 1962, Blum would take full control of Ferus when his remaining partner, Walter Hopps, became curator of the Pasadena Museum.
32. Calvin Tomkins, *Lives of the Artists: Portraits of Ten Artists Whose Work and Lifestyles Embody the Future of Contemporary Art* (New York: Henry Holt, 2008), 178.
33. Emma Brockes, "Master of Few Words," *Guardian,* July 26, 2004, www.theguardian.com/artanddesign/2004/jul/26/art.usa.
34. Cohen-Solal, *Leo and His Circle,* 367–369.

62. Hans Namuth, *Artists on the Roof of 3-5 Coenties Slip* (left to right: Delphine Seyrig, Duncan Youngerman, Robert Clark, Ellsworth Kelly, Jack Youngerman, and Agnes Martin), ca. 1967, photograph, Hans Namuth Archive, Center For Creative Photography.
63. Alanna Martinez, "How Rauschenberg Elevated Tiffany's Window Displays into an Art Form," *Observer,* December 30, 2016, http://observer.com/2016/12/robert-rauschenberg-tiffany-windows/.
64. Grace Glueck, "Alfred Hamilton Barr Jr. Is Dead; Developer of Modern Art Museum," *New York Times,* August 16, 1981, www.nytimes.com/1981/08/16/obituaries/alfred-hamilton-barr-jr-is-dead-developer-of-modern-art-museum.html?pagewanted=all.
65. Ibid.
66. *The New American Painting* toured eight European countries in 1958 and 1959.
67. Interview with Sidney Janis, October 15–November 18, 1981, Archives of American Art, Smithsonian Institution.

Chapter 2: The Elegant Mr. Castelli

Interviews: Irving Blum, Patty Brundage, Susan Brundage, Marian Goodman, Antonio Homem, Jim Jacobs, Gerard Malanga, Don Marron, Robert Pincus-Witten, Irving Sandler, Morgan Spangle, Frank Stella, Robert Storr

1. Leo Castelli, interview, May 14, 1969–June 8, 1973, Archives of American Art, Smithsonian Institution.
2. Annie Cohen-Solal, *Leo and His Circle: The Life of Leo Castelli* (New York: Knopf, 2010), 171, 176.
3. Ibid., 177.
4. Ibid., 361.
5. Titia Hulst, "The Right Man at the Right Time: Leo Castelli and the American Market for Avant-Garde Art," (PhD diss., New York University, 2014), 67.
6. Cohen-Solal, *Leo and His Circle,* 122.
7. Hulst, "The Right Man at the Right Time," 67.
8. Cohen-Solal, *Leo and His Circle,* 151.
9. Ibid., 178.
10. Ibid., 151.
11. Ibid., 186.
12. Hiroko Ikegami, *The Great Migrator: Robert Rauschenberg and the Global Rise of American Art* (Cambridge, MA: MIT Press, 2010), 21.
13. "The Ninth Street Exhibition ——1951," in *Art Now and Then,* a blog by Jim Lane, September 6, 2015, http://art-now-and-then.blogspot.com/2015/09/the-ninth-street-exhibition-1951.html.
14. Marika Herskovic, *New York School Abstract Expressionists: Artists Choice by Artists, a Complete Documentation of the New York Painting and Sculpture Annuals,* 1951–1957

45. Laura De Coppet and Alan Jones, *The Art Dealers* (New York: Cooper Square Press, 2002), 37.
46. Willem de Kooning, *Excavation,* 1950, oil on canvas, 205.7 x 254.6 cm, Art Institute Chicago, www.artic.edu/aic/collections/artwork/76244.
47. Barbara Hess and Willem de Kooning, *Willem de Kooning, 1904–1997: Content as a Glimpse* (Cologne: Taschen, 2004), 42.
48. "Willem de Kooning," Art Bios, March 8, 2011, https://artbios.net/3-en.html.
49. Ben Heller, interview by Avis Berman, Museum of Modern Art Oral History Program, April 18, 2001, 5.
50. Ibid., 26.
51. Ibid., 5; Jed Perl, "The Opportunist," *New Republic,* October 20, 2010, https://newrepublic.com/article/78555/the-opportunist-leo-castelli-art.
52. Perl, "The Opportunist."
53. Ben Heller, interview by Avis Berman, Museum of Modern Art Oral History Program, April 18, 2001, 5.
54. Jackson Pollock, *One: Number 31, 1950, 1950,* oil and enamel paint on canvas, 8' 10" x 17' 5 5/8" (269.5 x 530.8 cm), Museum of Modern Art, New York, www.moma.org / collection/works/78386.
55. Naifeh and Smith, *Jackson Pollock: An American Saga,* 765.
56. Ibid; Budd Hopkins reported that the additional painting was "in recognition of his [Heller's] commitment to Pollock's work"; see also Friedman, *Jackson Pollock: Energy Made Visible,* 199.
57. Laurie Gwen Shapiro, "An Eye-Popping Mid-Century Apartment Filled with Pol-locks, Klines, and De Koonings," *New York,* October 27, 2017, www.thecut.com/2017/10 /ben-hellers-mid-century-nyc-apartment.html.
58. Though the painting is sometimes referred to as Interchange, Interchanged (1955) is the correct title. See John Elderfield, *De Kooning: A Retrospective* (New York: Museum of Modern Art, 2012), 32.
59. Hall, Betty Parsons, 94–95, 180; Holland Cotter, "Ellsworth Kelly, Who Shaped Geometries on a Bold Scale, Dies at 92," *New York Times,* December 27, 2015, www.nytimes.com/2015/12/28/arts/ellsworth-kelly-artist-who-mixed-european-abstraction-into-everyday-life-dies-at-92.html; John Russell, "Art: Jack Youngerman at the Guggenheim," *New York Times,* March 7, 1986, www.nytimes.com/1986/03/07/arts/art-jack-youngerman-at-the-guggenheim.html?pagewanted=all; "Ellsworth Kelly: Biography," Hollis Taggart, 2017, www.hollistaggart.com/artists/ellsworth-kelly.
60. Holland Cotter, "Where City History Was Made, a 50's Group Made Art History," *New York Times,* January 5, 1993, www.nytimes.com/1993/01/05/arts/where-city-history -was-made-a-50-s-group-made-art-history.html.
61. Ibid.

25. Hall, *Betty Parsons*, 20.
26. Ibid.,178.
27. Ibid., 41.
28. Ibid., 54.
29. John Yau, "The Legendary Betty Parsons Meets the Not-So-Legendary Betty Parsons,"*Hyperallergic*, July 9, 2017, https://hyperallergic.com/389386/betty-parsons-invisible- presence-alexander-gray-associates-2017/.
30. Hall, *Betty Parsons*, 61.
31. Ibid., 72.
32. Ibid., 81.
33. "Jackson Pollock," Collection Online, Guggenheim Museum, www.guggenheim.org/artwork/artist/jackson-pollock;"The Post-WarPeriod, 1948–1973,"La Biennale di Venezia, www.labiennale.org/en/history/post-war-period-and-60s;"History, 1985–2018,"La Biennale di Venezia, www.labiennale.org/en/history.
34. Patricia Albers, *Joan Mitchell: Lady Painter* (New York: Knopf, 2011), 139.
35. Hall, *Betty Parsons*, 94–95.
36. Artspace Editors, "Dealer Betty Parsons Pioneered Male Abstract Expressionists–ButWho Were the Unrecognized Women Artists She Exhibited?" *Artspace*, April 3, 2017,www.artspace.com/magazine/interviews_features/book_report/dealer-betty-parsons- pioneered-male-abstract-expressionistsbut-who-were-the-unrecognized-women-54682.
37. Hall, *Betty Parsons*, 102.
38. "Chronology," Barnett Newman Foundation, www.barnettnewman.org/artist/chronology; Hilarie M. Sheets, "Clyfford Still, Unpacked," *Art in America*, November 1, 2011,www.artinamericamagazine.com/news-features/magazine/clyfford-still-unpacked/.
39. Breslin, *Mark Rothko*, 335.
40. Interview with Sidney Janis, October 15–November18, 1981, Archives of American Art, Smithsonian Institution.
41. Clayton Press, "Motherwell to Hofmann: The Samuel Kootz Gallery, 1945–1966 at Neuberger Museum of Art, Purchase, NY," *Forbes*, February 18, 2018, www.forbes.com/sites/claytonpress/2018/02/18/motherwell-to-hofmann-the-samuel-kootz-gallery-1945-1966-at-neuberger-museum-of-art-purchase-ny/#30a553e443c0.
42. Hall, Betty Parsons, 102; Jennifer Farrell et al., *The History and Legacy of Samuel M. Kootz and the Kootz Gallery* (Charlottesville: Fralin Museum of Art at the University of Virginia, 2017), 78.
43. "Sidney Janis Gallery," Archives Directory for the History of Collecting in America, Frick Collection, http://research.frick.org/directoryweb/browserecord.php?-action=browse&-recid=6222.
44. Interview with Sidney Janis, October 15–November 18, 1981, Archives of American Art, Smithsonian Institution.

3. Ibid., 379.
4. Lee Hall, *Betty Parsons: Artist, Dealer, Collector* (New York: H. N. Abrams, 1991), 17.
5. Ibid.
6. Parsons took Rothko, Newman, and Still immediately. See Steven Naifeh and Gregory White Smith, *Jackson Pollock: An American Saga* (New York: C. N. Potter, 1989), 545.
7. Hall, *Betty Parsons*, 77.
8. This incident has been reported, but Deborah Solomon qualified it as "apparently,"as there was only one recorded incident. See Deborah Solomon, *Jackson Pollock: A Biography*(New York: Simon & Schuster, 1987), 127–128.
9. B. H. Friedman, *Jackson Pollock: Energy Made Visible* (New York: McGraw-Hill,1972), 180.
10. Dore Ashton, "Artists and Dealers," in *A History of the Western Art Market: A Sourcebook of Writings on Artists, Dealers, and Markets*, ed. Titia Hulst (Oakland: University of California Press, 2017), 317.
11. Guggenheim stopped paying the stipend in 1948. "No Limits, Just Edges: Jackson Pollock Paintings on Paper," Guggenheim Museum, www.guggenheim.org/exhibition/no-limits-just-edges-jackson-pollock-paintings-on-paper.
12. Philip Hook, *Rogues' Gallery: The Rise (and Occasional Fall) of Art Dealers, the Hidden Players in the History of Art* (New York: Experiment, 2017), 239.
13. This happened in December 1947. See Harold Rosenberg, *Barnett Newman* (NewYork: Abrams, 1978), 234.
14. Ann Temkin, *Barnett Newman* (Philadelphia: Philadelphia Museum of Art,2002), 158.
15. Requoted in James E. B. Breslin, *Mark Rothko: A Biography* (Chicago: University of Chicago Press, 1993), 251, 335.
16. Solomon, *Jackson Pollock*, 177–178.
17. Requoted in Mary V. Dearborn, *Ernest Hemingway: A Biography* (New York: Knopf,2017), 691.
18. See Robert Motherwell, "The School of New York," manifesto, January 1, 1951,transcribed by Smithsonian Digital Volunteers, Archives of American Art, Smithsonian Institution.
19. The term "action painting" was coined by Harold Rosenberg. See Harold Rosenberg,"The American Action Painters," *ARTnews*, December 1952, 22.
20. "Colour Field Painting," Tate, www.tate.org.uk/art/art-terms/c/colour-field-painting.
21. William Grimes, "Grace Hartigan, 86, Abstract Painter, Dies," *New York Times*, November 18, 2008, www.nytimes.com/2008/11/18/arts/design/18hartigan.html.
22. Mark Stevens and Annalyn Swan, *De Kooning: An American Master* (New York: Knopf, 2004), 209.
23. Ibid., 251.
24. Ibid., 271.

註釋

Prologue: The Kings and Their Court

1. Grand Hotel Les Trois Rois is translated as "hotel of the three kings."
2. It was originally named Garage Center for Contemporary Culture.
3. Julia Halperin, "Here Are All the Basquiats at Art Basel, Worth a Combined $89 Million," *Artnet News*, June 14, 2017, https://news.artnet.com/market/here-are-all-the-many- basquiats-at-art-basel-991865.
4. Dodie Kazanjian, "House of Wirth: The Gallery World's Power Couple," *Vogue*,January 10, 2013, www.vogue.com/article/house-of-wirth-the-gallery-worlds-art-couple.
5. Alexander Forbes, "Art Market Rebounds at Art Basel in Basel," *Artsy*, June 13,2017, www.artsy.net/article/artsy-editorial-art-market-rebounds-art-basel-basel.
6. Brenna Hughes Neghaiwi, "As Art Flies Off the Walls at Basel, Buyers Beware, ExpertsWarn," Reuters, June 15, 2017, www.reuters.com/article/us-art-basel-idUSKBN19623G.
7. The original German was "Kunst ist eine Linie um deine Gedanken."

Chapter 1: Before Downtown

Interviews: Ben Heller, Carroll Janis, Irving Sandler, Jack Youngerman

1. See Peggy Guggenheim to Betty Parsons, 5 May 1947, Betty Parsons Gallery records and personal papers, Archives of American Art, Smithsonian Institution.
2. Susan Davidson and Philip Rylands, eds., *Peggy Guggenheim & Frederick Kiesler: The Story of Art of This Century* (New York: Guggenheim Museum, 2004), 370.

Hello Design 叢書 HDI0053

當代藝術市場瘋狂史

作　　者——麥可．施納雅森 Michael Shnayerson
翻　　譯——李巧云
校　　對——簡淑媛
副 主 編——黃筱涵
企劃經理——何靜婷
排　　版——黃雅藍

編輯總監——蘇清霖
董 事 長——趙政岷
出 版 者——時報文化出版企業股份有限公司
108019 台北市和平西路三段 240 號 4 樓
發行專線—（02）2306-6842
讀者服務專線— 0800-231-705．（02）2304-7103
讀者服務傳真—（02）2304-6858
郵撥— 19344724 時報文化出版公司
信箱— 10899 臺北華江橋郵局第 99 信箱
時報悅讀網——http://www.readingtimes.com.tw
法律顧問——理律法律事務所 陳長文律師、李念祖律師

印　　刷——紘億印刷有限公司
一版一刷——2021 年 01 月 15 日
定　　價——新台幣 750 元

ISBN 978-957-13-8499-3

時報文化出版公司成立於 1975 年，並於 1999 年股票上櫃公開發行，於 2008 年脫離中時集團非屬旺中，
以「尊重智慧與創意的文化事業」為信念（缺頁或破損書，請寄回更換）。

當代藝術市場瘋狂史：超級畫商如何創造出當代藝術全球市場與商業模式？／麥可．施納雅森（Michael Shnayerson）著；李巧云譯. -- 一版. -- 臺北市：時報文化出版企業股份有限公司, 2021.01
面；　公分. --（Hello design 叢書；HDI0053）
譯自：Boom : mad money, mega dealers, and the rise of contemporary art.
ISBN 978-957-13-8499-3（平裝）

1. 藝術市場 2. 產業發展

489.7　　　　109019644